高等院校电气信息类规划教材

U0161788

电机原理与拖动基础

主　编　付艳清　吕晓玲　宋　丹　郭丹伟

副主编　孙　静　易　靓

主　审　于微波

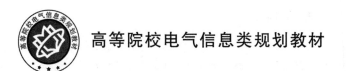 北京邮电大学出版社

www.buptpress.com

内 容 简 介

本书包括"电机学""电力拖动基础""控制电机"等课程的主要内容,阐述了直流电机、变压器、交流电机、其他电机的结构和原理;论述了直流电动机、交流电动机的启动、制动、调速特性及电动机的选择等内容。全书内容由浅入深,条理清晰,重点突出,学练结合。每章有一定数量的思考题和习题。不同院校可以根据不同专业、不同学时要求,有选择地使用和学习本书。

本书为普通高等教育"十四五"规划及新工科建设背景下的应用型本科教材,可作为普通高校应用型本科电气工程及其自动化专业、自动化专业、轨道交通信号与控制专业、机械电子工程专业、自动控制专业、工业自动化仪表及应用专业和其他相关专业的教材,同时可供有关工程人员、科技人员、研究生等参考。

图书在版编目(CIP)数据

电机原理与拖动基础 / 付艳清等主编 . -- 北京 : 北京邮电大学出版社,2023.1 (2024.6重印)
ISBN 978-7-5635-6826-0

Ⅰ. ①电… Ⅱ. ①付… Ⅲ. ①电机学-高等学校-教材②电力传动-高等学校-教材 Ⅳ. ①TM3②TM921

中国版本图书馆 CIP 数据核字(2022)第 246515 号

策划编辑:刘纳新 姚 顺 责任编辑:姚 顺 谢亚茹 责任校对:张会良 封面设计:七星博纳

出版发行:北京邮电大学出版社
社   址:北京市海淀区西土城路 10 号
邮政编码:100876
发 行 部:电话:010-62282185 传真:010-62283578
E-mail:publish@bupt.edu.cn
经 销:各地新华书店
印 刷:保定市中画美凯印刷有限公司
开 本:787 mm×1 092 mm   1/16
印 张:19.5
字 数:484 千字
版 次:2023 年 1 月第 1 版
印 次:2024 年 6 月第 2 次印刷

ISBN 978-7-5635-6826-0   定价:48.00 元

前　言

为了贯彻国家"十四五"普通高等教育教材建设的相关要求,结合长春电子科技学院电子工程学院相关专业发展及建设的实际情况,积极开展新工科背景下的课程建设,切实提高高等教育教学的质量,收获良好教学效果,适应高校学科专业发展,适应并服务于区域经济建设,特组织相关教师进行教材编写。

本书适用于高等院校电气工程及其自动化、自动化及相近本科专业的"电机原理与拖动"或"电机与拖动基础"课程教学,全面论述了电机学与电力拖动基础的基本理论。本书内容共11章。第1章介绍电机及电力拖动技术的发展简介;第2章阐述直流电机的基本原理和结构;第3章分析电力拖动系统的动力学基础;第4章论述直流电动机的机械特性、启动、调速和制动等理论;第5章详细地说明变压器在磁场能量转换中的作用及磁路在能量转换装置中的具体应用;第6章详细分析交流电机的电枢绕组、磁动势和磁动势的形成原理;第7章论述三相异步电动机的原理、等效电路及参数表达式;第8章研究同步电机的工作原理、功率、转矩和功角特性;第9章介绍控制电机的其他电机类型;第10章论述三相异步电动机的机械特性、启动、调速和制动等相关理论;第11章概述电力拖动系统中电动机的选择。

本书的编写者有多年应用型本科教学经验,本着结合学科专业特点及兼顾"电机学""电力拖动基础"和"控制电机"等学科体系的原则进行编写。内容由浅入深、循环渐近、层次清楚、通俗易懂、深入浅出、力求简单,便于学习和掌握,能够使学生在短时间内学习和掌握电机的主要理论,具备解决工程实际问题的能力。

本书是长春电子科技学院电子工程学院立项的重点规划教材,编写人员进行了广泛的调研及科学合理的规划,对教材内容及体系结构进行了细致认真的审定和推敲,在确定编写大纲的基础上,由付艳清教授、吕晓玲副教授、宋丹副教授、郭丹伟副教授主编。参与本书编写的还有孙静老师和易靓老师。全书由付艳清教授统稿,于微波教授主审。

本书参考了大量相关文献和著作,在此对相关作者致以诚挚的谢意,对关怀和支持本书编写的领导和同事表示感谢。教材编定和出版得到了北京邮电大学出版社的鼎力支持,在此表示忠心感谢。

由于编者水平有限,本书在内容的选择、文字表述等方面难免存在不妥及错误之处,敬请读者和专家批评赐教。

教材编写组
2022 年 3 月

目　　录

第1章 绪 论

1.1 电机及电力拖动技术发展简介

电机是随着生产的发展而诞生，随着生产的发展而发展的。而电机的应用反过来又推动社会生产力的不断提高。生产力的不断提高，又要求更先进的电机及拖动系统的出现和应用。

20 世纪前后，电机由诞生到生产上的初步应用，人们建立和发展了电机理论、电机设计计算的基本方法以及各种主要电机的初步定型。

以奥斯特发现电流在磁场中受力及安培对这种现象的总结为基础，1834 年亚哥比研制成第一台实用直流电动机。1838 年，人们将亚哥比研制的直流电动机用于拖动电动轮船试验，该试验船在涅瓦河上运载 11 人，以 4 km/h 的速度成功地逆流而上和顺流而下，这是人类制成的最早的实用电动机和电力拖动。当时，为电动机供电的是化学电池。

1871 年，凡·麦尔准发明了交流发电机。1878 年，亚布洛契可夫使用了交流发电机和变压器为他发明的照明装置供电。1885 年，意大利物理学家费拉利斯发现了二相电流可以产生旋转磁场。1886 年，费拉利斯和坦斯拉几乎同时制成了两相感应电动机的模型。现代三相电路和三相电机基础是多里沃·多勃罗沃尔斯基在 1888 年提出的交流电三相制的基础上形成的。

20 世纪以后，电气化、原子能、计算机及自动化对电机提出了诸如性能良好、运行可靠、单位容量的重量轻、体积小等愈来愈多的要求，而且随着自动控制系统和计算装置的发展，在旋转电机的理论基础上，发展出多种高精度、快响应的控制电机。人们在降低电机成本、减小电机尺寸、提高电机性能、选用新型电磁材料、改进电机生产工艺等方面进行了大量工作。

中国的电机制造工业在 1949 年以前十分薄弱，制造出的直流发电机最大功率不过 200 kW，电动机最大功率不过 135 kW，变压器最大功率不过 2 000 kV·A。仅有一些小电机厂，其设备简陋，多数属于修理和装配性质，根本没有能力生产汽轮发电机和水轮发电机。

1949 年中华人民共和国成立以来，电机制造工业发生了巨大的变化。电机制造工业形成了独立自主和完整的体系，而且有一些产品已经达到或接近世界先进水平。就各种拖动系统中的主要设备——电动机——而言，近年来已生产了不少大型的直流电动机、异步电动机、同步电动机及不少新系列控制电机。由于生产上的需要，这几年来，对电机的新原理、新结构、新工艺、新材料、新的运行方式和调试方法，亦进行了许多摸索、研究和实验工作，取得了不少成就。电机在制造上也向着大型、巨型、小型和微型化发展。20 世纪 50 年代末，已经生产出电机容量为 5 万千瓦的汽轮发电机、7.25 万千瓦的水轮发电机和 12 万千伏·安的变压器。1958 年,中国研制出世界第一台 1.2 万千瓦双水内冷汽轮发电机,一举震动了国际电工界。20 世纪 70 年代,中国生产出单机容量为 30 万千瓦的汽轮发电机和 30.8 万千瓦的水轮发电机。20 世纪 80 年代,我国交流电动机的年产量一直在 400 万千瓦徘徊。而 2002 年,我国交流电机的累计产量为 7 005 万千瓦,2003 年产量达到 8 920.03 万千瓦,同比增长 26.2%。2003 年,中国与加拿大合作研发的混流式水轮发电机组单机容量达 70 万千瓦,并已经在三峡电站稳定运行。2004 年 1—5 月,交流电动机产量为 4 280.86 万千瓦,比上一年同期增长 31.4%。2005 年,我国制造出外径达 18.43 m、重达 1 694.5 t 的发电机转子,而珠海发电厂第一期 4 台发电机组的总装机容量达 2 600 MW。目前,我国生产的电机产品有 300 多个系列,约 1500 多个品种。中小型电机产品的品种、规格、性能和产量基本上满足我国国民经济发展需要。经过几代人的努力,中国的电机制造工业在某些方面已接近或达到发达国家的同期水平。

在电机的实际应用过程中,伴随着电机的发展,各种电动机拖动各种生产机械的电力拖动技术也逐步发展起来。在这里,电动机的作用是将电能转换成机械能。

最初,人们自然地应用人力、畜力、水力、风力等作为原动力来推动生产机械;随着工业革命的发展,人们发明了蒸汽机、内燃机等作为生产机械的原动机。由于电能与其他能源相比具有传输和分配十分方便、容易控制、电动机效率高、运行经济、可集中管理等一系列优点,电力拖动很快代替了蒸汽或水力等拖动,成为拖动各种生产机械的主要方式。当时,由一台电动机拖动一组生产机械,从电动机到各生产机械的能量传递以及各生产机械之间的能量分配完全用机械方法,靠天轴及机械传动系统来实现,这种通过天轴实现的拖动,称为"成组拖动"。这是一种陈旧落后的电力拖动方式,它使电动机远离生产机械。但车间里有大量的天轴、长带和带轮等,而且能量传递过程中损耗大,效率低,生产率低,灰尘大,控制不灵活,无法满足某些生产机械的启动、制动、正反转及调速等方面的要求,劳动条件与卫生条件很差,而且易出事故。另外,如果电动机发生故障,则成组的生产机械将停车,甚至整个生产可能停顿。

20 世纪 20 年代,生产机械上广泛采用一种"单电动机拖动系统"。在这一系统中,一台生产机械用一台单独的电动机拖动。这样,电动机与生产机械在结构上配合密切,每台电动机可以分别控制和调速,从而进一步简化机械结构,而且易于实现生产机械运转的全部自动化,克服"成组拖动"缺点。

20 世纪 30 年代,"多电动机拖动系统"被广泛采用,即每一个工作机构用单独的电动机拖动,因而生产机械的机械结构可大为简化。例如,具有 3 个主轴的龙门刨床用 3 台电动机拖动,每台电动机拖动一根主轴运动。某些生产机械的生产过程长而连续,如造纸、印刷、纺织、轧制等机械,都采用多电动机拖动系统,这些机械一般由多个分部组成,每个分部可用单独的电动机拖动。

必须指出,在只有一个工作机构的生产机械上有时也采用多电动机拖动系统。例如,当轧钢厂的冷轧和热轧传动卷板时,往往采用多台电动机拖动。

生产的发展对上述单电动机拖动系统及多电动机拖动系统提出了更高的要求:如要求提高加工精度与工作速度,要求快速启动、制动及逆转,自动维持转速、转矩或功率为恒定值,按给定程序或事先不知道的规律改变速度,改变转向和工作机构的位置以使工作循环,实现在很宽范围内的调速及整个生产过程的自动化等。要完成这些任务,必须依靠电动机和自动控制设备组成电力拖动的自动控制系统。

随着电机及电器制造业和各种自动化元件的发展,自动化电力拖动系统得到不断的更新与发展。最初采用的控制系统是继电器-接触器型的,属于有触点断续控制系统,称为继电器-接触器自动控制系统。

20 世纪 30 年代初出现的发电机-电动机组列欧纳德(Leonard)控制方式,使调速性能优异的直流电动机得到了广泛的应用。由于电机、电器、自动化元件及电力电子器件的不断更新与发展,直流电动机的拖动系统在上述发电机-电动机组的基础上,发展成为采用交磁电机扩大机、磁放大器、可控离子变流器及晶闸管整流器等组成的自动化直流电力拖动系统。该直流电力拖动系统在额定转速以下用改变电枢电压的方法调速,在额定转速以上用改变励磁的方法调速。目前,晶闸管等直流自动电力拖动系统已得到了广泛的应用,正在向大容量的方向发展,能够做到集中控制、集中监视。在自动化元件方面已有整套标准控制单元,控制装置集成化、小型化、微型化,并能做到结构上组合安装积木化。微型化的自动化装置可直接装到电动机机座上,做到与电动机一体化,节省专用的控制柜。设备可靠性高,维护简便,许多设备都可做到锁门运行,很少需要监视与维护。

国外在 20 世纪 50 年代后,对串级及离子变频的交流调速系统进行了一些研究,并提出了无换向器电动机的概念。其后,晶闸管及电力电子自关断器件的出现为交流调速系统开辟了广阔的天地,目前已进入扩大应用及系列化、进一步提高性能指标、向大容量发展的阶段。串级调速系统、变频调速系统、无换向器电动机、矢量变换控制等已在工业中广泛应用。

由于功率电子技术的发展,各种形式的功率变换器已经直接为电动机馈电,而微处理器和数字信号处理器的应用以及软件技术的发展,促使模拟控制向数字控制转化。随着近代电力电子技术和计算机技术的发展以及现代控制理论的应用,自动化电力拖动正向着计算机控制的生产过程自动化的方向迈进。在一些现代化的工厂里,从原料进厂到产品出厂都是自动化或半自动化的,而且达到了高速、优质、高效率的生产。

1.2 电机的制造材料及其类别

电机一般是以磁场为耦合场,利用电磁感应和电磁力的作用实现能量转换的机械。因此,电机中所用的材料大致可分为以下 4 类。

(1)导电材料

导电材料一般用于电机中的电路系统。为减小 $I_a^2 R$ 损耗,要求导电材料的电阻率小,常用紫铜及铝。

(2)导磁材料

导磁材料一般用于电机中的磁路系统。为在一定励磁磁动势下产生较强的磁场和降低铁耗,要求材料具有较高的磁导率和较低的铁耗系数,常用硅钢片、钢板和铸钢。

(3)绝缘材料

绝缘材料一般用于带电体之间及带电体与铁心间的电气隔离。要求材料的介电强度高且耐热强度好。按耐热能力可分为 A、E、B、F、H、C 6 级,其最高允许工作温度分别为

105℃、120℃、130℃、155℃、180℃及高于 180℃。

（4）结构材料

结构材料使各部分构成整体,支撑相连接的其他机械。要求材料的机械强度好、加工方便、重量轻,常用铸铁、铸钢、钢板、铝合金及工程塑料。

电机的分类方法有很多,对于工业中常用的电机,按其功能用途来分,主要类型如图 1.2.1 所示。

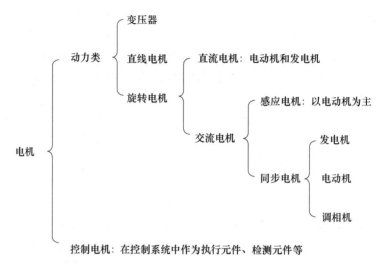

图 1.2.1　电机的主要类型

1.3　本课程的主要内容及学习方法

本课程是工业电气自动化专业及其相近专业的一门专业平台课(又称专业基础课)。它的先修课程是高等数学、物理及电路原理等。本课程学完后,学生应掌握常用交/直流电机、控制电机及变压器等的基本结构与工作原理,以及电力拖动系统的运行性能;电力拖动系统中电动机的调速方法、调速原理和分析计算;电力拖动的机械过渡过程及主要分析方法;电机选择与实验方法,为学习"拖动自动控制系统""反馈控制理论""自动控制原理"及"计算机控制技术"等课程准备必要的基础知识。

本课程的内容包含电学、磁学、力学和热学的规律,分析问题时,必须全面考虑,不能将其作为单纯的电学或单纯的其他学科问题来处理。又因为实际问题涉及的因素很多,所以可以根据具体条件抓住主要矛盾,忽略次要因素,运用"电路原理""物理学"等基本理论来分析研究各类电机内部的电磁物理过程,从而得出各类电机(及变压器)的一般规律及各种电力拖动系统的静态、动态特性。分析不同电机的相同之处,理解公式所表达的物理概念,只有结合工程实际、综合应用基础理论才能真正学好本课程。

绪论.ppt

第 2 章 直 流 电 机

直流电机是电机的主要类型之一,它包括直流发电机和直流电动机。一台直流电机既可作为发电机使用,也可作为电动机使用。用作直流发电机,可以得到直流电源,而作为直流电动机,可以拖动生产机械。由于直流电动机具有良好的调速性能(如调速范围广、平滑性和启动性好),在许多对调速性能要求较高的场合,仍得到广泛使用,如大型可逆式轧钢机、电力机车、起重设备等。本章主要介绍直流电机的工作原理、结构和工作特性等。

2.1 直流电机的基本原理和结构

2.1.1 直流电机的工作原理

1. 直流发电机的工作原理

电机的工作原理建立在电磁力和电磁感应的基础上。根据电磁感应定律,当导体切割磁力线时,导体中就有感应电动势产生。图 2.1.1 是一个两极直流发电机的物理模型,在两个空间固定的永久磁铁北(N)极和南(S)极之间,安放一个有凹槽的圆柱形铁心,称为电枢铁心;电枢铁心和磁极之间的缝隙称为气隙;在电枢铁心的凹槽中安放一个线圈($abcd$),称为电枢绕组;绕组的两端焊接在两个互相绝缘的半圆形铜换向片上,由换向片构成的圆柱体称为换向器;为了把电枢和外电路相连,安装了空间固定不动的两个碳质电刷 A 和 B;电刷同换向器接触可向外电路供电;当原动机拖动电枢转动时,电枢铁心、电枢绕组以及换向器是旋转的,而主磁极和电刷在空间固定不动。下面利用这个模型来说明机械能怎样转换成电能,即直流发电机的工作原理。

当原动机拖动电枢(转子)以转速 n 沿逆时针方向旋转,转子正好转到如图 2.1.1(a)所示位置时,导体 ab 正好在 N 极下,而导体 cd 正好在 S 极下。如果这时导体所在处的磁通密度为 B,导体长度为 l,导体的线速度为 v,则根据法拉第电磁感应定律,每根导体感应电动势瞬时值为 $e=Blv$,感应电动势的方向可用右手定则决定。N 极下的 ab 导体电动势方向由 b 到 a,而 S 极下的 cd 导体电动势方向由 d 到 c,如图 2.1.1(a)中的箭头所示。线圈 $abcd$ 的电动势大小恰好是 ab 导体电动势(或 cd 导体电动势)的 2 倍,a 端为正,d 端为负。此时,电刷 A 极性为正,电刷 B 极性为负。在电刷 A、B 之间接上负载,就有电流从电刷 A 经外电路负载而流向电刷 B。此电流经换向器及线圈 $abcd$ 形成闭合回路,线圈中电流的方向从 d 到 a。

当电枢(转子)转过 180°,在如图 2.1.1(b)所示位置时,导体 ab 正好在 S 极下,而导体

cd 正好在 N 极下，导体 cd 电动势方向由 c 到 d，导体 ab 电动势方向由 a 到 b，如图 2.1.1(b) 中的箭头所示。此时，线圈 $abcd$ 的电动势以 d 端为正方向，a 端为负方向。但由于电刷不随换向器转动，仍然有电刷 A 极性为正，电刷 B 极性为负。流过负载的电流方向不变，线圈中的电流方向改变了，即从 a 到 d。可见，转子连续旋转时，电刷 A 引出的总是 N 级下导体的正电动势，电刷 B 引出的总是 S 级下导体的负电动势。经过电刷和换向器的整流作用，把电枢绕组内的感应交变电动势变成了由电刷 A、B 间输出的直流电动势，这就是直流发电机的基本工作原理。

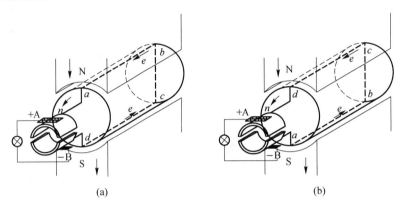

(a)   (b)

图 2.1.1　直流发电机基本工作原理

为了进一步理解交变量和直流量在发动机内的变化，下面分析输出电动势波形。由式 $e=Blv$ 可知，如果线圈有效导体长度 l 和切割磁通的速度 v 恒定不变，则感应电动势 e 正比于导体所在位置的磁通密度 B。如果 B 沿定转子之间的气隙空间分布波形接近于正弦分布，如图 2.1.2(a)所示，则线圈 $abcd$ 两端感应电动势 e 随时间变化的波形与 B 有相同的形状。其中，α 为磁极的空间角度，ωt 对应导体电动势的时间角度。经过整流，由电刷 A、B 输出的电动势波形如图 2.1.2(b)所示。可见，直流发电机电枢绕组的感应电动势是交流电动势，但经过旋转换向器和固定间电刷的机械整流引出的却是直流电动势。

只有一个线圈时，电刷间的电动势是脉动很大的直流，如图 2.1.2(b)所示。在实际电机中，电枢不只是一个线圈，而是由许多按一定规律连接起来的线圈组成的，这样电动势的脉振程度会减少，电动势总的输出增大。

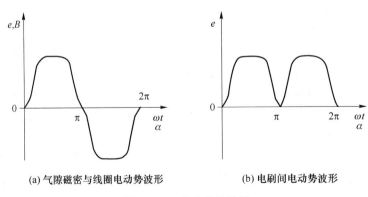

(a) 气隙磁密与线圈电动势波形　　　　(b) 电刷间电动势波形

图 2.1.2　电动势波形图

2. 直流电动机的工作原理

将图 2.1.1 直流发电机模型中的原动机和电刷 A、B 之间的负载去掉,并在 A、B 两端接上直流电源,就制成最简单的两极直流电动机,如图 2.1.3 所示。它把直流电能转换成机械能,带动轴上的生产机械做功。当电动机转子转到图 2.1.3(a)所示位置时,导体 ab 刚好在 N 极下,导体 cd 在 S 极下。直流电流由电源正极经电刷 A 流入电枢绕组,电流在线圈内部由 a 到 b、由 c 到 d,然后经电刷 B 返回电源负极。如果导体所在处的磁通密度为 B,导体长度为 l,电流为 i,则根据电磁力定律可知,这时导体受力为 $f = Bli$。受力方向由左手定则判定,判定导体 ab 和 cd 受力产生的转矩均为逆时针方向,当电磁转矩大于阻转矩时,电动机逆时针旋转。当电机转子转过 180° 时,转到图 2.1.3(b)所示位置,这时导体 cd 在 N 极下,导体 ab 在 S 极下。电流经电刷 A 由 d 端流入线圈,在线圈内部方向是由 d 到 c、由 b 到 a,如图 2.1.3(b)中箭头所示。根据左手定则仍可判定 ab 和 cd 受力产生的转矩为逆时针方向。由此可知,虽然导体内部电流方向变了,但受力产生的转矩方向不变,转子连续旋转方向不变,这就是直流电动机的基本工作原理。

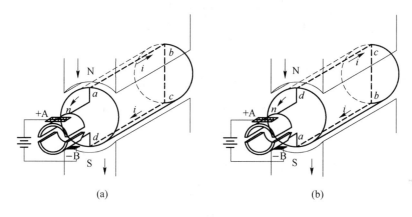

(a)　　　　　　　　　　　　　(b)

图 2.1.3　直流电动机基本工作原理

3. 电机的可逆原理

由以上分析可知,同一台直流电机,只要改变外界的条件,就既可以当直流发电机运行,又可以当直流电动机工作。如果用原动机拖动电枢恒速旋转,就可以从电刷端引出直流电动势而作直流电源对负载供电;如果在电刷端施加外部直流电压,则电枢导体受力,转子旋转成为电动机,从而把电能变成机械能。发电机的作用和电动机的作用同时存在于直流电机中。

这种同一台电机由于外界条件的不同,既可以作发电机运行也可以作电动机运行的原理,不仅适用于直流电机,也适用于交流电机,是电机理论中的普遍原理,称为电机的可逆原理。但专门设计的电动机在结构上有其特殊性,作为发电机往往达不到优良的性能。

2.1.2　直流电机的主要结构

现代的直流电机的结构较为复杂而且形式多种多样,图 2.1.4 和图 2.1.5 分别为直流电机的纵、横剖面图。直流电机主要由定子(固定部分)和转子(转动部分)构成,两者之间是气隙。定子主要用来产生磁通,作电机的机械支撑,它包括主磁极、换向极、机座、端盖、轴承和电刷装置等部件;转子(电枢)用来产生感应电动势和电磁转矩,它包括电枢铁心、电枢绕组、换向器、轴和风扇等部件。现将几个主要部件的作用简述如下。

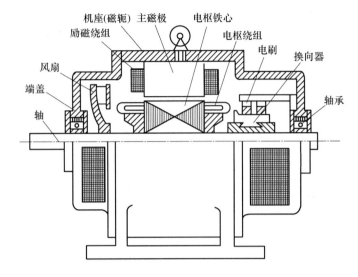

图 2.1.4　直流电机的纵剖面图

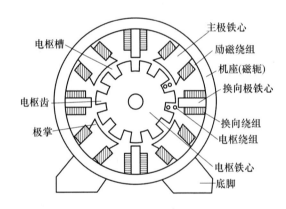

图 2.1.5　直流电机的横剖面图

1. 定子

（1）主磁极

主磁极(简称主极)的作用是在定子与转子之间的气隙中建立磁场,使电枢绕组在该磁场的作用下产生感应电动势和电磁转矩。主磁极包括主极铁心(包括极身和极掌)和套在主极铁心上的励磁绕组两部分,如图 2.1.5 所示。主磁极总是偶数,且 N、S 极相间出现。为了降低电枢旋转时极靴表面引起的涡流损耗,主极铁心一般用 $1.0\sim1.5$ mm 厚的低碳钢板冲片叠压而成。在小型直流电机中,主磁极也可采用永久磁铁,它不需要励磁绕组,这种电机叫作永磁直流电机。

（2）换向极

换向极又称附加极,装在两相邻主磁极之间的几何中心线上,其作用是改善直流电机的换向,消除或减小电刷与换向器之间的火花。换向极的结构与主磁极相似,由换向极铁心和套在其上的换向绕组两部分组成,换向绕组与电枢串联,如图 2.1.5 所示。换向极铁心一般用整块钢制成,当换向要求较高时用 1.0～1.5 mm 厚的钢片叠压而成。

在 1 kW 以下的小容量直流电机中,有时换向极的数目只有主磁极的一半,或不装换向极。

(3) 机座

机座(也称机壳)既是磁极间磁的通路,又要用来固定主磁极、换向极及端盖,并借助底脚而把电机固定在基础上。机座通常用导磁性好,有足够的导磁面积,又有足够的机械强度和刚度的铸钢或钢板焊接制成。

对于换向要求较高的电机,机座也可用薄钢片冲片叠压而成。

(4) 电刷装置

如图 2.1.6 所示,电刷装置的作用是把转动的电枢电路与静止的外电路接通,并与换向器配合,起到整流或逆变的作用,即引入或引出直流电压和直流电流。电刷装置是固定不动的,它由电刷、刷握、刷杆、刷杆座及铜丝辫等零部件组成。电刷放在刷握中,由弹簧把电刷压在换向器表面上。刷握固定在刷杆上,刷杆装在刷杆座上,彼此之间相互绝缘。整个电刷座装在端盖或轴承内盖上,可以在一定范围内移动,用来调整电刷位置。

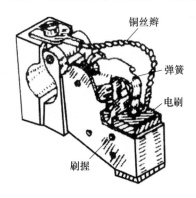

图 2.1.6 直流电机的电刷装置

(5) 接线盒

直流电机的电枢绕组和励磁绕组由接线盒与外部电源相连。接线盒上的电枢绕组一般标记为 A 或 S,励磁绕组一般标记为 F 或 L。

2. 转子

(1) 电枢铁心

电枢铁心是电机主磁路的一部分,它通过主磁通来嵌置电枢绕组。当电枢在磁场中旋转时,磁通方向变化引起涡流和磁滞损耗,为了减少损耗,提高电机的效率,常由涂有绝缘漆的 0.5 mm 厚硅钢片叠压而成。

(2) 电枢绕组

磁场旋转时,电枢绕组中产生感应电动势,而电枢绕组中流过电流时绕组在磁场受力产生电磁转矩,它是实现机电能量转换的关键部件。如果电枢绕组只有一个单匝的绕圈,则其感应电动势及电磁转矩不仅数值太小,而且具有很大的脉动分量,不能满足现代生产对直流电机的要求。为此,现代直流电机的电枢圆周均匀地分布有许多线圈,每个可以单匝也可以多匝,称为元件。每个元件的两个有效边分别嵌放在相隔一定槽数的电枢铁心的两个槽中,所有元件按一定规律连接成一闭合回路。

（3）换向器

在直流电动机中,换向器的作用是把电刷间的直流电流转换为绕组内的交流电流;在直流发电机中,换向器将绕组内的交流电动势转换为电刷间的直流电动势。由于电枢绕组由许多元件组成,而每个元件的两个引出端需分别连接两片换向片,所以换向器是由许多彼此互相绝缘的铜换向片组成的。图 2.1.7 所示为电枢铁心装配图。

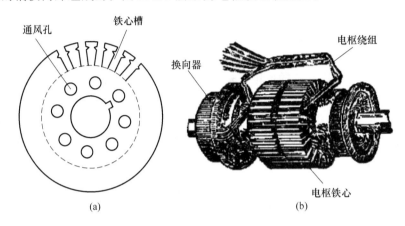

(a)　　　　　　　　　　　　　　　　(b)

图 2.1.7　电枢铁心装配图

3. 气隙

气隙并非结构部件,它是定子的磁极和转子的电枢之间自然形成的缝隙。但是,气隙是主磁路的一部分,气隙中的磁场是电机进行机电能量转换的媒介。因此,气隙的大小对电机的运行性能有很大的影响。小容量直流电机的气隙约为 1～3 mm,大容量电机的气隙可达几毫米。

以上介绍了直流电机的主要部件,一些次要部件不再一一叙述。

2.1.3　直流电机的额定值及主要系列

1. 直流电机的额定值

为了使电机安全可靠地工作,而且有优良的运行性能,电机制造厂根据国家标准及电机的设计数据,将每台电机在运行中的有关物理量(如电压、电流、功率、转速等)所规定的保证值称为电机的额定值。电机在运行中,若各物理量都符合它的额定值,则称该电机运行于额定状态。当电机在额定状态运行时,其性能最好且安全可靠。

为了使用方便,每台电机的额定值一般标志在电机的铭牌上,所以又称为铭牌数据。直流电机的额定值有以下几项。

① 额定容量(功率)P_N。对于发电机而言,额定容量是指发电机引出端输出的电功率;对电动机而言,额定容量是指从它的转轴上输出的机械功率,单位为 W 或 kW。

② 额定电压 U_N。额定电压是额定状态下电机出线端的电压,单位为 V。

③ 额定电流 I_N。额定电流是额定状态下电机出线端的电流,单位为 A。

④ 额定转速 n_N。其单位为 r/min。

还有一些物理量的额定值,如额定效率 η_N、额定转矩 T_N、额定温升 τ_N 及额定励磁电流 I_{fN} 等,不一定都标在铭牌上。

为此,可得直流发电机的额定容量(额定功率)为

$$P_N = U_N I_N \tag{2-1}$$

而直流电动机的额定功率为

$$P_N = U_N I_N \eta_N \tag{2-2}$$

电动机轴上的输出额定转矩 T_N,其大小是额定功率除以转子角速度的额定值。

$$T_N = \frac{P_N}{\Omega_N} = \frac{P_N}{\frac{2\pi n_N}{60}} = 9.55\frac{P_N}{n_N} \tag{2-3}$$

在实际运行中,有时电机不一定运行于额定状态。如果电机的电流小于额定电流,则称为欠载或轻载;如果电流大于额定电流,则称为过载或超载;如果电流恰好等于额定电流,则称为满载运行。长期过载会使电机过热,降低电机的使用寿命,甚至损坏电机。长期轻载不仅使电机的设备容量得不到充分利用,而且会降低电机的效率。为此,必须根据负载情况,合理地选择电机。

例 2-1　一台直流发电机,其额定功率 $P_N = 145$ kW,额定电压 $U_N = 230$ V,额定效率 $\eta_N = 90\%$,额定转速 $n_N = 1\,450$ r/min,求该发电机的额定电流和输入功率。

解　额定电流:

$$I_N = \frac{P_N}{U_N} = \frac{145 \times 10^3}{230} \approx 630.4 \text{ A}$$

输入功率:

$$P_1 = \frac{P_N}{\eta_N} = \frac{145}{0.9} \approx 161 \text{ kW}$$

例 2-2　一台直流电动机,其额定功率 $P_N = 160$ kW,额定电压 $U_N = 220$ V,额定效率 $\eta_N = 90\%$,额定转速 $n_N = 1\,500$ r/min,求该电动机的输入功率、额定电流及额定输出转矩。

解　此时,电动机的输入功率就是额定输入功率:

$$P_1 = P_N/\eta_N = 160/0.9 \approx 177.8 \text{ kW}$$

额定电流:

$$I_N = P_1/U_N = 177.8 \times 10^3/220 \approx 808.1 \text{ A}$$

额定输出转矩:

$$T_N = 9.55P_N/n_N = 9.55 \times 160 \times 10^3/1\,500 \approx 1\,018.7 \text{ N} \cdot \text{m}$$

2. 我国生产的直流电机的主要系列

为了满足各行业对电机的不同需求,电机被制成多种型号。国产电机产品的型号一般用大写印刷体的汉语拼音字母和阿拉伯数字表示。其中,汉语拼音字母是根据电机的全名称选择有代表意义的汉字,再从该汉字的拼音中得到。例如,Z_2-31 的含义为:Z 表示一般用途的防护式中小型直流电机,2 表示第二次设计,3 表示机座号,1 表示铁心长度顺序号。

当前,我国生产的直流电机主要有以下系列:

① Z_2 系列是一般用途的中、小型直流电机,包括发电机和电动机;

② Z 和 ZF 系列是一般用途的大、中型直流电机系列,Z 是直流电动机系列,ZF 是直流发电机系列;

③ ZT 系列是用于恒定功率且调速范围比较大的拖动系统的广调速直流电动机;

④ ZZJ 系列是冶金辅助拖动机械用的冶金起重直流电动机;

⑤ ZQ 系列是电力机车、工矿电机车和蓄电池供电电车用的直流牵引电动机;

⑥ ZH 系列是船舶上各种辅助机械用的船用直流电动机;

⑦ ZA 系列是用于矿井和有易爆气体场所的防爆安全型直流电动机;

⑧ ZU 系列是用于龙门刨床的直流电动机;

⑨ ZKJ 系列是冶金、矿山挖掘机用的直流电动机。

直流电机的其他系列,可参看有关的产品目录。

2.2 直流电机的电枢绕组

电枢绕组是直流电机的核心部件,在电机的机电能量转换过程中起着重要的作用。对于电动机,绕组流过电流,产生电磁转矩,转矩使转子在磁场中旋转,从而感应出反电动势,消耗电功率,把电能转变成机械能;对于发电机,绕组在磁场中旋转,从而感应出电动势,接上负载,绕组中有电流,产生制动转矩,消耗机械功率,把机械能变成电能。因此,对电枢绕组有一定的要求,主要为:在能通过规定的电流和产生足够大的感应电动势及电磁转矩的前提下,所消耗的有效材料(包括导线和绝缘)最省,强度(机械、电气和热强度)高,运行可靠,结构简单,下线方便等。

直流电机电枢绕组的形式很多,按其绕组元件和换向器的连接方式不同,可以分为单叠绕组、单波绕组和混合绕组等。其中,最基本的形式是单叠绕组和单波绕组。

2.2.1 名词术语介绍

1. 极轴线

极轴线是使主磁极左右对称的中心直线,如图 2.2.1 所示。

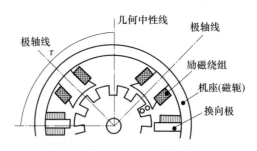

图 2.2.1 对应四极电机的名词术语

2. 几何中性线

主磁极之间的几何平分线是几何中性线,它到两个主磁极极轴线的距离相等。

3. 极距

极距用符号 τ 表示,是一个主磁极沿电枢圆周表面量度的圆弧距离,它等于相邻两个极轴线或相邻两个几何中性线之间沿电枢表面量度的弧长,常用槽数表示。如果电枢槽数为

Z,极对数为 p（主磁极极数为 $2p$),以槽数表示的极距为

$$\tau=\frac{Z}{2p} \tag{2-4}$$

4. 绕组元件

绕组元件(线圈)是电枢绕组的基本单元,是两个出线端分别与两个换向片相连接,并与其他元件相连的单匝或多匝线圈。图 2.2.2(a)示出了单匝和多匝单叠绕组元件的示意图。

电枢槽中能切割磁场产生感应电动势的线圈有效边,称为元件边;其余部分不产生感应电动势,只起连接作用,称为端接部分。为便于嵌线,每个元件的一个元件边放在一个槽的上层,另一个元件边放在另一槽的下层,形成直流电枢绕组的双层绕组。安放情况如图 2.2.2(b)所示。

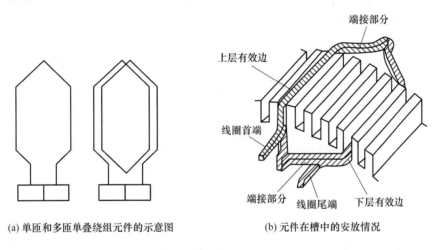

(a) 单匝和多匝单叠绕组元件的示意图　　　(b) 元件在槽中的安放情况

图 2.2.2　单叠绕组元件

5. 绕组的节距

绕组元件的宽度及元件之间的连接规律由绕组的各种节距来表示,有第一节距 y_1、第二节距 y_2、合成节距 y 及换向节距 y_k。

(1) 第一节距(元件跨距)y_1

一个元件两个有效边之间的距离为第一节距,用跨槽数表示,且一定是整数。y_1 越接近极距,元件产生的感应电动势就越大。因为极距 $\tau=Z/(2p)$ 不一定是整数,故

$$y_1=\frac{Z}{2p}\pm\varepsilon=整数 \tag{2-5}$$

其中,ε 为使 y_1 凑成整数的分数。当 $\varepsilon=0$,$y_1=\tau$ 时,元件称为整距元件;当 $y_1<\tau$ 时,元件称为短距元件;当 $y_1>\tau$ 时,元件称为长距元件。长距元件因端接线长浪费铜,所以一般不采用;短距元件因端接线短节省铜且有利于换相,故常用。

(2) 第二节距 y_2

在元件串接过程中,第一个元件的第二元件边与紧接着串联的第二个元件的第一元件边之间的距离为第二节距,通常也用所跨槽数表示。

(3) 合成节距 y

相邻两个串联元件的对应边在电枢表面上的距离为合成节距,通常也用所跨槽数表示。

(4) 换向节距 y_k

一元件的两个出线端在换向器上所跨的换向片的距离为换向节距，通常用换向片数表示。在数值上，换向节距总与合成节距相等，即

$$y_k = y \tag{2-6}$$

2.2.2 单叠绕组

单叠绕组是双层绕组，第一个元件的下层边连接第二个元件的上层边嵌放，它放在与第一个元件的上层边相邻的槽内。每串接完一个元件，则在电枢表面上移过一个槽，在换向器上也移过一个换向片，直到串接完最后一个元件。最后一个元件的尾端与第一个元件的首端接在同一个换向片上，形成闭合绕组。图2.2.3所示为单叠绕组的元件在电枢槽中的排列及与换向片的连接方法。

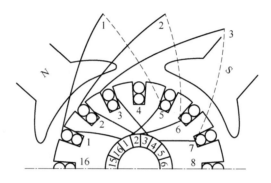

图 2.2.3 单叠绕组的元件在电枢槽中的排列及与换向片的连接方法

通过下面的例子说明单叠绕组连接的特点和组成情况。

例 2-3 一台直流电机，极对数 $2p=4$，槽数 Z、元件数 S 及换向片数 K 为 $Z=S=K=16$，试画出绕组的展开图和绕组的并联支路图。

解 （1）计算绕组数据

第一节距为

$$y_1 = \frac{Z}{2p} \pm \varepsilon = \frac{16}{4} = 4$$

合成节距与换向节距为

$$y = y_k = 1$$

第二节距为

$$y_2 = y_1 - y = 4 - 1 = 3$$

（2）画出绕组展开图

为了直观，工程上把电机的电枢绕组图画成沿电枢轴线切开并展成平面的绕组展开图，分别画出16根等长、等距的实线和虚线，实线代表各槽的上层元件边，虚线代表各槽的下层元件边。一条实线和一条虚线放在一个槽内，根据步骤（1）计算出 y_1、y_2、y、y_k，排出绕组的连接顺序，为此先把槽、元件、换向片依次编号。编号的原则是，把元件和元件上层边所在的槽及元件首端所接的换向片都编上相同的号码，如图2.2.4所示。

根据 $y_1 = 4$ 画出第一个元件的上层边放在第1槽的上层，首端接1号换向片，第一个元

件的下层边放在第 5 槽的下层，因为 $y_k=1$，所以第一个元件的尾端接 2 号换向片。根据 $y_2=3$ 可知第二个元件的上层边返回第 2 槽的上层，再由 $y_1=4$ 知第二个元件的下层边放在第 6 槽下层，尾端接 3 号换向片。然后开始第三个元件的安放，按此规律，直到第十六个元件放在第 16 槽上层和第 4 槽的下层，其尾端接回 1 号换向片，形成闭合绕组。

磁极宽度约为 0.7τ，均匀分布在圆周上，N 极下磁力线进入纸面，S 极下磁力线穿出纸面。电刷个数与主磁极个数一样多，电刷的中心线对准主磁极的中心线，这样被电刷短路的元件都处在相邻的 N、S 主磁极之间，此处磁通密度为零（对于发电机元件电动势为零，对于电动机元件转矩为零），把相同极性的电刷并联起来。一个磁极下导体电流的方向完全一致，N 极、S 极下的导体电流方向相反，可以产生一个方向固定的转矩。

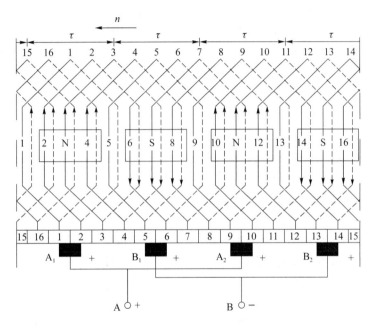

图 2.2.4　电动机单叠绕组展开图

（3）单叠绕组电路图

设电动机按逆时针方向旋转，这在图 2.2.4 中相当于绕组向左边运动，运用左手定则可以得出，N 极下元件边的电流方向向上，S 极下元件边的电流方向向下，所以电刷 A_1 和 A_2 应当接到电源的正极，电刷 B_1 和 B_2 应当接到电源的负极。在图 2.2.4 所示瞬间，电刷通过换向器将 1 号、5 号、9 号和 13 号元件短路，整个绕组形成 4 条支路。这 4 条支路分别是：

① 电刷 A_1—元件 2—元件 3—元件 4—电刷 B_1；

② 电刷 A_2—元件 8—元件 7—元件 6—电刷 B_1；

③ 电刷 A_2—元件 10—元件 11—元件 12—电刷 B_2；

④ 电刷 A_1—元件 16—元件 15—元件 14—电刷 B_2。

由此得出的电枢绕组的并联支路图，如图 2.2.5 所示。由图 2.2.4 可以看出，除了两边位于几何中性线上被电刷短路的绕组元件不产生电磁转矩，其余的绕组元件有效边都产生同一方向的电磁转矩。

如果是直流发电机，可以根据电枢旋转方向用右手定则判断出各元件边的电动势方向，

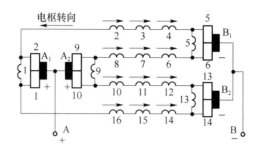

图 2.2.5 电枢绕组的并联支路图

从而定出电刷的极性。图 2.2.4 中 N 极和 S 极下的箭头反向表示电动势,其他符号不变。同时,在同一并联支路中,各绕组元件的感应电动势方向相同,这些电动势串联起来构成支路的总电动势,也就是电枢电动势(即刷间电动势)。当元件被电刷短路时,它的有效边处在主磁极磁通密度为 0 的范围内,这就保证了发电机能够获得最大电动势。分析同一条支路中各元件在展开图上的位置就可以发现,单叠绕组的每条支路都是由上层边处在同一磁极下的绕组元件串联起来组成的。因此,单叠绕组的并联支路数必然等于磁极数。设并联支路对数(两条支路为一对)为 a,磁极对数为 p,则

$$a = p \tag{2-7}$$

由以上分析可以总结出,单叠绕组具有以下特点:

① 元件的两个出线端连接于相邻两个换向片上;

② 并联支路数等于磁极数,$2a = 2p$;

③ 在整个电枢绕组的闭合回路中,感应电动势的总和为零,绕组内部无"环流";

④ 每条支路由不相同的电刷引出,所以电刷数等于磁极数;

⑤ 发电机正负电刷之间引出的电动势即为每一支路的电动势,电枢电压等于支路电压;

⑥ 电动机引入(或发电机引出)的电枢电流 I_a 为各支路电流之和,即 $I_a = 2a i_a$(其中 i_a 为每一条支路的电流,即绕组元件中流过的电流)。

2.2.3 单波绕组

单波绕组的特点是每个绕组元件的两端所接的换向片相隔较远,互相串联的两个元件也相隔较远,连接成整体后的绕组像波浪形,因而称为波绕组。单波绕组的连接情况如图 2.2.6 所示。

单波绕组具有以下特点。

① 第一节距 $y_1 = Z/(2p) \pm \varepsilon =$ 整数;换向节距 $y_k = y = (K \pm 1)/p =$ 整数,K 为换向片数(当式中取"-"号时,绕组绕电枢和换向器一周后,回到出发的换向片的左边一片上,称为左行绕组;式中取"+"号时,绕组绕电枢和换向器一周后,回到出发的换向片的右边一片上,称为右行绕组。通常,波绕组采用左行绕组)。

② 同极性下各元件串联起来组成一条支路,支路对数 $a=1$,与磁极对数 p 无关。

③ 当元件的几何形状对称时,电刷在换向器表面上的位置对准主磁极中心线,支路电

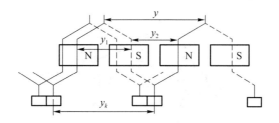

图 2.2.6 单波绕组的连接情况

动势最大。

④ 电刷组数应等于极数(采用全额电刷)。

⑤ 电枢电流 $I_a = 2ai_a$。

当元件数相同时,叠绕组并联支路数多,每条支路里串联元件数少,适用于较低电压、较大电流的电机。对于单波绕组,支路对数永远等于1,每条支路里所包含的元件数多,所以这种绕组适用于较高电压、较小电流的电机。对于大容量的电机,可以采用混合绕组。

2.3 直流电机的空载磁场

一切电磁机械都是电和磁的统一体,直流电机在正常工作时必须提供磁场。电枢绕组切割磁场才能产生感应电动势,电枢电流在磁场中受力才能产生电磁转矩,电机的运行特性在很大程度上取决于电机磁场的特性。

先分析直流电机空载时的磁场,它可以看作由励磁绕组通入励磁电流单独产生的磁场,是直流电机中最主要的磁场。所谓空载,是指发电机电枢两端开路,电动机轴上不接任何生产机械。其他电流流过产生的磁场对它的影响,后文会陆续介绍。

2.3.1 直流电机的磁通和磁化曲线

图 2.3.1 所示为一台四极直流电机空载且只有主磁极的励磁绕组流过励磁电流时产生的磁场分布图,各主磁极交替出现 N 极和 S 极极性。一个主磁极的磁动势 F 的大小等于励磁绕组的匝数 N_f 和绕组直流励磁电流 I_f 的乘积,即 $F = N_f I_f$。这一磁动势在磁路中产生的磁通可分为主磁通 Φ 和漏磁通 Φ_σ 两部分。

主磁通走主磁路,其路径从 N 极铁心出发,经气隙进入电枢齿部,然后进入电枢磁轭,在电枢磁轭中分成两路穿出电枢,经气隙分别进入相邻的两个 S 极,然后由定子磁轭回到出发地,形成闭合回路,如图 2.3.1 所示,主磁通所走的路径气隙小、磁阻小。主磁通与电枢绕组交链,占总磁通的 80% 以上。

漏磁通走漏磁路形成闭合回路,仅交链励磁绕组自身,不进入电枢,不与电枢绕组交链,它所走的路径气隙大、磁阻大。它不参加机电能量的转换,也就是不能在电枢绕组中产生感应电动势,也不能产生电磁转矩,只增加磁极的饱和程度。漏磁通一般不超过总磁通

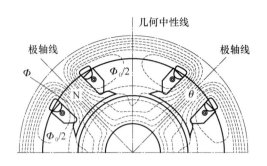

图 2.3.1　直流电机空载时的磁场分布

的 20%。

　　电机工作时,要求每个磁极下有主磁通 Φ。电机出厂时励磁的绕组匝数 N_f 已经确定,在简化磁场问题后,主磁通 Φ 和励磁磁动势 F 的关系,也可用主磁通 Φ 和励磁电流 I_f 的关系表示,即 $\Phi=f(F)$ 或 $\Phi=f(I_f)$。

　　磁通 Φ 是励磁电流 I_f 的函数。$\Phi=f(I_f)$ 曲线如图 2.3.2 中曲线 2 所示,称为空载时直流电机磁化曲线。当励磁电流较小时,铁心没饱和,气隙磁阻比铁心中的磁阻大得多,气隙和铁心中的磁阻都是常数,因此 Φ 与 I_f 有线性关系。当电流逐渐增大时,铁心逐渐饱和,铁心中磁阻有所增加,因此 Φ 就不能再与电流 I_f 成正比地增加,为了增加很小的磁通就必须增加很大的励磁电流,曲线出现饱和。图 2.3.2 中直线 1 是曲线 2 直线部分的切线。为了有效地利用材料,直流电机额定运行时的 Φ_N 一般设计在磁化曲线开始拐弯处的 a 点。

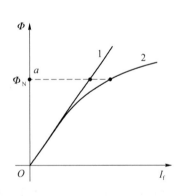

图 2.3.2　直流电机磁化曲线

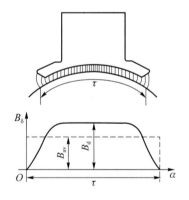

图 2.3.3　气隙磁通密度分布

2.3.2　空载磁场气隙磁感应密度波形

　　从图 2.3.1 可以看出,由于电机磁极内表面与电枢铁心外表面之间气隙不均匀,磁极中心处的气隙较小;磁极的两个极尖处气隙增大;两极之间的几何中性线处,磁密等于零。若不考虑电枢表面齿和槽的影响,在一个极距范围内,电机气隙中的主磁场的磁感应密度 B_δ 分布如图 2.3.3 所示。

　　气隙磁通指经过气隙进入电枢铁心的磁通。电枢表面实际上是有槽和齿的,为了简单起见,不考虑槽和齿对气隙磁通密度的影响,并认为电枢表面是光滑的,这种情况下气隙磁

通密度 B_δ 分布如图 2.3.3 所示。

　　根据磁密分布曲线和电枢的尺寸,可以计算出每极下进入电枢的磁通量,在计算性能时,每极磁通量是一个很重要的数据。

　　计算每极磁通量时,可将气隙磁密波等效为矩形波。如图 2.3.3 所示,B_{av} 是气隙磁密的平均值。

$$B_{av} = \frac{1}{\tau} \int_0^\tau B_\delta \mathrm{d}a \tag{2-8}$$

当铁心长为 l 时,每极磁通量为

$$\Phi = B_{av} \tau l \tag{2-9}$$

2.4　直流电机负载时的磁场和电枢反应

　　前面已经分析了直流电机空载时主磁极所建立的气隙磁场。当电机带上负载后,如电动机轴上拖动生产机械或发电机发出了电功率,情况就发生了变化。电枢绕组流过电流,电枢电流也产生磁动势,叫作电枢磁动势。电枢磁动势必然对空载时只有励磁电流单独产生的气隙磁场有一定的影响,改变了气隙磁密分布和每极磁通量的大小,从而对电机运行性能也产生了一定的影响。电枢磁动势不仅与电枢电流大小有关,它还受电刷位置的影响。我们把电枢磁动势对气隙磁场的影响称为电枢反应。

2.4.1　交轴电枢反应

　　图 2.4.1(a)是电机空载时主磁极励磁绕组所建立的主磁场分布图,磁力线以磁极轴线为对称轴。设电刷在几何中性线上(这里省略了换向器),当直流电机负载运行时在一个磁极下通过电枢导体的电流都是一个方向,相邻不同极性的磁极下通过电枢导体的电流方向相反。在电枢电流产生的电枢磁动势的作用下,电机的电枢磁场如图 2.4.1(b)所示。

　　电枢是旋转的,但是电枢导体中电流分布情况不变,因此电枢磁动势的方向是不变的,相对静止。电枢磁场以电刷为极轴线,电刷处(即二极直流电机几何中性线处)电枢磁动势最强,而在主磁极的极轴线处电枢磁动势为零。电枢磁场的轴线与主磁场的轴线相互垂直。当电刷位于几何中性线上时,电枢磁动势刚好与主磁极磁动势正交,因此把这时的电枢反应称为交轴电枢反应。

　　当直流电机负载运行时,电机内的磁场由主磁极磁场和电枢磁场合成。如不考虑磁路的饱和,可将两者叠加起来,得到如图 2.4.1(c)所示的合成磁场。由图可见,电枢反应的结果使主磁极磁场的分布发生畸变。同时,合成磁场对主磁极轴线已不再对称了,使得物理中性线(通过磁密为零的点并与电枢表面垂直的直线)由原来与几何中性线相重合的位置移动了一个角度 α。对电动机而言,物理中性线逆转向移过几何中性线 α 角度,对发电机而言,物理中性线顺转向移过几何中性线 α 角度。

　　气隙磁场发生畸变的原因是电枢反应使一半极面下的磁通密度增加,而使另一半极面

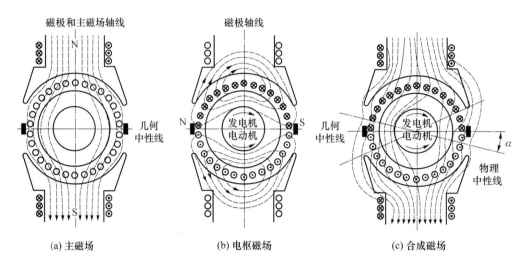

图 2.4.1　交轴电枢反应合成磁场

下的磁通密度减少。当磁路不饱和时,若整个极面下磁通的增加量与减少量正好相等,则整个极面下总的磁通量仍保持不变。但由于磁路存在饱和现象,磁通密度的增加量要比减少量略少一些。这样,每极下的磁通量将会由于电枢反应的作用有所削弱。这种现象称为电枢反应的去磁作用。

2.4.2　直轴电枢反应

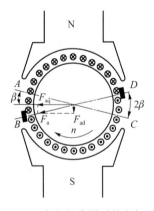

图 2.4.2　发电机移刷后的电枢反应

由于装配等原因,电刷常常不在几何中性线上时,电枢磁动势可以分解为交轴电枢磁动势和直轴磁动势两个分量,即交轴电枢磁动势 F_{aq} 和直轴电枢磁动势 F_{ad}。图 2.4.2 所示为直流发电机电刷逆旋转方向移动一个 β 角时的电枢反应情况。这时,电枢磁动势的轴线及外接负载时的电枢导体电流方向分界线是以电刷为界的。图 2.4.2 中直线 AC 与电刷线 BD 关于几何中性线对称。线 AC 和线 BD 把电枢圆周表面分成 4 个区域。弧 $\overset{\frown}{AD}$ 和弧 $\overset{\frown}{BC}$ 段导体产生交轴电枢磁动势 F_{aq},它对气隙磁场的影响与电刷在几何中性线上是一样的。弧 $\overset{\frown}{AB}$ 和弧 $\overset{\frown}{CD}$ 段导体(2β 角度之内)产生直轴电枢磁动势 F_{ad},其轴线与主磁极轴线重合。直轴电枢磁动势 F_{ad} 对主磁极磁场的影响称为直轴电枢反应。

直流发电机逆转向移动电刷时,F_{ad} 与主磁极磁动势方向相同,起增磁作用。直流发电机顺转向移动电刷时,F_{ad} 与主磁极磁动势方向相反,起去磁作用。

总的来说,电机负载时,会有电枢反应。电枢反应的作用如下:

① 使气隙磁场分布发生畸变;

② 使物理中性线位移；

③ 起去磁作用。

2.5　直流电机的感应电动势和电磁转矩

2.5.1　电枢电动势

无论是发电机还是电动机，只要电枢旋转切割磁通就会在电枢绕组中产生感应电动势，经过电刷与换向器的整流作用，在正负电刷间得到极性不变的直流电动势，称刷间电动势为电枢电动势。由上述可知，直流电机电枢绕组是由 $2a$ 条并联支路组成的，电枢电动势等于其中一条支路的电动势。

设绕组元件为整距元件，导体数目很多并均匀地分布在光滑的电枢圆周表面，电刷在几何中性线上。电枢旋转时，就一个元件来说，一会儿在 N 极下，一会儿又在 S 极下，元件本身的感应电动势的大小和方向都在变化着，但是从绕组电路图可知，各个支路所含元件数量相等，各支路的电动势相等且方向不变。于是，可以先求出一根导体在一个极距范围内切割气隙磁密产生的平均电动势，再乘以一条支路里的串联总导体数，$N/2a$（N 为电枢总导体数，$N=2SN_y$，S 为元件数，N_y 为元件匝数）便是电枢电动势了。

设一个磁极极距范围内，平均磁密用 B_{av} 表示，极距用 τ 表示，电枢导体的有效长度为 l，每极磁通为 Φ，电枢绕组总的导体数为 N，并联支路数为 $2a$，则平均磁密为

$$B_{av}=\frac{\Phi}{\tau l} \tag{2-10}$$

一根导体的平均电动势为

$$e_{av}=B_{av}lv \tag{2-11}$$

其中，v 为导体切割磁场的线速度。

$$v=2p\tau\frac{n}{60} \tag{2-12}$$

其中，p 为电机极对数，n 为电机转速，所以

$$e_{av}=\frac{\Phi}{\tau l}l\cdot 2p\tau\frac{n}{60}=2p\Phi\frac{n}{60} \tag{2-13}$$

导体平均感应电动势的大小只与导体每秒所切割的总磁通量有关，与气隙磁密的分布波形无关。于是当电刷放在几何中性线上时，电枢电动势为

$$E_a=\frac{N}{2a}e_{av}=\frac{N}{2a}\cdot 2p\Phi\frac{n}{60}=\frac{pN}{60a}\Phi n=C_e\Phi n \tag{2-14}$$

其中，$C_e=\dfrac{pN}{60a}$ 是一个常数，称为电动势常数。如果每极磁通的单位为 Wb，转速的单位为 r/min，则电枢电动势 E_a 的单位为 V。

从式（2-14）可以看出，对于一个已经制造好的电机，它的电枢电动势正比于每极磁通 Φ 和转速 n。

例 2-4 已知一台 10 kW、2 850 r/min 的四极直流发电机,电枢绕组是单波绕组,整个电枢总导体数为 372。当发电机发出的电动势 $E_a = 250$ V 时,求这时气隙每极磁通量 Φ。

解 已知 $p = 2, a = 1$(单波绕组 a 恒等于 1),则

$$C_e = \frac{pN}{60a} = \frac{2 \times 372}{60 \times 1} = 12.4$$

由 $E_a = C_e \Phi n$,得

$$\Phi = \frac{E_a}{C_e n} = \frac{250}{12.4 \times 2\,850} \approx 70.7 \times 10^{-4} \text{ Wb}$$

2.5.2 电磁转矩

直流电机的电磁转矩,是指电机在正常运行时,电枢绕组流过电流,这些载流导体在磁场中受力所形成的总转矩。无论是直流发电机还是直流电动机,只要电枢绕组中流过电流,这些载流导体在磁场中就会受力,即为电磁转矩。

设绕组元件为整距元件,导体数目很多并均匀地分布在光滑的电枢圆周表面,电刷放在几何中性线上。

根据载流导体在磁场中受力的原理,一根导体所受的平均电磁力为

$$f_{av} = B_{av} l i_a \tag{2-15}$$

其中,i_a 是导体中的电流,即支路电流;l 是导体的有效长度。

一根导体所受的平均电磁力乘以电枢的半径为一根导体所受的平均转矩,即

$$T_{av} = f_{av} \frac{D}{2} \tag{2-16}$$

其中,D 是电枢的直径,$D = 2p\tau/\pi$。

电机总电磁转矩用 T 表示,为

$$T = B_{av} l \frac{I_a}{2a} N \frac{D}{2} = \frac{\Phi}{l\tau} l \frac{I_a}{2a} N \frac{2p\tau}{2\pi} = \frac{pN}{2\pi a} \Phi I_a = C_T \Phi I_a \tag{2-17}$$

其中,$C_T = \frac{pN}{2\pi a}$ 是一个常数,称为转矩常数;$I_a = 2a i_a$ 是电枢总电流。如果每极磁通的单位为 Wb,电枢电流的单位为 A,则电磁转矩的单位为 N·m。

从电磁转矩的表达式可以看出,对于一台固定的直流电机,电磁转矩的大小正比于每极磁通和电枢电流。

电动势常数和转矩常数都是取决于电机结构的数据,对一台已制成的电机,C_e 和 C_T 都是恒定不变的常数,并且两者之间有一固定的关系,即

$$\frac{C_T}{C_e} = \frac{60}{2\pi} = 9.55 \quad \text{或} \quad C_T = 9.55 C_e$$

例 2-5 已知一台四极他励直流电动机额定功率为 100 kW,额定电压为 330 V,额定转速为 730 r/min,额定效率为 0.915,单波绕组,电枢总导体数为 186,额定每极磁通为 6.98×10^{-2} Wb,求额定电磁转矩。

解 转矩常数为

$$C_T = \frac{pN}{2\pi a} = \frac{2 \times 186}{2\pi \times 1} \approx 59.2$$

$$I_{N} = \frac{P_{N}}{U_{N}\eta_{N}} = \frac{100 \times 10^{3}}{330 \times 0.915} \approx 331 \text{ A}$$

额定电磁转矩为

$$T_{N} = C_{T}\Phi_{N}I_{N} = 59.2 \times 6.98 \times 10^{-2} \times 331 \approx 1\ 367.7 \text{ N} \cdot \text{m}$$

电枢电动势及电磁转矩的数量关系已经知道，它们的方向可分别根据右手定则和左手定则来确定。

2.6　直流发电机

2.6.1　直流电机的励磁方式

直流发电机和电动机的性能与它的励磁方式有密切关系，因而，一般按励磁方式分类。图 2.6.1 中，I_{G} 为直流发电机输出电流；I_{M} 为直流电动机输入电流；I_{f} 为直流电机的励磁电流；E_{a} 为直流电机的感应电动势。

1. 他励直流电机

他励直流电机的励磁电流由另外的独立直流电源供给，永磁直流电机不需要励磁电源，可以认为他励直流电机的主磁场与电枢电压无关。其接线图如图 2.6.1(a)所示。

2. 自励直流电机

自励直流电机用自己发出来的电给自己的励磁绕组励磁，可分如下 3 种。

① 并励电机。并励电机的励磁绕组和电枢绕组并联，励磁回路所加的电压就是电枢两端的电压，其接线图如图 2.6.1(b)所示。对于电动机，$I_{M} = I_{a} + I_{f}$；对于直流发电机，$I_{a} = I_{G} + I_{f}$。

② 串励电机。串励电机的励磁绕组与电枢串联，励磁电流就是电枢电流，也是负载电流，$I_{f} = I_{a}$，其接线图如图 2.6.1(c)所示。

③ 复励电机。复励电机既有并励绕组又有串励绕组，有两种接线方式：一种是短分接法；另一种是长分接法。这两种接法分别如图 2.6.1(d)和(e)所示。

2.6.2　直流发电机的基本方程

1. 电压平衡方程式

当由原动机拖动直流发电机转子旋转时，电枢绕组在磁场中作切割磁力线运动，产生感应电动势 E_{a}。如果外接负载，那么电枢将有电流 I_{a} 流过，且 I_{a} 的方向与 E_{a} 相同。不同的励磁方式有不同的方程式，以图 2.6.1(a)为例，如果励磁回路总电阻为 R_{f}，电枢回路总电阻为 R_{a}（它包括电枢绕组电阻及两个电刷的接触电阻），则输出电压等于电动势 E_{a} 减去总内阻压降，因此他励发电机的电压平衡方程式为

$$U = E_{a} - I_{a}R_{a} \tag{2-18}$$

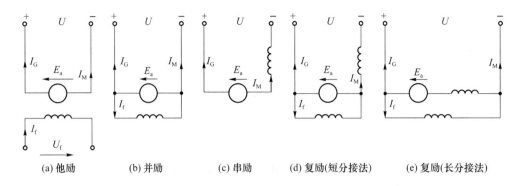

(a) 他励   (b) 并励   (c) 串励   (d) 复励(短分接法)   (e) 复励(长分接法)

图 2.6.1 各种励磁方式的直流电机

2. 转矩平衡方程式

图 2.6.2 所示为一台直流发电机。发电机转子以恒速 n 旋转,原动机的拖动转矩为

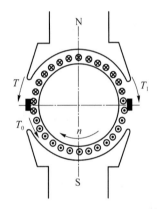

图 2.6.2 直流发电机的转矩平衡

T_1,n 和 T_1 为顺时针方向。这时,发电机轴上共 3 个转矩:第一个是原动机的拖动转矩 T_1;第二个是发电机的电磁转矩 T,它是电枢导体流过电流时,由电枢电流和气隙磁场相互作用产生的,电磁转矩 T 的方向由左手定则确定,沿逆时针方向,在发电机中电磁转矩 T 起制动作用;第三个转矩是空载转矩 T_0,它是由发电机的机械摩擦及铁损耗等引起的阻转矩,方向总是和旋转方向相反,也起制动作用。当发电机稳定运行时,转速 n 恒定不变,转矩平衡方程式为

$$T_1 = T + T_0 \tag{2-19}$$

在发电机中,$T_1 > T$。发电机的旋转方向由拖动转矩 T_1 决定。

3. 功率平衡方程式

从原动机输入的机械功率 P_1 可表示为

$$P_1 = T_1 \Omega = (T + T_0)\Omega = P_M + p_0 \tag{2-20}$$

其中,Ω 为机械角速度;$P_M = \Omega T$ 为电磁功率;$p_0 = \Omega T_0$ 为空载损耗。

2.6.3 直流发电机的效率和损耗

式(2-20)中,电磁功率 P_M 为转换成电枢回路的电功率,即

$$P_M = T\Omega = C_T \Phi I_a \Omega = \frac{pN}{2\pi a}\Phi I_a \frac{2\pi n}{60} = \frac{pN}{60a}\Phi n I_a = C_e \Phi n I_a = E_a I_a \tag{2-21}$$

对于并励发电机,如图 2.6.1(b)所示,由式(2-21)得

$$P_M = (U + I_a R_a)I_a = UI_a + I_a^2 R_a = U(I_G + I_f) + p_{Cua} = P_2 + p_{Cuf} + p_{Cua} \tag{2-22}$$

其中 $P_2 = UI_G$,为发电机输出的电功率;$p_{Cuf} = UI_f$,为励磁回路消耗的功率;$p_{Cua} = I_a^2 R_a$,为电枢回路总铜损耗。

式(2-20)中的空载损耗 p_0 为

$$p_0 = p_{Fe} + p_m + p_s \tag{2-23}$$

其中，p_{Fe} 为铁损耗；p_m 为机械损耗；p_s 为附加损耗。附加损耗又叫杂散损耗。例如，电枢反应使磁场扭曲，从而使铁损耗增大；电枢齿槽的影响造成磁场脉动，引起极靴及电枢铁心损耗增大等。此损耗一般不易计算，对无补偿绕组的直流电机，按额定功率的 1% 估算；对有补偿绕组的直流电机，按额定功率的 0.5% 估算。

由以上各式可得

$$P_1 = P_2 + p_{Fe} + p_m + p_{Cuf} + p_{Cua} + p_s = P_2 + \sum p \tag{2-24}$$

根据直流发电机功率与各部分损耗的关系，可以画出并励直流发电机的功率流程图，如图 2.6.3 所示。

发电机的效率 η 为

$$\eta = \frac{P_2}{P_1} = 1 - \frac{\sum p}{P_2 + \sum p} \tag{2-25}$$

额定负载时，直流发电机的效率与电机的容量有关。10 kW 以下的小型电机效率约为 75%～85%；10～100 kW 的电机效率约为 85%～90%；100～1 000 kW 的电机效率约为 88%～93%。

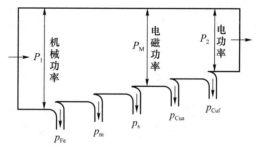

图 2.6.3　直流发电机功率流程图

2.6.4　直流发电机的运行特性

直流发电机运行时，其转速由原动机带动保证恒速运行，所以表征其运行的物理量主要有：发电机的电枢电压 U、电枢电流 I_a 和励磁电流 I_f。在 U、I_a、I_f 之间，保持其中一个量不变，则另外两个物理量之间的函数关系称为发电机的运行特性，主要如下。

① 空载特性：当 $n=$ 常数且 $I_a=0$ 时，输出电压 U_0 随励磁电流 I_f 变化的关系 $U_0 = f(I_f)$ 称为空载特性。

② 外特性：当 $n=$ 常数且 $I_f=$ 常数时，发电机的电枢电压 U 随电枢电流 I_a 变化的关系 $U = f(I_a)$ 称为外特性。

③ 调节特性：当 $U=$ 常数时，励磁电流 I_f 随电枢电流 I_a 的变化关系 $I_f = (I_a)$ 称为调节特性。

1. 他励直流发电机的特性

（1）他励直流发电机的空载特性

他励直流发电机空载特性的实验线路如图 2.6.4 所示。做实验时，闭合励磁电源开关

S_1，励磁绕组中有励磁电流 I_f，切断负载开关 S_2，保持转速 $n=n_N$ 不变，调整励磁电位器的滑动端，使 $I_f=0$，从这点开始逐渐单方向增大励磁电流 I_f，测量并记录相应的 I_f 与电机端电压 U_0，直到 U_0 上升到 $(1.1\sim1.3)U_N$，再逐渐单方向调小 I_f 到零，记录多组 I_f 与对应的 U_0。然后将励磁电流反向，再次单方向增加 I_f 直到 U_0 为 $(1.1\sim1.3)U_N$，记录各点的 I_f 与对应的 U_0，再单方向减小 I_f 到零，记录各点的 I_f 和 U_0。将测得的 I_f 和对应的 U_0 绘成曲线。如图 2.6.5 所示，由于铁磁材料的磁滞现象，测得的 $U_0=f(I_f)$ 曲线形成一闭合的回线。由于电机有剩磁，当 $I_f=0$ 时仍有一个很低的电压，称为剩磁电压，数值一般为额定电压的 $2\%\sim4\%$。$U_0=f(I_f)$ 的形状与磁化曲线 $\phi=f(I_f)$ 形状一致，这是因为空载时发电机端电压就是电动势，而 $E_a=C_e\phi n$，这时 C_e 与 n 为常数，所以 E_a 与 ϕ 成正比。实践中采用平均曲线作为空载特性曲线，如图 2.6.5 中虚线所示。

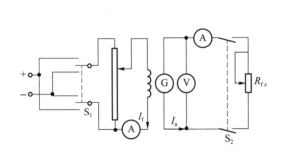

图 2.6.4　他励直流发电机空载特性的实验线路　　　图 2.6.5　直流发电机空载特性曲线

发电机的额定电压工作点如图 2.6.5 中 c 点所示，一般选在曲线开始饱和的弯曲处，常将该处称为膝点。如果额定工作点选在曲线的直线部分，则磁密太低，铁心没有充分利用，发电机体积会偏大，成本增加，另外磁动势稍有变化（通常是电枢反应引起的），电压就有很大的变化，对要求在稳定电压下工作的负载是不适合的；如果 c 点选在饱和区域，就会增大励磁电流，使发电机磁阻增大，损耗增大，效率降低，运行性能不好，还会增加励磁绕组的匝数，增加用铜量。所以，设计发电机时，c 点总是选在磁化曲线的膝点附近。

由以上分析可知，空载特性实际上反映了 I_f 与 $U_0(E_a)$ 之间的关系，而与产生 I_f 的方式无关。并励发电机（或其他发电机）的空载特性，也可以用上述方法求得。

（2）他励直流发电机的外特性

他励直流发电机的外特性实验线路仍用图 2.6.4 所示线路。实验时保持转速 $n=n_N$ 不变，闭合励磁电源开关 S_1 和负载开关 S_2，然后逐渐增大励磁电流 I_f，使发电机的电压 U 和负载电流 I_a 随之增大。调节负载电阻 R_{fz} 从最大值逐渐减小，同时适当调节励磁电流 I_f，使 $U=U_N$，$I_a=I_N$，电机工作在额定状态，这时的励磁电流 I_f 为额定励磁电流，以 I_{fN} 表示。I_{fN} 保持不变，调节负载电位器使 R_{fz} 增大，使 I_a 由 I_N 逐渐减小到零，测量并记录各点的 I_a 及其对应的电压 U，绘出 $U=f(I_a)$ 曲线，即为他励直流发电机外特性曲线，如图 2.6.6 所示。

由图 2.6.6 中曲线可知，输出电压随负载电流的增加而略有下降，外特性曲线是一条略微向下倾斜的曲线。他励直流发电机曲线下倾的原因有两个：其一是负载电流增加时，发电机内部电阻压降 I_aR_a 增大，由式 $U=E_a-I_aR_a$ 可知，这时 E_a 不会增大，输出电压将随 I_aR_a

的增大而减小;其二是负载电流增加时,电枢反应的去磁作用增强,这将使发电机的电动势 E_a 比空载时有所减小,从而使输出电压 U 有所下降。

实际上,他励直流发电机的输出电压随负载电流的增加有所下降,但下降并不很多,接近于恒压源。为了从数量上表示这个电压变化的程度,可用电压变化率衡量。按国家标准规定,用发电机由额定状态($n=n_N$,$I_f=I_{fN}$,$U=U_N$,$I_a=I_N$)过渡到空载($I_a=0$,$n=n_N$,$I_f=I_{fN}$)时的电压增加量与额定电压的比值表示电压变化率,为

$$\Delta U = \frac{U_0 - U_N}{U_N} \times 100\% \qquad (2\text{-}26)$$

其中,U_0 为空载时的电压;ΔU 为电压变化率,也称电压调整率。

他励直流发电机的电压调整率约为 $5\% \sim 10\%$。

(3) 他励直流发电机调节特性

当负载电流发生变化时,维持他励直流发电机的电压不变,需要调节励磁电流,负载电流增大时励磁电流也增大,图 2.6.7 所示是调节特性曲线。

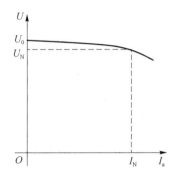

图 2.6.6　他励直流发电机外特性曲线　　　图 2.6.7　他励直流发电机的调节特性

2. 并励直流发电机的特性

(1) 并励直流发电机的自励条件及电压建立过程

图 2.6.8 所示为并励直流发电机接线图,由图看出 $I_a=I_f+I$。它与他励直流发电机的不同之处是由它自己发出的直流电为它自己的励磁绕组励磁,不需要另外的励磁电源,所以又称"自励发电机"。并励直流发电机的励磁电流一般仅为电机额定电流的 $1\% \sim 5\%$,因此励磁电流对电枢电压的数值影响不大。由于并励直流发电机是自励的,因而首先应该分析发电机的端电压是如何建立的这一个特殊问题。使发电机的转速 n_N 保持不变,断开开关 S,使发电机运行在空载状态。开始电机并无正常的输出电压,要想建立起正常的电枢电压,必须满足一些必要的条件。

建立正常电枢电压的一个条件是发电机要有剩磁,电枢绕组切割剩磁的磁力线,便可产生一个不大的剩磁电压,它能在励磁绕组中产生一个不大的励磁电流。如果这个励磁电流产生的磁场方向与剩磁的磁场方向一致,就能使励磁磁场增强,从而使电枢电动势增加,进而又使励磁电流加大,这样循环进行下去,才有可能建立起正常的电枢电压。如果接线错误,则励磁电流所产生的磁场方向与剩磁的磁场方向相反,就会把仅有的剩磁电压削减,建立不了正常的电压。

建立正常电枢电压的另一个条件是,励磁回路的总电阻必须小于临界电阻,这个问题根

据图 2.6.9 解释。图 2.6.9 中曲线 1 是发电机的空载特性曲线。一般,并励直流发电机的励磁电流很小,它引起的电枢反应、电阻压降及动态电感压降 $L_a \mathrm{d}i_f/\mathrm{d}t$ 都很小,可以忽略。并励直流发电机空载特性〔$U_0 = f(I_f)$〕曲线与他励直流发电机的空载特性曲线基本相同,由于空载时负载电流为零,所以电枢电流就等于励磁电流。图 2.6.9 中直线 2 是励磁回路的伏安特性〔$U_f = I_f R_f$〕曲线,又称场阻线,它的斜率为 $\tan \alpha = U_f/I_f = R_f$。在建立正常电枢电压的过程中,励磁电流 I_f 一直在上升,励磁回路的电压平衡方程式可以写成

$$U_0 = R_f i_f + L_f \frac{\mathrm{d}i_f}{\mathrm{d}t} \tag{2-27}$$

在图 2.6.9 中,对应同一励磁电流 I_f,空载特性上的电压 U_0 高于场阻线上的电压 $I_f R_f$ 的部分正是 $L_f \mathrm{d}i_f/\mathrm{d}t$,由图可知,在 a 点之前 $L_f \mathrm{d}i_f/\mathrm{d}t$ 总大于零,所以 I_f 一直上升,$L_f \mathrm{d}i_f/\mathrm{d}t$ 越大,I_f 和 U_0 上升越快。但是由于铁心饱和作用,$L_f \mathrm{d}i_f/\mathrm{d}t$ 越来越小。当达到 a 点时,空载特性曲线与伏安特性曲线相交,$U_0 = I_f R_f$,$L_f \mathrm{d}i_f/\mathrm{d}t = 0$,电压稳定在 a 点不再变化,这时发电机已经建立起正常电压。这时,如果改变发电机的转速 n 和励磁电阻 R_f,就可以改变交点 a 的位置。

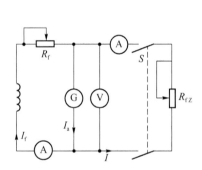

图 2.6.8 并励直流发电机接线图

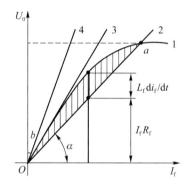

图 2.6.9 并励直流发电机的自励

如果励磁回路电阻过大,伏安特性曲线为图 2.6.9 的直线 4,它与空载特性曲线的交点 b 对应的电压很小,若发电机稳定运行于此点,就不能建立起正常的输出电压,发电机不能自励。

当伏安特性曲线为图 2.6.9 中的直线 3 时,它与空载特性曲线的直线部分重合,这时发电机没有稳定的工作点,实际上发电机也不能正常自励,发电机的电压在与剩磁电压相近的数值处。对应直线 3 的励磁回路总电阻称为临界电阻,所以并励直流发电机要想建立起正常的输出电压,励磁回路的总电阻必须小于临界电阻。如果发电机的转速变为另外的一个转速 n,它的空载特性曲线也随之变为另外一条空载特性曲线。相对应的临界电阻也随之变化,这点也必须予以关注。

综上所述,并励直流发电机自励条件如下。

① 发电机必须有剩磁,如果无剩磁或剩磁太弱,则可用另外的直流电源给励磁绕组通电(充磁)。

② 励磁绕组并联到电枢两端,线端的接法应与旋转方向配合,以使励磁电流产生的磁场方向与剩磁的磁场方向一致。如果发现在励磁绕组接入后,电枢电压不但不升,反而降低

了,则说明励磁绕组的接法不对。这时,只要把励磁绕组接到电枢上的两根引线对调即可。

③ 励磁回路的总电阻必须小于临界电阻。如果电机的转速太低,使得与此转速相对应的临界电阻值太小,甚至在极端情况下,励磁绕组本身的电阻值已超过其所对应的临界电阻值,电机都是不能自励的。唯一的办法是提高电机的转速,从而提高临界电阻值。

（2）并励直流发电机的外特性

并励直流发电机的外特性也可用图 2.6.8 所示线路用实验的方法测得。在发电机建立正常电压之后闭合开关 S,调节负载电位器以改变负载电流 I,测量并记录各点的 U 与 I,I 与 I_a 区别不大,给出的特性曲线如图 2.6.10 中曲线 2 所示。并励发电机的电压调整率约为 30%。图 2.6.10 中还画出了他励直流发电机的外特性曲线,如曲线 1 所示。由图 2.6.10 可以看到,当负载电流由零开始增加时,并励直流发电机的电压比他励直流发电机电压下降得大。这是因为在并励直流发电机中,除与他励直流发电机同样有电阻

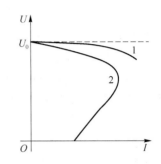

图 2.6.10　并励直流发电机的外特性曲线

压降和电枢反应去磁使电机端电压下降外,电压下降还会导致励磁电流减小,进而使磁通减小。励磁电流的减小在磁路饱和时引起的电压减小量尚不明显,但当 R_f 减小到一定程度时,电压下降较大,励磁电流明显减小,磁路退出饱和,这时励磁电流减小的影响就加大了。当 R_f 再减小到一定程度时,由于励磁电流的下降导致电压降低,负载电流不再增加,反而随 R_f 的减小而减小,当 R_f 减小到零时,电压变为零。这时的短路电流仅由剩磁电压产生,一般不超过额定电流,故并励直流发电机外特性有图 2.6.10 中曲线 2 的形状。图 2.6.10 中负载电流 I 的最大值称为临界电流,一般不超过额定电流的 2.5 倍。

尽管并励直流发电机的短路电流和临界电流不十分大,但也要避免并励直流发电机的突然短路,因为突然短路产生的冲击电流仍可能超过短路电流和临界电流的数值,从而损坏发电机。

（3）并励直流发电机的调节特性

并励直流发电机的电枢电流 I_a 比他励直流发电机仅多了一个励磁电流 I_f,所以其调节特性与他励直流发电机的调节特性相似。

例 2-6　一台并励直流发电机,$P_N = 27\ kW$,$U_N = 115\ V$,$n_N = 1\ 460\ r/min$。满载时电枢绕组铜损耗 $p_{Cua} = 0.6\ kW$,励磁回路总损耗 $p_{Cuf} = 0.3\ kW$,电刷的接触电压降 $2\Delta U_b = 2\ V$。试求:I_N、I_f、I_a、R_a、R_f、T 分别是多少?

解　额定电流:

$$I_N = P_N/U_N = 27\ 000/115 \approx 234.78\ A$$

励磁电流:

$$I_f = p_{Cuf}/U_f = 300/115 \approx 2.608\ 7\ A$$

电枢电流:

$$I_a = I_N + I_f \approx 237.39\ A$$

电枢回路电阻:

$$R_a = p_{Cua}/I_a^2 \approx 0.010\ 647\ \Omega$$

励磁回路总电阻:

$$R_{f} = U_{N}/I_{N} = 44.083 \ \Omega$$

电磁转矩：

$$T = P_{M}/\Omega = E_{a}I_{a}/\Omega = (U_{N} + I_{a}R_{a} + 2\Delta U_{b})I_{a}/(2\pi n_{N}/60) \approx 185.59 \ \text{N} \cdot \text{m}$$

3. 复励直流发电机特性

复励直流发电机接线图如图 2.6.1(d) 和 (e) 所示。复励直流发电机的主磁极上有两个励磁绕组，即并励绕组和串励绕组。其中，并励绕组的匝数多、导线细、电阻大；串励绕组的匝数少、导线粗、电阻小。根据两个励磁绕组磁动势方向的区别，可将复励发电机分为两种：两个励磁绕组磁动势方向相同的称为积复励发电机；两个励磁绕组磁动势方向相反的称为差复励发电机。由两者的磁动势共同产生电机的磁场，但以并励绕组为主，串励绕组为辅。复励发电机的自励条件和自励过程与并励发电机相同。在积复励发电机中，负载增加时，串励绕组的磁动势增加，使电机的磁通和电动势随之增加，可以补偿发电机由于负载增大而造成的输出电压的下降，使发电机的端电压在一定的负载范围内基本维持恒定。

复励直流发电机既不需要直流电源励磁，又能维持端电压恒定。因此，它作为直流电源具有较好的性能。一般，复励直流发电机多为积复励发电机。差复励发电机用在直流电焊机等特殊场合。

2.7 直流电动机

直流电动机按励磁方式的分类同直流发电机。

2.7.1 直流电动机的基本方程

1. 电压平衡方程式

类似于直流发电机，直流电动机也可以根据能量守恒，导出电动机稳定运行时的运动方程式以表征其内部的电磁过程和机电过程。图 2.7.1 是他励直流电动机运行原理接线图。必须先规定好相关物理量的正方向，如图 2.7.1 所示。这是按电动机惯例规定的电枢电压 U、电枢电流 I_{a}、电枢绕组的感应电动势 E_{a}、负载转矩 T_{L} 和空载转矩 T_{0} 的正方向。在电动机中，电枢绕组切割磁场产生的感应电动势 E_{a} 与电流 I_{a} 方向相反，故称反动势。该电动势数值由式 $E_{a} = C_{e}\phi n$ 确定。由此可知，直流电动机外加电压被反电动势及电枢回路总电阻压降所平衡，有

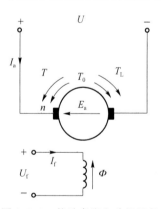

图 2.7.1 他励直流电动机运行
原理接线图

$$U = E_{a} + I_{a}R_{a} \qquad (2\text{-}28)$$

2. 转矩平衡方程式

直流电动机通电后，电枢电流 I_{a} 在磁场中受力产生电磁转矩 T，在拖动电磁转矩 T 的作用下电动机以转速 n 旋转，二者方向相同。电磁转矩 T 的数值为 $T = C_{T}\phi I_{a}$。电磁转矩拖动生产机械做功，电磁转矩减去空载转矩 T_{0} 后余下的为

输出转矩 T_2，当输出转矩 T_2 与生产机械负载转矩 T_m 刚好平衡时，电动机以稳定转速运行。因此，电动机的转矩平衡方程式为

$$T = T_0 + T_2$$

或

$$T = T_0 + T_m \tag{2-29}$$

电动机稳定运行时，电磁转矩一定与负载转矩 $T_0 + T_2$ 大小相等，方向相反。如果负载转矩已知，电磁转矩 $T = C_T \phi I_a$ 为定数，每极磁通为常数时，I_a 取决于 $T_0 + T_2 / C_T \phi$。由式 (2-28) 知，如果电枢回路电阻 R_a 一定，外加电压 U 给定，感应电动势 E_a 就确定了，而电动机的转速 $n = E_a / C_T \phi$ 也就确定了。

3. 功率平衡方程式

这里以并励直流电动机为例说明功率平衡关系。并励直流电动机从电源输入的电功率为

$$\begin{aligned} P_1 &= UI = U(I_a + I_f) = (E_a + I_a R_a) I_a + U I_f \\ &= E_a I_a + I_a^2 R_a + U I_f \\ &= P_M + p_{Cua} + p_{Cuf} \end{aligned} \tag{2-30}$$

其中，$p_{Cua} = I_a^2 R_a$ 为电枢绕组的铜损耗；p_{Cuf} 为励磁损耗，而电磁功率 P_M 为

$$P_M = E_a I_a = T\Omega = (T_2 + T_0)\Omega = P_2 + p_0 \tag{2-31}$$

其中，P_2 为电机轴上输出的机械功率；p_0 为电机的空载损耗，包括铁心损耗 p_{Fe}、机械损耗 p_m 及附加损耗 p_s，即

$$p_0 = p_{Fe} + p_m + p_s \tag{2-32}$$

由以上各式可得

$$P_1 = P_2 + p_{Cuf} + p_{Cua} + p_{Fe} + p_m + p_s = P_2 + \sum p \tag{2-33}$$

其中，$\sum p = p_{Cuf} + p_{Cua} + p_{Fe} + p_m + p_s$ 为并励电机总损耗。

根据直流电动机功率与各部分损耗的关系，可以画出直流电动机的功率流程图，如图 2.7.2 所示。

电动机的效率 η 为

$$\eta = \frac{P_2}{P_1} = 1 - \frac{\sum p}{P_2 + \sum p} \tag{2-34}$$

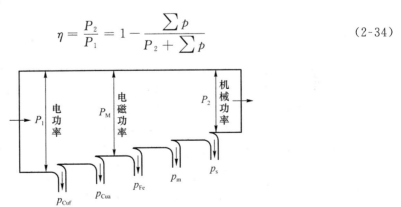

图 2.7.2　直流电动机的功率流程图

2.7.2　直流电动机的特性

直流电动机的工作特性是指在 $U=U_N$、$I_f=I_{fN}$、电枢回路不外串电阻时,转速 n、电磁转矩 T 和效率 η 随输出功率 P_2 而变化的关系。在实际中,电枢电流可直接测得,P_2 不易测量。而电枢电流 I_a 随 P_2 的增大而增大,两者变化趋势相似,所以讨论 $n=f(P_2)$、$T=f(P_2)$、$\eta=f(P_2)$ 可以转化为讨论 $n=f(I_a)$、$T=f(I_a)$、$\eta=f(I_a)$。他励电动机和并励电动机的工作特性没有本质区别,可以合并讨论。

1. 他励(并励)直流电动机的工作特性

(1) 转速特性

当 $U=U_N$、$I_f=I_{fN}$、电枢回路无外串电阻时,$n=f(I_a)$ 的变化关系称为直流电动机的转速特性。图 2.7.1 所示是他励直流电动机运行原理接线图。由电压平衡方程式(2-28)和 $E_a=C_e\phi n$ 可知

$$E_a=U_N-I_aR_a$$

$$n=\frac{E_a}{C_e\phi}=\frac{U_N}{C_e\phi}-\frac{R_a}{C_e\phi}I_a=n_0-\beta I_a \tag{2-35}$$

其中,n_0 为电动机的理想空载转速,是电动机没带负载且忽略空载转矩(即认为 $T=T_0+T_2=0$,$I_a=0$)时的转速。由于 $I_f=I_{fN}$ 不变,如果不计电枢反应的去磁作用,则磁通 ϕ 恒定不变,这时 $n=f(I_a)$ 是一条略微下倾的直线。通常 R_a 很小,所以随着 I_a 的增加,转速 n 下降得并不多。对于大容量直流电动机,在电枢电流 I_a 额定时,电枢电阻压降 I_aR_a 差不多只占额定电压 U_N 的 $3\%\sim8\%$,所以额定负载时转速下降至只占 n_0 的 $3\%\sim8\%$。$n=f(I_a)$ 曲线如图 2.7.3 所示。

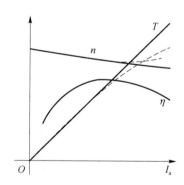

图 2.7.3　他励直流电动机工作特性

若考虑电枢反应的去磁作用,在 $I_f=I_{fN}$ 不变的条件下,当 I_a 增加时,磁通 ϕ 减少,则转速下降的速度减小,去磁作用太大,转速甚至可能上升。上升的转速特性(如图 2.7.3 中的虚线所示)将使运行不稳定,在设计电机时要注意这个问题,因为转速要随着电流的增加略微下降才能稳定运行。

(2) 转矩特性

当 $U=U_N$、$I_f=I_{fN}$、电枢回路无外串电阻时,$T=f(I_a)$ 的变化关系称为直流电动机的转矩特性。不计电枢反应的去磁作用时,有

$$T = C_{\text{T}}\phi I_{\text{a}} \propto I_{\text{a}}$$

电磁转矩与电枢电流成正比，其转矩特性是一条通过原点的直线。如果考虑电枢反应的去磁作用，由于负载增大，I_{a} 随之增大，电磁转矩特性曲线偏离直线略有下降，如图 2.7.3 中的虚线所示。

（3）效率特性

当 $U = U_{\text{N}}$、$I_{\text{f}} = I_{\text{fN}}$、电枢回路无外串电阻时，$\eta = f(I_{\text{a}})$ 的变化关系称为直流电动机的效率特性。对于并励电动机，不计电枢反应的去磁作用时，则

$$\eta = \frac{P_2}{P_1} = 1 - \frac{\sum p}{P_1} = 1 - \frac{p_{\text{Cuf}} + p_{\text{Cua}} + p_{\text{Fe}} + p_{\text{m}} + p_{\text{s}}}{U(I_{\text{a}} + I_{\text{f}})}$$

$$= 1 - \frac{p_{\text{Cuf}} + I_{\text{a}}^2 R_{\text{a}} + p_{\text{Fe}} + p_{\text{m}} + p_{\text{s}}}{U(I_{\text{a}} + I_{\text{f}})} \tag{2-36}$$

由于 $I_{\text{fN}} \ll I_{\text{N}}$，可不计 I_{f}，则式（2-36）变为

$$\eta = 1 - \frac{p_{\text{Cuf}} + I_{\text{a}}^2 R_{\text{a}} + p_{\text{Fe}} + p_{\text{m}} + p_{\text{s}}}{U I_{\text{a}}} \tag{2-37}$$

忽略附加损耗 p_{s}。（2-37）式中 $p_{\text{Cuf}} + p_{\text{Fe}} + p_{\text{m}}$ 基本上不随负载变化，称为不变损耗。而 $p_{\text{Cua}} = I_{\text{a}}^2 R_{\text{a}}$ 随负载变化，称为可变损耗（这里忽略了另一可变损耗，即电刷损耗 $2\Delta U I_{\text{a}}$）。依据式（2-37）绘出效率特性曲线 $\eta = f(I_{\text{a}})$，如图 2.7.3 所示。为求出效率的最大值，令 $\mathrm{d}\eta/\mathrm{d}I_{\text{a}} = 0$，可得

$$p_{\text{Cuf}} + p_{\text{Fe}} + p_{\text{m}} = I_{\text{a}}^2 R_{\text{a}} \tag{2-38}$$

可见，当电动机中不变损耗等于可变损耗时，电动机的效率最高。I_{a} 进一步增加时，可变损耗占总损耗的比例增大，效率反而略有下降。这一结论对其他电机也适用，具有普遍意义。通常，电动机的最大效率出现在额定功率的 3/4 左右。一般在额定功率时，中小型电机的效率为 75%～85%，大型电机的效率为 85%～94%。

例 2-7　一台并励直流电动机的额定数据如下：$P_{\text{N}} = 17\ \text{kW}$，$U_{\text{N}} = 220\ \text{V}$，$n_{\text{N}} = 3\ 000\ \text{r/min}$，$I_{\text{N}} = 88.9\ \text{A}$，电枢回路总电阻 $R_{\text{a}} = 0.114\ \Omega$，励磁回路电阻 $R_{\text{f}} = 181.5\ \Omega$。忽略电枢反应的影响，试求：

（1）电动机的额定输出转矩；

（2）额定负载时的电磁转矩；

（3）额定负载时的效率；

（4）理想空载（$I_{\text{a}} = 0$）时的转速；

（5）当电枢回路串入一个电阻 $R_{\text{c}} = 0.15\ \Omega$ 时，额定负载的转速。

解　（1）电动机的额定输出转矩：

$$T_{\text{N}} = 9.55\frac{P_{\text{N}}}{n_{\text{N}}} = 9.55 \times \frac{17 \times 10^3}{3\ 000} \approx 54\ \text{N} \cdot \text{m}$$

（2）额定负载时的电磁转矩的计算过程如下：

$$I_{\text{f}} = \frac{U_{\text{N}}}{R_{\text{f}}} = \frac{220}{181.5} \approx 1.2\ \text{A}$$

$$I_{\text{a}} = I_{\text{N}} - I_{\text{f}} = 88.9 - 1.2 = 87.7\ \text{A}$$

$$C_{\text{e}}\phi = \frac{U_{\text{N}} - I_{\text{a}}R_{\text{a}}}{n_{\text{N}}} = \frac{220 - 87.7 \times 0.114}{3\ 000} \approx 0.07\ \text{V/r}$$

$$T=9.55C_e\phi I_a=9.55\times0.07\times87.7\approx58.6 \text{ N}\cdot\text{m}$$

（3）额定负载时的效率：

$$\eta=\frac{P_N}{P_1}\times100\%=\frac{P_N}{U_N I_N}\times100\%=\frac{17\times10^3}{220\times88.9}\times100\%\approx86.9\%$$

（4）理想空载时的转速：

$$n_0=\frac{U_N}{C_e\phi}=\frac{220}{0.07}\approx3\ 143 \text{ r/min}$$

（5）当电枢回路串入电阻 $R_c=0.15\ \Omega$ 时，额定负载的转速为

$$n=\frac{U_N-I_a(R_a+R_c)}{C_e\phi}=\frac{220-87.7\times(0.114+0.15)}{0.07}\approx2\ 812 \text{ r/min}$$

2. 串励直流电动机的工作特性

当串励直流电动机电枢绕组与励磁绕组串联时，电枢电流 I_a 即为励磁电流 I_f，如图2.7.4所示。

（1）转速特性

当 $U=U_N$，电枢回路无外串电阻时，$n=f(I_a)$ 的变化关系称为串励直流电动机的转速特性。串励直流电动机电压平衡方程式的变换式为

$$E_a=C_e\phi n=U-I_a(R_a+R_f)$$

通过变换得

$$n=\frac{U}{C_e\phi}-\frac{I_a(R_a+R_f)}{C_e\phi} \tag{2-39}$$

当磁路不饱和时，气隙主磁通 $\phi=K_1 I_f=K_1 I_a$，主磁通与电流成正比。将 $\phi=K_1 I_a$ 代入式（2-39），有

$$n=\frac{U}{C_e K_1 I_a}-\frac{I_a(R_a+R_f)}{C_e K_1 I_a}=\frac{U}{C_e K_1 I_a}-\frac{R_a+R_f}{C_e K_1} \tag{2-40}$$

根据式（2-40）可以画出串励直流电动机的转速特性，如图2.7.5中的曲线1所示，转速特性具有双曲线特性。当电机空载时，I_a 小，转速很高。这种情况可能引起"飞车"，使电机受到严重破坏。所以，串励直流电动机不允许在小于20%额定负载的轻载下运行，也不允许空载运行，更不允许用皮带传动，以防皮带脱落造成"飞车"。串励直流电动机必须与生产机械硬连接。转速随负载的增加而迅速降低，这是因为 $I_a(R_a+R_f)$ 增加；此外，I_a 增加的同时 ϕ 也增加。

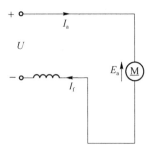

图 2.7.4　串励直流电动机运行原理接线图　　　图 2.7.5　串励直流电动机的转速特性

当磁路饱和或过饱和时，负载大，电流增加，主磁通增加得越来越少，认为 $\phi=K_2$。则

$$n=\frac{U}{C_{\mathrm{e}}K_2}-\frac{R_{\mathrm{a}}+R_{\mathrm{f}}}{C_{\mathrm{e}}K_2}I_{\mathrm{a}} \tag{2-41}$$

这类似于他励(并励)直流电动机的转速特性。

(2) 转矩特性

当 $U=U_{\mathrm{N}}$ 且电枢回路无外串电阻时,电磁转矩 $T=f(I_{\mathrm{a}})$ 的变化关系称串励直流电动机的转速特性。

当磁路不饱和时,气隙主磁通 $\phi=K_1I_{\mathrm{f}}=K_1I_{\mathrm{a}}$,则

$$T=C_{\mathrm{T}}\phi I_{\mathrm{a}}=C_{\mathrm{T}}K_1I_{\mathrm{a}}^2 \tag{2-42}$$

由式(2-42)可以看出,当电枢电流在较小范围内由零增大时,电磁转矩 T 随电枢电流 I_{a} 变化的函数是抛物线,如图 2.7.5 中的曲线 2 所示。当负载很大时,电流 I_{a} 增加,主磁通增加得越米越少,认为 $\phi=K_2$。这时,电磁转矩 T 正比于 I_{a},转矩特性类似于他励(并励)直流电动机的转矩特性。所以,串励直流电动机多用于重载启动的场合,如闸门提升、电力机车等。

3. 复励直流电动机的工作特性

复励直流电动机通常接成积复励形式,两绕组的励磁磁动势的方向相同。它的工作特性介于并励直流电动机与串励直流电动机的特性之间。由于有串励绕组,因此启动转矩增加,过载能力加大,而并励绕组可以使复励直流电动机轻载和空载运行。图 2.7.6 和图 2.7.7 分别是复励直流电动机的运行原理接线图和转速特性。

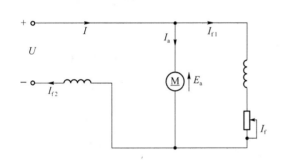
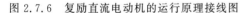
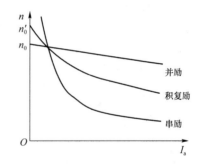

图 2.7.6 复励直流电动机的运行原理接线图　　图 2.7.7 复励直流电动机的转速特性

2.8　直流电机的换向

换向问题对直流电机运行影响很大,换向不好将使电刷下产生火花,火花严重时影响电机运行。因此,直流电机换向也是一个重要问题。换向问题十分复杂,它不单是一个电磁过程,换向不良还有可能是由机械、化学、电热等方面的原因导致的。不良的换向在电刷和换向器之间产生火花,火花将严重烧坏电刷和换向器。国家标准 GB 755—65 按换向器上火花的大小分为 5 个等级。

2.8.1　电机的换向

图 2.8.1 所示为一个单叠绕组中当电刷宽度等于换向片宽度时元件 1 的换向过程。直

流电机在运行过程中,电枢绕组和换向器一起旋转,电枢绕组的各个元件依次通过电刷且被电刷短路,从短路开始到短路结束,被电刷短路的元件电流改变方向,称为换向。图 2.8.1(a)是换向前的情况,电枢绕组以速度 v_a 由右向左旋转,电刷不动。电刷与换向片 1 接触,元件 1 即将被电刷短路,但此时没短路,元件 1 属于右边一条支路,设这时支路电流为 $+i_a$。当旋转到图 2.8.1(b)位置时,电刷与换向片 1、2 同时接触,元件 1 被电刷短路。当旋转到图 2.8.1(c)位置时,这时电刷已与换向片 1 脱离,电刷完全与换向片 2 接触,元件 1 已经完全进入左面支路,这时支路电流为 $-i_a$,换向结束。

元件从换向开始到换向结束所用的时间称为换向周期,以 T_k 表示。T_k 一般在 0.2～2 ms 范围内。

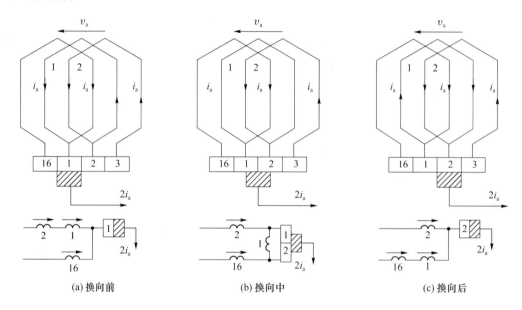

(a) 换向前   (b) 换向中   (c) 换向后

图 2.8.1 元件 1 的电流换向过程

2.8.2 直线换向与延迟换向

为了讨论影响换向的电磁因素,先找出换向元件的电流变化规律,然后再从电流变化情况说明产生换向火花的原因。

1. 直线换向

换向元件中的电流取决于该元件中的感应电动势和回路电阻。由上面的介绍可知,元件的换向过程就是电流从一条支路(电流为 $+i_a$)到另一条支路(电流为 $-i_a$)的过程。这期间,若换向元件的电流随时间均匀变化,在整个换向周期里电流随时间呈线性关系,则称这种换向为直线换向,如图 2.8.2 中的直线换向所示。理论分析表明,当换向元件中各种电动势的总和为零,且只考虑电刷接触电阻时,换向称直线

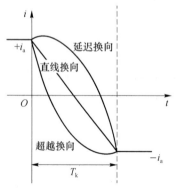

图 2.8.2 换向时的电流变化波形

换向,也称电阻换向。直线换向是一种理想情况,在电刷和换向器之间基本上可以实现无火花换向。

2. 延迟换向

在实际电机中,换向元件的总电动势常常并不为零,电机正常运行时换向元件中还存在下述几种电动势。

(1)自感电动势 e_L

由于换向电流变化,换向元件中的磁通也相应变化,换向元件中产生自感电动势,用 e_L 表示,$e_L = -Ldi/dt$。

(2)互感电动势 e_M

由于互感作用,同时换向的几个元件之间产生互感电动势,用 e_M 表示,$e_M = -Mdi/dt$。

自感电动势和互感电动势合在一起称为电抗电动势,以 e_r 表示,$e_r = e_L + e_M$。电抗电动势的方向总是反对换向元件中电流变化的,所以它一定与 $+i_a$ 方向相同。

(3)电枢反应电动势 e_a:直流电机运行时,换向元件一般在几何中性线上,此处主磁极磁场基本为零。但电机有负载后,由于电枢反应的存在,气隙磁场的物理中性线与几何中性线不重合,气隙磁通密度不为零。换向元件切割电枢磁场产生感应电动势 e_a,可以证明 e_a 的方向与 e_r 是一致的,也是反对换向元件中电流变化的。

综上所述,e_r 和 e_a 方向一致,都是反对换向元件电流变化的,如果不采取改善换向的措施,这些电动势使电流不能随时间呈线性关系变化,电流的变化比直线换向慢,称这种换向为延迟换向,呈图 2.8.2 中延迟换向曲线的形状。延迟换向电流开始变化得慢,电刷的前刷边电流密度小,后刷边电流密度大,因此后刷边出现的火花较大。

当然,产生火花还有电化学和机械等原因。

2.8.3　改善换向的基本方法

1. 加换向磁极改善换向

从产生火花的电磁原因出发,减小换向元件的自感(或互感)电动势及电枢电动势,就可以有效地改善换向。在主磁极的几何中性线处加一换向磁极,如图 2.8.3 所示。换向元件切割换向磁极磁场产生电动势 e_k。为使 e_k 的方向与 e_r 和 e_a 方向相反,换向磁极的极性应与电枢磁场的极性相反。若能保证 e_k 在数值上尽量与 $e_r + e_a$ 相等,这样就能使换向元件中电动势总和 $\sum e = 0$,使其成为直线换向。换向磁极的励磁绕组应与电枢绕组串联。但如果把 e_k 加过了头,使 e_k 在数值上大于 $e_r + e_a$,则 $\sum e$ 的数值变化将会导致换向过程中电流的变化,称此时的换向为超越换向。超越换向前刷边电流密度大,产生较大火花。火花严重时也影响电机正常运行。超越换向曲线如图 2.8.2 所示。

图 2.8.3 中的直流电机可以是发电机也可以是电动机。如果是直流发电机,它的旋转方向应如 n_G 箭头所示;如果是直流电动机,它的旋转方向则如 n_M 箭头所示。在电动机中,顺着转向看去,换向极极性与下一个主磁极极性相反;在发电机中,顺着转向看去,换向极极性与下一个主磁极极性相同。

2. 移动电刷改善换向

在小容量电机中无换向磁极,常用移动电刷的办法改善换向。在直流发电机中将电刷顺着转子转向旋转一个 β 角,并使 $\beta>\alpha$,α 为物理中性线与几何中性线的夹角,也就是说把电刷从几何中性线顺转向转过物理中性线,如图 2.8.4 所示。这时,换向元件切割主磁场产生感应电动势,除抵消电枢反应电动势外,还有一部分电动势抵消了电抗电动势,使换向元件中的总电动势尽量为零。在直流电动机中,电刷应逆着转子转向旋转 β 角,也使 $\beta>\alpha$。

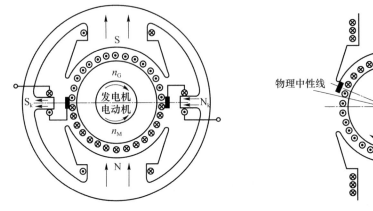

图 2.8.3 加换向磁极改善换向

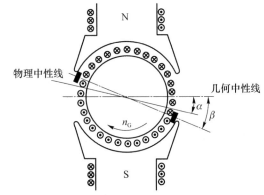

图 2.8.4 移动电刷改善换向

2.8.4 环火和补偿绕组

如图 2.8.5(a)所示,直流电机的环火是指换向片上连接在正、负电刷之间的或由电刷至附近机座之间的强烈电弧。产生环火时,电机呈短路状态,而且伴随着电弧产生的闪光、声响和高温,能在很短的时间内烧坏电机。产生环火的原因是电枢电流急剧增加和磁场严重畸变。

防止环火的最好方法是装补偿绕组。如图 2.8.5(b)所示,补偿绕组装在主磁极的极靴里且与电枢绕组串联,因此补偿绕组的磁动势与电枢电流成正比,使其磁动势方向与电枢反应磁动势方向相反,保证在任何负载情况下随时能抵消反应磁动势,从而减少由电枢反应引起气隙磁场畸变的可能性,消除或减少电刷下的电磁性火花,避免环火的出现。

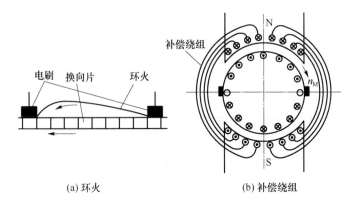

(a)环火

(b)补偿绕组

图 2.8.5 环火和补偿绕组

思考题与习题

2-1 直流电机的电枢导体里流过的电流是直流还是交流？

2-2 励磁磁动势是怎样产生的？它与哪些量有关？

2-3 说明直流电机电刷和换向器的作用。

2-4 什么是电机饱和现象？饱和程度的高低对电机有何影响？

2-5 单叠绕组与单波绕组的元件连接规律有何不同？极对数都为 p 的单叠绕组与单波绕组的支路对数为何相差 p 倍？

2-6 何谓电枢反应？电枢反应的性质由什么决定？以直流发电机为例说明交轴电枢反应和直轴电枢反应。

2-7 直流电机中的感应电动势是怎样产生的？它与哪些量有关？

2-8 决定直流电机电磁转矩大小的因素是什么？电机的运行方式怎样决定电磁转矩的方向？

2-9 为什么他励直流发电机的外特性曲线是向下倾斜的？

2-10 并励直流发电机必须满足哪些条件才能建立起正常的输出电压？

2-11 什么是电机的可逆原理？

2-12 直流电动机有几种励磁方式？在不同的励磁方式下，线路电流 I、电枢电流 I_a、励磁电流 I_f 之间的关系怎样？

2-13 怎样改变他励、并励、串励、复励直流电动机的转向？

2-14 串励直流电动机为什么不能空载运行？串励直流电动机与并励直流电动机比较，其工作特性有何特点？

2-15 电动机的电磁转矩是驱动性质转矩，电磁转矩增大时，转速似乎应该上升，但从直流电动机的转速特性以及转矩特性看，电磁转矩增大时，转速反而下降，这是什么原因造成的？

2-16 并励直流电动机空载运行，如果励磁回路突然断开，说明 ϕ、E_a、I_a 和 n 各量将如何变化？

2-17 换向元件在换向的过程中可能出现哪些电动势？它们对换向各有什么影响？

2-18 说明直流电动机和直流发电机怎样用移动电刷的办法改善换向。

2-19 一台直流发电机，已知其铭牌数据为 $P_N=1.7$ kW，$U_N=230$ V，$n_N=1\,450$ r/min，$\eta_N=88\%$。试求该发电机的额定电流和输入功率。

2-20 一台直流电动机，$P_N=22$ kW，$U_N=110$ V，$n_N=1\,000$ r/min，$\eta_N=84\%$，求该电动机的输入功率、额定电流及输出转矩。

2-21 某并励直流发电机，$P_N=35$ kW，$U_N=115$ V，$n_N=1\,450$ r/min。满载时，电枢绕组铜损耗 $p_{Cua}=0.96$ kW，励磁回路总损耗 $p_{Cuf}=0.25$ kW。试求 I_N、I_a、R_a、R_f、T 分别为多少？

2-22 某台并励直流发电机：$2p=4$，$P_N=82$ kW，$U_N=230$ V，$n_N=970$ r/min，电枢回

路电阻(不含电刷接触电阻)$R_a = 0.025\ \Omega$;额定负载时,四极串联并励励磁绕组总电阻 $R_f = 19.7\ \Omega$(含励磁绕组串入的调节电阻),铁损耗和机械损耗之和为 $p_{Fe} + p_m = 2.3\ kW$,附加损耗 $p_s = 0.5\% P_N$。试求:

(1) 发电机额定负载时的电磁功率 P_M;

(2) 发电机额定负载时的电磁转矩 T;

(3) 发电机额定负载时的输入功率 P_1;

(4) 发电机额定负载时的效率 η_N。

2-23 一台并励直流发电机:$P_N = 16\ kW$,$U_N = 230\ V$,$I_N = 69.6\ A$,$n_N = 1\ 600\ r/min$,电枢回路电阻 $R_a = 0.128\ \Omega$,励磁回路电阻 $R_f = 150\ \Omega$,额定效率 $\eta_N = 85.5\%$。试求:

(1) 额定工作状态下的励磁电流;

(2) 额定工作状态下的电枢电流;

(3) 额定工作状态下的电枢电动势;

(4) 额定工作状态下的电枢铜损耗;

(5) 额定工作状态下的输入功率;

(6) 额定工作状态下的电磁功率。

2-24 一台并励直流电动机在额定电压 $U_N = 220\ V$ 和额定电流 $I_N = 80\ A$ 下运行,电枢回路电阻 $R_a = 0.08\ \Omega$,一对电刷的压降 $2\Delta U_b = 2\ V$,励磁绕组总电阻 $R_f = 88.8\ \Omega$,额定负载时的效率 $\eta_N = 85\%$。试求:

(1) 额定输入功率;

(2) 额定输出功率;

(3) 总损耗;

(4) 电枢回路铜损耗;

(5) 励磁回路铜损耗;

(6) 电刷接触损耗;

(7) 机械损耗、铁损耗与附加损耗之和。

2-25 一台并励直流电动机:$P_N = 96\ kW$,$U_N = 440\ V$,$I_N = 255\ A$,$n_N = 500\ r/min$,$I_{fN} = 5\ A$,$R_a = 0.078\ \Omega$。试求:

(1) 电动机的额定输出转矩;

(2) 额定电流下的电磁转矩;

(3) $I_a \approx 0$ 时的电机转速;

(4) 空载转矩。

2-26 一台并励直流电动机:$P_N = 7.5\ kW$,$U_N = 220\ V$,$I_N = 40.6\ A$,$n_N = 3\ 000\ r/min$,$R_a = 0.213\ \Omega$,$I_{fN} = 0.683\ A$,不计附加损耗。试求:

(1) 额定工作状态下的电枢电流;

(2) 额定工作状态下的额定效率;

(3) 额定工作状态下的输出转矩;

(4) 额定工作状态下的电枢铜损耗;

（5）额定工作状态下的励磁铜损耗；

（6）额定工作状态下的空载损耗；

（7）额定工作状态下的电磁功率；

（8）额定工作状态下的电磁转矩；

（9）额定工作状态下的空载转矩。

直流电机.ppt

第3章　电力拖动系统的动力学基础

众所周知,生产机械的原动机大部分都采用各种类型的电动机,这是因为电动机与其他原动机相比,具有无可比拟的优点。以电动机作为原动机拖动生产机械,使之按人们定下的规律运动的拖动方式,称为电力拖动。电力拖动系统由电动机、生产机械的传动机构、工作机构、电动机的控制设备以及电源等5部分组成。其中,电动机将电能转换成机械能,拖动生产机械的某一工作机构;生产机械的传动机构用来传递机械能;电动机的控制设备保证电动机按生产的工艺要求来完成生产任务。通常,把生产机械的传动机构及工作机构称为电动机的机械负载。

3.1　单轴电力拖动系统运动方程式

3.1.1　单轴电力拖动系统运动方程式及各参数正方向的规定

1. 运动方程式

图 3.1.1 所示为电力拖动系统组成图。在生产实践中,生产机械的结构和运动形式是多种多样的,其电力拖动系统也有多种类型。最简单的电力拖动系统由电动机转轴与生产机械的工作机构直接相连而成,即工作机构是电动机的负载,这种系统称为单轴电力拖动系统,电动机与负载同一根轴,同一转速。

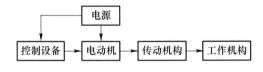

图 3.1.1　电力拖动系统组成图

图 3.1.2 为单轴电力拖动系统示意图。其中,T 为电动机电磁转矩;T_L 为负载转矩,$T_L = T_0 + T_m$,其中 T_0 和 T_m 分别表示电动机的空载转矩与工作机构的转矩,一般情况下 $T_m \gg T_0$,认为 $T_L \approx T_m$。各转矩的单位均为 N·m。n 为电动机转速,单位为 r/min。

根据力学中的刚体转动定律,可写出单轴电力拖动系统的运动方程式:

$$T - T_L = J \frac{\mathrm{d}\Omega}{\mathrm{d}t} \tag{3-1}$$

其中,J 为电动机轴上的总转动惯量,单位为 kg·m²;Ω 为电动机的角速度,单位为 rad/s。

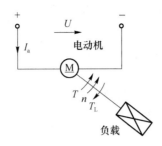

图 3.1.2　单轴电力拖动系统示意图

在工程计算中,通常把电动机转子看成均匀的圆柱体,用转速 n 代替角速度 Ω,用飞轮惯量或飞轮矩 GD^2 代替转动惯量。Ω 与 n 的关系、J 与 GD^2 的关系分别为

$$\Omega = 2\pi n/60 \tag{3-2}$$

$$J = m\rho^2 = \frac{G}{g}\left(\frac{D}{2}\right)^2 = \frac{GD^2}{4g} \tag{3-3}$$

其中,m 为系统转动部分的质量,单位为 kg;G 为系统转动部分的重力,单位为 N;ρ 为系统转动部分的转动惯性半径,单位为 m;D 为系统转动部分的转动惯性直径,单位为 m;g 为重力加速度,大小为 9.8,单位为 m/s^2。

把式(3-2)、式(3-3)代入式(3-1),化简得

$$T - T_L = \frac{GD^2}{375} \cdot \frac{\mathrm{d}n}{\mathrm{d}t} \tag{3-4}$$

其中,GD^2 是转动部分的总飞轮矩,单位为 N·m^2,它是一个物理量,可在产品目录中查出;$4g \times 60/2\pi = 375$ m/s^2 是具有加速度量纲的系数。式(3-4)为电力拖动系统的实用运动方程式,它表明电力拖动系统的转速变化 $\dfrac{\mathrm{d}n}{\mathrm{d}t}$(加速度)由 $T - T_L$ 决定。

2. 运动方程式中各参数正方向的规定

规定顺时针旋转为 n 的方向,逆时针旋转为 n 的负方向,反之亦可。

顺时针旋转,n 为正,T 的作用方向与 n 相同,T 为正;T_L 的作用方向与 n 相反,T_L 也为正,如图 3.1.3(a)所示。运动方程式为

$$(+T) - (+T_L) = \frac{GD^2}{375} \cdot \frac{\mathrm{d}(+n)}{\mathrm{d}t}$$

当 $T > T_L$ 时,$\dfrac{\mathrm{d}n}{\mathrm{d}t} > 0$,系统正向加速;当 $T < T_L$ 时,$\dfrac{\mathrm{d}n}{\mathrm{d}t} < 0$,系统正向减速;当 $T = T_L$ 时,$\dfrac{\mathrm{d}n}{\mathrm{d}t} = 0$,$n$ 保持恒值不变,系统静止或稳定运行。前 2 个过程均为正向过程。

逆时针旋转,n 为负,T 的作用方向与 n 相同,T 为负(制动转矩);T_L 的作用方向与 n 相反,T_L 也为负,如图 3.1.3(b)所示。运动方程式为

$$(-T) - (-T_L) = \frac{GD^2}{375} \cdot \frac{\mathrm{d}(-n)}{\mathrm{d}t}$$

当 $|T| > |T_L|$ 时,$\dfrac{\mathrm{d}(-n)}{\mathrm{d}t} < 0$,$|n|$ 增加,系统反向加速;当 $|T| < |T_L|$ 时,$\dfrac{\mathrm{d}(-n)}{\mathrm{d}t} > 0$,$|n|$ 减少,系统反向减速;当 $|T| = |T_L|$ 时,$\dfrac{\mathrm{d}(-n)}{\mathrm{d}t} = 0$,$|n|$ 保持恒值不变,系统静止或稳定运行。

顺时针旋转,n 为正,T 的作用方向与 n 相反,T 为负;T_L 的作用方向与 n 相同,T_L 也为负,如图 3.1.3(c)所示。运动方程式为

$$(-T)-(-T_L)=\frac{GD^2}{375}\cdot\frac{\mathrm{d}(+n)}{\mathrm{d}t}$$

当 $|T|>|T_L|$ 时,$\frac{\mathrm{d}n}{\mathrm{d}t}<0$ 下降,系统正向减速;当 $|T|<|T_L|$ 时,$\frac{\mathrm{d}n}{\mathrm{d}t}>0$,$n$ 增加,系统正向加速;当 $|T|=|T_L|$ 时,$\frac{\mathrm{d}n}{\mathrm{d}t}=0$,$|n|$ 保持恒值不变,系统静止或稳定运行。

由上面的分析可知,式(3-4)为电力拖动系统的通用运动方程式,它适用于各种运行状态,但是 n、T、T_L 本身为代数量,其自身的正、负号应由正方向的规定与系统具体工作情况决定。

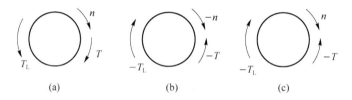

图 3.1.3　运动方程式各量的正方向规定

3.1.2　单轴电力拖动系统的静负载转矩

从运动方程式看出,要分析电力拖动的动力学关系,必须知道静负载转矩,而静负载转矩是由生产机械决定的。大多数生产机械的静负载转矩都可以表示成与转速的关系,这些生产机械的静负载转矩与转速的关系,称为静负载转矩特性。有些生产机械的静负载转矩只能表示成与行程的关系,或只能表示成与时间的随机关系,对这些生产机械来说,静负载转矩特性就是静负载转矩与行程的关系,或静负载转矩与时间的关系。

按照静负载转矩与转速的关系,可以用两种方法对静负载进行分类,这将给分析电力拖动问题带来很大方便。现在对这两种分类说明如下。

1. 按照静负载转矩的大小随转速的变化规律分类

（1）恒转矩负载

恒转矩负载是指静负载转矩的大小不随转速变化而变化的负载,$T_L=$ 常量。例如,摩擦转矩。恒转矩负载特性如图 3.1.4 中的曲线 1 所示。

（2）鼓风机负载

鼓风机负载是指静负载转矩的大小基本上与转速的二次方成正比的负载,$T_L=a+bn^2$。其中,a 是轴承摩擦转矩,b 是静负载转矩中随转速变化部分的比例系数。对于确定的生产机械来说,a 和 b 都是常量。离心式鼓风机和离心式泵都具有这种静负载转矩特性。鼓风机负载特性如图 3.1.4 中的曲线 2 所示。

（3）恒功率负载

恒功率负载是指静负载转矩与转速成反比,静负载功率 $P=T_L\Omega=$ 常量的负载,即 $T_Ln=$ 常量。例如,车床的负载基本上是恒功率的。恒功率负载特性如图 3.1.4 中的曲线 3

所示。

此外,还有其他形式的静负载转矩,但上述 3 类是比较常见的。

2. 按照静负载转矩的方向是否随转速方向变化分类

(1) 位能负载

静负载转矩的方向不因转速方向改变而改变的负载,称为位能负载,例如,起重机提升装置,由重物产生的静负载就是位能负载。

(2) 反抗负载

静负载转矩的方向总是与转速相反的负载,称为反抗负载,例如,由摩擦产生的负载就是反抗负载。

这两类静负载的曲线表示在图 3.1.5 中,其中画出的是恒转矩的反抗负载(曲线 1)和恒转矩的位能负载(曲线 2)(但不要因此就误认为位能负载和反抗负载都只能是恒转矩的)。

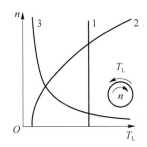
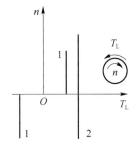

图 3.1.4　恒转矩负载、鼓风机负载和恒功率负载的曲线　　图 3.1.5　位能负载和反抗负载曲线

3.1.3　单轴电力拖动系统的飞轮惯量

当利用式(3-1)或式(3-3)进行分析计算时,除应知道负载转矩 T_L 外,还要知道系统的转动惯量 J 或飞轮矩 GD^2。电动机转子的飞轮矩 GD_D^2 的值,可在产品目录中查出。生产机械的飞轮矩 GD_m^2 的值,可以从机械设计部门获得。对一些几何形状简单的旋转部件,可用解析法计算它的转动惯量及飞轮矩。

转动惯量是物体绕固定轴旋转时转动惯性的度量,它等于物体的各质量微元 Δm_i 和对应的到某一固定轴距离 r_i 的二次方的乘积之和,用公式表示为

$$J = \sum_{i=1}^{k} \Delta m_i r_i^2 \tag{3-5}$$

如微元取极小值时,可令式(3-5)中的 Δm_i 趋于 0,而求其极限:

$$J = \int r^2 \, \mathrm{d}m$$

物体对固定轴的转动惯量也可以看成整个物体的质量 m 与某一长度 ρ 的二次方的乘积,即

$$J = m\rho^2 \tag{3-6}$$

ρ 为物体对固定轴的回转半径,它的物理意义是,假设将绕某固定轴旋转的物体的质量 m 集

中到离旋转轴距离为 ρ 的一点上,其转动惯量与该物体的转动惯量 J 相等。下面通过一个简单的例子说明如何计算旋转体的回转半径。

一个质量为 m 的实心圆柱体,半径为 R,长度为 L,如图 3.1.6 所示。该圆柱体绕 z 轴旋转时,其转动惯量为

$$J = \int r^2 \, \mathrm{d}m$$

设密度为

$$r = \frac{m}{\pi R^2 L} \tag{3-7}$$

则

$$J = \int_V r^2 \gamma \mathrm{d}V \tag{3-8}$$

这是一个三重积分,其中体积单元如图 3.1.6 所示。

$$\mathrm{d}V = r\mathrm{d}\theta \mathrm{d}l \mathrm{d}r \tag{3-9}$$

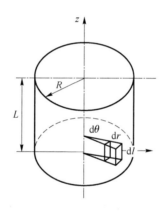

图 3.1.6　求实心圆柱体的转动惯量

因此有

$$J = \int_0^{2\pi} \mathrm{d}\theta \int_0^L \mathrm{d}l \int_0^R r^3 \gamma \mathrm{d}r = \frac{\pi L \gamma}{2} R^4 = m\frac{R^2}{2} = m\rho^2$$

其中, $\rho = R/\sqrt{2}$。可见,实心圆柱体的回转半径 ρ 与其几何尺寸上的半径 R 是不等的。

根据前面引用的飞轮矩 GD^2 的概念,有

$$GD^2 = 4gJ = 4gm\rho^2 = 4G\rho^2 \tag{3-10}$$

实际计算时,可根据式(3-4)和式(3-10)求出 J 或 GD^2。

3.2　多轴电力拖动系统运动方程式

3.2.1　多轴旋转系统折算成简单单轴旋转系统

在实际的拖动系统中,电动机的轴很少与工作机构的轴直接相连,大多数是通过传动机

构与工作机构相连,因此系统有两根或两根以上不同转速的轴,称为多轴系统,如图 3.2.1(a)所示。在电动机和工作机构之间通常有传动和变速装置,这是一种多轴系统。为简化分析,常常采用一个等效的单轴系统来代替实际的多轴系统,如图 3.2.1(b)所示。这就要求对各有关参数进行等效折算。

(a) 传动图　　　　　　　　　　　　　　　　　　　　(b) 等效折算图

图 3.2.1　多轴电力拖动系统折算成单轴旋转系统

等效折算的原则是保持折算前后系统存储的动能和传递功率不变。

1. 负载转矩的折算

负载转矩折算的原则是保持折算前后系统传递的功率不变。中间传动机构的损耗应在传动效率 η_c 中考虑。当传递功率不变时,效率 η_c 的考虑方法因传递方向的不同而不同。下面分两种情况讨论。

(1) 电动机工作在电动状态

当电动机工作在电动状态时,电动机产生的电磁转矩为拖动转矩,能量由电动机向工作机构传送。在不考虑传动机构传动损耗的情况下,设工作机构消耗的负载功率 $P_{Lm}=T_m\Omega_m$,负载转矩折算到电动机轴上所需的机械功率 $P=T_L\Omega$,根据折算前后功率不变的原则,由 $T_L\Omega=T_m\Omega_m$ 得出

$$T_{Le}=\frac{T_m\Omega_m}{\Omega}=\frac{T_m n_m}{n}=\frac{T_m}{j} \tag{3-11}$$

其中,T_m 为工作机构负载实际转矩,单位为 N·m;Ω_m 为工作机构旋转角速度,单位为 rad/s;n_m 为工作机构轴上转速,单位为 r/min;T_{Le} 为工作机构负载转矩折算到电动机轴上的负载转矩,单位为 N·m;Ω 为电动机轴上角速度,单位为 rad/s;n 为电动机轴上转速,单位为 r/min;j 为电动机转轴与工作机构转轴之间的总传动比,$j=\Omega/\Omega_m=n/n_m$,在多级传动机构中为各级传动比之积,$j=\dfrac{n}{n_1}\cdot\dfrac{n_1}{n_2}\cdot\cdots\cdot\dfrac{n_{n-1}}{n_m}=j_1j_2j_3\cdots$。

式(3-11)表明,负载转矩按照传动比的反比来折算。若再考虑传动机构的传动效率,负载转矩的折算值还会加大,为

$$T_{Le}=\frac{T_m}{j\eta_c} \tag{3-12}$$

其中,η_c 为传动机构总效率,它等于各级传动效率之积,即 $\eta_c=\eta_1\eta_2\eta_3\cdots$。

式(3-12)与式(3-11)的差值为

$$\Delta T=\frac{T_m}{j\eta_c}-\frac{T_m}{j} \tag{3-13}$$

其中,ΔT 为传动机构的转矩损耗,由电动机承担。

（2）电动机工作在制动状态

电动机工作在制动状态时，电动机产生的电磁转矩为制动转矩，此时能量由工作机构向电动机传送，传送损耗由工作机构承担，则有

$$T_{Le}\Omega = T_m\Omega_m\eta_c$$

$$T_{Le} = \frac{T_m\Omega_m\eta_c}{\Omega} = \frac{T_m n_m\eta_c}{n} = \frac{T_m}{j}\eta_c \tag{3-14}$$

2. 飞轮矩的折算

飞轮矩的大小是旋转物体机械惯性大小的体现。旋转物体的动能大小为

$$\frac{1}{2}J\Omega^2 = \frac{1}{2}\frac{GD^2}{4g}\left(\frac{2\pi n}{60}\right)^2$$

对于图 3.2.1 所示的系统，根据折算前后系统存储动能不变的原则，折算后的总飞轮矩 GD^2 满足

$$\frac{1}{2}\frac{GD^2}{4g}\left(\frac{2\pi n}{60}\right)^2 = \frac{1}{2}\frac{GD_a^2}{4g}\left(\frac{2\pi n}{60}\right)^2 + \frac{1}{2}\frac{GD_b^2}{4g}\left(\frac{2\pi n_b}{60}\right)^2 + \frac{1}{2}\frac{GD_m^2}{4g}\left(\frac{2\pi n_m}{60}\right)^2$$

由此可得，折算到电动机轴上后的总飞轮矩为

$$GD^2 = GD_a^2 + GD_b^2\frac{1}{(n/n_b)^2} + GD_m^2\frac{1}{(n/n_m)^2} = GD_a^2 + GD_b^2/j_1^2 + GD_m^2/(j_1 j_2)^2$$

写成一般形式为

$$GD^2 = GD_a^2 + GD_b^2/j_1^2 + GD_c^2/(j_1 j_2)^2 + \cdots + GD_m^2/j^2 \tag{3-15}$$

其中，GD_a^2 为电动机轴飞轮矩，包括电动机转子飞轮矩及同轴齿飞轮矩；GD_m^2 为工作机构飞轮矩与同轴齿飞轮矩之和；$GD_b^2, GD_c^2\cdots$ 为传动机构各级传动轴两端齿轮飞轮矩之和。

通常，电动机转子本身的飞轮矩是系统总飞轮矩的主要部分。传动机构各轴及工作机构转轴的转速比电动机转速低，因此它们的飞轮矩折算到电动机轴上后的数值不大，是总飞轮矩的次要部分。在工程中，常用式(3-16)进行近似计算电动机轴总飞轮矩：

$$GD^2 = (1+\delta)GD_D^2 \tag{3-16}$$

其中，GD_D^2 为电动机转子飞轮矩，可在产品目录中查得，δ 的取值范围为 $0.2\sim0.3$。

把式(3-15)两边同除以 $4g$，可以得到电动机轴上单轴系统的等效转动惯量：

$$J = J_a + J_b^2/j_1^2 + J_c^2/(j_1 j_2)^2 + \cdots + J_m^2/j^2$$

3.2.2 平移运动系统与旋转运动系统的互相折算

1. 平移运动时转矩与飞轮矩的折算

（1）转矩折算

图 3.2.2 为刨床切削示意图，通过齿轮与齿条啮合，把旋转运动变成直线运动。切削时，工件与工作台的速度为 v，刨刀作用在工件上的力（切削力）为 F，传动机构效率为 η_c。

计算负载转矩折算值时，可以先计算作用在传动机构转速为 n_f 的轴上的转矩 FR，其中 R 为与齿条啮合的齿轮半径。通常，已知数据是 F 和 v，而不是 R，因此可以从切削功率计算 T_{Le}。切削功率为

$$P = Fv$$

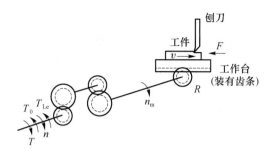

图 3.2.2　刨床电力拖动示意图

其中,P 的单位为 W,F 的单位为 N,v 的单位为 m/s。负载转矩折算依然遵循折算前后功率不变的原则,切削力 F 反映到电动机轴上,表现为转矩 T_{Le};切削功率 P 反映到电动机轴上,表现为

$$T_{Le}\Omega = T_{Le}\frac{2\pi n}{60}$$

若不考虑传动系统的传动损耗,根据功率不变的原则,有

$$Fv = T_{Le}\frac{2\pi n}{60}$$

$$T_{Le} = \frac{Fv}{\frac{2\pi n}{60}} = 9.55\frac{Fv}{n} \tag{3-17}$$

若考虑传动系统的传动损耗,则有

$$T_{Le} = 9.55\frac{Fv}{n\eta_c} \tag{3-18}$$

式(3-17)和式(3-18)为工作机构平移时转矩的折算公式,T_{Le} 称为折算值。当然,式(3-18)与式(3-11)之差 ΔT 为传动机构的转矩损耗,刨床切削时的 ΔT 由电动机负担。

（2）飞轮矩折算

进行平移运动的物体总重 $G_m = m_m g$,其动能为

$$\frac{1}{2}m_m v^2 = \frac{1}{2}\frac{G_m}{g}v^2$$

折算到电动机转轴上的动能为 $\frac{1}{2}\frac{GD_{Le}^2}{4g}\left(\frac{2\pi n}{60}\right)^2$,折算前后的动能不变,因此

$$\frac{1}{2}\frac{G_m}{g}v^2 = \frac{1}{2}\frac{GD_{Le}^2}{4g}\left(\frac{2\pi n}{60}\right)^2$$

$$GD_{Le}^2 = 4\frac{G_m v^2}{\left(\frac{2\pi n}{60}\right)^2} = 365\frac{G_m v^2}{n^2} \tag{3-19}$$

传动机构中其他轴上 GD^2 的折算,与前述相同。

例 3-1　某刨床电力拖动系统如图 3.2.2 所示。已知切削力 $F = 10\,000$ N,工作台与工件运动速度 $v = 0.7$ m/s,传动机构总效率 $\eta_c = 0.81$,电动机转速 $n = 1\,450$ r/min,电动机的飞轮矩 $GD_D^2 = 100$ N·m²。

（1）求切削时折算到电动机转轴上的负载转矩;

（2）估算系统的总飞轮矩；

（3）不切削,工作台及工件反向加速时,电动机以$\dfrac{\mathrm{d}n}{\mathrm{d}t}=500\ \mathrm{r}/(\mathrm{min}\cdot s)$恒加速度运行,计算此时系统的转矩绝对值。

解 （1）切削功率：

$$P=Fv=10\ 000\times0.7=7\ 000\ \mathrm{W}$$

折算后的负载转矩：

$$T_{\mathrm{Le}}=9.55\ \frac{Fv}{n\eta_{\mathrm{c}}}=9.55\times\frac{7\ 000}{1\ 450\times0.81}\approx56.92\ \mathrm{N}\cdot\mathrm{m}$$

（2）估算系统总的飞轮矩：

$$GD^2\approx1.2GD_{\mathrm{D}}^2=1.2\times100=120\ \mathrm{N}\cdot\mathrm{m}^2$$

（3）不切削,工作台与工件反向加速时,系统动转矩绝对值：

$$T'=\frac{GD^2}{375}\frac{\mathrm{d}n}{\mathrm{d}t}=\frac{120}{375}\times500=160\ \mathrm{N}\cdot\mathrm{m}$$

2.工作机构做升降运动时的负载转矩与飞轮矩的折算

（1）负载转矩的折算

起重机、电梯及矿井卷扬机等,它们的工作机构都是做升降运动的。图 3.2.3 所示为工作机构运动为升降时的电力拖动系统,电动机通过传动机构(减速箱)拖动一个卷筒,卷筒半径为 R;缠在卷筒上的钢丝绳悬挂一重物,重物的重力为 $G=mg$;速比为 j;重物提升时的传动机构效率为 η_{c};转速为 n_{m};重物提升或下放的速度都为 v,是个常数。

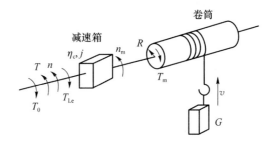

图 3.2.3 工作机构运动为升降时的电力拖动系统

① 提升重物时的负载转矩折算

重物对卷筒轴的负载转矩为 GR,不计传动机构损耗时,折算到电动机轴上的负载转矩为

$$T_{\mathrm{Le}}=\frac{GR}{j} \tag{3-20}$$

考虑传动机构有损耗的情况,当提升重物时,这个损耗由电动机负担,因此折算到电动机轴上的负载转矩为

$$T_{\mathrm{Le}}=\frac{GR}{j\eta_{\mathrm{c}}} \tag{3-21}$$

传动机构损耗的转矩为

$$\Delta T=\frac{GR}{j\eta_{\mathrm{c}}}-\frac{GR}{j} \tag{3-22}$$

② 下放重物时的负载转矩折算

下放重物时,重物对卷筒轴的负载转矩大小仍为 GR,若不计传动机构损耗,折算到电动机上的负载转矩仍为 $\dfrac{GR}{j}$,负载转矩的方向也不变。

传动机构损耗是摩擦性的,其作用方向永远与转动方向相反。在提升重物与下放重物两种情况下,各转轴的转动方向相反,因此这个损耗转矩的实际方向也相反,大小不变。

图 3.2.4 分别给出了提升重物和下放重物时电动机转轴上的电磁转矩 T、负载转矩 $\dfrac{GR}{j}$(折算值)及传动机构的损耗转矩 ΔT 三者的方向,忽略了电动机的空载转矩 T_0。显然,提升重物时,电动机负担了 ΔT。三者关系为

$$T = \frac{GR}{j} + \Delta T \tag{3-23}$$

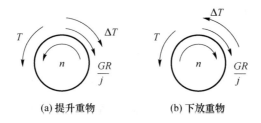

(a) 提升重物　　　　(b) 下放重物

图 3.2.4　起重机的转矩关系

而下放重物时,负载负担了 ΔT,关系为 $T = \dfrac{GR}{j} - \Delta T$,即

$$T_{Le} = \frac{GR}{j} - \Delta T \tag{3-24}$$

比较式(3-23)和式(3-24)可知,提升重物时的电磁转矩比下放重物时大了 $2\Delta T$。

若用效率表示下放重物时传动机构的转矩损耗,则折算到电动机轴上的负载转矩应为

$$T_{Le} = \frac{GR}{j} - \Delta T = \frac{GR}{j} - \left(\frac{GR}{j\eta_c} - \frac{GR}{j}\right) = \frac{GR}{j}\left(2 - \frac{1}{\eta_c}\right) = \frac{GR}{j}\eta'$$

其中,η' 为下放重物时传动机构的效率,它与提升同一重物时传动机构的效率 η_c 之间的关系式为 $\eta' = 2 - 1/\eta_c$。

（2）飞轮矩的折算

工作机构做提升重物和下放重物运动时的飞轮矩与做平移运动时相同,即

$$GD_{Le}^2 = 365 \frac{Gv^2}{n^2}$$

例 3-2　在图 3.2.3 所示的起重机中,已知:减速箱的速比 $j = 34$,提升重物时效率 $\eta_c = 0.83$,卷筒直径 $d = 0.22$ m,空钩 $G_0 = 1\ 470$ N,所吊重物 $G = 8\ 820$ N,电动机的飞轮矩 $GD_D^2 = 10$ N·m²,当提升速度为 $v = 0.4$ m/s 时,求:

（1）电动机的转速;

（2）忽略空载转矩时,电动机所带的负载转矩;

（3）以 $v = 0.4$ m/s 下放重物时,电动机的负载转矩。

解　（1）电动机卷筒的转速:

$$n_{\mathrm{m}}=\frac{60v}{\pi d}=\frac{60\times0.4}{\pi\times0.22}\approx34.72 \text{ r/min}$$

电动机的转速：

$$n=n_{\mathrm{m}}j=34.72\times34\approx1\,180.5 \text{ r/min}$$

（2）提升重物时的负载实际转矩：

$$T_{\mathrm{m}}=\frac{d}{2}(G_0+G)=\frac{0.22}{2}\times(1\,470+8\,820)=1\,131.9 \text{ N}\cdot\text{m}$$

电动机的负载转矩：

$$T_{\mathrm{L}}=\frac{T_{\mathrm{m}}}{j\eta_{\mathrm{c}}}=\frac{1\,131.9}{34\times0.83}\approx40.11 \text{ N}\cdot\text{m}$$

（3）以 $v=0.4$ m/s 下放重物时，传动机构的损耗转矩：

$$\Delta T=\frac{T_{\mathrm{m}}}{j\eta_{\mathrm{c}}}-\frac{T_{\mathrm{m}}}{j}=40.11-\frac{1\,131.9}{34}\approx6.82 \text{ N}\cdot\text{m}$$

电动机的负载转矩：

$$T=\frac{T_{\mathrm{m}}}{j}-\Delta T=\frac{1\,131.9}{34}-6.82\approx26.47 \text{ N}\cdot\text{m}$$

顺便说明，进行负载转矩折算时，由于升降与平移没有本质区别，所以用式（3-18）也可以计算。若用式（3-18），例 3-2 中忽略工作机构及传动机构损耗时，负载转矩折算值为

$$T_{\mathrm{L}}=9.55\frac{Gv}{n\eta_{\mathrm{c}}}=9.55\times\frac{(1\,470+8\,820)\times0.4}{1\,180.5\times0.83}\approx40.11 \text{ N}\cdot\text{m}$$

与上面结果相同。

3.3　电力拖动系统稳定运行的条件

当生产机械运行时，电动机的机械特性（电磁转矩与转速之间的关系）与生产机械的负载转矩特性是同时存在的。当分析电力拖动系统运行情况时，可以把两者画在同一坐标图上。例如，在图 3.3.1 中，曲线 1 是恒转矩负载转矩特性 $n=f(T_L)$，曲线 2 是他励直流电动机的机械特性 $n=f(T)$。两特性曲线交于 A 点。在 A 点处，电动机与负载具有相同的转速 n_A，电动机的电磁转矩 T 与负载转矩 T_L 大小相等，方向相反，互相平衡。根据运动方程式可知，$T-T_L=0$ 时系统稳定运行，因此系统应能在 A 点稳定运行，A 点称为工作点或运行点。但仅凭两条特性曲线有交点，还不足以说明系统就一定能稳定运行。因为系统在实际运行中，会受到各种干扰，例如电源电压或负载波动时，原来转矩 T 与 T_L 由平衡变成不平衡，电动机转速发生变化。在这种情况下，若系统能过渡到新的工作点上稳定运行，且干扰消失后，系统又能回到原来的工作点稳定运行，则系统是稳定的，否则是不稳定的。

如图 3.3.1 所示，原本系统在点 A 运行，转速为 n_A，电压突然降低，使电动机的机械特性从曲线 2 变为曲线 3。在电源电压突变的瞬间，由于机械惯性，即飞轮矩存在，转速不能突变，所以电枢电动势不变，但电枢电流及电磁转矩 T 因电枢电压降低而减小。若忽略电枢的电磁过渡过程，认为电枢电流及电磁转矩的变化是瞬时完成的，则电动机的工作点从点 A 瞬间过渡到机械特性曲线 3 上的点 B，点 B 的电磁转矩为 T_B。由于电动机的电磁转矩从

$T=T_L$ 减小到 T_B，根据运动方程式，$T_B-T_L<0$，系统开始减速。在 n 减小过程中，电枢电动势 $E_a=C_e\phi n$ 将随之减小，电枢电流 $I_a=(U-E_a)/R_a$ 则因 E_a 的减小而增大，电磁转矩 $T=C_e\phi I_a$ 也随之增加。电动机的工作点沿着机械特性曲线 3 下降，直至曲线 3 与曲线 1 的交点 C，$T=T_L$，$dn/dt=0$，系统降速过程结束，达到新的稳定运行状态，以转速 n_C 稳定运行。当干扰消失时，电源电压又升到原来的数值，电动机的机械特性又回到原来的曲线 2，在电压升高的瞬间，转速 n_C 不能突变，电枢电流及电磁转矩均因电压的升高而增大，电动机从工作点 C 瞬间过渡到点 D。因 $T_D>T_L$，系统开始增速，E_a 随之增加而 I_a 随之减小，T 亦减小，故电动机的工作点沿着曲线 2 上升，直到点 A，$T=T_L$，系统又回到原工作点稳定运行，转速仍为 n_A。

从以上分析可知，系统开始在点 A 以转速 n_A 稳定运行，在电源电压向下波动后，系统能够稳定运行在点 C，其转速为 n_C，电压波动消失后，系统又回到点 A 稳定运行，转速仍为 n_A。因此，点 A 的运行情况是稳定的，称为稳定工作点。

下面讨论不稳定工作的情况。在图 3.3.2 中，曲线 1 为不能忽略电枢反应影响的他励直流电动机的机械特性，其特点是电磁转矩越大，转速越高，特性曲线上翘；曲线 2 为恒转矩负载转矩特性。两曲线交于点 A。当系统在点 A 运行时，电磁转矩 $T_A=T_{LA}$，转速为 n_A。当负载转矩突然从 T_{LA} 减小到 T_{LB}，在负载转矩减小的瞬间，转速 n_A 不变，因而 E_a 不变，电枢电流及电磁转矩均不变。由于 $T_A>T_{LB}$，系统开始加速。随着 n 的增大，T 沿曲线 1 不断增大，而负载转矩仍保持 T_{LB} 不变，因此 $T-T_{LB}$ 动态转矩继续增大，使系统不断加速，最后电动机因转速过高和电枢电流过大而损坏。可见，系统此时不能在工作点 A 稳定运行，点 A 称为不稳定工作点。

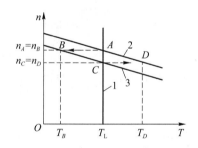

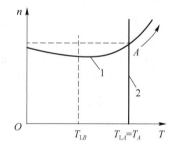

图 3.3.1　电力拖动系统稳定运行分析　　　图 3.3.2　电力拖动系统稳定运行分析

综上所述，电力拖动系统在电动机机械特性与负载转矩特性的交点上不一定能稳定运行，也就是说，$T=T_L$ 只是稳定运行的必要条件，尚不充分。对于电力拖动系统，稳定运行的充分必要条件是"电动机机械特性与负载转矩特性必须相交，在交点处 $T=T_L$，实现转矩平衡，在工作点处要满足 $dT/dn<dT_L/dn$"。

应用充分必要条件考察以上两例。对于图 3.3.1 中的点 A，$dT/dn<0$，即 n 增加时 T 减小；而负载转矩为常值，$dT_L/dn=0$，因此在点 A 处，$dT/dn<dT_L/dn$，系统能在点 A 处稳定运行。在图 3.3.2 中的点 A 处，$dT/dn>0$，而 $dT_L/dn=0$，于是 $dT/dn>dT_L/dn$，因此系统不能在点 A 处稳定运行。

思考题与习题

3-1 什么是电力拖动系统？它包括哪几部分？各起什么作用？

3-2 电力拖动系统运动方程式中，T、T_L、n 正方向是如何规定的？为什么有此规定？

3-3 典型生产机械的负载转矩特性有几种类型？

3-4 如何判定系统处于加速、减速和稳速等运动状态。

3-5 试说明 GD^2 与 j 的概念，它们之间有什么关系？

3-6 为什么要将多轴拖动系统折算成等效单轴系统？

3-7 把多轴电力拖动系统折算成等效单轴系统时，负载转矩按什么原则折算？各轴的飞轮矩按什么原则折算？

3-8 用能量守恒定律解释转矩的动态平衡关系。

3-9 多轴系统的运动方程式与单轴系统的运动方程式有什么不同？

3-10 当转速为零时，摩擦转矩的大小和方向怎样确定？

3-11 对于一般同一电动机系统，为什么低速轴转矩大，高速轴转矩小？这是什么原因造成的？

3-12 什么叫稳定运行？电力拖动系统稳定运行的必要条件是什么？

3-13 题图 3.1 所示的某车床电力拖动系统中，已知：切削力 $F=2\,000$ N，工件直径 $d=150$ mm，电动机转速 $n=1\,450$ r/min，减速箱的三级速比 $j_1=2$，$j_2=1.5$，$j_3=2$，各转轴的飞轮矩为 $GD_a^2=3.5$ N·m²（指电动机轴），$GD_b^2=2$ N·m²，$GD_c^2=2.7$ N·m²，$GD_d^2=3.5$ N·m²，各级传动效率都是 $\eta_c=0.9$。求：

(1) 切削功率；

(2) 电动机输出功率；

(3) 系统总飞轮矩；

(4) 忽略电动机空载转矩时，电动机电磁转矩；

(5) 车床开车但未切削时，若电动机加速度 $\mathrm{d}n/\mathrm{d}t=800$ r/(min·s)，忽略电动机空载转矩，求电动机电磁转矩。

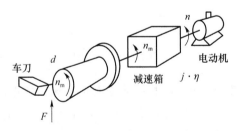

题图 3.1

3-14 起重机的传动机构如题图 3.2 所示，各元件数据见题表 3-1。若起吊速度为 12 m/min，传动机构效率为：起吊重物时，$\eta_c=0.7$；空钩提升时，$\eta_0=0.1$。计算：

(1) 折算到电动机轴上的系统总飞轮矩；

(2) 重物吊起及放下时折算到电动机轴上的阻转矩；

(3) 空钩吊起及放下时折算到电动机轴上的阻转矩；

（4）阐明在（2）和（3）的各种情况下，电动机输入机械能还是输出机械能。

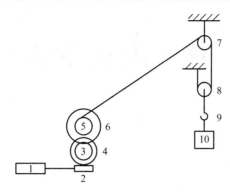

题图 3.2

题表 3-1

编号	名称	齿数	$GD^2/\text{N} \cdot \text{m}^2$	重力 G/N	直径 d/mm
1	电动机		5.59		
2	蜗杆	双头	0.98		
3	齿轮	15	2.94		
4	蜗轮	30	17.05		
5	卷筒		98.10		500
6	齿轮	65	294.00		
7	导轮		3.92		150
8	导轮		3.92		150
9	吊钩			490	
10	重物（负载）			19 620	

3-15　某台电梯的拖动系统示意图如题图 3.3 所示，当电动机的转速为其额定转速 $n = n_{\text{N}} = 980\ \text{r/min}$ 时，轿厢上下运行的速度 $v = 0.8\ \text{m/s}$。曳引轮的直径为 $d_{\text{g}} = 0.85\ \text{m}$，轿厢自重 4 000 N，可以载重 36 000 N，平衡块的重为 20 000 N，重载提升时的传动效率 $\eta_{\text{c}} = 0.85$，轻载提升时的传动效率 $\eta_0 = 0.75$。若不计钢丝绳的质量，求：

（1）系统的传动比；

（2）空轿厢提升及下降时，分别折算到电动机轴上的负载转矩及负载飞轮力矩；

（3）轿厢满载提升及下降时，分别折算到电动机轴上的负载转矩及负载飞轮力矩；

（4）轿厢满载上升及空轿箱上升时，如果要求初始加速度为 0.28 m/s²，则电动机发出的初始转矩分别为多少？（已知电动机、减速机构以及曳引轮的总飞轮力矩 $GD_1^2 = 95\ \text{N} \cdot \text{m}^2$）

电力拖动系统的
动力学基础.ppt

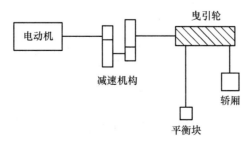

题图 3.3

第4章 直流电动机的电力拖动

所谓电力拖动,就是以电动机作为原动机来带动生产机械,使其按人们定下的规律运动。因此,构成一个电力拖动系统,除了作为原动机的各种电动机和被它带动的生产机械之外,还有连接两者的传动机构、控制电动机按一定规律运转的电气控制设备和电源等。要想深入地研究电力拖动系统的运动规律与运行特性,必须先建立电力拖动系统的运动方程式。

本章首先介绍电力拖动系统的运动方程式,然后介绍电动机的机械特性和生产机械的转矩特性,最后主要研究他励电动机拖动应用的4个问题:启动、反转、制动及调速。

4.1 他励直流电动机的机械特性

4.1.1 他励直流电动机的分类

为了满足生产工艺过程的要求,应正确选择拖动系统,为此要首先研究电动机的特性。而电动机的特性主要是机械特性,即 $n = f(T)$。电动机的机械特性是电力拖动系统中非常重要的内容。

各种不同类型、不同性能的直流电动机,其本身的机械特性也不一样,也就是转矩和转速的变化规律不同。图 4.1.1 所示的一些机械特性是各种直流电动机的自然机械特性。其中,曲线 1 为他励直流电动机的机械特性,曲线 2 为串励直流电动机的机械特性,曲线 3 为一种复励直流电动机的机械特性。这些特性称为自然机械特性,因为它们是电动机本身自然具有的特性。

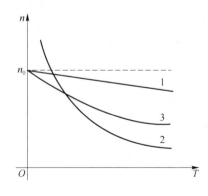

图 4.1.1　各种直流电动机的自然机械特性

除此之外,为了满足生产机械的要求,例如启动、调速和制动等各种工作状态的要求,而又人为创造一些机械特性,这些机械特性是依靠改变电动机的各种参数而形成的,所以把这些机械特性称为人为机械特性。

4.1.2 机械特性方程式

图 4.1.2 所示为他励直流电动机拖动系统原理图。他励直流电动机的机械特性是指当电源电压 U、气隙磁通 Φ 以及电枢回路总电阻 $R_a + R_c$ 均为常数时的电动机电磁转矩与转速之间的函数关系,即 $n = f(T)$。其中,R_c 为外串电阻。根据图 4.1.2 中给出的正方向,可写出电枢回路的电压平衡方程式 $U = E_a + (R_a + R_c)I_a$。把电枢电动势公式 $E_a = C_e\Phi n$ 及电磁转矩公式 $T = C_T\Phi I_a$ 代入电压平衡方程式,整理后得出

$$n = \frac{U}{C_e\Phi} - \frac{R_a + R_c}{C_e\Phi C_T\Phi}T \tag{4-1}$$

当 U、Φ 及 $R_a + R_c$ 都为常数时,式(4-1)表示 n 与 T 之间的函数关系,即他励直流电动机的机械特性方程式。

可以把式(4-1)写成如下的形式:

$$n = n_0 - \beta T \tag{4-2}$$

其中,$n_0 = U/(C_e\Phi)$,为理想空载转速;$\beta = (R_a + R_c)/(C_e\Phi C_T\Phi)$,为机械特性的斜率。式(4-2)对应的曲线如图 4.1.3 所示。它是穿过 3 个象限的一条直线,称为他励直流电动机的机械特性曲线。

在图 4.1.3 中的点 A 处,$T = 0$,因而 $I_a = 0$,电枢压降 $(R_a + R_c)I_a = 0$,电枢电动势 $E_a = U$,电动机的转速 $n = n_0 = U/(C_e\Phi)$,其中 n_0 是理想空载转速。实际上,当电动机在空载状态下运行时,虽然轴输出转矩 $T_2 = 0$,但电动机必须产生电磁转矩以克服空载转矩 T_0,所以实际空载转速 n_0' 为

$$n_0' = n_0 - \beta T_0 \tag{4-3}$$

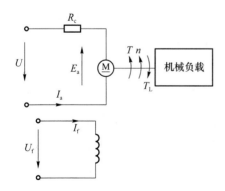

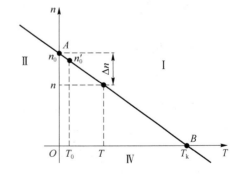

图 4.1.2 他励直流电动机拖动系统原理图   图 4.1.3 他励直流电动机的机械特性曲线

可见,$n_0' < n_0$,这并不是说理想空载转速不能实现。当电动机空载运行时,如果在电动机轴上施加一个与转速 n 方向相同的转矩,用来克服空载转矩 T_0,维持电动机的旋转,使电磁转矩 $T = 0$,这时电动机的转速即可达到理想空载转速 n_0。

在图 4.1.3 中的点 B 处,$n=0$,因而 $E_a=0$,此处外加电压 U 与电枢压降 $I_a(R_a+R_c)$ 平衡,电枢电流 $I_a=U/(R_a+R_c)=I_k$,称为堵转电流,它仅由外加电压 U 及电枢回路中的总电阻 R_a+R_c 决定。与 I_k 相应的电磁转矩 $T_k=C_T\Phi I_k$ 称为堵转转矩。

在点 A 和点 B 处,因电动机的电磁功率 $P_M=E_aI_a$ 都是 0,所以不能实现机电能量转换。

当电磁转矩 $T_k>T>0$ 时,转速 $n>0$,二者方向一致,电磁转矩为拖动转矩。当电磁转矩从 0 增加到 T 时,电动机的转速将从 n_0 降到 $n=n_0-\beta T$。转速降低的数值为

$$\Delta n=n_0-n=\beta T \tag{4-4}$$

其中,Δn 为转速降。产生 Δn 的原因是:在 U、Φ 及 R_a+R_c 均为常数的条件下,若 T 增大,则 $I_a=T/C_T\Phi$ 将与 T 成正比地增大,从而引起电枢压降 $I_a(R_a+R_c)$ 增大,电枢电动势 $E_a=U-I_a(R_a+R_c)$ 降低,电动机的转速 $n=E_a/C_e\Phi$ 下降。

机械特性的斜率 $\beta=(R_a+R_c)/C_e\Phi C_T\Phi$,所以 β 与电枢回路总电阻 R_a+R_c 成正比,与气隙磁通 Φ 的平方成反比,β 越大,则机械特性越陡,在相同的电磁转矩下转速降越大,电动机的转速就越低,通常把 β 大的机械特性称为软特性。相反,若 β 小,则机械特性曲线变平,且 T 的增加量比 β 的减少量大时,则 Δn 减小,此时的机械特性称为硬特性。

为了描述机械特性的软硬,引入机械特性硬度这一概念。所谓机械特性硬度,是指机械特性曲线范围内某一点对应的电磁转矩对该点对应转速的导数,用 a 表示为

$$a=\frac{dT}{dn} \tag{4-5}$$

实际上,机械特性的硬度就是机械特性斜率的倒数,所以 β 越小,硬度就越大。机械特性的硬和软是相对的,没有严格的界限。

4.1.3 固有机械特性和人为机械特性

1. 固有机械特性

当电动机外加电压为额定值 U_N,气隙磁通为额定值 Φ_N,且电枢回路中不外串电阻 R_c 时,电动机的机械特性称为固有机械特性(也称自然机械特性)。

固有机械特性方程式为

$$n=\frac{U_N}{C_e\Phi_N}-\frac{R_a}{C_e\Phi_N C_T\Phi_N}T \tag{4-6}$$

图 4.1.4 所示为他励直流电动机的固有机械特性,它是一条略微向下倾斜的直线。他励直流电动机固有机械特性的理想空载转速及斜率的绝对值分别为 $n_0=U_N/C_e\Phi_N$ 及 $\beta_N=R_a/(C_e\Phi_N C_T\Phi_N)$,所以固有机械特性也可表示为

$$n=n_0-\beta_N T$$

在固有机械特性上,当电磁转矩为额定值 T_N 时,转速也为额定值 n_N,即

$$n_N=n_0-\beta_N T_N=n_0-\Delta n_N \tag{4-7}$$

其中,$\Delta n_N=\beta_N T_N$,称为额定转速降。

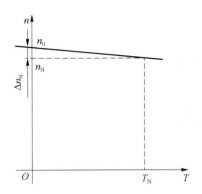

图 4.1.4　他励直流电动机的固有机械特性

由于电枢回路只有很小的电枢绕组电阻 R_a，所以 β_N 的值较小，固有机械特性属于硬特性。电枢回路电阻 R_a 不在电动机铭牌上标出，对于小功率的实际电动机可采用伏安法实测，如果没有实际电动机，则可以根据铭牌数据估算 R_a 的值。估算的依据是：当普通直流电动机在额定状态下运行时，其电枢铜损耗约占总损耗的 $1/2 \sim 2/3$。其中，电动机的总损耗为

$$\sum p_N = U_N I_N - P_N$$

额定电枢铜损耗为

$$P_{CuaN} = I_N^2 R_a$$

因此，电枢电阻为

$$R_a = \left(\frac{1}{2} \sim \frac{2}{3}\right)\frac{U_N I_N - P_N \times 10^3}{I_N^2} \tag{4-8}$$

2. 人为机械特性

人为机械特性就是通过人为的改变电源电压 U、气隙磁通 Φ 以及外串电阻 R_c 等参数得到的机械特性。电动机有以下 3 种人为机械特性。

(1) 电枢回路串电阻的人为机械特性

电枢回路串电阻时，电动机的接线图如图 4.1.5(a) 所示。改变电枢回路外串电阻后，电源电压及气隙磁通均为额定值不变，因此电枢外串电阻 R_c 的人为机械特性方程式为

$$n = \frac{U_N}{C_e \Phi_N} - \frac{R_a + R_c}{C_e \Phi_N C_T \Phi_N} T \tag{4-9}$$

由于理想空载转速 n_0 与电枢外串电阻 R_c 无关，而机械特性的斜率 β 随 R_c 的增加而增大，使机械特性随之变软。所以当 R_c 为不同值时，可以得到一簇放射状的人为机械特性曲线，如图 4.1.5(b) 所示。

(2) 改变电源电压的人为机械特性

他励直流电动机的电枢回路可以由他励直流发电机(或其他电源)供电，通过调节发电机的励磁电流来改变电动机的电枢电压。目前，广泛采用晶闸管可控整流器给他励直流电动机供电，通过改变晶闸管的控制角来调节电动机的电枢电压。

改变电源电压的人为机械特性是在 $\Phi = \Phi_N$，以及电枢回路不串电阻的条件下，对应于不同电枢电压的机械特性。

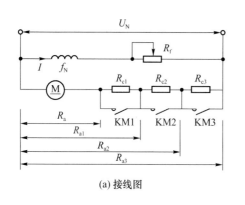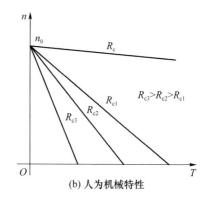

(a) 接线图　　　　　　(b) 人为机械特性

图 4.1.5　电枢回路串电阻时的电动机接线图及其人为机械特性

由于电机两端的电压不能超过额定值,所以通常只在额定值以下改变电源电压。此时,电动机的人为机械特性方程式为

$$n=\frac{U}{C_e\Phi_N}-\frac{R_a}{C_e\Phi_N C_T\Phi_N}T \tag{4-10}$$

由式(4-10)可以看出,对应不同的电枢电压,人为机械特性的理想空载转速与电源电压成正比,但其斜率不变,与固有机械特性的斜率相等。所以,当电源电压为不同值时,各人为机械特性曲线都与固有机械特性曲线平行,如图 4.1.6 所示。

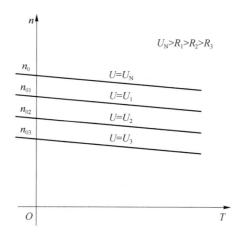

图 4.1.6　改变电源电压的人为机械特性

(3) 减弱气隙磁通的人为机械特性

减弱气隙磁通的人为机械特性是指在 $U=U_N$ 以及电枢回路不串电阻的条件下,对应不同气隙磁通 $\Phi(\Phi<\Phi_N)$ 的人为机械特性。此时,机械特性方程式为

$$n=\frac{U_N}{C_e\Phi}-\frac{R_a}{C_e\Phi C_T\Phi}T \tag{4-11}$$

图 4.1.7(a)是减弱气隙磁通 Φ 的接线图。减小励磁电流 I_f,即可减弱磁通。因为 $\Phi=\Phi_N$ 时电机的气隙磁通已接近饱和,所以只能在 Φ_N 的基础上通过减小励磁电流 I_f 使 $\Phi<\Phi_N$。当 Φ 取不同值时,相应的人为机械特性曲线如图 4.1.7(b)所示。可以看出,减弱气隙磁通 Φ 时,不仅人为机械特性的理想空载转速增大,机械特性曲线的斜率也增大,使特

性变软。

图 4.1.7 表明，改变磁通可以改变电动机的转速。转矩不太大时，磁通减小引起理想空载转速和转速降增加。因为电枢电阻很小，转速降的增加量比理想空载转速的增加量少，所以转速升高。当转矩大到一定程度时，减弱气隙磁通反而使转速降低，这时电流过大，超过了电动机的额定电流，所以不允许电动机工作在这样的大电流下。

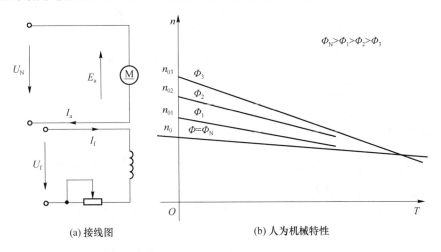

(a) 接线图　　　　　　　　(b) 人为机械特性

图 4.1.7　减弱气隙磁通的接线图及其人为机械特性

例 4-1　一台他励直流电动机，铭牌数据为 $P_N = 40$ kW，$U_N = 220$ V，$I_N = 210$ A，$n_N = 750$ r/min，负载转矩为额定值。试求：

(1) 电动机的固有机械特性；

(2) $R_c = 0.4$ Ω 时的人为机械特性及电动机转速；

(3) $U = 110$ V 时的人为机械特性及电动机转速；

(4) $\Phi = 0.8\Phi_N$ 时的人为机械特性及电动机转速。

解　(1) 电动机的固有机械特性

① 估算电枢电阻

$$R_a = \frac{1}{2}\left(\frac{U_N I_N - P_N \times 10^3}{I_N^2}\right) = \frac{1}{2}\left(\frac{220 \times 210 - 40 \times 10^3}{210^2}\right) \approx 0.07 \text{ Ω}$$

② 计算 $C_e\Phi_N$

$$C_e\Phi_N = \frac{U_N - I_N R_a}{n_N} = \frac{220 - 210 \times 0.07}{750} \approx 0.273\,7 \text{ V/(r · min}^{-1})$$

③ 计算理想空载转速

$$n_0 = \frac{U_N}{C_e\Phi_N} = \frac{220}{0.273\,7} \approx 804 \text{ r/min}$$

④ 计算斜率

$$\beta = \frac{R_a}{C_e\Phi_N C_T\Phi_N} = \frac{R_a}{C_e\Phi_N \times 9.55 C_e\Phi_N} = \frac{0.07}{9.55 \times 0.273\,7^2} \approx 0.097\,9$$

因此，电动机的固有机械特性为 $n = 804 - 0.097\,9T$。

(2) $R_c = 0.4$ Ω 时的人为机械特性

$$n = n_0 - \frac{R_a + R_c}{C_e \Phi_N C_T \Phi_N} T = 804 - \frac{0.07 + 0.4}{9.55 \times 0.273\ 7^2} T \approx 804 - 0.657\ 0T$$

额定负载时,电动机的电磁转矩为

$$T = C_T \Phi_N I_N = 9.55 C_e \Phi_N I_N = 9.55 \times 0.273\ 7 \times 210 \approx 549\ \text{N} \cdot \text{m}$$

电动机的转速为

$$n = 804 - 0.657T = 804 - 0.657 \times 549 \approx 443.3\ \text{r/min}$$

(3) $U = 110$ V 时的人为机械特性

$$n = \frac{U}{C_e \Phi_N} - \frac{R_a}{C_e \Phi_N C_T \Phi_N} T = \frac{110}{0.273\ 7} - \frac{0.07}{9.55 \times 0.273\ 7^2} T \approx 402 - 0.097\ 9T$$

电动机在额定负载时的转速为

$$n = 402 - 0.097\ 9T = 402 - 0.097\ 9 \times 549 \approx 348.3\ \text{r/min}$$

(4) $\Phi = 0.8\Phi_N$ 时的人为机械特性

$$n = \frac{U_N}{C_e \Phi} - \frac{R_a}{C_e \Phi C_T \Phi} T = \frac{U_N}{0.8 C_e \Phi_N} - \frac{R_a}{9.55 \times (0.8 C_e \Phi_N)^2} T \approx 1\ 005 - 0.153\ 0T$$

电动机在额定负载时的转速为

$$n = 1\ 005 - 0.153\ 0T = 1\ 005 - 0.153\ 0 \times 549 \approx 921\ \text{r/min}$$

4.2 他励直流电动机的启动

4.2.1 直接启动

给一台直流电动机接上直流电源,使之从静止状态开始旋转直至稳定运行,这个过程称为启动过程。注意,应该满磁通启动,即励磁电流为额定值,每极磁通为额定值。因此,启动时励磁回路不能外串电阻,而且绝对不允许励磁回路出现断路现象。但是由于 $n = 0$,$E_a = 0$,则启动瞬间的电枢电流为

$$I_a = \frac{U - E_a}{R_a + R_c} = \frac{U}{R_a + R_c} \tag{4-12}$$

如果启动时 $U = U_N$ 且 $R_c = 0$,则称为直接启动,其启动瞬间的电枢电流为

$$I_a = \frac{U_N}{R_a}$$

由于电枢回路的电阻 R_a 很小,所以直接启动时电枢冲击电流很大,可达额定电流的 $10 \sim 20$ 倍。过大的启动电流将导致换向困难,换向器表面产生强烈的火花或环火,电枢绕组产生过大的电磁力,引起绕组的损坏。过大的启动电流还将产生过大的电磁转矩,形成过大的加速度,可能会损坏机械传动部件。另外,对供电电网来说,过大的启动电流将引起电网电压的波动,影响其他接于同一电网的电气设备的运行。只有容量为数百瓦的微型直流电动机,才允许采用直接启动方法(因为这类直流电动机有较大的电枢电阻,转动惯量也较小,启动时转速上升较快)。

通常,直流电动机允许的最大启动电流为 $(1.5 \sim 2)I_N$。

为了限制启动电流的大小,可采取降低电源电压启动或电枢回路串电阻启动的方法。

4.2.2　降低电源电压启动

图 4.2.1(a)是降低电源电压启动时的接线图。

电动机的电枢由可调直流电源(直流发电机或可控整流器)供电。启动时,先给励磁绕组通电,并将励磁电流调到额定值,然后从低到高调节电枢回路的电压。开始时,加到电枢两端的电压 U_1 在电枢回路中产生的电流 $I_a = U_1/R_a$,应不超过 $(1.5 \sim 2)I_N$。这时,电动机的机械特性为图 4.2.1(b)中的直线 1,电磁转矩 $T_1 > T_L$(点 a),电动机开始转动。随着转速升高,E_a 增大,电枢电流 $I_a = (U_1 - E_a)/R_a$ 逐渐减小,相应的电磁转矩也减小。当电磁转矩下降到 T_2(点 b)时,将电源电压提高到 U_2,相应的机械特性为图 4.1.2(b)中的直线 2。在升压的瞬间,n 不变,E_a 也不变,因而从点 c 起 I_a 增大,电磁转矩增大到 T_3(取 $T_3 = T_1$),电动机将在机械特性直线 2 上升速。这样,当从 U_1 逐级升高电源电压,直至 $U = U_N$ 时,电动机将沿图 4.2.1(b)中的点 $a \to b \to c \to \cdots \to k$ 加速到点 p,电动机稳定运行,启动过程结束。

调节电源电压时,不能升得过快,否则会引起过大的电流冲击。如果采用自动控制,启动时通过调节器自动调节电源电压,使电枢电流在整个启动过程中始终保持最大允许值,电动机就能以允许的最大转矩加速,从而缩短启动时间。

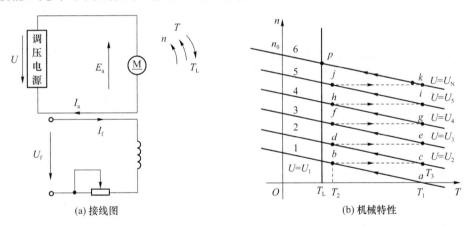

(a) 接线图　　　　　(b) 机械特性

图 4.2.1　降低电源电压启动时的接线图及机械特性

降低电源电压启动方法在启动过程中能量损耗小,启动平稳,便于实现自动化,但需要一套可调的直流电源启动设备,增加了初投资。实际中,降低电源电压启动方法多用于要求经常启动的场合和大中型电动机的启动。直流伺服系统多采用这种启动方法。

4.2.3　电枢回路串电阻启动

这种方法比较简单,可以将启动电流限制在容许的范围内。串接在电枢回路中用以限制启动电流大小的电阻称为启动电阻,以 R_s 表示。

为了把启动电流限制在最大允许值 $I_1 = \dfrac{U_N}{R_a + R_s}$ 之内,电枢回路中应串入的启动电阻

值为

$$R_s = \frac{U_N}{I_1} - R_a \qquad (4-13)$$

启动后,如果仍把 R_s 串在电枢回路中,则电动机会在电枢回路串电阻 R_s 的人为机械特性上以低速运行。为了使电动机运转在固有机械特性上,应把 R_s 切除。若把 R_s 一次性全部切除,则会引起过大的电流冲击。为保证在启动过程中电枢电流不超过最大允许值,可以先切除 R_s 的一部分,待转速上升后再切除一部分,如此逐步地切除,直到 R_s 全部被切除为止。这种启动方法称为电枢回路串电阻分级启动。

在分级启动过程中,若忽略电枢回路电感,并合理地选择每次切除的电阻值就能做到每切除一段启动电阻,电枢电流就瞬间增大到最大启动电流 I_1。此后,随着转速上升,电枢电流逐渐下降。每当电枢电流下降到某一数值 I_2 时,就切除一段电阻,电枢电流又突增到最大启动电流 I_1。这样,在启动过程中就可以把电枢电流限制在 I_1 和 I_2 之间。其中,I_2 称为切换电流。

启动电阻分段数目越少,启动过程中电流变化范围越大,转矩脉动越大,加速越不均匀,而且平均启动转矩越小,启动时间越长。反之,启动电阻分段数目越多,启动的加速过程越平滑,启动时间越短。但为了减少控制器数量及设备投资,提高工作的可靠性,启动电阻分段数目不宜过多。根据实际情况选择启动电阻分段数目,只要将启动电流的变化保持在一定的范围内即可。

下面以 3 级启动为例,说明分级启动过程。

图 4.2.2(a)为电枢回路串电阻三级启动时的接线图,启动电阻被分为 3 段,即 r_{s1}、r_{s2} 和 r_{s3},它们分别与接触器的触头 KM1、KM2 和 KM3 并联。控制这些接触器,使其触头依次闭合,就可以实现分级启动了。启动过程为:在启动开始的瞬间,KM1、KM2、KM3 都断开,电枢回路的总电阻 $R_{s3} = R_a + r_{s3} + r_{s2} + r_{s1}$,工作点在图 4.2.2(b)中的点 a 处,启动电流为 I_1,启动转矩为 $T_1 > T_L$,电动机开始增速,转速沿着 R_{s3} 对应的特性曲线变化,启动电流减小,到点 b 时启动电流降到切换电流 I_2,同时 KM3 闭合,切除一段电阻 r_{s3},电枢总电阻变为 $R_{s2} = R_a + r_{s2} + r_{s1}$;切除电阻的瞬间,转速不变,电流则突增至 I_1,工作点从点 b 过渡到点 c,此后又沿着 R_{s2} 对应的特性曲线的 cd 段变化,启动电流下降;当转速增加到点 d 对应的数值时,启动电流刚好减小到 I_2,此时 KM2 闭合,切除第 2 段启动电阻 r_{s2},电枢回路总电阻变为 $R_{s1} = R_a + r_{s1}$,工作点从点 d 过渡到点 e,启动电流则从 I_2 增大到 I_1,电动机沿 R_{s1} 对应的特性曲线 ef 段增速,启动电流减小;当转速增加到 f 点对应的数值时,启动电流又减小到 I_2,此时 KM1 闭合,切除最后一段电阻 r_{s1},工作点从点 f 过渡到固有机械特性曲线上的点 g,电流增大到 I_1;此后,电动机在固有机械特性曲线上增速,直到达到点 h 对应的数值,此时 $T = T_L$,电动机稳定运行,启动过程结束。

在设计电机的启动过程中,通常要计算各级启动电阻。他励直流电动机分级启动时的各级启动电阻一般用下列两种方法计算。

1. 图解法

使用图解法计算各级启动电阻时,首先要画出分级启动时电动机的机械特性图,作图的步骤如下。

① 绘制固有机械特性。按本章 4.1 节介绍的方法计算电机的固有机械特性,并绘制固

有机械特性曲线,如图 4.2.2(b)中 R_a 对应的特性曲线所示。

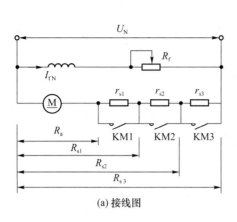

(a) 接线图

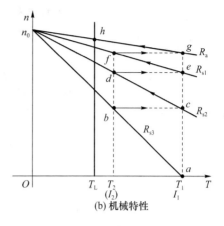

(b) 机械特性

图 4.2.2　电枢回路串电阻三级启动时的接线及机械特性

② 选取启动过程中的最大启动电流 I_1(或最大启动转矩 T_1)及切换电流 I_2(或切换转矩 T_2)。必须保证二者大于负载电流 I_L。对普通型直流电动机通常取:

$$I_1 = (1.5 \sim 2)I_N$$
$$I_2 = (1.1 \sim 1.2)I_N$$

在固有机械特性曲线图的横坐标轴上找到 I_1 及 I_2(或 T_1 及 T_2)对应的两点,并分别向上作横坐标轴的垂直线。

③ 画出分级启动特性图,即画人为机械特性,如图 4.2.2(b)中的线段 n_0a(相当于总电阻 $R_{s3} = R_a + r_{s3} + r_{s2} + r_{s1}$),线段 n_0a 交 I_2(或 T_2)处的垂直线于点 b;画水平线 bc,交 I_1(或 T_1)处的垂直线于点 c,过点 n_0 和点 c 作人为机械特性(对应总电阻 $R_{s2} = R_a + r_{s2} + r_{s1}$)交 I_2 处的垂直线于点 d,画水平线 de……最后,当切除末段电阻时,所画的水平线与 I_1 处的垂直线的交点应正好位于固有特性上,即水平线 fg、I_1 的垂直线与固有机械特性三者交于图 4.2.2(b)中的点 g。如果作图的结果不能保证这一点,则必须对选取的 T_1 或 T_2 数值稍作变动(一般可变动 T_2 的数值),再按上述同样的步骤绘制,直到满足 I_1(或 T_1)一致的条件。

分级启动特性图一经绘出,在图上截取相应的曲线段,并进行很简单的计算,就可算出各段电阻。由机械特性方程式:

$$n = n_0 - \frac{R_a + R_c}{C_e \Phi_N C_T \Phi_N} T$$

得出

$$\Delta n = n_0 - n = \frac{R_a + R_c}{C_e \Phi_N C_T \Phi_N} T$$

当电枢回路串电阻分级启动时,磁通 Φ 一般不变,当取 T 为定值时,如 $T = T_1$(定值),机械特性上的转速降 Δn 与该特性所对应的电枢内总电阻 R 成正比,即

$$\Delta n = kR$$

其中,k 为比例常数,$k = T/(C_e \Phi_N C_T \Phi_N)$。

在图 4.2.2(b)中,当 $T = T_1$ 时,可得出下列比例关系:

$$kR_a = \Delta n_{ng}$$

$$kR_{s1} = k(R_a + r_{s1}) = \Delta n_{ne}$$

$$kR_{s2} = k(R_a + r_{s1} + r_{s2}) = \Delta n_{nc}$$

$$kR_{s3} = k(R_a + r_{s1} + r_{s2} + r_{s3}) = \Delta n_{na}$$

化成比例关系：

$$\frac{R_{s1}}{R_a} = \frac{r_{s1} + R_a}{R_a} = \frac{\Delta n_{ne}}{\Delta n_{ng}} = \frac{\Delta n_{ng} + \Delta n_{ne}}{\Delta n_{ng}}$$

由此得出

$$r_{s1} = R_a \frac{\Delta n_{ge}}{\Delta n_{ng}}$$

同样，可得

$$r_{s2} = R_a \frac{\Delta n_{ec}}{\Delta n_{ng}}, \quad r_{s3} = R_a \frac{\Delta n_{ca}}{\Delta n_{ng}}, \quad \cdots$$

由此可见，在绘制的机械特性图上，把对应于转矩常值 T_1 的转速降量出，如 Δn_{ng}、Δn_{ge}、Δn_{ec}、Δn_{ca}，以及已知 R_a，再利用上式，即可算出分级电阻值 r_{s1}、r_{s2} 及 r_{s3}。

必须指出，也可利用对应于其他转矩常值（如 T_2＝常值，或额定转矩 T_N＝常值）量出的转速降的方式来计算分级启动电阻。通常，这一转矩常值取得大一些较好，这样量出的转速降相对较大，相对误差会小一些，因而计算结果也更为准确。

2．解析法

用解析法，可以不必先绘制分级启动特性图，而直接计算分组电阻的数值。解析法的根据是：在启动过程中，最大启动电流 I_1（或最大启动转矩 T_1）及切换电流 I_2（或切换转矩 T_2）不变。

在切换启动电阻的瞬间，不仅电动机的转速不能突变，而且电动势和电源电压也不能变，由电压方程 $U = E_a + I_a R$ 可知，在图 4.2.2 中，点 b 和点 c 处的电枢压降也相等，即

$$I_2 R_{s3} = I_1 R_{s2}$$

令 $I_1 / I_2 = \lambda$，λ 称为启动电流（或启动转矩）比，则

$$R_{s3} = \lambda R_{s2}$$

同理，点 d、点 e 和点 f、点 g 分别有

$$R_{s2} = \lambda R_{s1}$$

$$R_{s1} = \lambda R_a$$

综上可得

$$R_{s3} = \lambda^3 R_a$$

推广到 m 级启动的一般情况，得出

$$R_{sm} = \lambda^m R_a \quad 或 \quad \lambda = \sqrt[m]{\frac{R_{sm}}{R_a}}$$

当用解析法计算分级启动电阻时，可能有下列两种情况。

（1）启动级数尚未确定

① 这种情况下，可根据电动机的铭牌数据估算 R_a。

② 根据生产机械对启动时间、启动的平稳性以及电动机的额定电流，确定最大启动电流 I_1 及切换电流 I_2，计算 R_{sm} 及 λ，即

$$R_{sm} = \frac{U_N}{I_1}, \quad \lambda = \frac{I_1}{I_2}$$

③ 计算启动级数 m：

$$m = \text{int}\left[\frac{\ln(R_{sm}/R_a)}{\ln \lambda}\right]$$

④ 由取整后的启动级数 m 计算启动电流比 λ'（对应 λ' 启动电流 I_1 或切换电流 I_2 变化），然后计算出各段的启动电阻：

$$r_{s1} = R_{s1} - R_a = (\lambda' - 1)R_a$$

$$r_{s2} = R_{s2} - R_{s1} = \lambda'^2 R_a - \lambda' R_a = \lambda' r_{s1}$$

$$\vdots$$

$$r_{sm} = \lambda'^{(m-1)} r_{s1}$$

（2）启动级数已知

① 这种情况下，可以根据电动机的额定电流确定最大启动电流 I_1，根据电动机铭牌数据估算 R_a，并计算启动电流比 λ 及切换电流 I_2，公式如下：

$$\lambda = \sqrt[m]{\frac{R_{sm}}{R_a}} = \sqrt[m]{\frac{U_N}{I_1 R_a}}, \quad I_2 = \frac{I_1}{\lambda}$$

② 校核切换电流 I_2。I_2 过大或过小，都说明确定的级数不合理，应减小或增加级数。如果 I_2 在 $(1.1 \sim 1.2)I_N$ 的范围内，则可按"启动级数尚未确定"中步骤④的公式来计算启动电阻。

例 4-2　一台他励直流电动机的额定数据为 $P_N = 12\text{ kW}$，$U_N = 220\text{ V}$，$n_N = 1\,100\text{ r/min}$，$I_N = 60\text{ A}$，$R_a = 0.311\ \Omega$。假设需要三级启动，最大启动电流 $I_{sm} = 2I_N$，满载启动，求各段启动电阻值。

解　启动时，电枢总电阻为

$$R_{s3} = \frac{U_N}{I_{sm}} = \frac{220}{2 \times 60} \approx 1.83\ \Omega$$

取 $m = 3$，则启动电流比为

$$\lambda = \sqrt[m]{\frac{R_{s3}}{R_a}} = \sqrt[3]{\frac{1.83}{0.311}} \approx 1.805$$

切换电流为

$$I_2 = \frac{I_{sm}}{\lambda} = \frac{I_1}{\lambda} = \frac{2I_N}{1.805} \approx 1.108 I_N > 1.1 I_N$$

因此，所选的段数适宜。

各段电阻为

$$r_{s1} = (\lambda - 1)R_a = (1.805 - 1) \times 0.311 \approx 0.25\ \Omega$$

$$r_{s2} = \lambda r_{s1} = 1.805 \times 0.25 \approx 0.45\ \Omega$$

$$r_{s3} = \lambda^2 r_{s1} = 1.805^2 \times 0.25 \approx 0.815\ \Omega$$

验证如下：

$$R_a + r_{s1} + r_{s2} + r_{s3} = 0.311 + 0.25 + 0.45 + 0.815 \approx 1.83\ \Omega = R_{s3}$$

4.3 他励直流电动机的调速

4.3.1 调速的基本概念

在生产实践中,有许多生产机械需要根据工艺要求调节转速。如龙门刨床,在切削过程中,刀具切入和退出工件要求较低的转速,切削中间一段要求较高的转速,工件台返回则要求很高的转速。又如轧钢机,当轧制不同截面与品种的钢材时,需要采用最合适的转速:可逆初轧机的轧辊进入轧件时要用较低的转速,轧件进入轧辊进行轧制时要用最高转速,甩出轧件时又需要降速,随轧件辗长,轧制的转速也要增加。这就需要采用一定的方法来改变生产机械的工作速度,以满足生产的需要,这种方法通常称为调速。

在调速的过程中,如果电动机的转速可以平滑地进行调节,则称为无级调速,或连续调速。无级调速时,电动机的转速变化均匀,适应性强,在工业装置中被广泛采用。如果转速不能连续调节,只有有限的几级,如二速、三速、四速等,那么这种调速称为有级调速。有级调速适用于只要求几种转速的生产机械,如普通车床、桥式起重机等。

常用的方法有机械调速和电气调速两种。电动机的速度不改变,仅通过改变传动机构的传动比来改变工作机构的速度称为机械调速。机械变速机构复杂,无法自动调速,且调速有级。人为地改变电动机的参数(如他励直流电动机的端电压、励磁电流或电枢回路外串电阻),使同一个机械负载得到不同的转速,称为电气调速。电气调速简化机械传动,可实现无级调速,易于实现控制自动化;此外,还可以采用机电结合的办法来调速。

从机械特性来看,电动机拖动负载运行时,其转速是由工作点决定的,工作点变了,电动机的转速也就变了。若负载不变,工作点便由电动机的机械特性确定,因此改变电动机的参数使其机械特性发生变化,就能改变电动机的转速。例如,在图 4.3.1 中,电动机的固有机械特性直线 1 与恒转矩负载机械特性直线 2 的交点 A 所对应的转速为 n_A,如果在电枢回路中串入电阻,那么电动机的机械特性将变为图中的直线 3,它与恒转矩负载机械特性直线 2 相交于点 B,电动机将在工作点 B 以转速 n_B 稳定运行,实现了转速调节。

当调节电动机转速时,通常取电动机的额定转速 n_N 为基本转速,称为基速。向高于基速的方向调速,称为向上调速;相反,向低于基速的方向调速,称为向下调速;在某些场合下,既要求向上调速,又要求向下调速,称为双向调速。

他励直流电动机具有优良的调速性能,它能在很宽的范围内实现平滑的无级调速,主要用于对调速性能要求较高的生产机械,如龙门刨床、精密车床和轧钢机等。

他励直流电动机的机械特性方程式为

$$n = \frac{U}{C_e \Phi} - \frac{R_a + R_c}{C_e \Phi C_T \Phi} T$$

可以看出,改变电枢回路外串电阻 R_c、电源电压 U 和气隙磁通 Φ 这 3 者中的任何一个参数,都可以改变他励直流电动机的机械特性,实现调速。4.3.2 节~4.3.4 节将分别介绍几种主要的调速方法。

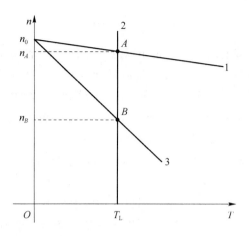

图 4.3.1　电动机的调速

为生产机械选择调速方法时，必须做好技术经济比较。调速的技术指标主要有 4 项：调速范围、静差率、平滑性和调速时的允许输出。

1. 调速范围

调速范围指当电动机在额定负载下调节转速时，它的最高转速 n_{max} 与最低转速 n_{min} 之比，用 D 表示，电枢回路串电阻调速和降低电源电压调速时的调速范围如图 4.3.2 所示。

$$D=\frac{n_{max}}{n_{min}} \tag{4-14}$$

最高转速受电动机换向条件及机械强度的限制；最低转速受生产机械对转速的相对稳定性要求限制。如果电动机实际运行时的静负载转矩不是额定值，则调速范围应按实际计算。

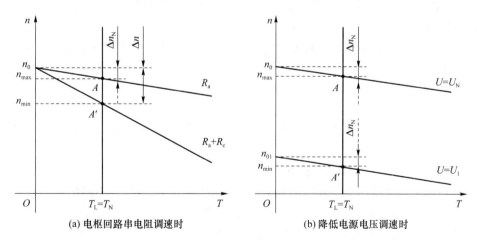

(a) 电枢回路串电阻调速时　　(b) 降低电源电压调速时

图 4.3.2　调速范围及静差率

2. 静差率

静差率指机械特性上额定负载时的转速降落与理想空载转速之比，表示为

$$\delta = \frac{n_0 - n}{n_0} \times 100\% \qquad (4\text{-}15)$$

静差率越小,负载变动时转速的变化就越小,转速的相对稳定性也就越好。

由式(4-15)可知,静差率取决于理想空载转速及在额定负载下的转速降。调速时,若 n_0 不变,那么机械特性越软,在额定负载下的转速降就越大,静差率也就越大。例如,图 4. 3.2(a)所示的他励直流电动机固有机械特性(R_a)和电枢回路串电阻的人为机械特性($R_a + R_c$),当 $T = T_N$ 时,它们的静差率就不相同。前者静差率小,后者静差率较大。因此,当电枢回路串电阻调速时,外串电阻越大,转速就越低,$T = T_N$ 时静差率也越大。如果生产机械要求静差率不能超过某一最大值 δ_{max},那么电动机在 $T = T_N$ 下的最低转速 n_{min} 也就确定了,于是满足静差率要求的调整范围也就相应地被确定了。

如果调速过程中理想空载转速变化,而机械特性的斜率不变时,例如,他励直流电动机改变电源电压调速时,由于人为机械特性与固有机械特性平行,$T = T_N$ 时转速降相等,都等于 Δn_N,因此理想空载转速越低,静差率就越大。当电动机电源电压最低的一条人为机械特性曲线在 $T = T_N$ 下的静差率能满足要求时,其他各条机械特性曲线的静差率就都能满足要求。这条电压最低的人为机械特性在此时的转速就是调速时的最低转速,于是调速范围也就被确定了,如图 4.3.2(b)所示。

通过以上分析可以看出,调速范围 D 与静差率 δ 相互制约。当采用某种调速方法时,允许的静差率 δ 值较大,则可得到较大的调速范围;反之,如果要求的静差率较小,调速范围就不能太大。当静差率一定时,采用不同的调速方法,能得到的调速范围也不同。由此可见,对需要调速的生产机械,同时给出静差率和调速范围两项指标,才能合理地确定调速方法。

各种生产机械对静差率和调速范围的要求是不一样的。例如,车床主轴要求 $\delta \leqslant 30\%$,$D = 10 \sim 40$;龙门刨床要求 $\delta \leqslant 10\%$,$D = 10 \sim 40$;造纸机要求 $\delta \leqslant 0.1\%$,$D = 3 \sim 20$。

3. 调速的平滑性

平滑性指调速时相邻的两级转速中,高一级转速 n_i 与低一级转速 n_{i-1} 之比。调速的平滑性用 k 表示:

$$k = \frac{n_i}{n_{i-1}} \qquad (4\text{-}16)$$

k 值越接近 1,调速的平滑性就越好。在一定的调速范围内,调速级数越多,平滑性就越好。当 k 接近于 1 时,为无级调速。

4. 调速时的允许输出和经济指标

允许输出是电动机在不同转速下轴上所能输出的功率和转矩。不同的调速方法,允许输出也不同。另外,电机的实际输出是由负载决定的。因此,如何根据电机的负载性质决定调速方法,使电动机得到充分的利用是个重要问题。

调速的经济指标决定于调速系统的设备投资及运行费用,而运行费用又取决于调速过程中的损耗,一般可用设备的效率 η 来说明。

$$\eta = \frac{P_2}{P_2 + \Delta p} \qquad (4\text{-}17)$$

其中,P_2 为电动机轴上的功率;Δp 为调速时的损耗功率。

4.3.2　降低电枢电压调速

下面介绍两种降低电枢电压调速的方法。

1. 电枢回路串电阻调速

他励直流电动机保持电源电压和气隙磁通为额定值,在电枢回路中串入不同阻值的电阻时 n_0 不变,可以得到一簇人为机械特性。它们与负载机械特性的交点,即工作点,都是稳定的,电动机在这些工作点上运行时,有不同的转速。外串电阻 R_c 的阻值越大,机械特性的斜率就越大,相同负载下电动机的转速也越低。

下面以转速由 n_A 降为 n_B 为例,说明系统的调速过程,如图 4.3.3 所示。设电动机拖动恒转矩负载原来在固有机械特性上的点 A 稳定运行,转速为 n_A。当电枢电阻由 R_a 突增到 R_a+R_{c1} 时,转速 n_A 及电枢电动势 E_a 一开始不能突变,工作点在相同的转速下由点 A 过渡到点 A',转矩由 T_N 下降为 $T'(T'<T_L)$,$\mathrm{d}n/\mathrm{d}t$ 为负,系统减速。随着 n 及 E_a 的减小,I_a 及 T 不断增加,系统减速度不断减小,直到 n 降至 n_B,T 增至 T_N,新的转矩平衡建立起来,系统以较低的转速 n_B 稳定运行于点 B,调速过程结束。

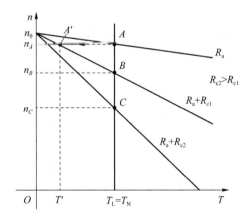

图 4.3.3　电枢回路串电阻调速

在额定负载下,电枢回路串电阻调速时能达到的最高转速(此时 $R_c=0$)为额定转速,所以其调速方向是由基速向下。

电枢回路串电阻调速时,如果负载转矩 T_L 为常数,那么当电动机在不同的转速下稳定运行时,由于电磁转矩与负载转矩相等,因此电枢电流为

$$I_a=\frac{T}{C_T\varPhi_N}=\frac{T_L}{C_T\varPhi_N}=常数$$

即 I_a 与 n 无关。若 $T_L=T_N$,则 I_a 将保持额定值 I_N 不变。

电枢回路串电阻调速时,外串电阻 R_c 上消耗的电功率为 $I_a^2R_c$,使调速系统的效率降低。当电动机的负载转矩 $T_L=T_N$ 时,$I_a=I_N$,$P_1=U_NI_N=$ 常数,忽略电动机的空载损耗 p_0,则 $P_2=P_M=E_aI_a$。这时,调速系统的效率为

$$\eta=\frac{P_2}{P_1}\times100\%=\frac{E_aI_a}{U_NI_N}\times100\%=\frac{n}{n_0}\times100\%$$

可见,调速系统的效率将随 n 的降低成正比地下降。当把转速调到 $0.5n_0$ 时,输入功率将有一半损耗在 R_a+R_c 上,所以这是一种耗能的调速方法。

电枢回路串电阻的人为机械特性是一簇通过理想空载点的直线,串入的调速电阻越大,机械特性越软。这样,在低速下运行时,负载在不大的范围内变化,就会引起转速发生较大的变化,也就是转速的稳定性较差。

由于外串电阻 R_c 只能分段调节,所以这种调速方法不能实现无级调速。

调速时,电动机可能会在不同转速下较长时间运行,所以应按允许长期通过额定电枢电流的原则来选择外串电阻的功率,这使得电阻器的体积大、笨重。

尽管电枢回路串电阻调速方法所需设备简单,操作方便,但由于它具有功率损耗大、低速运行时转速稳定性差、不能无级调速等缺点,因此只适用于对调速性能要求不高的中、小功率电动机。

2. 降低电源电压调速

保持他励直流电动机的磁通为额定值,电枢回路不串电阻,若将电源电压降低为 U_1、U_2 等不同数值,可得到与固有机械特性平行的人为机械特性,如图 4.3.4 所示。其中,负载为恒转矩负载,当电源电压为额定值 U_N 时,工作点为点 A,电动机转速为 n_A;电压降低到 U_1 时,转速 n_A 及电枢电动势 E_a 一开始不能突变,工作点即在相同的转速下由点 A 过渡到点 A',转矩由 T_N 下降为 T',此时 $T=T'<T_L$,dn/dt 为负,系统减速。

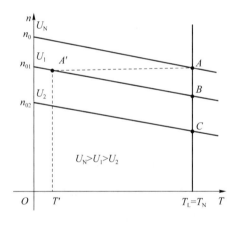

图 4.3.4　降低电源电压调速

随着 n 及 E_a 的下降,I_a 及 T 不断增加,系统减速度不断减小,直到 n 降到 n_B 时,T 增至 T_N,新的转矩平衡建立起来,系统以较低的转速 n_B 稳定运行于点 B,调速过程结束。工作点为点 B,转速为 n_B;电压为 U_2 时,工作点为点 C,转速为 n_C……电源电压越低,转速也越低,调速方向是从基速向下调节的,因为电源电压一般不超过额定值。

降低电源电压调速时,$\Phi=\Phi_N$ 不变。若电动机拖动恒转矩负载,那么在不同转速下稳定运行时,电磁转矩 $T=T_L=$ 常数,电枢电流为

$$I_a=\frac{T_L}{C_T\Phi_N}=常数$$

如果 $T_L=T_N$,则 $I_a=I_N$ 与转速无关。调速系统的铜损耗为 $I_N^2R_a$ 也与转速无关,而且数值较小,所以效率高。

当电源电压为不同值时,机械特性的斜率都与固有机械特性的斜率相等,特性较硬;当降低电源电压在低速下运行时,转速随负载变化的幅度较小,与电枢回路串电阻调速方法相比,转速的稳定性要好得多。

降低电源电压调速需要独立可调的直流电源,可以采用单独的他励直流发电机或晶闸管可控整流器。无论采用哪种方法,输出的直流电压都是连续可调的,因此能实现无级调速。

对于他励直流电动机,降低电源电压调速是一种性能优越的调速方法,广泛应用于对调速性能要求较高的电力拖动系统中。

4.3.3　减弱磁通调速

因为磁通接近饱和,故可以通过减弱磁通的方法进行调速。比较简单的方法是在励磁电路中串联调节电阻,改变励磁电流,使磁通改变。保持他励直流电动机电源电压为额定值,电枢回路不串电阻,改变电动机磁通时,其机械特性方程式为

$$n = \frac{U_N}{C_e \Phi} - \frac{R_a}{C_e C_T \Phi^2} T = n_0 - \Delta n$$

减弱磁通 Φ 时,n_0 与 Φ 成反比地增加;Δn 与 Φ^2 成反比地增加。如果负载不是很大,则 n_0 增加较多,Δn 增加较少,减弱磁通后电动机的转速将升高。例如,当电动机拖动恒转矩负载 $T_L = T_N$ 在固有特性上运行时,$\Delta n = 0.05 n_0$,$n = 0.95 n_0$。若将磁通 Φ 降至 $0.8 \Phi_N$,则理想空载转速为 $n_0' = n_0/0.8 = 1.25 n_0$;转速降为 $\Delta n' = \Delta n_N/0.8^2 = 0.078 n_0$,电动机的转速为

$$n' = n_0' - \Delta n' = 1.25 n_0 - 0.078 n_0 = 1.172 n_0$$

高于在固有机械特性上运行时的转速。

他励直流电动机拖动恒转矩负载进行减弱磁通调速(也叫弱磁调速)的过程,可用图 4.3.5 所示的机械特性来说明。设开始电动机拖动恒转矩负载在固有机械特性上的点 A 运行,转速为 n_A,在磁通从 Φ_N 降到 Φ_1 的瞬间,转速 n_A 不变,而电枢电动势 $E_a = C_e \Phi n_A$ 则因 Φ 的减弱而减小,从而电枢电流 $I_a = (U - E_a)/R_a$ 增大。由于 R_a 较小,因此 E_a 稍有变化就能使 I_a 增加很多。例如,某一电动机 $U_N = 220$ V,$E_a = C_e \Phi n = 200$ V,$R_a = 0.5 \ \Omega$,此时的电流为 $I_a = (U_N - C_e \Phi n)/R_a = (220-200)/0.5 = 40$ A。若将磁通 Φ 降至 $0.8 \Phi_N$,转速不突变,则这时的电流为

$$I_a = (U_N - C_e \Phi n)/R_a = (220-0.8 \times 200)/0.5 = 120 \text{ A}$$

即电枢电流增大到原来的 3 倍。此时,虽然 Φ 减小了,但由于它减小的幅度小于 I_a 增加的幅度,所以电磁转矩 $T = C_T \Phi n_A$ 还是增大了。增大后的电磁转矩,即图 4.3.5 中的 T',有 $T' - T_L > 0$,于是电动机开始加速。随着转速升高,E_a 增大,I_a 及 T 下降,直到 $T = T_L$,达到新的平衡,电动机在点 B 稳定运行。这里需要注意的是:虽然弱磁调速前后电磁转矩不变,但弱磁调速后电动机在点 B 运行,因磁通减小,电枢电流将与磁通成反比地增大。

弱磁调速方法具有以下特点。

(1) 弱磁调速只能在基速以上的范围内调节转速,属于向上调速。

(2) 在电流较小的励磁回路内进行调节,因此控制方便,功率损耗小。

(3) 用于调节励磁电流的变阻器功率小,可以较平滑地调节转速,如果采用可以连续调

节电压的直流电源控制励磁电压弱磁,则可实现无级调速。

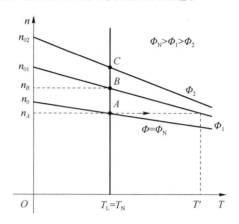

图 4.3.5 弱磁调速时的机械特性

(4) 由于受电动机换向能力和机械强度的限制,弱磁调速时转速不能升得太高,一般只能升到$(1.2\sim1.5)n_N$,特殊设计的弱磁调速电动机可升到$(3\sim4)n_N$。调速范围不大,普通电动机 $D=1.2\sim2$,特殊设计的电动机 $D=3\sim4$。

在实际生产中,通常把降低电源电压调速和弱磁调速配合起来使用,以实现双向调速,扩大转速的调节范围。

4.3.4 恒转矩调速与恒功率调速

电动机在不同转速下允许输出的功率和转矩取决于电动机的发热$(I_a^2 R_a)$,也就是说,电枢电流不应超过额定值,否则会烧坏电机。如 I_a 太小,输出的功率和转矩也小,电动机不能充分利用。所以,为了合理地使用电动机,应保证电动机长期运行 $I_a=I_N$ 不变。

调速时,由于采用的调速方法不同,当电动机在不同的调节转速下保持 $I_a=I_N$ 而长期运行时,电动机允许输出的转矩和功率也不相同,因此就有恒转矩调速和恒功率调速两种不同类型的调速方式。

1. 恒转矩调速方式

在调速方法中,若 $I_a=I_N$,电动机允许输出的转矩也保持 $T=T_N$ 不变,与转速 n 无关。此时,输出的功率与转速成正比$(P=T\Omega)$。他励直流电动机电枢回路串电阻调速和降低电源电压调速均属于恒转矩调速方式,因为 $\Phi=\Phi_N$ 不变,在 $I_a=I_N$ 条件下,电磁转矩 $T=C_T\Phi_N I_N=T_N$ 也不变,即稳态时 T 与 n 无关。在这种调速方式下,电动机功率 $P=T_N n/9.55$ 与转速 n 成正比。

2. 恒功率调速方式

恒功率调速方式是指,调速时若保持 $I_a=I_N$ 不变,则电动机允许输出的功率也基本保持不变,与转速 n 无关。这时,允许输出的转矩与 n 成反比变化。在他励直流电动机弱磁调速方法中,$U=U_N$,Φ 是变化的,保持 $I_a=I_N$ 不变时,允许输出的转矩 $T=C_T\Phi I_N$。Φ 与 n 有如下关系:

$$\Phi=\frac{U_N-I_N R_a}{C_e n}=\frac{C_1}{n} \tag{4-18}$$

其中，$C_1 = (U_N - I_N R_a)/C_e$ 为比例常数。电磁转矩可表示为

$$T = C_T \frac{C_1}{n} I_N = C_2 \frac{1}{n} \tag{4-19}$$

其中，$C_2 = C_1 C_T I_N$ 为常数。式(4-19)表明 T 与 n 成反比例关系，电动机输出的功率为

$$P = \frac{T_n}{9.55} = \frac{1}{9.55} \frac{C_2}{n} n = \frac{C_2}{9.55} = \text{常数}$$

可见，弱磁调速时电动机允许输出的功率为常数，与转速无关；允许输出的转矩与 n 成反比例关系，属恒功率调速方式。

电动机的实际输出由不同转速下的负载转矩特性 $T_L = f(n)$ 与负载功率特性 $P_L = f(n)$ 来决定，如果调速方法与负载类型配合恰当，那么在整个调整范围内，既可以充分利用电动机的输出能力，又不会使电动机过载。

例 4-3　一台他励直流电动机的铭牌数据为 $P_N = 22$ kW，$U_N = 220$ V，$I_N = 115$ A，$n_N = 1\,500$ r/min。已知 $R_a = 0.1\ \Omega$，该电动机拖动额定负载运行，要求把转速降低到 $1\,000$ r/min，不计电动机的空载转矩 T_0，试计算：

（1）采用电枢回路串电阻调速时，需要串入的电阻值；

（2）采用降低电源电压调速时，需要把电源电压降低到多少伏；

（3）上述两种情况下，拖动系统的输入电功率和输出机械功率；

（4）采用弱磁调速 $\Phi = 0.8\Phi_N$ 时，如果电动机电流不超过额定电枢电流，则电动机能输出的最大转矩与功率。

解　（1）采用电枢回路串电阻调速时，需要串入的电阻值：

$$C_e \Phi_N = \frac{U_N - I_N R_a}{n_N} = \frac{220 - 115 \times 0.1}{1\,500} = 0.139$$

$$n_0 = \frac{U_N}{C_e \Phi_N} = \frac{220}{0.139} \approx 1\,582.7 \text{ r/min}$$

$$\Delta n_N = n_0 - n_N = 1\,582.7 - 1\,500 = 82.7 \text{ r/min}$$

在人为机械特性上运行时的转速降：

$$\Delta n = n_0 - n = 1\,582.7 - 1\,000 = 582.7 \text{ r/min}$$

$T = T_N$ 时，因为 $\dfrac{\Delta n}{\Delta n_N} = \dfrac{R_a + R_c}{R_a}$，所以

$$R_c = \left(\frac{\Delta n}{\Delta n_N} - 1 \right) R_a = \left(\frac{582.7}{82.7} - 1 \right) \times 0.1 \approx 0.604\ \Omega$$

以上计算应用了转速降与电阻成正比的方法，也可以用其他方法。例如，将要求的转速直接代入电枢回路外串电阻的人为机械特性公式进行计算，算法如下：

$$n = \frac{U_N}{C_e \Phi_N} - \frac{R_a + R_c}{C_e \Phi_N C_T \Phi_N} T = \frac{U_N - (R_a + R_c) I_N}{C_e \Phi_N}$$

$$R_c = \frac{U_N - C_e \Phi_N n}{I_N} - R_a = \frac{220 - 0.139 \times 1\,000}{115} - 0.1 \approx 0.604\ \Omega$$

（2）降低电源电压的计算

降压后的理想空载转速：

$$n_{01} = n + \Delta n_N = 1\,000 + 82.7 = 1\,082.7 \text{ r/min}$$

降低后的电源电压：

$$U_1 = \frac{n_{01}}{n_0}U_N = \frac{1\,082.7}{1\,582.7} \times 220 \approx 150.5 \text{ V}$$

也可以采用降低电源电压的人为机械特性公式的方法，将要求的转速直接代入，计算出所需电压 U_1。

（3）降速后系统输出功率与输入功率的计算

输出转矩：

$$T_2 = T_N = 9.55\frac{P_N}{n_N} = 9.55 \times \frac{22 \times 10^3}{1\,500} \approx 140.1 \text{ N} \cdot \text{m}$$

输出功率：

$$P_2 = T_2\Omega = T_2\frac{2\pi}{60}n = 140.1 \times \frac{1}{9.55} \times 1\,000 \approx 14\,670 \text{ W}$$

电枢回路串电阻调速时，系统的输入电功率：

$$P_1 = U_N I_N = 220 \times 115 = 25\,300 \text{ W}$$

降低电源电压调速时，系统的输入电功率：

$$P_1 = U_1 I_N = 150.5 \times 115 = 17\,307.5 \text{ W}$$

（4）弱磁调速时的输出转矩与功率

$\Phi = 0.8\Phi_N$、$I_a = I_N$ 时，允许的输出转矩：

$$T_2 = C_T\Phi I_N = 9.55 \times 0.8C_e\Phi_N I_N = 9.55 \times 0.8 \times 0.139 \times 115 \approx 122 \text{ N} \cdot \text{m}$$

电动机的转速：

$$n' = n_0' - \Delta n' = \frac{n_0}{0.8} - \frac{R_a I_N}{0.8C_e\Phi_N} = \frac{1\,582.7}{0.8} - \frac{0.1 \times 115}{0.8 \times 0.139} \approx 1\,875 \text{ r/min}$$

电动机的输出功率：

$$P_2 = T_2\Omega = T_2\frac{2\pi}{60}n = 122 \times \frac{1}{9.55} \times 1\,875 \approx 23\,950 \text{ W} = 23.95 \text{ kW}$$

$$\frac{P_2}{P_N} = \frac{23.95}{22} \approx 1.088$$

可见，弱磁调速时，若保持 $I_a = I_N$ 不变，则电动机输出的功率接近恒定。此时，弱磁调速属于恒功率调速。

例 4-4 一台他励直流电动机的铭牌数据为 $P_N = 60$ kW，$U_N = 220$ V，$I_N = 350$ A，$n_N = 1\,000$ r/min。已知 $R_a = 0.04\ \Omega$，生产机械要求的静差率 $\delta \leqslant 20\%$，调速范围 $D = 4$，最高转速 $n_{\max} = 1\,000$ r/min，试问采用哪种调速方法能满足要求？

解

$$C_e\Phi_N = \frac{U_N - I_N R_a}{n_N} = \frac{220 - 305 \times 0.04}{1\,000} = 0.207\,8$$

$$n_0 = \frac{U_N}{C_e\Phi_N} = \frac{220}{0.207\,8} \approx 1\,058.7 \text{ r/min}$$

由于是向下调速，所以只能采用降低电源电压及电枢回路串电阻两种调速方法。

（1）采用电枢回路串电阻调速方法

最低转速：

$$n_{\min} = n_0 - \delta n_0 = n_0(1 - \delta) = 1\,058.7 \times (1 - 0.2) = 847 \text{ r/min}$$

调速范围：

$$D = \frac{n_{\max}}{n_{\min}} = \frac{1\,000}{847} \approx 1.181 < 4$$

不能满足要求。

（2）采用降低电源电压调速方法

额定转速降：

$$\Delta n_{N} = n_0 - n_{N} = 1\,058.7 - 1\,000 = 58.7 \text{ r/min}$$

最低转速时的理想空载转速：

$$n_{0\min} = \frac{\Delta n_{N}}{\delta} = \frac{58.7}{0.2} = 293.5 \text{ r/min}$$

最低转速：

$$n_{\min} = n_{0\min} - \Delta n_{N} = 293.5 - 58.7 = 234.8 \text{ r/min}$$

调速范围：

$$D = \frac{n_{\max}}{n_{\min}} = \frac{1\,000}{234.8} \approx 4.26 \approx 4$$

可以满足要求，应采用降低电源电压调速方法。

4.4　他励直流电动机的制动

他励直流电动机有两种运转状态：一种是电动运转状态，其特点是电动机转矩 T 的方向与旋转方向（转速 n 的方向）相同，此时电网向电动机输入的电能转换成机械能以带动负载；另一种是制动运转状态，其特点是电动机转矩 T 的方向与转速 n 的方向相反，此时电动机吸收机械能，并转换成电能。

在生产实践中，有时需要电力拖动系统停车，或者需要生产机械调整转速为低速，这时就需要电动机产生一个起制动作用的转矩。此时，电动机的转矩 T 与转速 n 的方向相反。电动机的这种运行状态称为制动运行状态。

为了使电机拖动系统停车，最简单的方法是断开电枢电源，使系统在摩擦阻力转矩的作用下，转速慢慢下降至零而停车，这种方法称为自由停车。自由停车，特别是空载自由停车所需的时间很长。当希望电力拖动系统尽快停车（或降速）时，可采用机械动作进行刹车，靠摩擦力进行制动；也可以采用电磁制动器进行制动，即"抱闸"；还可以使用电气制动方法，常用的有能耗制动、电压反接制动、电动势反接制动和再生发电制动等，使电动机产生一个负的转矩（制动转矩），以增加减速度，使系统较快地停下来。本节主要说明各种电气制动下他励直流电动机运行状态的物理过程、能量关系以及机械特性和参数之间的关系。

4.4.1　能耗制动

图 4.4.1 是他励直流电动机能耗制动原理。当接触器 KM1 闭合、KM2 断开时，电动机拖动反抗性恒转矩负载在电动状态下运行，这时 n、T 及 T_L 均为正，如图 4.4.1(a) 所示。能耗制动时，将 KM1 断开，电动机电枢与电源脱离，$U = 0$，KM2 闭合，电枢回路通过电阻 R_c 构成闭合回路，如图 4.4.1(b) 所示。电路切换的瞬间，电动机转速 n 不能突变，因而电枢电

动势 E_a 也不变;忽略电枢电感,电枢电流 $I_a=-E_a/(R_a+R_c)$ 为负值,与电动状态下的方向相反。Φ 方向未变而 I_a 反向,导致此时的转矩 T 也与电动状态时反向。T 与 n 的方向相反,因此 T 为制动转矩,使系统较快地减速。直到 $n=0$,$E_a=0$,$I_a=0$,$T=0$,制动过程结束。

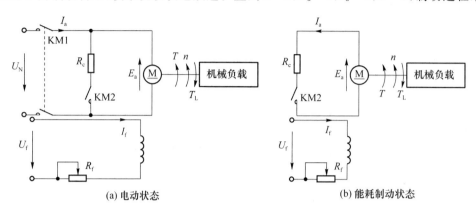

(a) 电动状态 (b) 能耗制动状态

图 4.4.1　他励直流电动机能耗制动原理

在能耗制动过程中,因 $U=0$,电动机与电源之间没有能量转换关系,而电磁功率 $P_M=E_aI_a=T\Omega<0$,说明电动机从轴上输入机械功率,扣除空载损耗功率后,其余的功率通过电磁作用转变成电功率,电枢回路中消耗的电功率为 $I_a^2(R_a+R_c)$。电动机输入的机械功率来自降速过程中系统在单位时间内释放的动能 $J\Omega^2/2$。当 $n=0$ 时,系统储存的动能全部释放完毕,制动过程结束。

制动过程中,电动机靠系统的动能发电,展示发电机功能,即把动能转换成电能,这些电能被消耗在电枢电路内的电阻上,因此该制动过程称为能耗制动。能耗制动时,$U=0$,$\Phi=\Phi_N$,因此其机械特性方程式为

$$n=-\frac{R_a+R_c}{C_e\Phi_N C_T\Phi_N}T \tag{4-20}$$

能耗制动机械特性是过原点 O 的一条直线,如图 4.4.2 所示。

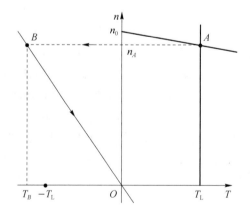

图 4.4.2　能耗制动机械特性

假定制动前电动机在固有机械特性上的点 A 稳定运行。在切换到能耗制动的瞬间,转速 n_A 不能突变,电动机的工作点从点 A 过渡到能耗制动机械特性上的点 B。因点 B 对应

的电磁转矩 $T_B<0$，拖动系统在 T_B 和 T_L 相同方向的作用下迅速减速，工作点沿能耗制动机械特性下降，制动转矩的绝对值也随之减小，直到工作点与原点 O 重合，电磁转矩及转速都降到 0，拖动系统停止运转。

在能耗制动开始的瞬间，电枢电流 $|I_a|$ 与电枢回路的总电阻 (R_a+R_c) 成反比。外串电阻 R_c 越小，$|I_a|$ 及 $|T|$ 就越大，制动效果越好，停车越迅速。但受电机换向条件限制，$|I_a|$ 不能太大，制动开始时，应将 I_a 限制在最大允许值 I_{amax}。这时，电枢回路外串电阻的最小值为

$$R_{cmin}=\frac{E_a}{I_{amax}}-R_a \qquad (4\text{-}21)$$

其中，E_a 为制动开始时电动机的电枢电动势。

由图 4.4.2 所示的能耗制动机械特性可知，在制动过程中，制动转矩随转速的降低而减小，制动作用减弱，拖长了制动时间。为了克服这个缺点，在某些生产机械中采用多级能耗制动。图 4.4.3(a) 为两级能耗制动的接线图。制动开始时，KM1 和 KM2 断开，电阻 R_{c1} 和 R_{c2} 全部串入电枢回路，能耗制动机械特性为图 4.4.3(b) 中的直线 1，随着转速下降，工作点沿 $B\rightarrow C$ 下降；在点 C 处，KM1 闭合，切除电阻 R_{c1} 的瞬间转速 n 不变，电磁转矩增大，工作点从点 C 过渡到机械特性 2 的点 D。此后，n 和 T 将沿 $D\rightarrow E$ 变化；至点 E 时，KM2 闭合，切除电阻 R_{c2}，工作点从点 E 过渡到点 F，并沿 $F\rightarrow O$ 变化，直到点 O，$n=0$，系统停车。采用多级能耗制动，增大了平均制动转矩，缩短了制动时间。

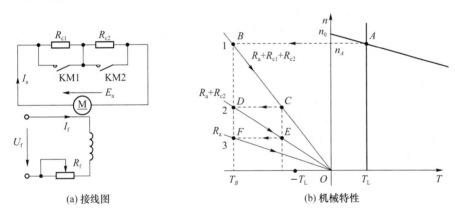

(a) 接线图　　　　　　　　　　(b) 机械特性

图 4.4.3　两级能耗制动的接线图及机械特性

他励直流电动机拖动位能性恒转矩负载在固有机械特性上的点 A 处运行，以转速 n_A 提升重物，如图 4.4.4 中第 I 象限所示。为了下放重物，首先采用能耗制动过程使电动机停止运动。这时，工作点从 $A\rightarrow B\rightarrow O$ 变化，如图 4.4.4 中第 II 象限所示。

在点 O 处，T 和 n 都为 0，重物被吊在空中，如果不用机械闸抱住电动机轴，那么在位能负载转矩 T_L' 的作用下电动机将反转，重物下降，$n<0$，$E_a<0$，$I_a>0$，$T>0$。T 与 n 方向相反，为阻碍运动的制动转矩。电动机的工作点将沿图 4.4.4 中的 $O\rightarrow C$ 变化。随着电动机反转速度升高，E_a 不断增大，因而 I_a 和 T 也增大，直到工作点与点 C 重合，$T=T_L'$，电动机将在第 IV 象限中的点 C 处以稳定转速 $-n_C$ 下放重物。这时，电动机产生的制动转矩起到了限制重物下降速度的作用，否则，在重力作用下重物的下降速度将持续加快。电动机在点 C 处的稳定运行状态，称为能耗制动运行。

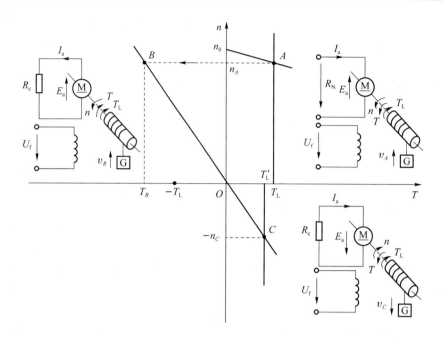

图 4.4.4　能耗制动的运行原理

能耗制动运行时的功率关系与能耗制动过程时是相同的,不同的只是能耗制动运行状态下,机械功率的输入是靠重物下降时减少的低效能提供的。

例 4-5　一台他励直流电动机的额定数据为 $P_N=39\,kW$, $U_N=220\,V$, $n_N=1\,100\,r/min$, $I_N=200\,A$, $R_a=0.07\,\Omega$。

(1) 在额定情况下进行能耗制动,欲使制动电流等于 $2I_N$,电枢回路应外接多大的制动电阻?

(2) 求出能耗制动机械特性方程。

(3) 当电枢回路无外接电阻时,制动电流有多大?

解　(1) 额定情况下,电动机电动势为
$$E_{aN}=U_N-I_NR_a=220-200\times0.07=206\,V$$
按要求 $I_{amax}=2I_N=2\times200=400\,A$,此值为负值。能耗制动时应串入的制动电阻为
$$R_{cmin}=\frac{E_{aN}}{I_{amax}}-R_a=\frac{206}{400}-0.07=0.515-0.07=0.445\,\Omega$$

(2) 能耗制动时的机械特性方程为
$$C_e\Phi_N=\frac{E_{aN}}{n_N}=\frac{206}{1\,100}\approx0.187\,3$$
$$C_T\Phi_N=9.55C_e\Phi=9.55\times0.187\,3\approx1.788\,7$$
所以,特性方程为
$$n=\frac{(R_a+R_c)T}{C_e\Phi_NC_T\Phi_N}=-\frac{0.445+0.07}{0.187\,3\times1.788\,7}T\approx-1.537\,T$$

(3) 当不外接制动电阻时,制动电流为
$$I_{amax}=-\frac{E_{aN}}{R_a}=-\frac{206}{0.07}\approx-2\,942.9\,A$$

此电流约为额定电流的 15 倍,所以能耗制动时,直接将电枢短接会烧坏电机,必须接入一定数值的制动电阻 R_{cmin}。

4.4.2　电压反接制动

图 4.4.5(a)为电压反接(又称电源反接)制动的接线图。当接触器的触头 KM1 闭合、KM2 断开时,电动机拖动反抗性恒转矩负载在固有机械特性上的点 A 处运行,如图 4.4.5(b)所示。制动时,触头 KM1 断开、KM2 闭合,电源电压反极性,同时在电枢回路中串入电阻 R_c。这时,$U = -U_N$,电枢回路总电阻为 $R_a + R_c$,$\Phi = \Phi_N$。电动机的机械特性方程为

$$n - \frac{-U_N}{C_e \Phi_N} - \frac{R_a + R_c}{C_e \Phi_N C_T \Phi_N} T = -n_0 - \beta T \tag{4-22}$$

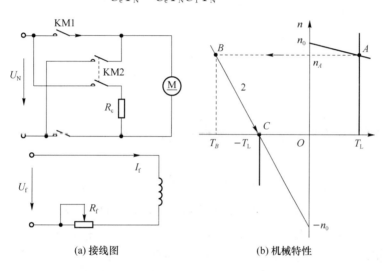

(a) 接线图　　　　　　　　(b) 机械特性

图 4.4.5　电压反接制动的接线图和机械特性

电压反接制动的机械特性为图 4.4.5(b)中第 Ⅱ 象限的直线 2。在电路切换的瞬间,转速 n_A 不能突变,电动机的工作点从点 A 过渡到直线 2 上的点 B。在点 B 处,电磁转矩 $T = T_B < 0$,$n > 0$,两者方向相反,电磁转矩成为制动转矩,电动机减速,T 和 n 沿 $B \to C$ 向下变化。在点 C 处,$n = 0$,制动过程结束,触头 KM2 断开,将电动机的电源切除。在上述过程中,电动机始终运行于第 Ⅱ 象限,而转速从稳定值 n_A 降到 0。这种制动是通过把电源电压的极性反接实现的,所以称为电压反接制动,或电枢反接制动。

电压反接制动时,$U = -U_N < 0$,$n > 0$,$E_a > 0$,电枢电流为

$$I_a = \frac{-U_N - E_a}{R_a + R_c} < 0$$

因此,系统的输入电功率 $UI_a > 0$,电动机轴上的功率 $P_2 = T_2 \Omega < 0$,电磁功率 $P_M = E_a I_a = T\Omega < 0$。根据拖动系统的功率平衡关系:

$$U_N I_a - E_a I_a = I_a^2 (R_a + R_c)$$

可知,在电压反接制动过程中,电动机从轴上输入的机械功率,扣除空载损耗功率后即转变为电功率,这部分功率和从电源输入的电功率都消耗在电枢回路的电阻上。

如果制动前电动机在固有机械特性上运行,$E_a \approx U_N$,为了把电枢电流限制在最大允许

值 I_{amax}，外串电阻的最小值为

$$R_{cmin} = \frac{U_N + E_a}{I_{amax}} - R_a \approx \frac{2U_N}{I_{amax}} \quad (4\text{-}23)$$

对同一台电动机，由换向条件决定的最大允许电枢电流 I_{amax} 只有一个，所以采用电压反接制动时，电枢回路外串电阻的最小值比采用能耗制动时增大了约 1 倍，机械特性的斜率也比能耗制动时增大了约 1 倍，如图 4.4.6 所示二者的机械特性（直线 2 和 3）比较。不难看出，如果制动开始时两种制动方法的电枢电流都等于最大允许值 I_{amax}，那么在制动的过程中，电压反接制动的制动转矩比能耗制动大，因此其制动时间短。

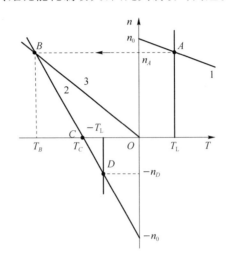

图 4.4.6　电压反接制动与能耗制动的机械特性比较

电压反接制动过程结束时，$n=0$，但电磁转矩 T 不为 0。此时，若 $|T|$ 大于反抗性负载转矩 $|T_L|$，如图 4.4.6 中的点 C 所示，则应立即切断电源，否则电动机就会反向启动，工作点沿电压反接制动的机械特性（直线 2）下移而进入第Ⅲ象限，直到与点 D 重合，以 $-n_D$ 稳定运行。在第Ⅲ象限中，T 与 n 方向一致，是驱动转矩，电动机进入反向电动状态。

可见，电压反接制动不如能耗制动容易实现准确停车。但对于要求频繁正、反转的生产机械来说，采用电压反接制动可以使正向停车和反向启动连续进行，缩短从正转到反转的过渡时间。

4.4.3　电动势反接制动

如图 4.4.7 所示，他励直流电动机拖动位能性负载，假定接触器触头 KM 闭合，电阻被短路，电动机工作在正向电动状态，工作点在固有机械特性（图 4.4.7 中的直线 1）上的点 A 处，以转速 n_A 提升重物，如图 4.4.7 中第Ⅰ象限所示。为了低速下放重物，可使触头 KM 断开，将电阻 R_c 串入电枢回路中。此时，电动机将从固有机械特性上的点 A 过渡到人为机械特性（图 4.4.7 中的直线 2）上的点 B。在点 B 处，$T_B < T_L$，电动机减速，T 及 n 沿人为机械特性，从 $B \to C$ 变化；随着 n 下降，E_a 减小，I_a 增大，T 相应增大；至点 C 处，$n=0$，$E_a=0$，重物停止上升。此时，电磁转矩 $T=T_C$ 小于位能负载转矩 T_L'，故 T_L' 将拖动电动机反转，$n<0$，电枢电动势 E_a 也随之改变方向，变成与电源电压 U_N 同向，而电枢电流 $I_a=$

$(U_N-E_a)/(R_a+R_c)$仍为正。因此,$T>0$,电磁转矩成为阻碍运动的制动转矩。随着电动机反转速度升高,E_a 不断增大,I_a 及 T 也相应增大,电动机的工作点将沿人为机械特性在第Ⅳ象限从点 C 向点 D 变化,直到点 D 电磁转矩 $T=T_D=T'_L$,转速不再增加,以稳定转速$-n_D$ 下放重物,从而限制了重物下降的速度。

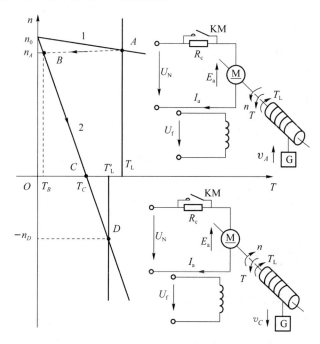

图 4.4.7　他励直流电动机的电动势反接制动

电动机在第Ⅳ象限的点 D 运行时,$T>0$,$n<0$,两者方向相反,电动机处于制动状态。在电动势反接制动方法中,电动机按正转运行接线,当 $n=0$ 时,电磁转矩小于位能负载转矩,电动机被位能负载转矩拖动着反向旋转,此时电磁转矩成为制动转矩。同时,电枢电动势 E_a 也因电动机反转而改变方向,变成与电源电压同向,并与之共同产生电枢电流。随着电动机反转速度的升高,E_a 增大,I_a 和 T 也相应增大。可见,电动势反接制动与电压反接制动都是在 $U+E_a$(二者同方向)的情况下工作,只不过电压反接制动是把电源电压反接,而电动势反接制动则是把 E_a 反向,因此电动势反接制动又称为转速反向制动、倒拉反接制动。

由于电动势反接制动可以在第Ⅳ象限稳定运行,所以采用该制动方法的电动机处于制动运行工作状态。这种制动方法主要用于起重机提升机构低速下放重物。

电动势反接制动的功率关系与电压反接制动的功率关系一样,其差别仅在于电压反接制动时电动机的输入机械功率是由系统释放的动能提供的,而电动势反接制动时电动机的输入机械功率则是由位能负载减少的位能提供的。

例 4-6　一台他励直流电动机的额定数据同例 4-5。

(1) 当电动机的负载是位能负载,提升重物在额定负载下工作时,在电枢回路中串入电阻 $R_{cmin}=2R_N$ 进行电动势反接制动,求电动势反接制动时稳定的转速;

(2) 若电动机在 $n=n_N$ 的情况下进行电源反接,反接瞬间电磁制动转矩 $T=2T_N$,则电枢回路中需串入多大的制动电阻(忽略空载转矩 T_0)?

解 (1)已知电动机有关的计算数据：

$$R_a=0.07\ \Omega,\quad E_{aN}=206\ V,\quad C_e\Phi_N=0.187\ 3$$

额定电阻为

$$R_N=\frac{U_N}{I_N}=\frac{220}{200}=1.1\ \Omega$$

电动势反接时电枢回路总电阻为

$$R=R_a+R_{cmin}=R_a+2R_N=0.07+2\times1.1=2.27\ \Omega$$

忽略空载转矩 T_0，下放重物时因 $T=T_L=T_N$ 不变，有 $I_a=I_N=200\ A$ 不变。

因此，电动机的转速为

$$n=\frac{U_N}{C_e\Phi_N}-\frac{R}{C_e\Phi_N}I_a=\frac{220}{0.187\ 3}-\frac{2.27}{0.187\ 3}\times200\approx-1\ 249\ r/min$$

(2)电动机电源反接时，$n=n_N$，要求此时电磁制动转矩 $T=2T_N$，则 $I_a=2I_N$。电枢回路应串入的制动电阻为

$$R_c=\frac{U_N+E_{aN}}{2I_N}-R_a=\frac{220+206}{2\times200}-0.07=0.995\ \Omega$$

4.4.4 再生发电制动

1. 他励直流电动机再生发电制动的基本概念

他励直流电动机在电动状态下运行时，电源电压 U 与电枢电动势 E_a 方向相反，且 $|U|>|E_a|$，电枢电流 I_a 从电源流向电枢，产生拖动转矩，电动机从电源输入电功率 $UI_a>0$。若能设法使 $|E_a|>|U|$，则 E_a 将迫使 I_a 改变方向，电磁转矩也改变方向成为制动转矩，电动机进入制动状态。此时，I_a 从电枢流向电源，电动机再生发电，$UI_a<0$，电动机向电源馈送功率，所以把这种制动称为再生发电制动或回馈制动。

电动机在再生发电制动状态下运行时，电动机轴上功率 $P_2=T_2\Omega<0$，即从轴上输入机械功率，扣除空载损耗功率 p_0 后，即转变为电功率 E_aI_a，其中一小部分 $I_a^2R_a$ 损耗在电枢回路中的电阻上，剩余的大部分功率 $UI_a=E_aI_a-I_a^2R_a$ 回馈电网。可见，此时电动机已成为与电网并联运行的发电机，这是再生发电制动与其他制动方法的主要区别。

在实际的拖动系统中，再生发电制动现象很多，当电动机在电动状态下运行而突然降低电源电压，或者当电动机按反向运转接线拖动位能负载高速下放重物或使电车下坡时，都处于再生发电制动状态，此时电动机转速超过理想负载转速。

2. 降低电源电压的再生发电制动(正向回馈制动)

如图 4.4.8 所示，一台他励直流电动机由可调直流电源供电，拖动恒转矩负载在固有机械特性(直线1)上的点 A 稳定运行，转速为 n_A。如果突然把电源电压降到 U_1，则电动机的机械特性将变为图 4.4.8 中的人为机械特性(直线2)，其理想空载转速 $n_{01}=U_1/(C_e\Phi_N)$。降低电压的瞬间 n_A 不能突变，电动机的工作点将从点 A 过渡到人为机械特性上的点 B。由于 $n_A>n_{01}$，所以 $E_a>U_1$，电枢电流将改变方向，即 $I_a<0$，此时电磁转矩 $T=T_B<0$，与 n 的方向相反，成为制动转矩，电动机进入再生发电制动状态。在电磁转矩与负载转矩的作用下，电动机减速，工作点沿人为机械特性位于第Ⅱ象限的 BC 段变化。至点 $C,n=n_{01},E_a=$

U_1，I_a 和 T 均降到 0，再生发电制动结束。此后，系统在负载转矩 T_L 的作用下继续减速，电动机的工作点进入第 I 象限，$n < n_{01}$，$E_a < U_1$，I_a 和 T 均变为正，电动机又恢复为正向电动状态，但由于 $T < T_L$，因此工作点将继续下降，直到点 D，$T = T_L$，电动机以转速 n_D 稳定运行。

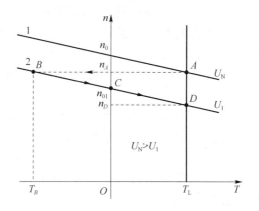

图 4.4.8　降低电源电压的再生发电制动

3. 位能负载下放重物时的再生发电制动(反向回馈制动)

当起重机把重物提升到一定高度时，如欲停止提升，则可切断电动机电源，同时施以机械闸，使电动机转速降为 0，重物被吊在空中。

为了高速下放重物，在松开机械闸后电动机由正向旋转变成反向旋转，即反向启动电动机。此时，电动机的机械特性位于第 III 象限，电动机工作在反向电动状态，如图 4.4.9 所示。在反向启动过程中，电动机的电磁转矩 $T < 0$，但位能负载转矩 $T_L > 0$，两者方向一致，都是拖动转矩。在它们的共同作用下，电动机转速迅速升高。工作点从电动机机械特性上的点 A 向点 B 变化。随着反向转速的升高，$|E_a|$ 增大，$|I_a|$ 减小，$|T|$ 也相应减小，直到点 B，$n = -n_0$，$T = 0$，但在位能负载转矩 T_L 的作用下系统将反向升速。当 $|n| > |n_0|$ 时，电动机机械特性进入第 IV 象限。此时 $|E_a| > |U_N|$，电枢电流改变了方向，即 $I_a > 0$，电磁转矩也相应改变方向，成为制动转矩，电动机工作状态过渡到再生发电制动状态。由于电磁转矩的制动作用，重物下降的加速度减小，且随着 $|n|$ 增大，电磁转矩不断增大，制动作用不断加强，重物下降的加速度也越来越小，直到点 C，$T = T_L$，电动机以转速 n_C 稳定运行，重物以恒定的速度下降。这种再生发电制动又称为反向回馈制动。

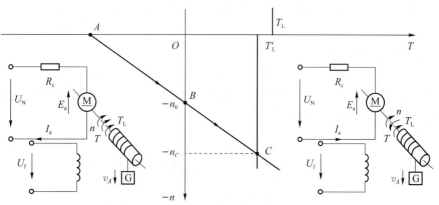

图 4.4.9　位能负载时的再生发电制动

从图 4.4.9 可以看出,外串电阻 R_c 越大,电动机机械特性的斜率就越大,再生发电制动运行的转速也就越高。为了防止重物下放速度过大,通常不在电枢回路中串电阻。即使这样,电动机的转速仍高于 n_0,所以这种制动方法仅在起重机下放较轻的重物时才采用。

一台直流电机,在一种条件下可以作发电机运行,而在另一种条件下又可以作为电动机运行。在上述电机从电动机变为发电机的过程中,电机转向并未改变,电动势方向也未改变,只是转速大小发生了变化。当它作为发电机运行时,$|E_a| > |U_N|$,电流顺电动势方向流向电网。当它作为电动机运行时,$|E_a| < |U_N|$,电流由电网顺电压 U 方向流向电机。这说明了电机的可逆性。

例 4-7 一台他励直流电动机的 $U_N = -220$ V,其他额定数据同例 4-5。

(1) 当电动机带 1/2 额定位能负载时,在固有机械特性上进行回馈制动,问在哪一点稳定运行;

(2) 电动机带同样位能负载,欲使电动机在 $n = -1\,280$ r/min 下稳定运行,问回馈制动时,电枢电路应接入多大的电阻。

解 (1) $T_L = 0.5 T_N$,忽略 T_0,可认为 $I_a = 0.5 I_N$,则

$$n = \frac{U_N}{C_e \Phi_N} - \frac{R_a}{C_e \Phi_N} I_a = -1\,175 - \frac{0.07 \times 0.5 \times 200}{0.187\,3} \approx -1\,212 \text{ r/min}$$

(2) 电动机稳定在 $n = 1\,280$ r/min 时,有

$$U_N = E_a + (R_c + R_a) I_a = C_e \Phi_N n + (R_c + R_a) I_a$$

所以,电枢回路中应接入电阻:

$$R_c = \frac{U_N - C_e \Phi_N n}{I_a} - R_a = \frac{-220 - 0.187\,3 \times (-1\,280)}{0.5 \times 200} - 0.07 = 0.127\,44 \ \Omega$$

例 4-8 一台他励直流电动机的铭牌数据为 $P_N = 22$ kW,$U_N = 220$ V,$I_N = 115$ A,$n_N = 1\,500$ r/min。已知 $R_a = 0.1 \ \Omega$,最大允许电流 $I_{amax} \leq 2 I_N$,原本在固有机械特性上运行,负载转矩 $T_L = 0.9 T_N$。

(1) 当电动机拖动反抗性恒转矩负载,采用能耗制动停车时,电枢回路中应串入的最小电阻为多少?

(2) 电动机拖动位能性恒转矩负载,传动机构的损耗转矩 $\Delta T = 0.1 T_N$。若要求电动机以恒速 $n = -200$ r/min 下放重物,采用能耗制动运行,那么电枢回路中应串入的电阻阻值为多少? 该电阻上消耗的功率是多少?

(3) 当电动机拖动反抗性恒转矩负载,采用电压反接制动停车时,电枢回路中应串入的电阻最小值是多少?

(4) 电动机拖动位能性恒转矩负载运行在 $n = -1\,000$ r/min,恒速下放重物,采用电动势反接制动,电枢回路中应串入的电阻阻值为多少? 该电阻上消耗的功率是多少?

(5) 当电动机拖动位能性恒转矩负载,采用再生发电制动运行下放重物时,电枢回路中不串电阻,电动机的转速是多少?

解 先求 $C_e \Phi_N$、n_0、Δn_N:

$$C_e \Phi_N = \frac{U_N - I_N R_a}{n_N} = \frac{220 - 115 \times 0.1}{1\,500} = 0.139$$

$$n_0 = \frac{U_N}{C_e \Phi_N} = \frac{220}{0.139} \approx 1\,582.7 \text{ r/min}$$

$$\Delta n_N = n_0 - n_N = 1\,582.7 - 1\,500 = 82.7 \text{ r/min}$$

（1）反抗性恒转矩负载、能耗制动过程应串入电阻的大小计算

额定运行时的电枢电动势：

$$E_{aN} = C_e \Phi_N n_N = 0.139 \times 1\,500 = 208.5 \text{ V}$$

负载 $T_L = 0.9 T_N$ 时的转速为

$$n = n_0 - \Delta n = n_0 - \frac{T_L}{T_N} \Delta n_N = n_0 - 0.9 \Delta n_N$$

$$= 1\,582.7 - 0.9 \times 82.7 \approx 1\,508.3 \text{ r/min}$$

制动开始时的电枢电动势为

$$E_a = \frac{n}{n_N} E_{aN} = \frac{1\,508.3}{1\,500} \times 208.5 \approx 209.7 \text{ V}$$

能耗制动过程应串入的电阻值为

$$R_{cmin} = \frac{E_a}{I_{amax}} - R_a = \frac{209.7}{2 \times 115} - 0.1 \approx 0.812 \ \Omega$$

（2）位能性恒转矩负载、能耗制动运行时的计算

反转时的负载转矩为

$$T_{L2} = T_{L1} - 2\Delta T = 0.9 T_N - 2 \times 0.1 T_N = 0.7 T_N$$

稳定运行时的电枢电流为

$$I_a = \frac{T_{L2}}{T_N} I_N = 0.7 I_N = 0.7 \times 115 = 80.5 \text{ A}$$

转速 $n = -200 \text{ r/min}$ 时的电枢电动势为

$$E_a = C_e \Phi_N n = 0.139 \times (-200) = -27.8 \text{ V}$$

电枢回路中应串入的电阻值为

$$R_c = -\frac{E_a}{I_a} - R_a = \frac{-27.8}{80.5} - 0.1 \approx 0.245 \ \Omega$$

电阻上消耗的功率为

$$P_R = I_a^2 R_c = 80.5^2 \times 0.245 \approx 1\,588 \text{ W}$$

（3）电压反接制动停车时的计算

$$R_{cmin} = \frac{U_N + E_a}{I_{amax}} - R_a = \frac{220 + 209.7}{2 \times 115} - 0.1 \approx 1.768 \ \Omega$$

（4）拖动位能性恒转矩负载、电动势反接制动时的计算

转速 $n = -1\,000 \text{ r/min}$ 时的电枢电动势为

$$E_a = \frac{n}{n_N} E_{aN} = \frac{-1\,000}{1\,500} \times 208.5 = -139 \text{ V}$$

电枢回路中应串入的电阻值

$$R_c = \frac{U_N - E_a}{I_a} - R_a = \frac{220 - (-139)}{80.5} - 0.1 \approx 4.36 \ \Omega$$

电阻上消耗的功率

$$P_R = I_a^2 R_c = 80.5^2 \times 4.36 \approx 28\,254 \text{ W}$$

（5）拖动位能性恒转矩负载、再生发电运行时的计算

$$n=\frac{-U_N}{C_e\Phi_N}-\frac{I_aR_a}{C_e\Phi_N}=-n_0-\frac{I_a}{I_N}\Delta n_N=-1\,582.7-0.7\times82.7\approx-1\,641\ r/min$$

4.5　他励直流电动机的各种运行状态分析

他励直流电动机机械特性方程的一般形式为

$$n=\frac{U}{C_e\Phi}-\frac{R_a+R_c}{C_e\Phi C_T\Phi}T=n_0-\Delta n$$

当按规定的正方向用曲线表示机械特性时,电动机的固有机械特性及人为机械特性位于直角坐标系的 4 个象限之中。电动机在 Ⅰ、Ⅲ 象限内处于电动状态,在 Ⅱ、Ⅳ 象限内处于制动状态。

电动机的负载有反抗性负载、位能性负载及风机泵类负载等类型。它们的机械特性也可以以曲线的形式绘制在直角坐标系的 4 个象限之中。在电动机机械特性与负载机械特性的交点处,$T=T_L$,$dn/dt=0$,电动机稳定运行,因此交点为电动机的工作点。所谓运转状态,就是指电动机在各种情况下稳定运行时的工作状态。图 4.5.1 示出了他励直流电动机的各种运转状态。而当电动机在工作点以外的机械特性上运行时,$T\neq T_L$,系统将处于加速或减速的过渡状态。

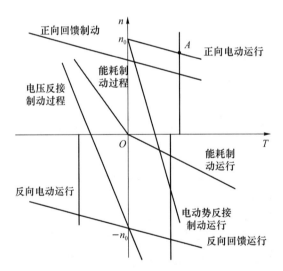

图 4.5.1　他励直流电动机的各种运转状态

利用位于 4 个象限内的电动机机械特性和负载机械特性,就可以分析运转状态的变化情况,其方法如下。

假设电动机原来运行于机械特性的某点上,处于稳定运转状态。当人为地改变电动机参数时,例如,降低电源电压、减弱磁通或在电枢回路中外串电阻等,电动机的机械特性将发生相应的变化。改变电动机参数的瞬间,转速 n 不能突变,电动机将以不变的转速从原来的工作点过渡到新特性上来。在新特性上,电磁转矩不再与负载转矩相等,因而电动机运行于过渡过程中。这时,转速是升高还是降低,由 $T-T_L$ 的正负来决定。此后,工作点将沿着新

机械特性变化,可能有以下两种情况:

(1) 电动机的机械特性与负载的机械特性相交,到达新工作点,在新的稳定状态下运行;

(2) 电动机将处于静止状态,例如,电动机拖动反抗性恒转矩负载,在能耗制动过程中,当 $n=0$ 时,$T=0$。

上述方法是分析电力拖动系统运动过程的最基本方法,它不仅适用于他励直流电动机拖动系统,也适用于交流电动机拖动系统。

4.6　他励直流电动机过渡过程的能量损耗

本章论述的启动、调速、制动及机械特性等属于电力拖动系统的静态分析。实际上,电力拖动系统中有质量的机械惯性和电感的电磁惯性,这样在有限的能量下,转速 n 和电流 I_a 都不能突变。电力拖动系统的过渡过程是指电力拖动系统转矩的平衡关系 $T=T_L$ 被破坏后,系统从一个稳定状态到另一个稳定状态的中间过程。在过渡过程中,T、n、I_a 等都会随时间变化,即它们都是时间的函数。定量分析过渡过程的依据是电力拖动系统的运动方程式,即

$$\begin{cases} T-T_L=\dfrac{GD^2}{375}\dfrac{dn}{dt} \\[2mm] U=L_a\dfrac{dI_a}{dt}+E_a+I_aR \\[2mm] E_a=C_e\Phi_N n \\[2mm] T=C_T\Phi_N I_a \end{cases} \tag{4-24}$$

已知电动机的机械特性、负载机械特性、起始点、稳态点以及飞轮矩,求解过渡过程中的转速 $n=f(t)$、转矩 $T=f(t)$ 和电枢电流 $I_a=f(t)$ 的关系,就是方程解的过渡过程曲线。

在电力拖动系统的启动、制动或反转等过渡过程中,电动机内部会产生过渡过程能量损耗 ΔA。在经常启动、制动或反转的电动机上,该损耗会反复地产生,使电动机温度升高,严重时甚至会使电动机绝缘损坏。本节研究过渡过程能量损耗 ΔA,并探讨使其减小的途径。

4.6.1　过渡过程能量损耗的一般情况

过渡过程的能量损耗主要是铜损耗,其他损耗只占很小的比例。为使研究问题简化,这里只考虑铜损耗,而把电动机的铁损耗、机械损耗及励磁损耗等略去。此外,分析时还假定:

① 磁通 $\Phi=\Phi_N$;

② 电源电压 $U=$ 常数;

③ 电枢回路外串电阻 R_c,电枢回路总电阻为 $R_{a1}=R_a+R_c$;

④ 电动机为理想空载,即 $T=0$。

在拖动系统的过渡过程中,忽略电枢回路电感的影响,电动机的功率平衡方程式为

$$UI_a=E_aI_a+I_a^2R_{a1}$$

其中,输入(输出)功率 $UI_a = I_a E_a \Omega_0/\Omega = T\Omega_0$;$\Omega_0 = 2\pi n_0/60$,为理想空载角速度;电磁功率 $E_a I_a = T\Omega$。当 $E_a I_a > 0$ 时,电动机输入机械功率;当 $E_a I_a < 0$ 时,电动机输出机械功率,$I_a^2 R_{a1}$ 为损耗功率。

假定 $T_L = 0$,由运动方程式可知,电磁转矩为

$$T = J\frac{\mathrm{d}\Omega}{\mathrm{d}t} \tag{4-25}$$

其中,J 为拖动系统的转动惯量,单位为 $\mathrm{kg \cdot m^2}$,于是有

$$\Delta p \approx p_{\mathrm{Cua}} = I_a^2 R_{a1} = T\Omega_0 - T\Omega = J\Omega_0\frac{\mathrm{d}\Omega}{\mathrm{d}t} - J\Omega\frac{\mathrm{d}\Omega}{\mathrm{d}t}$$

设过渡过程从 t_1 时刻进行到 t_2 时刻,两时刻对应的电动机角速度分别为 Ω_1 和 Ω_2,那么过渡过程中的能量损耗为

$$
\begin{aligned}
\Delta A &= \int_{t_1}^{t_2} \Delta p \, \mathrm{d}t = \int_{\Omega_1}^{\Omega_2} J\Omega_0 \, \mathrm{d}\Omega - \int_{\Omega_1}^{\Omega_2} J\Omega \, \mathrm{d}\Omega \\
&= J\Omega_0(\Omega_2 - \Omega_1) - \frac{1}{2}J(\Omega_2^2 - \Omega_1^2) \\
&= A - A_k
\end{aligned}
\tag{4-26}
$$

其中,$A = J\Omega_0(\Omega_2 - \Omega_1)$ 为过渡过程中电枢回路输入的能量;$A_k = 0.5J(\Omega_2^2 - \Omega_1^2)$ 为过渡过程中系统动能的变化。式(4-26)表明,过渡过程中的能量损耗,仅取决于拖动系统的转动惯量 J、理想空载角速度 Ω_0 以及过渡过程开始及终止时的角速度 Ω_1 和 Ω_2,而与过渡时间无关。

4.6.2 理想空载启动过程的能量损耗

设他励直流电动机电枢回路串电阻 R_c,在理想空载下启动,其机械特性如图 4.6.1 中的曲线 1 所示。此时,初始角速度 $\Omega_1 = 0$,终止角速度 $\Omega_2 = \Omega_0$,电枢回路输入的能量 A 及系统动能的变化 A_k 分别为

$$A = J\Omega_0(\Omega_2 - \Omega_1) = J\Omega_0^2$$

$$A_k = \frac{1}{2}J(\Omega_2^2 - \Omega_1^2) = \frac{1}{2}J\Omega_0^2$$

过渡过程中的能量损耗为

$$\Delta A = A - A_k = \frac{1}{2}J\Omega_0^2 \tag{4-27}$$

可见,此时电枢回路输入的能量有一半转变为系统的动能储存起来,另一半则在过渡过程中消耗掉了。

从式(4-27)可以看出,能量损耗与电阻大小和启动电阻的切除情况无关。从物理意义上很容易理解这个结论,因为理想空载是指电动机轴上没有静负载,电动机本身也没有损耗转矩的情况,启动过程中只有因加速产生的动负载转矩,电动机只克服动负载转矩做功,所以不论以什么方式启动,电动机输出的机械能都等于系统的动能。

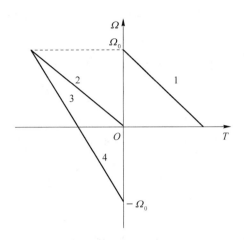

图 4.6.1 他励直流电动机在各种运转状态下的机械特性

4.6.3 理想空载能耗制动过程的能量损耗

理想空载能耗制动时的机械特性,如图 4.6.1 中的曲线 2 所示。能耗制动时电枢与电源脱离,电动机与电网没有能量转换关系,$A=0$。制动开始和结束时的角速度分别为 $\Omega_1 = \Omega_0$、$\Omega_2 = 0$,故能量损耗为

$$\Delta A = A - A_k = \frac{1}{2} J \Omega_0^2 \tag{4-28}$$

其中,$A_k = \int_{\Omega_0}^{0} J \Omega \, d\Omega = -\frac{1}{2} J \Omega_0^2$ 是负值,表明部分机械能是输入的。

这说明,在理想空载能耗制动的过渡过程中,拖动系统中储存的动能被释放出来,并转变为损耗能量。

4.6.4 理想空载反接制动过程的能量损耗

理想空载反接制动时的机械特性,如图 4.6.1 中的曲线 3 所示。反接制动时,$U<0$,$\Omega_0<0$,$\Omega_2=0$,因此

$$A = J(-\Omega_0)(0-\Omega_0) = J\Omega_0^2$$

$$A_k = \frac{1}{2} J(0 - \Omega_0^2) = -\frac{1}{2} J \Omega_0^2$$

$$\Delta A = A - A_k = \frac{3}{2} J \Omega_0^2$$

即在反接制动的过渡过程中,电枢输入的能量和系统释放的动能全部在过渡过程中被消耗掉了。反接制动的能量损耗是能耗制动的 3 倍。

4.6.5 理想空载反转过程的能量损耗

理想空载反转时的机械特性,如图 4.6.1 中的曲线 3 和曲线 4 所示。电动机从 Ω_0 开始

反接制动,至 $\Omega=0$ 反转,直到 $\Omega=-\Omega_0$,反转过程结束。在过渡过程中,$\Omega_1=\Omega_0$,$\Omega_2=-\Omega_0$,因此

$$A=J(-\Omega_0)(-\Omega_0-\Omega_0)=2J\Omega_0^2$$

$$A_k=\frac{1}{2}J\left[(-\Omega_0)^2-\Omega_0^2\right]=0$$

$$\Delta A=A-A_k=2J\Omega_0^2$$

可见,理想空载反转时的能量损耗是系统储存动能的 4 倍,其中四分之三是在反接制动过程中损耗的能量,另外的四分之一则为反向启动时的能量损耗。反接制动过程中电动机输入的机械能等于系统的动能,反向启动过程电动机输出的机械能等于系统的动能,所以在整个反转过程中电动机机械能总和为零。

4.6.6 减少过渡过程中能量损耗的方法

从以上的分析可知,他励直流电动机拖动系统在理想空载下,几种典型过渡过程的能量损耗都与 $J\Omega_0^2$ 成正比。因此,可以采用减小 J 及降低 Ω_0 的方法来减小 ΔA。

1. 减小拖动系统的转动惯量

对经常启动、制动和反转的拖动系统,可采用专门设计的起重冶金型(ZZJ 系列)直流电动机。这种类型的电动机的电枢细而长,与普通直流电动机相比,当额定功率和额定转速相同时,其转动惯量 J 约减小一半(J 与回转半径的平方成正比)。

为了减小转动惯量,也可以采用双电动机拖动,每台电动机的功率为生产机械所需功率的一半。这相当于电枢的等效长度增加而直径减小,从而减小了系统的转动惯量。同样容量的电动机,额定转速越低,转动惯量越大,但所用传动机构的转动惯量越小;额定转速越高,转动惯量越小,但所用传动机构的转动惯量越大。

2. 降低电动机的理想空载角速度

可用降低电源电压 U 的办法来降低电动机的理想空载角速度。例如,可以把理想空载下的启动过程分成两级来实现,即先给电枢回路施加 $U_N/2$,相应的理想空载角速度为 $\Omega_{01}=\Omega_0/2$,当角速度升高到 Ω_{01} 时,再将电源升高到 U_N,电动机继续升速,直到 $\Omega=\Omega_0$。在这种情况下,电动机在第一级及第二级启动过程中,电枢回路从电网吸收的能量分别为

$$A_1=J\left(\frac{\Omega_0}{2}\right)\left(\frac{\Omega_0}{2}\right)=\frac{1}{4}J\Omega_0^2$$

$$A_2=J\Omega_0\left(\Omega_0-\frac{\Omega_0}{2}\right)=\frac{1}{2}J\Omega_0^2$$

从电网吸收的总能量为

$$A=A_1+A_2=\frac{3}{4}J\Omega_0^2$$

拖动系统在启动过程中增加的动能仍为 $A_k=(J\Omega_0^2)/2$,因此两级启动时的总能量损耗为

$$\Delta A=A-A_k=\frac{1}{4}J\Omega_0^2$$

它是一级启动时能量损耗 $(J\Omega_0^2)/2$ 的一半。如果采用多级启动,那么总能量损耗会更少。

为了减小过渡过程中的能量损耗,还应注意选择合理的制动方法,比如采用自动控制,

使启动过程中的电流基本不变,会使损耗减小很多。在他励直流电动机的 3 种制动方法中,回馈制动能将大部分能量馈送给电网,损耗最小,但是只有在可调的直流电源单独供电的情况下才有可能靠回馈制动减速到停止。能耗制动时的能量损耗仅为反接制动时的三分之一。因此,从减小能量损耗的角度来考虑,应尽量采用能耗制动方法。

4.7　串励直流电动机的电力拖动

4.7.1　串励直流电动机的机械特性与启动

串励直流电动机的励磁电流就是电枢电流,它随负载的变化而变化,其电路图如图 4.7.1 所示。

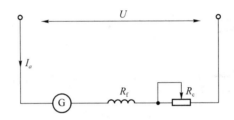

图 4.7.1　串励直流电动机的电路图

当电枢回路中的总电阻为 R_0($R_0 = R_a + R_f + R_c$)时,$E_a = C_e \Phi n = U - I_a R_0$,则有串励直流电动机的机械特性为

$$n = \frac{U}{C_e \Phi} - \frac{R_0}{C_e \Phi C_T \Phi} T \tag{4-29}$$

对串励直流电动机的分析方法同第 2 章。串励直流电动机的励磁绕组与电枢绕组串联,因而磁通 Φ 是电流 I_a 的函数,即 $\Phi = f(I_a)$ 是一条非线性的饱和曲线。分析串励直流电动机时,人们常将磁化曲线的不饱和部分与饱和部分分别用两条直线代替,代替后的转速特性分析如下。

(1) 当电流 I_a 较小,磁路不饱和时,磁通与电流成正比,即 $\Phi = K_1 I_a$,K_1 为常数。此时,串励直流电动机的机械特性为

$$n = \frac{U}{C_e \Phi} - \frac{R_0}{C_e \Phi C_T \Phi} T = \frac{U}{C_e K_1 I_a} - \frac{R_0}{C_e C_T K_1^2 I_a^2} C_T K_1 I_a^2$$

可以简化为

$$n = \frac{C}{\sqrt{T}} - C' \tag{4-30}$$

其中,C 与 C' 均为常数,$C = U \sqrt{C_T / K_1} / C_e$,$C' = R_0 / (C_e K_1)$。

(2) 当负载较重、电流较大时,磁路饱和。如果磁路达到高饱和,不再随电流的增加而增加,则可认为 $\Phi = K_2$。此时,串励直流电动机的机械特性为

$$n = \frac{U}{C_e \Phi} - \frac{R_0}{C_e \Phi C_T \Phi} T = \frac{U}{C_e K_2} - \frac{R_0}{C_e C_T K_2^2} T = n_0 - \Delta n \tag{4-31}$$

此时的机械特性曲线是一条略微下倾的直线。

和他励直流电动机一样,串励直流电动机也可利用改变电动机参数的方法获得各种人为机械特性。

1. 电枢回路串电阻

串励直流电动机电枢回路串电阻的人为机械特性,如图 4.7.2 所示,R_c 越大,其机械特性越软。

2. 降低电源电压

当降低电源电压为 $U_1(U_1 < U_N)$ 时,串励直流电动机的人为机械特性为低于固有机械特性而与之并行的曲线,如图 4.7.3 所示。

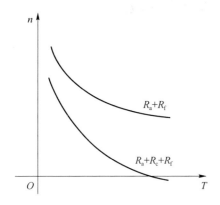

图 4.7.2　串励直流电动机电枢回路
外串电阻的人为机械特性

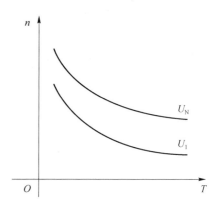

图 4.7.3　串励直流电动机降低
电源电压的人为机械特性

3. 励磁绕组并分路电阻 R_B

为了使串励直流电动机有超出额定值的转速,可利用减弱磁通的方法,一般用励磁绕组并联分路电阻 R_B 的方法来达到此目的,如图 4.7.4 所示。

如图 4.7.4 所示,当励磁绕组不并联 R_B 时,$I_f = I_a$;当并联 R_B 时,$I_f = (I_a R_B)/(R_f + R_B)$,$I_f < I_a$,磁通减弱,人为机械特性位于固有机械特性之上,如图 4.7.5 中的曲线 3 所示。

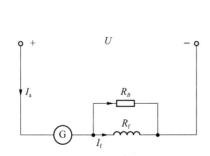

图 4.7.4　励磁绕组并分路电阻

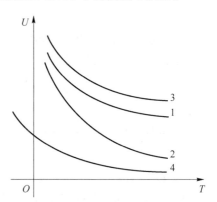

1.固有特性;2.电枢回路串电阻;
3.励磁绕组并分路电阻;4.电枢并分路电阻
图 4.7.5　串励直流电动机的人为机械特性

4. 电枢并分路电阻 R'_B

如在电枢两端并联分路电阻 R'_B,则 $I_f=I_a+I'_B$,如图 4.7.6 所示。而不并 R'_B 时,$I_f=I_a$,因此磁通增长了。同时,由于 I'_B 在电阻 R_c 上引起附加电压降,使加于电枢的电压降低,转速大大下降,机械特性低于电枢不分流时的人为机械特性,如图 4.7.5 中的曲线 4 所示。

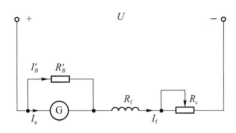

图 4.7.6　电枢并分路电阻

电动机启动时,一般启动电流大于额定电流,这时串励直流电动机的磁路虽然可能达到饱和状态,但没完全饱和,所以串励直流电动机的启动转矩与 I_a^2 成正比,同时比他励直流电动机的启动转矩大。

因此,串励直流电动机的启动方法与他励直流电动机的启动方法相同,既可以在电枢回路中串电阻分级启动,也可以降低电源电压启动。

4.7.2　串励直流电动机的调速

串励直流电动机的调速方法也与他励直流电动机相似,可以在电枢回路中串电阻 R_c 使转速向低于 n_N 的方向调节,其机械特性如图 4.7.2 所示;可以将多台串励电动机由并联改为串联接法,使转速向低于 n_N 的方向调节,其机械特性如图 4.7.3 所示;还可以在励磁绕组两端并联电阻,使转速向高于 n_N 的方向调节,其机械特性如图 4.7.5 中的曲线 3 所示;也可以在电枢两端并联电阻,使转速向低于 n_N 的方向调节,其机械特性如图 4.7.5 中的曲线 4 所示。

4.7.3　串励直流电动机的制动

串励直流电动机只有两种制动状态,即反接制动状态与能耗制动状态。在串励直流电动机中不能获得再生发电制动状态,因为电动机反电动势 E_a 无法超过 U。

反接制动状态,可在位能负载的情况下用转速反向的方法获得,也可用直接反接电枢的方法获得。转速反向时的反接制动特性曲线,是对应于正向接法电动状态的人为机械特性向第Ⅳ象限的延长线,如图 4.7.7 中的实线 1 所示。电枢直接反接时的反接制动特性曲线在第Ⅱ象限,如图 4.7.7 中的实线 2 所示,是反转电动状态的人为机械特性在第Ⅱ象限的延长线。必须指出,为了得到反向的转矩,即电动机反向电动(在第Ⅲ象限工作),Φ 与 I_a 中应只有一个改变方向,通常用直接反接电枢的方法,其电路图如图 4.7.8 所示,使 I_a 反向,而 I_f 及 Φ 仍维持原来的方向。显然,如不用直接反接电枢,而是反接电源,则 Φ 与 I_a 均反向,但 T 方向不变,不能变成制动转矩。反接制动时,电枢回路必须串入限流电阻。

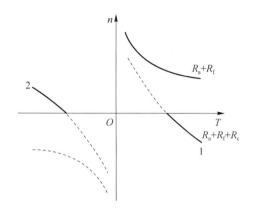

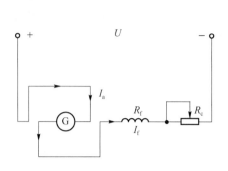

1.转速反向的反接制动 2.反接电枢的反接制动

图 4.7.7　串励直流电动机反接制动特性曲线　　　图 4.7.8　直接反接电枢的电路图

　　能耗制动的获得方法,是在串励直流电动机具有一定转速的情况下,把电枢回路的电源断开,接到制动电阻上。此时,励磁可分自励与他励两种,常用的是后一种方式。无论是自励还是他励,均须使励磁电流方向与能耗制动前相同,否则不能产生制动转矩。由于串励绕组电阻很小,当接成他励时,必须在励磁电路内串入较大的电阻,以限制电流。他励能耗制动的接法和特性与他励直流电动机能耗制动时基本相同。

　　串励直流电动机的接法简单,工作可靠,适用于有较大启动转矩、较大过载能力、工作要求可靠的起重运输机械。

思考题与习题

　　4-1　他励直流电动机的机械特性指的是什么?其机械特性方程式是根据哪几个方程式推导出来的?

　　4-2　什么叫固有机械特性?从物理概念上说明,为什么在他励直流电动机固有机械特性上对应额定电磁转矩 T_N 时,转速有 Δn_N 的降落?

　　4-3　什么叫人为机械特性?从物理概念说明,为什么外串电阻越大,机械特性越软?

　　4-4　为什么降低电源电压的人为机械特性是互相平行的?为什么减弱气隙每极磁通后机械特性会变软?

　　4-5　功率大的他励直流电动机为什么不能直接启动?直接启动会引起什么不良后果?

　　4-6　他励直流电动机有几种调速方法?各有什么特点?

　　4-7　什么叫恒转矩调速方式和恒功率调速方式?他励直流电动机的 3 种调速方法各属于哪种调速方式?

　　4-8　为什么调速时要使电机的调速方式与负载的类型配合?

　　4-9　用电压平衡关系解释他励直流电动机的 3 种调速情况:串电阻使转速降低,降压使转速降低,弱磁使转速升高。

　　4-10　速度调节和速度变化的概念有何区别?

4-11　调速的技术指标有几种？各是怎样定义的？

4-12　如何判断他励直流电动机运行于电动状态还是制动状态？

4-13　电动机在电动状态和制动状态下运行时,机械特性分别位于哪个象限？

4-14　能耗制动过程和能耗制动运行有何异同点？

4-15　电压反接制动与电动势反接制动有何区别？

4-16　在什么条件下电动机处于再生发电制动状态？举例说明。

4-17　什么叫电力拖动系统的过渡过程？举例说明他励直流电动机过渡过程产生的原因、过渡过程的初始值和稳态值？

4-18　怎样减少过渡过程中的能量损耗？

4-19　为什么直接改变直流串励电动机电源电压 U 的极性并不能改变直流串励电动机的旋转方向？

4-20　一台他励直流电动机,铭牌数据为 $P_N=60$ kW,$U_N=220$ V,$I_N=305$ A,$n_N=1\ 000$ r/min,试求：

（1）电动机的固有机械特性；

（2）$T=0.75T_N$ 时的转速；

（3）转速 $n=1\ 100$ r/min 时的电枢电流。

4-21　一台他励直流电动机,铭牌数据为 $P_N=60$ kW,$U_N=220$ V,$I_N=305$ A,$n_N=1\ 000$ r/min,试求：

（1）电枢回路总电阻为 $0.5R_N$ 时的人为机械特性；

（2）电枢回路总电阻为 $2R_N$ 时的人为机械特性；

（3）电源电压为 $0.5U_N$,电枢回路不串电阻时的人为机械特性；

（4）电源电压为 U_N,电枢回路不串电阻,$\Phi=0.5\Phi_N$ 时的人为机械特性。（注：$R_N=U_N/I_N$ 称为额定电阻,它相当于电动机额定运行时从电枢两端看进去的等效电阻）

4-22　一台他励直流电动机,铭牌数据为 $P_N=7.5$ kW,$U_N=220$ V,$I_N=41$ A,$n_N=1\ 500$ r/min。已知 $R_a=0.378$ Ω,拖动恒转矩负载运行,$T=T_N$,当把电源电压降到 $U=180$ V时,试求：

（1）降低电源电压的瞬间电动机的电枢电流及电磁转矩；

（2）稳定运行时转速。

4-23　一台他励直流电动机额定数据为 $P_N=16$ kW,$U_N=220$ V, $n_N=700$ r/min,$I_N=84$ A,$R_a=0.175$ Ω。假设需要三级启动,最大启动电流 $I_{sm}=2.5I_N$,满载启动,求各段启动电阻值。

4-24　某他励直流电动机额定数据为 $P_N=21$ kW,$U_N=220$ V,$I_N=115$ A,$n_N=980$ r/min。负载电流 $I_L=92$ A,最大启动电流不超过 $2I_N$,试求分级启动数及各段启动电阻值。

4-25　某台他励直流电动机：$P_N=40$ kW,$U_N=220$ V,$I_N=206$ A,电枢回路总电阻 $R_a=0.067$ Ω。试求：

（1）若电枢回路不串电阻启动,则启动电流倍数 I_s/I_N；

（2）若将启动电流限制到 $1.5I_N$,求外串电阻 R_c 的值。

4-26　一台他励直流电动机,铭牌数据为 $P_N=13$ kW,$U_N=220$ V,$I_N=67.7$ A,$n_N=$

1 500 r/min。已知 $R_a=0.224\ \Omega$，采用电枢回路串电阻调速，要求 $\delta_{max}=30\%$，试求：

(1) 电动机拖动额定负载时的最低转速；

(2) 调速范围；

(3) 电枢回路需串入的电阻值；

(4) 拖动额定负载在最低转速下运行时，电动机电枢回路的输入功率、输出功率（忽略 T_0）及外串电阻上消耗的功率。

4-27 一台他励直流电动机，铭牌数据为 $P_N=13\ kW$，$U_N=220\ V$，$I_N=67.7\ A$，$n_N=$ 1 500 r/min。已知 $R_a=0.195\ \Omega$，拖动一台起重机的提升机构。已知重物的负载转矩 $T_L=T_N$，试求：当不用机械闸而只由电动机的电磁转矩把重物吊在空中不动时，电枢回路中应串入多大电阻？

4-28 一台他励直流电动机，铭牌数据为 $P_N=29\ kW$，$U_N=440\ V$，$I_N=76\ A$，$n_N=$ 1 000 r/min。已知 $R_a=0.377\ \Omega$，$I_{amax}=1.8I_N$，$T_L=T_N$，问：电动机拖动位能负载并以 $-500\ r/min$ 的转速下放重物时可能工作在什么状态？每种运行状态下电枢回路中应串入多大电阻（不计传动机械中的损耗转矩和电动机的空载转矩）？

4-29 一台他励直流电动机，铭牌数据为 $P_N=29\ kW$，$U_N=440\ V$，$I_N=76\ A$，$n_N=$ 1 000 r/min。已知 $R_a=0.377\ \Omega$，$I_{amax}=1.8I_N$，$T_L=0.8T_N$，电动机原工作在固有机械特性上，如果突然把电源电压降到 400 V，试求：

(1) 降压瞬间电动机产生的电磁转矩；

(2) 降压后的人为机械特性；

(3) 电动机最后的稳定转速。

4-30 某他励直流电动机拖动某生产机械，调速时采用了弱磁调速，其主要铭牌数据为 $P_N=18.5\ kW$，$U_N=220\ V$，$I_N=103\ A$，$n_N=500\ r/min$，最高转速为 $n_{max}=1\ 500\ r/min$，电枢回路总电阻 $R_a=0.18\ \Omega$。

(1) 若电动机拖动恒转矩负载（$T_L=T_N$），求当减少磁通到 $\Phi=(1/3)\Phi_N$ 时电动机的稳定转速 n 和电枢电流 I_a，并说明能否长期运行。

(2) 若电动机拖动恒功率负载（$P_L=P_N$），求当减少磁通到 $\Phi=(1/3)\Phi_N$ 时该电机的稳定转速 n 和电枢电流 I_a，并说明能否长期运行。

4-31 一台他励直流电动机，额定数据为 $P_N=40\ kW$，$U_N=220\ V$，$n_N=1\ 000\ r/min$，$I_N=210\ A$，$R_a=0.07\ \Omega$。试求：

(1) 在额定情况下进行能耗制动，欲使制动电流等于 $2I_N$，电枢回路应外接多大的制动电阻？

(2) 机械特性方程式。

(3) 如电枢回路无外接电阻，制动电流有多大？

4-32 电动机数据同题 4-31。

(1) 如电动机的负载是位能负载，提升重物在额定负载情况下工作，如在电枢回路中串入电阻 $R_c=2R_N$，进行倒拉反接制动，求倒拉反接制动时的稳定转速；

(2) 如电动机进行电源反接制动，反接瞬间的电磁制动转矩 $T=2T_N$，求电枢回路中需串入的电阻阻值（忽略 T_0 不计）。

4-33 电动机数据同题 4-31。

（1）当电动机带 1/2 额定负载，在固有特性上进行回馈制动时，求其稳定工作点。

（2）若电动机带同样位能负载，欲使电动机在 $n_N = 1\ 200$ r/min 的情况下稳定运行，求回馈制动时电枢回路的外串电阻。

4-34　某他励直流电动机：$P_N = 29$ kW，$U_N = 440$ V，$I_N = 76$ A，$n_N = 1\ 000$ r/min，电枢回路总电阻 $R_a = 0.377\ \Omega$，若略去空载损耗 $p_0 = p_{Fe} + p_s + p_m$。试求：

（1）电动机以 $n = 500$ r/min 吊起 $T_L = 0.8T_N$ 的负载时，电枢回路的外串电阻 R_{c1}；

（2）要使负载（$0.8T_N$）以 500 r/min 的转速下放，各种制动方法的电枢回路内外串电阻 R_{c2}；

（3）保持电流不超过 I_N，在 500 r/min 的转速下吊着 $0.8T_N$ 的负载稳定下降的转速。

直流电动机的电力拖动.ppt

第5章 变压器

变压器是一种被广泛应用的电气设备,它通过电磁感应作用,把一种电压的交流电能变换成频率相同的另一种电压的交流电能。在电力系统中,变压器占有很重要的地位。利用变压器变换电压的功能,人们可以根据输电距离的远近和用电要求的不同,来决定与输配电线路相适配的电压等级,从而实现电能的经济传输、合理分配和安全使用。为了减少输电损耗,电力系统采用先高压(如 10 kV、35 kV、110 kV、220 kV、500 kV 等)输电,再通过变压器变换到用户需要的电压(如 380/220 V、1 kV、3 kV、6 kV 等)的输电方式。此外,对于工业企业的特殊用电设备,在电能的测试和控制方面,变压器的应用也十分广泛。虽然变压器中不发生机电能量的转换,但对其性能的研究在学习电机的整个过程中仍有重要的理论意义。变压器的基本电磁理论和分析方法不仅可以清楚地说明磁场在能量转换中的媒介作用、磁路在能量转换装置中的具体应用,而且是研究旋转电机,特别是研究异步电机的基础。本章主要论述普通电力变压器的工作原理及结构、基本特性和运行性能,对其他几种变压器仅作简单介绍。

5.1 变压器的原理及其结构

为了逐步深入研究变压器的电磁关系、工作特性和运行性能,本节先简要介绍变压器的一些基本知识,如变压器的工作原理、类型和基本结构等。关于变压器的基本结构,本节将从电磁角度介绍其主要部件的构成和作用。

5.1.1 变压器的工作原理

变压器是通过电磁感应来实现两个电路之间的能量传递的,因此它必须具有电路和磁路两个基本组成部分。电路是两个(或几个)匝数不同且彼此绝缘的绕组,而磁路是一个闭合铁心。绕组套装在铁心上,与铁心之间是绝缘的。图 5.1.1(a)为一台单相双绕组变压器的示意图。在实际的变压器中,两个彼此绝缘、没有相互连接的绕组是套装在同一个铁心柱上的,为了分析清楚问题,常常将两个绕组分别画在两个铁心柱上,如图 5.1.1(b)所示。

变压器的两个绕组分别接电源和负载。接电源的绕组,即自电网吸取电能的绕组,称为原绕组,又称为一次侧或初级绕组;接负载的绕组,即向外电路输出电能的绕组,称为副绕组,又称为二次侧或次级绕组。A、X 和 a、x 分别为原、副绕组的两个线端的标志。如

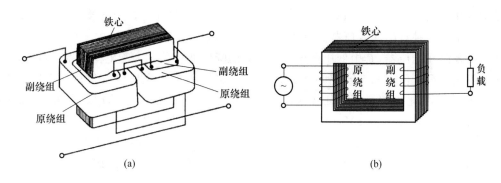

图 5.1.1 单相双绕组变压器

图 5.1.2所示,当原绕组的线端 A、X 接交流电源时,在外施电压 u_1 的作用下,原绕组就有交流电 i_1 流过,并且在磁路中建立交变磁动势,变压器的铁心中产生交变磁通。沿铁心磁路而闭合的磁通称为主磁通 Φ,它不仅穿过原绕组的全部匝数 N_1,而且同副绕组的全部匝数 N_2 相交链。由电磁感应定律 $e=-N\mathrm{d}\Phi/\mathrm{d}t$ 可知,主磁通的变化将在原、副绕组中感生出同频率的电动势 $e_1=-N_1\mathrm{d}\Phi/\mathrm{d}t$ 和 $e_2=-N_2\mathrm{d}\Phi/\mathrm{d}t$。假如副绕组线端 a、x 接入负载,那么在电动势 e_2 的作用下,副绕组内将流过电流 i_2,并向负载送出电功率,这样就实现了交流电能从原绕组向副绕组的传递。在传递过程中,由于主磁通在原、副绕组的每一匝中所感生的电动势是相等的,因此两个匝数不同的绕组分别得到大小不同的感应电动势。以后将证明,一般电力变压器原绕组的感应电动势接近于外施电压,而副绕组的感应电动势接近于副绕组输出端的电压。改变正、副绕组的匝数比,即 $e_1/e_2=N_1/N_2=k$,就能够使副绕组的感应电动势得到不同的电压值,达到变换电压的目的。这就是变压器利用电磁感应实现电能传递,并且变换电压的简单工作原理。

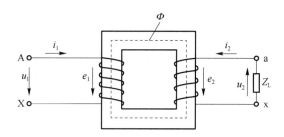

图 5.1.2 变压器的原理图

5.1.2 变压器的类型和基本结构

1. 变压器的类型

变压器的应用范围十分广泛,类型很多,按用途分类如下。

（1）电力变压器

电力变压器是目前工、农业生产上广泛采用的变压器,主要是作为输、配电系统上使用的变压器。这类变压器已形成了系列,并已成批生产,其中 $10\sim630\ \mathrm{kV\cdot A}$ 容量的变压器一般称做Ⅰ、Ⅱ类产品;$800\sim6\ 300\ \mathrm{kV\cdot A}$ 容量的变压器为Ⅲ类产品;$8\ 000\sim63\ 000\ \mathrm{kV\cdot A}$

容量的变压器为Ⅳ类;63 000 kV·A以上容量的变压器为Ⅴ类产品。各类变压器可按各个电压等级组成各种规格的变压器。电力变压器按发电厂和变电所用途的不同,还可分为升压变压器及降压变压器,其中低压电压为400 V的降压变压器称为配电变压器。目前,从发电机所发出的高电压以6.3 kV和10.5 kV最多。这样低的电压要输送到几百千米以外的地区是不可能的,电能将全部消耗在线路上。所以,要想将电能从电站输送出去,必须先由变压器将电压升高到38.5 kV、121 kV、242 kV以及363 kV,再输送出去。高压电到供电区后,还要经过一次变电所(电压降为38.5 kV或66 kV)和二次变电所(电压降为6.3 kV或10.5 kV)变压,再把电送到用户区,经过附近的配电变压器降压后供给用户。

（2）电炉变压器

工业上使用的一部分金属材料和化工原材料是用电炉冶炼出来的,而电炉所需的电源是由电炉变压器提供的。电炉变压器的特点是二次电压很低(一般从几十伏到几百伏),但电流却很大,最大可达几万安培。我国电炉变压器原绕组的电压通常为10 kV或35 kV,个别的为110 kV。

（3）整流变压器

很多电气设备需要直流供电,如电车、电机车、钢厂的轧机、冶炼厂及化工厂的电解槽等。把交流电变成直流电由整流器(硅整流器等)完成,供整流器用的电源变压器,称做整流变压器。整流变压器与电炉变压器的不同之处在于,整流变压器的二次线圈接成六相或者十二相,以提高整流效率。

（4）工频实验变压器

进行高压电气设备的耐压实验和高电压下物理现象的研究时,需要一种电压很高的变压器,这种变压器称为工频实验变压器。它的特点是:二次电压很高,可达1 000 kV甚至更高,而电流一般均为1 A。

（5）调压器

有些电气设备需要有能够经常改变电压的电源,这就需要通过调压器来实现。调压器的特点是:副绕组电压变化范围很大,一般可以从零值调到额定电压。调压器因结构特点不同,又分为自耦式调压器、移圈式调压器、感应调压器及磁饱和调压器等。大容量调压器一般同实验变压器及整流变压器配套使用。

（6）矿用变压器

专为矿坑下变电所使用的变压器称为矿用变压器,因而制成防止矿石打碎套管和防潮密封式结构。另外一种是伸入掌子面运行的变压器,称为防爆变压器。这种变压器为干式的,箱壳机械强度高,能防止气体(如甲烷、乙炔等)爆炸,出线用电缆引出。

（7）其他特种变压器

其他特种变压器种类很多,如冲击变压器、电抗器、隔离变压器、电焊变压器、X光变压器、无线电变压器、换相器及互感器等。

此外,变压器按结构形式分类时,又可分为单相和三相变压器;按冷却介质分类时,有干式变压器、油浸变压器和充气变压器等;按冷却方式分类时,有自然冷却式、风冷式、水冷式、强迫油循环水冷式、强迫油循环风冷式、水内冷式等;按线圈分类时,有自耦变压器、双圈变压器以及三圈变压器等;按调压方式分类时,可分为有载调压变压器和无载调压变压器;按中性点绝缘水平分类时,可分为全绝缘变压器(中性点绝缘水平与起头绝缘水平相同)和半绝缘变压器(中性点绝缘水平比起头绝缘水平低);按铁心形式分类时,可分为心式、壳式和辐射式等。

2. 变压器的基本结构

以电力变压器为例介绍变压器的基本结构。变压器的主要结构是铁心和绕组,此外还有油箱、绝缘套管等。图 5.1.3 所示是一台三相油浸式电力变压器的结构图。

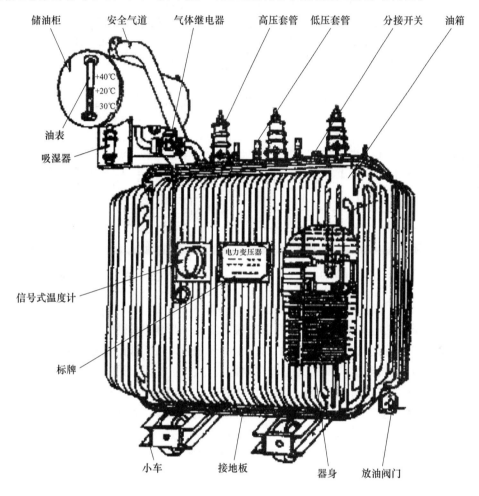

图 5.1.3　三相油浸式电力变压器的结构图

（1）铁心

铁心是变压器中的磁路部分。为了有较高的导磁系数以及较少的磁滞和涡流损耗,铁心常采用 0.35 mm 或 0.5 mm 厚的硅钢片叠装而成,片间彼此绝缘。

铁心分为铁柱和铁轭两部分,铁柱上套有绕组,铁轭用于形成闭合磁路。

铁心结构的基本形式有心式和壳式两种,如图 5.1.4 所示。心式变压器是绕组包围着铁心,在电力系统中用得最多。壳式变压器是绕组被铁心所包围,一般用于小容量的单相变压器。

为了尽量减少变压器的励磁电流,铁心磁回路不能有间隙,因此相邻两层铁心叠片的接缝要互相错开,如图 5.1.5 所示。其中,图 5.1.5(a)为 1,3,5,…的奇数层,图 5.1.5(b)为

2,4,6,…的偶数层。为了充分利用圆桶式绕组的内部空间,大型变压器铁心柱截面是阶梯形状的,而小型变压器铁心柱截面是矩形或方形的,如图5.1.6所示。

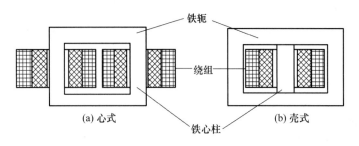

图 5.1.4　心式和壳式变压器示意图

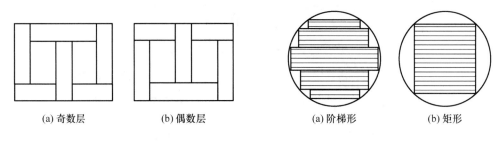

图 5.1.5　硅钢片的排法　　　　图 5.1.6　铁心柱截面

（2）绕组

绕组是变压器的电路部分。它由绝缘的扁铜线或圆形铜线绕制而成。在中小型电力变压器中有用铝线代替铜线的。电压高的绕组为高压绕组,电压低的绕组为低压绕组。为了便于绝缘,同心柱式绕组的高低压绕组套在铁心柱上的位置是:低压绕组在里,高压绕组在外。高、低压绕组之间留有油道,既有利于绕组散热,又有利于两绕组之间绝缘,交叠式绕组都做成饼形,即高、低压绕组相互交叠放置,为减少绝缘距离,通常在靠近铁轭处放置低压绕组。

变压器铁心和绕组装配到一起称为变压器的器身。

（3）其他结构部件

器身如果放置在充满了变压器油的油箱里,这种变压器称为油浸式变压器。变压器油既是绝缘介质,又是冷却介质。变压器油箱上装有圆筒形的贮油柜,又叫油枕。贮油柜通过连接管与油箱相通,柜内油面高度随着变压器油的热胀冷缩而变动,贮油柜减小了油与空气的接触面积,可以减少油的氧化和水分的侵入。贮油柜上面装有放置氧化钙或硅胶等干燥剂的吸湿器,外面的空气必须经过吸湿器才能进入贮油柜。

连通管中装有气体继电器。当变压器发生故障时,油箱内部就会产生气体,使继电器动作,发出信号或使开关自动跳闸。较大的变压器的油箱盖上装有安全气道,出口处用薄玻璃板盖住,当气体继电器失灵时,箱内压力就会升高,超过一定限度时,气体从安全气道喷出,以免造成重大事故。

为了便于散热,较大容量的变压器采用排管式油箱或装有散热器。

变压器绕组的引出线是通过箱盖上的瓷质绝缘套管引出的,绝缘套管外部可以做成多级伞形,电压越高,级数越多。

电网电压是波动的,因此变压器的高压侧一般都会引几个分接头与分接开关相连,在无载情况下调节油箱盖上面的分接开关,可以改变高压绕组的匝数,即改变变压器实际的匝数比,从而使电网电压波动时,副绕组的输出电压依然是稳定的。

5.1.3 变压器的额定值

由于变压器的使用环境条件不一样,用途也不一致,因此必须用一些事先规定好的数值来衡量,这些数值称为变压器的额定值,制造厂都把这些额定值刻在变压器的铭牌上,又叫铭牌值。它是指变压器制造厂在设计、制造时,变压器正常运行所规定的数据,指明该台变压器在什么样的条件下工作,承担多大电流,外加多高电压等。变压器的主要额定值如下。

(1) 额定电压

额定电压 U_{1N} 和 U_{2N},单位为 V 或 kV。U_{1N} 是指变压器正常运行时电源加到原绕组两端的额定电压;U_{2N} 是指变压器原绕组加上额定电压后,变压器处于空载状态时的副绕组电压。在三相变压器中,额定电压均指线电压。

(2) 额定容量

额定容量 S_N,单位为 V·A 或 kV·A(容量更大时,也用 MV·A)。额定容量是变压器的视在功率。对于双绕组电力变压器,总是把变压器的原绕组和副绕组的额定容量设计成相同值。

(3) 额定电流

额定电流 I_{1N} 和 I_{2N},单位为 A 或 kA。额定电流是变压器正常运行时所能承担的电流,I_{1N} 和 I_{2N} 分别称为原、副绕组的额定电流。在三相变压器中,额定电流均指线电流。对于单相变压器,有

$$I_{1N}=\frac{S_N}{U_{1N}}, \quad I_{2N}=\frac{S_N}{U_{2N}} \tag{5-1}$$

对于三相变压器,有

$$I_{1N}=\frac{S_N}{\sqrt{3}U_{1N}}, \quad I_{2N}=\frac{S_N}{\sqrt{3}U_{2N}} \tag{5-2}$$

当变压器副绕组电流达到额定值时,变压器的负载称为额定负载。

变压器实际使用时的功率往往与额定容量不同。这是因为在实际使用时,变压器副绕组电流 I_2 不一定就等于额定电流 I_{2N},同时副绕组电压 U_2 又是变化的(变化很小)。

(4) 额定频率

额定频率 f_N,单位为 Hz。我国规定,标准工业电频率为 50 Hz。此外,铭牌上还记载着相数 m、阻抗电压 U_k、型号、运行方式、冷却方式、质量及外形尺寸等。

例 5-1 一台三相双绕组变压器,额定容量 $S_N=160$ kV·A,原、副绕组的额定电压 $U_{1N}/U_{2N}=35\,000$ V/400 V。试求原、副绕组的额定电流。

解

$$I_{1N}=\frac{S_N}{\sqrt{3}U_{1N}}=\frac{160\times10^3}{\sqrt{3}\times35\,000}\approx2.64\ A$$

$$I_{2N} = \frac{S_N}{\sqrt{3}U_{2N}} = \frac{160 \times 10^3}{\sqrt{3} \times 400} \approx 230.9 \text{ A}$$

5.2 变压器的运行分析

5.2.1 变压器的空载运行

三相变压器可以看成 3 个单相变压器的组合,本节对单相变压器的分析也适用于三相变压器。变压器原绕组接在额定电源和额定频率交流电源上,副绕组开路称为空载运行。在这种极限状态下,副绕组中无电流。按习惯规定变压器中各量的正方向,即变压器的原绕组相当于用电器,按用电惯例规定各量的正方向,如图 5.2.1 所示。电流 $\dot{I}_0$ 的正方向与产生它的电源电压 $\dot{U}_1$ 的正方向相同。$\dot{I}_0$ 产生的主磁通和漏磁通的正方向与 $\dot{I}_0$ 的正方向符合右手定则。电动势的正方向与产生它的磁通正方向也符合右手定则。变压器的副绕组相当于电源,所以副绕组各量的正方向按发电惯例规定。电动势 $\dot{E}_2$ 与主磁通的正方向也符合右手定则,电流 $\dot{I}_2$ 的正方向与 $\dot{E}_2$ 的正方向相同。外电路上的变压器的输出电压 $\dot{U}_2$ 的正方向与 $\dot{I}_2$ 一致。

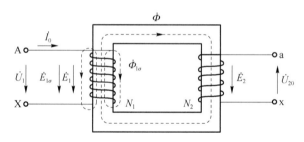

图 5.2.1　变压器空载运行时的各量

1. 主磁通、漏磁通

变压器是一个带铁心的互感电路,因铁心磁路的非线性,一般不采用互感电路的分析方法,而是把磁通分为主磁通和漏磁通进行研究。

图 5.2.1 描述了单相变压器空载运行时的各量。这里,各量用相量表示。当副绕组开路时,原绕组 A、X 端接到电压 $\dot{U}_1$ 随时间按正弦变化的交流电网上,原绕组便有电流 $\dot{I}_0$ 流过,此电流称为变压器的空载电流(也叫励磁电流)。空载电流 $\dot{I}_0$ 乘以原绕组匝数 N_1 得到空载磁动势,也叫励磁磁动势,用 $\dot{F}_0$ 表示,即 $\dot{F}_0 = N_1 \dot{I}_0$。为了便于分析,直接研究磁路中的磁通。在图 5.2.1 中,把同时连着原、副绕组的磁通称为主磁通 $\dot{\Phi}$,其幅值用 Φ_m 表示,把只连原绕组本身的磁通称为漏磁通 $\dot{\Phi}_{1\sigma}$。空载时,只有原绕组漏磁通,其幅值用 $\Phi_{1\sigma m}$ 表示。由于主磁通的路径是铁心,漏磁通的路径比较复杂,除了铁磁材料外,还要经空气或变压器

油等非铁磁材料构成回路。这里提到的漏磁通是等效成交链全部原绕组的漏磁通 $\Phi_{1\sigma}$。由于铁心采用磁导率高的硅钢片制成，空载运行时，主磁通占总磁通的绝大部分，漏磁通的数量很小，仅占 $0.1\%\sim0.2\%$。不考虑铁心磁路饱和时，由空载磁动势 $\dot{F}_0$ 产生的主磁通 $\dot{\Phi}$ 以电源电压 $\dot{U}_1$ 的频率随时间按正弦规律变化，写成瞬时值为

$$\Phi=\Phi_{\mathrm{m}}\sin\omega t \tag{5-3}$$

原绕组漏磁通为

$$\Phi_{1\sigma}=\Phi_{1\sigma\mathrm{m}}\sin\omega t \tag{5-4}$$

其中，$\omega=2\pi f$ 为角频率；f 为频率；t 为时间。

2. 主磁通感应的电动势

按照图 5.2.1 中各物理量的参考方向，利用式(5-3)得出主磁通 Φ 在原绕组中的感应电动势瞬时值，即

$$
\begin{aligned}
e_1 &= -N_1\frac{\mathrm{d}\Phi}{\mathrm{d}t}=-\omega N_1\Phi_{\mathrm{m}}\cos\omega t\\
&=\omega N_1\Phi_{\mathrm{m}}\sin\left(\omega t-\frac{\pi}{2}\right)\\
&=E_{1\mathrm{m}}\sin\left(\omega t-\frac{\pi}{2}\right)
\end{aligned} \tag{5-5}
$$

同理，主磁通 Φ 在副绕组中的感应电动势瞬时值为

$$e_2=-N_2\frac{\mathrm{d}\Phi}{\mathrm{d}t}=-\omega N_2\Phi_{\mathrm{m}}\cos\omega t=E_{2\mathrm{m}}\sin\left(\omega t-\frac{\pi}{2}\right) \tag{5-6}$$

其中，$E_{1\mathrm{m}}=\omega N_1\Phi_{\mathrm{m}}=2\pi f N_1\Phi_{\mathrm{m}}$，$E_{2\mathrm{m}}=\omega N_2\Phi_{\mathrm{m}}=2\pi f N_2\Phi_{\mathrm{m}}$，$E_{1\mathrm{m}}$、$E_{2\mathrm{m}}$ 分别是原、副绕组的感应电动势幅值。进一步，$E_1=\omega N_1\Phi_{\mathrm{m}}/\sqrt{2}=4.44 f N_1\Phi_{\mathrm{m}}$、$E_2=\omega N_2\Phi_{\mathrm{m}}/\sqrt{2}=4.44 f N_2\Phi_{\mathrm{m}}$ 分别是原、副绕组的感应电动势有效值。

用相量形式表示上述感应电动势有效值为

$$\dot{E}_1=\frac{\dot{E}_{1\mathrm{m}}}{\sqrt{2}}=-\mathrm{j}\frac{\omega N_1}{\sqrt{2}}\dot{\Phi}_{\mathrm{m}}=-\mathrm{j}\frac{2\pi}{\sqrt{2}}f N_1\dot{\Phi}_{\mathrm{m}}=-\mathrm{j}4.44 f N_1\dot{\Phi}_{\mathrm{m}} \tag{5-7}$$

同理，有

$$\dot{E}_2=-\mathrm{j}4.44 f N_2\dot{\Phi}_{\mathrm{m}} \tag{5-8}$$

其中，磁通的单位为 Wb；电动势的单位为 V。

从式(5-7)、式(5-8)可以看出，电动势 E_1 或 E_2 的大小与磁通交变的频率、绕组匝数以及磁通幅值成正比。当变压器接到固定频率的电网上时，由于频率、匝数都为定值，电动势有效值 E_1 或 E_2 的大小仅取决于主磁通幅值 Φ_{m} 的大小。

3. 漏磁通感应电动势

利用式(5-4)可以得出原绕组漏磁通的感应漏磁电动势瞬时值，即

$$e_{1\sigma}=-N_1\frac{\mathrm{d}\Phi_{1\sigma}}{\mathrm{d}t}=\omega N_1\Phi_{1\sigma\mathrm{m}}\sin\left(\omega t-\frac{\pi}{2}\right)=E_{1\sigma\mathrm{m}}\sin\left(\omega t-\frac{\pi}{2}\right)$$

其中，$E_{1\sigma\mathrm{m}}=\omega N_1\Phi_{1\sigma\mathrm{m}}$ 为漏磁电动势幅值。用相量表示为

$$\dot{E}_{1\sigma}=\frac{\dot{E}_{1\sigma\mathrm{m}}}{\sqrt{2}}=-\mathrm{j}\frac{\omega N_1}{\sqrt{2}}\dot{\Phi}_{1\sigma}=-\mathrm{j}4.44 f N_1\dot{\Phi}_{1\sigma} \tag{5-9}$$

式(5-9)可写成

$$\dot{E}_{1\sigma} = -j\frac{\omega N_1}{\sqrt{2}}\dot{\Phi}_{1\sigma}\frac{\dot{I}_0}{\dot{I}_0} = -j\omega L_{1\sigma}\dot{I}_0 = -jX_1\dot{I}_0 \qquad (5-10)$$

其中, $L_{1\sigma} = \frac{N_1\dot{\Phi}_{1\sigma}}{\sqrt{2}\dot{I}_0} = \frac{N_1\Phi_{1\sigma}}{\sqrt{2}I_0}$, 称为原绕组漏自感,是一个常数; $X_1 = \omega L_{1\sigma}$, 称为原绕组漏电抗。因为漏磁通总要经过非磁性介质,非磁性介质的磁阻很大,几乎消耗了全部回路的磁压降,而且非磁性介质的磁导率是常数,所以 $\Phi_{1\sigma}$ 磁路的磁导率也基本上是一个常数,因此 $\Phi_{1\sigma}$ 的大小与产生它的磁动势 $I_0 N_1$ 成正比。

可见,漏磁电动势 $\dot{E}_{1\sigma}$ 可以用空载电流 $\dot{I}_0$ 在原绕组漏电抗 X_1 上产生的负压降 $-j\dot{I}_0 X_1$ 表示。在相位上, $\dot{E}_{1\sigma}$ 滞后 $\dot{I}_0$ 的角度为 $\frac{\pi}{2}$。原绕组漏电抗 X_1 还可写成

$$X_1 = \omega\frac{N_1\Phi_{1\sigma}}{\sqrt{2}I_0} = \omega\frac{\sqrt{2}I_0 N_1\Lambda_{1\sigma}}{\sqrt{2}I_0} = \omega N_1^2\Lambda_{1\sigma} \qquad (5-11)$$

其中, $\Lambda_{1\sigma}$ 为漏磁路的磁导。

变压器空载时电流很小,仅为额定电流的百分之几。变压器空载时瞬时值的电磁关系可用图 5.2.2 表示。

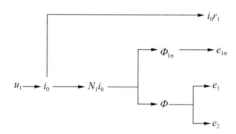

图 5.2.2 变压器空载时瞬时值的电磁关系

4. 空载运行时电压方程及等效电路

根据基尔霍夫定律,列出图 5.2.1 所示变压器空载时原、副绕组回路电压方程。原绕组回路电压方程为

$$\dot{U}_1 = -\dot{E}_1 - \dot{E}_{1\sigma} + \dot{I}_0 r_1$$

将式(5-10)代入上式,得出

$$\dot{U}_1 = -\dot{E}_1 + \dot{I}_0(r_1 + jX_1) = -\dot{E}_1 + \dot{I}_0 Z_1 \qquad (5-12)$$

其中, r_1 是原绕组电阻,单位是 Ω; $Z_1 = r_1 + jX_1$ 是原绕组漏阻抗,单位是 Ω。空载时副绕组开路电压用 $\dot{U}_{20}$ 表示,即

$$\dot{U}_{20} = \dot{E}_2$$

当变压器原绕组两端加额定电压并进行空载运行时,空载电流不超过额定电流的 10%,再加上漏阻抗 Z_1 值较小,产生的压降 $I_0 Z_1$ 也较小,式(5-12)可近似写为

$$\dot{U}_1 \approx -\dot{E}_1$$

仅考虑幅值大小,上式可写为

$$U_1 \approx E_1 = 4.44 f N_1 \Phi_m$$

可见,当频率 f 和匝数 N_1 一定时,主磁通 Φ_m 的大小几乎决定于所加电压 U_1 的大小。但是,必须明确,主磁通 Φ_m 是由空载磁动势 $F_0 = I_0 N_1$ 产生的。

一次电动势 E_1 与二次电动势 E_2 之比,称为变压器的变比,用 k 表示,即

$$k = \frac{E_1}{E_2} = \frac{4.44 f N_1 \Phi_m}{4.44 f N_2 \Phi_m} = \frac{N_1}{N_2} \tag{5-13}$$

变比 k 也等于原、副绕组匝数之比。空载时 $U_1 \approx E_1$,$U_{20} = E_2$,变比又为

$$k = \frac{E_1}{E_2} \approx \frac{U_1}{U_{20}}$$

对于三相变压器,变比定义为同一相的原、副绕组相电动势之比。

只要 $N_1 \neq N_2$,则 $k \neq 1$,原、副绕组电压就不相等,从而实现变电压的目的。若 $k > 1$,则变压器是降压变压器;若 $k < 1$,则变压器是升压变压器。

主磁通的感应电动势 $-\dot{E}_1$ 可以用空载电流 $\dot{I}_0$ 与励磁阻抗 Z_m 的乘积来表示。Z_m 是一个阻抗,而不是纯电感。这是因为 $-\dot{E}_1$ 由主磁通产生,主磁通走铁心磁路,有铁损耗(类似电阻损耗),因此不能用纯电抗来代替。电动势 $-\dot{E}_1$,励磁阻抗 $Z_m = r_m + jX_m$ 与铁损耗 p_{Fe} 应有如下关系:

$$-\dot{E}_1 = \dot{I}_0 Z_m, \quad p_{Fe} = \dot{I}_0^2 r_m, \quad X_m = \sqrt{Z_m^2 - r_m^2}$$

将 $-\dot{E}_1 = \dot{I}_0 Z_m$ 代入式(5-12),得

$$\dot{U}_1 = -\dot{E}_1 + \dot{I}_0 Z_1 = \dot{I}_0 Z_m + \dot{I}_0 Z_1 = I_0 (r_m + jX_m) + \dot{I}_0 Z_1 \tag{5-14}$$

用支路阻抗 $r_m + jX_m$ 的压降来表示主磁通对变压器的作用,再将原绕组的电阻 r_1 和漏电抗 X_1 的压降在电路图上表示出来,即可得到空载时变压器的等效电路。图 5.2.3 是对应式(5-14)的变压器空载时的等效电路。

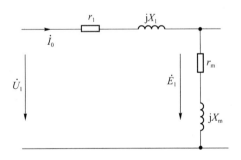

图 5.2.3　变压器空载时的等效电路

式(5-14)中,励磁电阻 r_m 反映铁损耗的等效电阻。励磁电抗 X_m 是主磁通 Φ 引起的电抗,反映了电机铁心的导磁性能,代表了主磁通对电路的电磁效应。

原绕组的电阻 r_1 和漏磁通 $\Phi_{1\sigma}$ 引起的电抗 X_1 是常量,即 r_1 和 X_1 不受饱和程度的影响。但是,由于铁心存在着饱和现象,所以 r_m 和 X_m 都是随着饱和程度的降低而增加的,在实际应用中应当注意这个结论。但是,变压器在正常工作时,由于电源电压变化范围很小,故铁心中主磁通的变化范围不大,励磁阻抗 Z_m 也基本不变。

5. 空载电流 i_0

几何尺寸一定的变压器铁心,其所用硅钢片磁化特性具有非线性,因此铁心里的磁通 Φ 与励磁电流 i_0 的关系 $\Phi=f(i_0)$ 为非线性关系,如图 5.2.4 所示。

当只考虑磁路的饱和作用,不考虑磁滞和涡流时,电源电压 u_1 随时间按正弦规律变化,则电动势 e_1、磁通 Φ 必定都按同样的规律变化,只是相位不同。把式(5-3)所示磁通 Φ 的波形也展示在图 5.2.4 里。

设计变压器时,为了充分利用铁磁材料,要使额定运行时的主磁通幅值 Φ_m 等于图 5.2.4 所示 $\Phi=f(i_0)$ 曲线上的点 B 对应的磁通,此时对应励磁电流的幅值为 I_{0m}。这样,根据随时间正弦变化的主磁通 Φ,查找图 5.2.4 所示的 $\Phi=f(i_0)$ 曲线,并求出对应的励磁电流 i_0,其波形偏离了正弦波而呈现尖顶波形,如图 5.2.4 所示。经过分析,以尖顶波变化的励磁电流可以分解为基波(与主磁通 Φ 同频率)及 3,5,7,$\cdots$ 一系列奇次的高次谐波,如图 5.2.5 所示。图 5.2.5 中仅画出了 i_0、基波励磁电流 i_μ 和 3 次谐波励磁电流 i_{03}。其中,i_{03} 的主频是 i_μ 的 3 倍;i_μ 与 Φ 同相位,超前 e_1 相位角 90°,是一个纯无功分量,称为磁化电流,用于建立磁场。

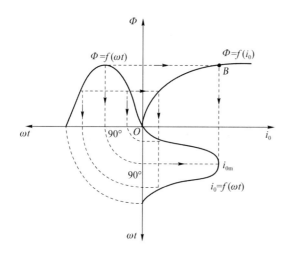

图 5.2.4　不考虑磁滞时的励磁电波波形

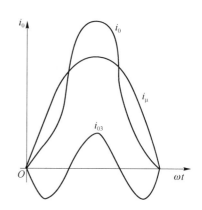

图 5.2.5　尖顶波励磁电流分解为基波及
3 次谐波电流

既考虑饱和影响,又考虑磁滞影响时,Φ 与 i_0 的关系表示为图 5.2.6(a)中所示的静态磁滞回线。

当 Φ 的波形为正弦形时,由作图法可得 i_0 为不对称的尖顶波,如图 5.2.6(b)所示。可以把这个不对称的尖顶波分成两个分量,如图 5.2.6(b)中的虚线所示;其中一个分量是对称的尖顶波,即只考虑饱和影响时的磁化电流 i_μ;另一个分量 i_h 的数值很小,近似为正弦波(如果把它看成正弦波,用相量 $\dot{I}_h$ 表示,则它与 $-\dot{E}_1$ 同相位),是一个有功分量,对应铁心中的磁滞损耗。如果再把铁心中的涡流损耗考虑进去,则这一有功分量还要增大,增大后的有功分量用 i_{Fe} 表示。也可以由考虑涡流损耗时的动态磁滞回线,用作图法求得的不对称尖顶波,再分解得到 i_{Fe},图中的 i_{Fe} 可以用相量 $\dot{I}_{Fe}$ 表示。动态磁滞回线比图 5.2.6(a)所示的

静态磁滞回线宽。如果把这时的不对称尖顶波 i_0 也等效成相应的正弦波,用 $\dot{I}_0$ 表示,则有

$$\dot{I}_0 = \dot{I}_\mu + \dot{I}_{Fe}$$

$$I_0 = \sqrt{I_\mu^2 + I_{Fe}^2}$$

$\dot{I}_0$ 超前磁通 $\dot{\Phi}$ 一个小角度,该角度称为磁滞角 α。

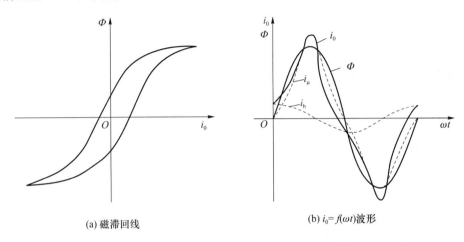

(a) 磁滞回线 　　　　　　　　　　 (b) $i_0 = f(\omega t)$ 波形

图 5.2.6　考虑磁滞回线时的 i_0 波形

6. 空载运行的相量图

如前所述,变压器空载运行时,空载电流 $\dot{I}_0$ 产生励磁磁动势 $\dot{F}_0$,$\dot{F}_0$ 进而建立主磁通 $\dot{\Phi}$,而交变的磁通 $\dot{\Phi}$ 将在原绕组内产生感应电动势 $\dot{E}_1$。单独产生磁通的电流为磁化电流 $\dot{I}_\mu$,$\dot{I}_\mu$ 与电动势 $\dot{E}_1$ 之间的夹角是 $90°$,铁心中的磁通交变,一定存在着涡流损耗和磁滞损耗,为了供给这两个损耗,励磁电流中除了包括用来产生磁通的无功电流外,还应包括一个对应于铁心损耗的有功电流 $\dot{I}_{Fe}$,即 $\dot{I}_0 = \dot{I}_\mu + \dot{I}_{Fe}$,其相量关系如图 5.2.7 所示。所以在考虑铁心损耗的影响后,产生 $\dot{\Phi}$ 所需要的励磁电流 $\dot{I}_0$ 便超前 $\dot{\Phi}$ 一个小角度 α(磁滞角)。外加电压 $\dot{U}_1$ 可由 $\dot{U}_1 = -\dot{E}_1 + \dot{I}_0 r_1 + j\dot{I}_0 X_1$ 画出。

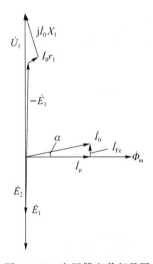

图 5.2.7　变压器空载相量图

5.2.2　变压器的负载运行

变压器的原绕组接电源,副绕组接负载 Z_L,称为变压器的负载运行。负载阻抗 $Z_L = R_L + jX_L$,其中 R_L 是负载电阻,X_L 是负载电抗。原绕组的电流由 $\dot{I}_0$ 增加到 $\dot{I}_1$,副绕组电流为 $\dot{I}_2$,变压器负载运行原理图如图 5.2.8 所示。

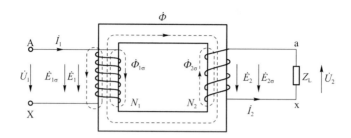

图 5.2.8　变压器负载运行原理图

1. 负载时的磁动势及原、副绕组电流关系

变压器带负载时,负载上的电压方程为

$$\dot{U}_2 = \dot{I}_2(R_L + jX_L) = \dot{I}_2 Z_L \tag{5-15}$$

其中;$\dot{I}_2$ 是二次电流,又称为负载电流。

变压器负载运行时,原、副绕组中都有电流流过,都要产生磁动势。按照磁路的安培环路定律,负载时,铁心中的主磁通 $\dot{\Phi}$ 是由这两个磁动势共同产生的。也就是说,把作用在主磁路上的所有磁动势相量加起来,得到一个总合成磁动势去产生主磁通。根据图 5.2.8 中规定的正方向,负载时各磁动势的相量和为

$$\dot{F}_1 + \dot{F}_2 = \dot{F}_0 \tag{5-16}$$

其中,$\dot{F}_1$ 为原绕组磁动势,$\dot{F}_1 = \dot{I}_1 N_1$;$\dot{F}_2$ 为副绕组磁动势,$\dot{F}_2 = \dot{I}_2 N_2$;$\dot{F}_0$ 为产生主磁通 $\dot{\Phi}$ 的原、副绕组合成磁动势,即负载时的励磁磁动势。式(5-16)被称为变压器磁动势平衡方程。

$\dot{F}_0$ 的数值取决于铁心中主磁通 $\dot{\Phi}$ 的数值,而 $\dot{\Phi}$ 的大小又取决于原绕组感应电动势 $\dot{E}_1$ 的大小。下面分析一下 $\dot{E}_1$ 的大小。负载运行时,原绕组电流不再是 $\dot{I}_0$,而是 $\dot{I}_1$,原绕组回路电压方程变为

$$\dot{U}_1 = -\dot{E}_1 + \dot{I}_1 Z_1 \tag{5-17}$$

其中,$\dot{U}_1$ 是电源电压,大小不变;Z_1 是原绕组漏阻抗,也是常数。与空载运行相比,由于 $\dot{I}_0$ 变为 $\dot{I}_1$,负载时的 $\dot{E}_1$ 与空载时的数值不会相同。但由于电力变压器在设计时把 Z_1 设计得很小,因此即使变压器在额定负载下运行,一次电流为额定值 $\dot{I}_{1N}$,其数值比空载电流 $\dot{I}_0$ 大很多倍,仍然是 $I_{1N} Z_1 \ll U_1$。此外,对于电力变压器,国家规定其 $I_{1N} Z_1$ 不超过额定电压的 5%,这样 $\dot{U}_1 \approx -\dot{E}_1$。由 $E_1 = 4.44 f N_1 \Phi_m$ 可以看出,空载、负载运行时其主磁通 $\dot{\Phi}$ 的数值虽然会有些差别,但差别不大。也就是说,负载时的励磁磁动势 $\dot{F}_0$ 与空载时在数值上相差不多。为此,负载时的励磁磁动势仍用符号 $\dot{F}_0$ 或 $\dot{I}_0 N_1$(也可以用 $\dot{I}_m N_1 = \dot{F}_m$ 表示)表示。式(5-16)可以写成

$$\dot{I}_1 N_1 + \dot{I}_2 N_2 = \dot{I}_0 N_1 \tag{5-18}$$

对于空载运行,励磁磁动势 $\dot{F}_0$ 是容易理解的,而对负载运行,又该如何理解呢?副绕组带上负载时,其中有电流 $\dot{I}_2$ 流过,就要产生磁动势 $\dot{F}_2 = \dot{I}_2 N_2$,如果原绕组电流仍旧为

$\dot{I}_0$，那么 $\dot{F}_2$ 的作用必然要改变磁路的磁动势和主磁通大小。然而，主磁通 $\dot{\Phi}$ 不能变化太多，因此原绕组中必有电流 $\dot{I}_1$，产生一个磁动势 $-\dot{F}_2$，以抵消（或平衡）副绕组电流产生的磁动势 $\dot{F}_2$，使励磁磁动势为 $\dot{F}_0 = \dot{I}_0 N_1$ 不变。因此，这时的原绕组磁动势变为 $\dot{F}_1$ 了。

为了更明确地表示出磁动势平衡的物理意义，把式(5-16)、式(5-18)改写为

$$\begin{cases} \dot{F}_1 = \dot{F}_0 + (-\dot{F}_2) \\ \dot{I}_1 N_1 = \dot{I}_0 N_1 + (-\dot{I}_2 N_2) \end{cases} \tag{5-19}$$

式(5-19)表明，原绕组磁动势 $\dot{F}_1 = \dot{I}_1 N_1$ 由两个分量组成：一分量为励磁磁动势 $\dot{F}_0 = \dot{I}_0 N_1$，用来产生主磁通 $\dot{\Phi}$，由空载到负载它的数值变化不大；另一分量为 $-\dot{F}_2 = -\dot{I}_2 N_2$，用来平衡副绕组磁动势 $\dot{F}_2$，称为负载分量。负载分量的大小与副绕组磁动势 $\dot{F}_2$ 相等，但方向相反，它随负载的变化而变化。额定负载时，电力变压器 $I_0 = (0.02 \sim 0.1) I_{1N}$，即 $\dot{F}_0$ 在数值上比 $\dot{F}_1$ 小得多，$\dot{F}_1$ 的主要部分是负载分量。

把式(5-18)改写为

$$\dot{I}_1 + \frac{N_2}{N_1} \dot{I}_2 = \dot{I}_0$$

$$\dot{I}_1 = \dot{I}_0 + \left(-\frac{N_2}{N_1} \dot{I}_2\right) = \dot{I}_0 + \left(-\frac{1}{k} \dot{I}_2\right) = \dot{I}_0 + \dot{I}_L \tag{5-20}$$

其中，$\dot{I}_L = -\frac{N_2}{N_1} \dot{I}_2 = -\frac{1}{k} \dot{I}_2$，称为原绕组电流负载分量；$k = \frac{N_1}{N_2}$ 为变比。式(5-20)表明，变压器负载运行时，原绕组电流 $\dot{I}_1$ 包含两个分量：励磁电流 $\dot{I}_0$ 和负载电流 $\dot{I}_L$。从功率平衡角度看，副绕组中有电流，意味着有功率输出，即有能量从原绕组向副绕组的传递。原绕组应增大相应的电流，增加输入功率，才能达到功率平衡。

变压器负载运行时，由于 $\dot{I}_0 \ll \dot{I}_1$，可以认为原、副绕组的电流关系为

$$\dot{I}_1 \approx -\frac{\dot{I}_2}{k}$$

对降压变压器，$I_2 > I_1$；对升压变压器，$I_2 < I_1$。无论是升压变压器还是降压变压器，额定负载原、副绕组电流都为额定值。

2. 副绕组磁动势

副绕组磁动势 $\dot{F}_2 = \dot{I}_2 N_2$ 还要产生只交链副绕组本身而不交链原绕组的副绕组漏磁通 $\Phi_{2\sigma}$，其幅值用 $\Phi_{2\sigma m}$ 表示。该副绕组漏磁通的磁路如图 5.2.9 所示。副绕组漏磁通幅值 $\Phi_{2\sigma m}$ 与原绕组漏磁通幅值 $\Phi_{1\sigma m}$ 相比，虽然各自的路径不同，但磁路材料的性质都基本一样，包括了一段铁磁材料和一段非铁磁材料。因此，$\dot{\Phi}_{2\sigma}$ 的磁路也可以近似认为是线性磁路，且其漏磁导 $\Lambda_{2\sigma}$ 很小。$\dot{\Phi}_{2\sigma}$ 在副绕组中产生的感应的电动势为 $\dot{E}_{2\sigma}$。$\dot{\Phi}_{2\sigma}$ 和 $\dot{E}_{2\sigma}$ 的正方向如图 5.2.8 所示，二者符合右手定则。参照式(5-9)，可以得到

$$\dot{E}_{2\sigma} = -\mathrm{j} \frac{\omega N_2}{\sqrt{2}} \dot{\Phi}_{2\sigma} = -\mathrm{j} 4.44 f N_2 \dot{\Phi}_{2\sigma}$$

还可以写成

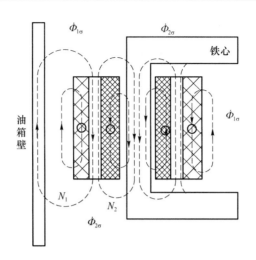

图 5.2.9　原、副绕组的漏磁通

$$\dot{E}_{2\sigma}=-j\omega L_{2\sigma}\dot{I}_2=-jX_2\dot{I}_2 \qquad (5-21)$$

其中，$L_{2\sigma}=\dfrac{N_2\dot{\Phi}_{2\sigma}}{\sqrt{2}\dot{I}_2}=\dfrac{N_2\Phi_{2\sigma}}{\sqrt{2}I_2}$ 为副绕组漏自感，其产生原理同 $L_{1\sigma}$；$X_2=\omega L_{2\sigma}$ 称为副绕组漏电抗。当频率 ω 恒定时，X_2 为常数，数值很小。

副绕组的电阻用 r_2 表示，当 $\dot{I}_2$ 流过 r_2 时，产生的压降为 $\dot{I}_2 r_2$。根据基尔霍夫定律，参考图 5.2.8 所示的副绕组回路中各电磁量的规定正方向，列出副绕组回路电压方程：

$$\dot{U}_2=\dot{E}_2+\dot{E}_{2\sigma}-\dot{I}_2 r_2=\dot{E}_2-\dot{I}_2(r_2+jX_2)=\dot{E}_2-\dot{I}_2 Z_2 \qquad (5-22)$$

其中，$Z_2=r_2+jX_2$ 为副绕组漏阻抗。

3. 变压器的基本方程式

综合前面推导的各电磁量关系，即式(5-13)、式(5-15)、式(5-17)、式(5-20)、式(5-22)和 $-\dot{E}_1=\dot{I}_0 Z_m$，可以得到变压器稳态运行时的基本方程式。

原绕组电动势方程、副绕组电动势方程式、负载电压、励磁回路电压降、匝数比、电流方程式分别为

$$\begin{cases}\dot{U}_1=-\dot{E}_1+\dot{I}_1 Z_1\\[4pt]\dot{U}_2=\dot{E}_2-\dot{I}_2 Z_2\\[4pt]\dot{U}_2=\dot{I}_2 Z_L\\[4pt]-\dot{E}_1=\dot{I}_0 Z_m\\[4pt]\dfrac{E_1}{E_2}=\dfrac{N_1}{N_2}=k\\[4pt]\dot{I}_1+\dfrac{\dot{I}_2}{k}=\dot{I}_0\end{cases} \qquad (5-23)$$

式(5-23)中的各方程虽然是逐个推导出的，但实际运行中变压器的各电磁量之间是同时满足这些方程的，即已知其中一些量，可以求出另一些量。但未知量最多不能超过 6 个，

因为只有 6 个方程。例如,已知 $\dot{U}_1$、k、Z_1、Z_2、Z_m 及负载阻抗 Z_L,就可计算出 $\dot{I}_1$、$\dot{I}_2$ 和 $\dot{U}_2$,进而还可以计算变压器的运行性能("折算"部分介绍)。当 $Z_L = \infty$ 时,为空载运行。

因此,变压器空载和负载运行时的电磁关系最终体现为式(5-23)中的 6 个基本方程式。现把变压器负载运行时的电磁关系示于图 5.2.10 中。

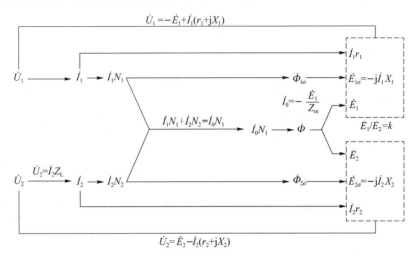

图 5.2.10 变压器负载运行时的电磁关系

4. 折算

利用式(5-23)可以对变压器负载运行时的各物理量进行定量计算,有时会很麻烦,绘制相量图也很困难。为了计算简单,这里引入折算方法。设想实际副绕组的匝数能够和原绕组相同,使得变比 $k=1$,变成同一个电路,则变压器的分析计算工作将会大大地简化。用等效副绕组代替实际的副绕组,对变压器原绕组的运行丝毫没有影响。从上一节的分析可知,副绕组内的负载电流是通过它的磁动势影响原绕组中的电流的,因此只要保证副绕组能产生同样的磁动势 F_2,从原绕组看过去,效果就完全一样。然而,要产生同样的 F_2,副绕组的匝数可以自由选定,并不一定必须是 N_2。

因此,可以保持原绕组和铁心不变,而把副绕组的匝数换成 N_1,并相应地改变此绕组和负载的阻抗值,使得副绕组的电流变为 I_2',以满足 $\dot{I}_2' N_1 = \dot{I}_2 N_2 = \dot{F}_2$ 的关系。这个电流为 I_2'、匝数为 N_1 的副绕组和原来电流为 I_2、匝数为 N_2 的副绕组,对原绕组来说是完全等效的。

这种把实际的副绕组用一个和原绕组具有相同匝数的等效副绕组代替的方法,称为副绕组折算到原绕组。当利用该方法对其他量进行折算时,这种方法就称为变压器的折算法。另外,按同样的原则也可以把原绕组的量折算到副绕组。在实际应用中,判断应当折算到哪一绕组,主要看解决哪一绕组的问题方便。通常,将副绕组折算到原绕组的情况居多。

折算后,由于原、副绕组的匝数相同,故它们的电动势相同,从而有可能把它们连接成为一个等效电路。这样,变压器原来的两个电路和一个磁路的复杂问题,就简化成一个等效的纯电路问题,从而大大地简化了变压器的分析计算。显然,这种折算法只是人们处理问题的一种方法,因此在折算后,变压器的磁动势、功率以及损耗等都不应有所改变。换句话说,采用折算法并不能改变变压器的电磁本质。下面具体推导折算后的变压器和实际变压器副绕组各量之间对应的关系式。把折算后变压器副绕组的各量都加上一撇($'$),称为折算值。

(1)副绕组电动势和电压的折算

折算后,变压器原、副绕组有着相同的匝数,即 $N_1 = N_2'$。由于电动势的大小与绕组的匝数成正比,故

$$\frac{E_2'}{E_2} = \frac{N_2'}{N_2} = \frac{N_1}{N_2} = k$$

其中,k 为变比。故

$$E_2' = E_2 k = E_1$$

因此,要把副绕组电动势折算到原绕组,只需乘以变比 k。

同理,副绕组的其他电动势和电压也应按同一比例进行折算:

$$E_{2\sigma}' = E_{2\sigma} k$$
$$U_2' = U_2 k \tag{5-24}$$

(2)副绕组电流的折算

将副绕组电流折算到原绕组时,不应改变折算后的磁动势,即 $I_2' N_2' = I_2 N_2$,所以

$$I_2' = I_2 \frac{N_2}{N_2'} = I_2 \frac{N_2}{N_1} = I_2 \frac{1}{k} \tag{5-25}$$

即折算后的电流为折算前的 $1/k$。

(3)副绕组阻抗的折算

要把副绕组的阻抗折算到原绕组,必须遵守有功功率和无功功率不变的原则。由 $I_2'^2 r_2' = I_2^2 r_2$,得

$$r_2' = r_2 \left(\frac{I_2}{I_2'}\right)^2 = r_2 k^2$$

同理,由 $I_2'^2 X_2' = I_2^2 X_2$,得

$$X_2' = X_2 \left(\frac{I_2}{I_2'}\right)^2 = X_2 k^2$$

因此,进行副绕组阻抗折算时,必须将折算前的阻抗乘以 k^2。此外,负载阻抗也要进行折算,即

$$Z_2' = Z_2 k^2, \quad Z_L' = Z_L k^2 \tag{5-26}$$

(4)负载运行时的等效电路及相量图

变压器折算后,描述变压器的负载运行的基本方程式变为

$$\begin{cases} \dot{U}_1 = -\dot{E}_1 + \dot{I}_1(r_1 + jX_1) \\ \dot{U}_2' = \dot{E}_2' - \dot{I}_2'(r_2' + jX_2') \\ \dot{I}_0 = \dot{I}_1 + \dot{I}_2' \\ -\dot{E}_1 = \dot{I}_0 Z_m \\ \dot{U}_2' = \dot{I}_2' Z_L' \\ \dot{E}_1 = \dot{E}_2' \end{cases} \tag{5-27}$$

根据式(5-27),可以求出等效阻抗,即

$$\frac{\dot{U}_1}{\dot{I}_1} = \frac{1}{\dfrac{1}{Z_m} + \dfrac{1}{Z_2' + Z_L'}} + Z_1 \qquad (5\text{-}28)$$

根据式(5-27),可以画出 T 形等效电路,如图 5.2.11 所示。

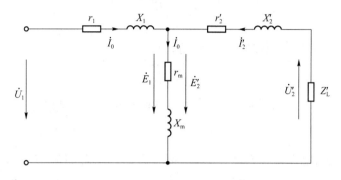

图 5.2.11　负载运行时的 T 形等效电路

　　T 形等效电路的计算还是很复杂,因此在对精度要求不高的情况下,可以对电路做进一步化简。考虑到变压器中 $Z_m \gg Z_1$,将励磁电路前移到输入端,如图 5.2.12 所示。这样引起的误差并不大,且计算简化了很多。该等效电路因形状像字母"Γ",所以称为 Γ 形等效电路。

　　在电力变压器中,由于 $I_1 \gg I_m$,因此 I_m 在工程计算中可以忽略,即把励磁电路去掉,并把原、副绕组参数合并,得到变压器的简化等效电路,如图 5.2.13 所示。有

$$r_k = r_1 + r_2'$$
$$X_k = X_1 + X_2'$$
$$Z_k = r_k + jX_k = Z_1 + Z_2' \qquad (5\text{-}29)$$

与简化电路对应的电压平衡方程为

$$\dot{U}_1 = \dot{I}_1(r_k + jX_k) - \dot{U}_2' \qquad (5\text{-}30)$$

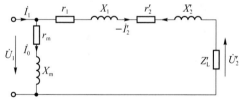
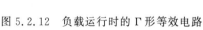

图 5.2.12　负载运行时的 Γ 形等效电路

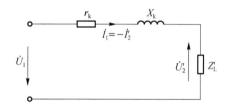

图 5.2.13　变压器的简化等效电路

　　由简化等效电路可知,阻抗 Z_k 决定变压器稳态电流的大小,称为短路阻抗。r_k 称为短路电阻,X_k 称为短路电抗。

　　利用变压器负载运行时的基本方程式、折算法和图 5.2.11 负载运行时 T 形等效电路规定的正方向,可以把负载时原、副绕组的电动势、电压和电流之间的相位关系用相量图清楚地表示出来。一般把相量图作为定性分析的工具。下面介绍它的绘制过程。

　　① 将主磁通 $\dot{\Phi}_m$ 作为参考相量,画在水平轴方向(也可以画在竖直轴方向)。

　　② 根据 $\dot{E}_1 = \dot{E}_2' = -j4.44fN_1\dot{\Phi}_m$,画出相量 $\dot{E}_1 = \dot{E}_2'$,它滞后于主磁通 $90°$,是垂直于水

平轴向下的。

③ 绕组电流 $\dot{I}'_2$ 的大小和相位由副绕组电动势 $\dot{E}'_2$ 及副绕组电路的总阻抗 $Z'_2+Z'_L$ 的性质决定,即

$$\dot{I}'_2=\frac{\dot{E}'_2}{Z'_2+Z'_L} \tag{5-31}$$

此电流滞后于 $\dot{E}'_2$(当感性负载时)一个 φ_2 角,即

$$\varphi_2=\arctan\frac{X'_2+X'_L}{r'_2+R'_L} \tag{5-32}$$

式(5-31)和式(5-32)中的 $Z'_L=R'_L+\mathrm{j}X'_L$ 为负载阻抗。根据此二式求出 I'_2 及 φ_2 的值,可在图上画出相量 $\dot{I}'_2$。

④ 根据副绕组漏感电动势 $\dot{E}'_{2\sigma}=-\mathrm{j}\dot{I}'_2X'_2$ 滞后于 $\dot{I}'_2$ 90°,以及 $\dot{U}'_2=\dot{E}'_2-\dot{I}'_2Z'_2$,将相量 $\dot{E}'_2$ 依次减去 $\mathrm{j}\dot{I}'_2X'_2$ 和 $\dot{I}'_2r'_2$,即可求得副绕组电压相量 $\dot{U}'_2$。$\dot{U}'_2$ 和 $\dot{I}'_2$ 之间的夹角 φ_2 决定于负载的功率因数。

⑤ 根据励磁电流 $\dot{I}_0$ 应超前于主磁通 $\dot{\Phi}_\mathrm{m}$ 一个 α 角的原则(参见空载时的相量图)作出 $\dot{I}_0$ 相量,再根据公式 $\dot{I}_1=-\dot{I}'_2+\dot{I}_0$,在图上作出原绕组的电流 $\dot{I}_1$ 的相量。

⑥ 在与 $\dot{E}_1$ 相量夹角为 180°的方向作出相量 $-\dot{E}_1$,再按原绕组电压平衡方程式 $\dot{U}_1=-\dot{E}_1+\dot{I}_1r_1+\mathrm{j}\dot{I}_1X_1$,分别在相量 $-\dot{E}_1$ 的末端加上电阻压降 $\dot{I}_1r_1$ 及电抗压降 $\mathrm{j}\dot{I}_1X_1$,于是得出原电压 $\dot{U}_1$。至此,相量图全部画成,如图 5.2.14 所示。为方便看清楚,将图 5.2.14 中的各阻抗压降扩大画出。

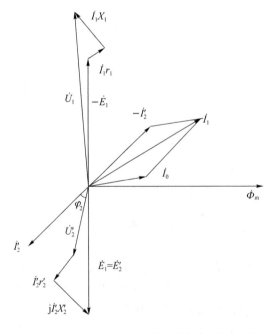

图 5.2.14 为当负载为电感性时变压器的相量图

按照同样的原则,可以绘制出纯电阻负载时的相量图和容性负载时的相量图。绘制的过程,读者可以自行分析推导,这里不再详述。

5.2.3 变压器等效电路参数的实验测定

等效电路中的各种电阻、电抗或阻抗,如 X_m、Z_m、Z_k 等是变压器的参数,它们对变压器的运行性能有直接的影响。知道了变压器的参数后,就可以得出变压器的等效电路,也就可以利用等效电路分析、计算变压器的运行性能。同时,从设计、制造的观点看,合理选择参数对变压器的产品成本和技术经济性能都有较大的影响。

下面介绍参数的实验测定。通常,变压器的参数可以通过变压器的空载实验和短路实验求得。

1. 变压器的空载实验

变压器空载实验的主要目的有:①测量空载电流 I_0;②测定变比 k;③测量空载时的铁损耗 p_{Fe};④测定励磁参数 $Z_m = r_m + jX_m$。

图 5.2.15 为单相变压器空载实验的线路图。实验时副绕组开路,原绕组加额定电压,然后通过表计分别测量出 U_1、U_{20}、I_0 和空载输入功率 P_0。由于变压器空载运行时副绕组开路,本身不存在铜损耗,原绕组中虽有空载电流产生的铜损耗,但 I_0 较小,铜损耗可忽略不计,因此可以认为变压器空载时的输入功率 P_0 完全被用来补偿变压器的铁损耗,即 $P_0 \approx p_{Fe} = I_0^2 r_m$。这样,根据空载实验测出的 U_1、U_{20}、I_0 和 P_0,即可算出

$$|Z_0| = \frac{U_1}{I_0} = |Z_1 + Z_m| \approx |Z_m|$$

$$r_0 = \frac{P_0}{I_0^2} = r_1 + r_m \approx r_m$$

$$X_0 = \sqrt{|Z_0|^2 - r_0^2} = X_1 + X_m \approx X_m = \sqrt{|Z_m|^2 - r_m^2}$$

变比为

$$k = \frac{U_1}{U_{20}} = \frac{U_{高压}}{U_{低压}} \tag{5-33}$$

其中,U_{20} 为空载时测出的副绕组电压。

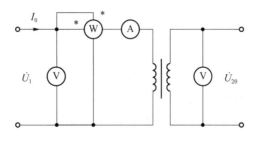

图 5.2.15 单相变压器空载实验的接线图

应当注意的是,由于 Z_m 与磁路的饱和程度有关,故其在不同电压下测出的数值是不一样的,应取额定电压下的数据来计算励磁阻抗。

另外,空载实验可以在原绕组做,也可以在副绕组做。为了方便与安全,空载实验常在低压边做。但应注意,低压边所测得的 Z_{2m} 要折算到高压边,必须乘以 k^2,即 $Z_m = Z_{2m}k^2$。

此外,对三相变压器应用上述公式时,必须根据一相的损耗、相电压和相电流来计算。

2. 变压器的短路实验

当变压器的副绕组直接短路时,副绕组电压是等于 0 的,这种情况对应变压器的短路运行方式。如果原绕组在额定电压下运行时副绕组发生短路,就会产生很大的短路电流,这种情况称为突然短路,这在变压器运行时是不允许出现的。本节讨论的短路实验,也可称为稳态短路实验。单相变压器短路实验的接线如图 5.2.16 所示。为了使短路电流不致很大,实验时外加电源电压一般必须降低到额定电压的 10% 以下,通常将原绕组通过调压器接到电源上。实验时,电压从 0 逐步增加,直到高、低压绕组电流达到额定值为止,然后读取短路电流 I_k、原绕组短路电压 U_k 和短路损耗 p_k 等数据,并记录实验时的室温 t。

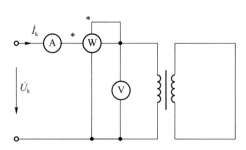

图 5.2.16　单相变压器短路实验的接线图

进行短路实验时,若副绕组电流达额定值 I_{2N},则原绕组中的电流也达 I_{1N},这时绕组中的铜损耗相当于额定负载时的铜损耗,故该实验又称为负载损耗的测定。从简化等效电路可以看出,当副绕组短路而原绕组通入额定电流时,原绕组所加端电压只是为了和变压器的阻抗压降 $I_{1N}Z_k$ 相平衡。由于短路实验中所加的电压 U_k 很低,所以铁心中的主磁通也非常小,完全可以忽略励磁电流与铁损耗,这时输入的功率差不多就是绕组的铜损耗。根据实验所测出的各个数据,可以分别计算出变压器的各短路参数,即 $U_k = I_{1N}|Z_k|$,故

$$|Z_k| = \frac{U_k}{I_{1N}}$$

由于 $p_k = I_{1N}^2 r_k$,故

$$r_k = \frac{p_k}{I_{1N}^2}$$

从而短路电抗为

$$X_k = \sqrt{|Z_k|^2 - r_k^2} \tag{5-34}$$

此外,根据国标规定,计算变压器的性能时,实验温度 t 下绕组电阻的数值应换算为工作状态 75℃ 时的数值,短路电抗无温度换算。按式(5-35)换算,即

$$r_k(75℃) = \frac{234.5 + 75}{234.5 + t} r_k \text{(铜线)} \tag{5-35}$$

$$r_k(75℃) = \frac{228 + 75}{228 + t} r_k \text{(铝线)}$$

同空载实验一样,式(5-35)只是单相变压器绕组电阻的计算方法,对三相变压器应该用每相的值来计算。短路实验的等效电路图如图 5.2.17 所示。

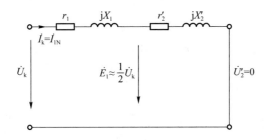

图 5.2.17 短路实验的等效电路图

3. 标幺值

标幺值是一种相对值。选定一个物理量作为基值,一般选额定值作为基值。把实际绝对值与基值的比值称为这个物理量的标幺值,即

标幺值 = 实际绝对值(任何单位)/基值(与实际绝对值同单位)

标幺值的符号是在物理量符号下面画横线或在右上角加"＊"号。变压器的基值是这样选定的:电压基值选原、副绕组的额定电压 U_{1N} 和 U_{2N};电流基值选原、副绕组的额定电流 I_{1N} 和 I_{2N};阻抗、电抗的基值分别是 $Z_{1N} = U_{1N}/I_{1N}$、$Z_{2N} = U_{2N}/I_{2N}$。

例 5-2 有一台单相变压器,$S_N = 20\ 000$ kV·A,$U_{1N}/U_{2N} = (220/\sqrt{3})$ kV/11 kV,15℃ 时的实验数据如下。

空载实验(电压加在低压边):$U_1 = 11$ kV,$I_0 = 45.5$ A,$P_0 = 47$ kW。

短路实验(电压加在高压边):$U_k = 9.24$ kV,$I_k = 157.5$ A,$P_k = 129$ kW。

试求:(1) 变压器的电压比和励磁阻抗(欧姆值和标幺值);

(2) 变压器的漏阻抗(欧姆值和标幺值);

(3) 归算到高压边时,T 形等效电路的参数。

解 电压比:

$$\frac{U_{1N}}{U_{2N}} = \frac{220/\sqrt{3}}{11} \approx 11.55$$

原、副绕组的额定电流:

$$\dot{I}_{1N} = \frac{S_N}{U_{1N}} = \frac{20\ 000 \times 10^3}{220 \times 10^3/\sqrt{3}} \approx 157.5\ \text{A}$$

$$I_{2N} = \frac{S_N}{U_{2N}} = \frac{20\ 000 \times 10^3}{11 \times 10^3} = 1\ 818.2\ \text{A}$$

(1) 由空载实验数据可求出励磁阻抗

归算到低压边时,有

$$|Z'_m| = \frac{U_1}{I_0} = \frac{11 \times 10^3}{45.5} \approx 242\ \Omega$$

$$r'_m = \frac{P_0}{I_0^2} = \frac{47 \times 10^3}{45.5^2} \approx 22.7\ \Omega$$

$$X'_m = \sqrt{|Z'_m|^2 - r'^2_m} = \sqrt{242^2 - 22.7^2} \approx 241\ \Omega$$

副绕组标幺值为

$$Z_m^* = \frac{I_{2N}|Z_m'|}{U_{2N}} = \frac{1\,818.2 \times 242}{11 \times 10^3} \approx 40$$

$$r_m^* = \frac{I_{2N}r_m'}{U_{2N}} = \frac{1\,818.2 \times 22.7}{11 \times 10^3} \approx 3.75$$

$$X_m^* = \frac{I_{2N}X_M'}{U_{2N}} = \frac{1\,818.2 \times 241}{11 \times 10^3} \approx 39.8$$

归算到高压边时,有

$$|Z_m| = k^2|Z_m'| = 11.55^2 \times 242 \approx 32\,283 \ \Omega$$

$$r_m = k^2 r_m' = 11.55^2 \times 22.7 \approx 3\,028 \ \Omega$$

$$X_m = k^2 X_m' = 11.55^2 \times 241 \approx 32\,150 \ \Omega$$

原绕组标幺值为

$$Z_m^* = \frac{I_{1N}|Z_m|}{U_{1N}} = \frac{157.5 \times 32\,283}{220 \times 10^3/\sqrt{3}} \approx 40$$

上述计算表明,原、副绕组励磁阻抗(电阻、电抗)的标幺值相同。其原因是副绕组标幺值 $\frac{I_{2N}|Z_m'|}{U_{2N}} = \frac{I_{2N}|Z_m|}{U_{2N}k^2} = \frac{I_{1N}Z_m}{U_{1N}}$ 原绕组标幺值。

(2) 根据短路实验数据可求出漏阻抗

归算到高压边时,有

$$|Z_k(15℃)| = \frac{U_k}{I_k} = \frac{9\,240}{157.5} \approx 58.7 \ \Omega$$

$$r_k(15℃) = \frac{p_k}{I_k^2} = \frac{129 \times 10^3}{157.5^2} \approx 5.2 \ \Omega$$

$$X_k = \sqrt{|Z_k(15℃)|^2 - r_k^2(15℃)} = \sqrt{58.7^2 - 5.2^2} \approx 58.5 \ \Omega$$

折算到 75℃ 时,有

$$r_k(75℃) = r_{kt}\frac{T_0+75}{T_0+t} = 5.2 \times \frac{234.5+75}{234.5+15} \approx 6.45 \ \Omega$$

$$|Z_k(75℃)| = \sqrt{X_k^2 + r_k^2(75℃)} = \sqrt{58.5^2 - 6.45^2} \approx 58 \ \Omega$$

标幺值为

$$r_k^*(75℃) = \frac{I_{1N}r_k(75℃)}{U_{1N}} = \frac{157.5 \times 6.45}{220 \times 10^3/\sqrt{3}} \approx 0.008$$

$$X_k^* = \frac{I_{1N}X_k}{U_{1N}} = \frac{157.5 \times 58.5}{220 \times 10^3/\sqrt{3}} \approx 0.072\,5$$

$$Z_k^* = \frac{I_{1N}Z_k(75℃)}{U_{1N}} = \frac{157.5 \times 58}{220 \times 10^3/\sqrt{3}} \approx 0.072$$

(3) T 形等效电路的参数

设 $X_1 = X_2', r_1 = r_2'$,则

$$r_1 = r_2' = \frac{1}{2}r_k(75℃) = \frac{6.45}{2} = 3.225 \ \Omega$$

$$X_1 = X_2' = \frac{1}{2}X_k = \frac{58.5}{2} = 29.25 \ \Omega$$

标幺值为

$$r_1^* = r_2^{*\prime} = \frac{I_{1N}r_1}{U_{1N}} = \frac{157.46 \times 3.225}{220 \times 10^3/\sqrt{3}} \approx 0.004$$

$$X_1^* = X_2^{*\prime} = \frac{I_{1N}X_1}{U_{1N}} = \frac{157.46 \times 29.25}{220 \times 10^3/\sqrt{3}} \approx 0.036$$

计算结果表明,原、副绕组短路阻抗标幺值相同。对于三相变压器,无论是星形连接还是三角形连接,其线值和相值的标幺值相等。

5.2.4 变压器的运行特性

变压器的运行特性主要包括外特性和效率特性。

1. 电压调整率与外特性

当变压器的原绕组接额定电压、副绕组开路时,副绕组电压 U_{20} 就等于副绕组额定电压 U_{2N}。带上负载以后,副绕组电压变为 U_2 与空载时副绕组端电压 U_{2N} 相比,变化了 $(U_{2N}-U_2)$。副绕组电压变化量与额定电压 U_{2N} 的比值称为电压调整率,用 ΔU 表示为

$$\Delta U = \frac{U_{2N}-U_2}{U_{2N}} \times 100\% = \frac{U_{1N}-U_2'}{U_{1N}} \times 100\%$$

采用标幺值表示为

$$\Delta U = 1 - U_2^* = 1 - U_2^{*\prime}$$

负载时的电压调整率,可以用简化等效电路及其相量图求得(证明略)。

$$\Delta U = \left(\frac{I_1 r_k}{U_{1N}} \cos \varphi_2 + \frac{I_1 X_k}{U_{1N}} \sin \varphi_2 \right) \times 100\% \tag{5-36}$$

其中,φ_2 为 $-\dot{U}_2'$ 和 $\dot{I}_1$ 的夹角。当额定负载时,有

$$\Delta U = \left(\frac{I_{1N} r_k}{U_{1N}} \cos \varphi_2 + \frac{I_{1N} X_k}{U_{1N}} \sin \varphi_2 \right) \times 100\% \tag{5-37}$$

如果电流不用额定值表示,而是用标幺值表示,则有 $\Delta U = \beta(r_k^* \cos \varphi_2 + X_k^* \sin \varphi_2)$。

当原绕组电压和负载功率因数不变时,变压器副绕组端电压与负载电流的关系称为变压器的外特性,如图 5.2.18 所示,其中电压、电流用标幺值表示,$\beta = I_1/I_{1N} = I_2/I_{2N}$ 为负载系数。

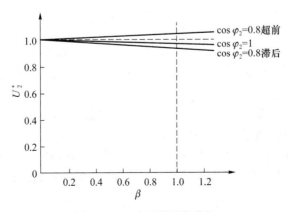

图 5.2.18 变压器的外特性

从电压调整率看,变压器短路阻抗 $|Z_k^*|$ 虽小,但能直接影响变压器的性能,是一个非常重要的参数。其值在国家标准中有规定,并且需要在电压器铭牌上进行标注(或标注阻抗电压 u_k)。

2. 变压器的效率特性

变压器的效率是变压器的有功功率与输入功率之比,用符号 η 表示,其计算公式为

$$\eta = \frac{P_2}{P_1} = \frac{P_1 - \sum p}{P_1} = 1 - \frac{\sum p}{P_2 + \sum p} \tag{5-38}$$

其中,P_2 为副绕组输出的有功功率;P_1 为原绕组输出的有功功率;$\sum p$ 为变压器的总损耗。

副绕组输出的有功功率 P_2 的计算如下:

① 对于单相变压器,有

$$P_2 = U_2 I_2 \cos \varphi_2 \approx U_{2N} \beta I_{2N} \cos \varphi_2 = \beta S_N \cos \varphi_2$$

② 对于三相变压器,有

$$P_2 \approx \sqrt{3} U_{2N} \beta I_{2N} \cos \varphi_2 = \beta S_N \cos \varphi_2$$

以上两式的结果一样,都忽略了副绕组端电压在负载时发生的变化,认为 $U_2 \approx U_{2N}$。

变压器的总损耗 $\sum p$ 包括铁损耗 p_{Fe} 和铜损耗 p_{Cu},即

$$\sum p = p_{Fe} + p_{Cu} = p_{Fe} + p_{Cu1} + p_{Cu2}$$

前面的分析证明变压器空载和负载时铁心中的主磁通基本不变,相应地,铁损耗对于具体的变压器也基本不变,称为不变损耗。额定电压下的铁损耗近似等于空载实验时输入的有功功率 P_0,即 $p_{Fe} \approx P_0$。铜损耗 p_{Cu} 是原、副绕组中电流在电阻上的有功功率损耗,因此其与负载电流的平方成正比,随负载而变化,称为可变损耗。额定电流下的铜损耗近似等于短路实验电流为额定值时输入的有功功率 P_{kN}。负载不为额定负载时,铜损耗与负载系数 β 的平方成正比,即 $p_{Cu} = \beta^2 P_{kN}$。

以上关于 P_2、p_{Fe}、p_{Cu} 的计算,都是在一定假设条件下的近似值,会造成一定的计算误差,但是误差都不超过 0.5%。此外,规定对所有的电力变压器都用这种方法来计算效率,可以在相同的基础上进行效率比较。将 P_2、p_{Fe} 及 p_{Cu} 代入式(5-38),效率计算公式变为

$$\eta = 1 - \frac{P_0 + \beta^2 P_{kN}}{\beta S_N \cos \varphi_2 + \beta^2 P_{kN} + P_0} \tag{5-39}$$

对于给定的变压器,P_0 和 P_{kN} 是一定的,可以用空载实验和短路实验测定。从式(5-39)可以看出,对于一台给定的变压器,运行效率的高低与负载的大小和负载功率因数有关。

当 β 一定,即负载电流大小不变时,负载的功率因数 $\cos \varphi_2$ 越高,效率 η 越高。当负载功率因数 $\cos \varphi_2$ 一定时,效率 η 与负载系数的大小有关,二者的关系用 $\eta = f(\beta)$ 表示,称为效率特性,如图 5.2.19 所示。效率特性是一条具有最大值的曲线,最大值出现在 $d\eta/d\beta = 0$ 处,因此取 η 对 β 的微分,微分值为 0 时的 β 为最高效率时的负载系数 β_m。推导过程如下:

$$\eta = \frac{\beta S_N \cos \varphi_2}{\beta S_N \cos \varphi_2 + P_0 + \beta^2 P_{kN}} = \frac{S_N \cos \varphi_2}{S_N \cos \varphi_2 + \frac{I_{2N}}{I_2} P_0 + \frac{I_2}{I_{2N}} P_{kN}}$$

$$\frac{\mathrm{d}\eta}{\mathrm{d}I_2} = \frac{S_N \cos\varphi_2}{\left(S_N \cos\varphi_2 + \dfrac{I_{2N}}{I_2}P_0 + \dfrac{I_2}{I_{2N}}P_{kN}\right)^2} \cdot \left(-\frac{I_{2N}}{I_2^2}P_0 + \frac{1}{I_{2N}}P_{kN}\right) = 0$$

即 $-\dfrac{I_{2N}}{I_2}P_0 + \dfrac{I_2}{I_{2N}}P_{kN} = 0$，$\dfrac{I_{2N}^2}{I_2^2}P_0 = P_{kN}$。最后得到

$$\beta_m^2 P_{kN} = P_0 \quad 或 \quad \beta_m = \sqrt{\frac{P_0}{P_{kN}}} \tag{5-40}$$

式(5-40)表明，最大效率发生在铁损耗 P_0 与铜损耗 $\beta^2 P_{kN}$ 相等的时候。

一般，电力变压器带的负载都不会是恒定不变的，而是有一定的波动，因此变压器不可能总运行在额定负载情况。设计变压器时，取 $\beta_m < 1$，β_m 到底为多大，视变压器负载的实际情况而定。

从效率特性可以看出，当变压器输出电流为 0 时，效率为 0；当输出电流从 0 开始增加时，输出功率增加，铜损耗也增加，但由于此时 β 较小，铜损耗较小，铁损耗相对较大，总损耗虽然随 β 增加，但是比输出功率增加得慢，因此效率 η 也是增加的；当铜损耗随着 β 增加到 $p_{Fe} = p_{Cu}$ 时，效率达到最高值，这时的负载系数称为 β_m；当 $\beta > \beta_m$ 时，p_{Cu} 成了损耗的主要部分，而且由于 $p_{Cu} \propto I_1^2 \propto \beta^2$，$P_2 \propto I_1 \propto \beta$，因此 η 随着 β 的增加反而降低了。

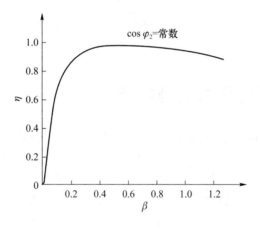

图 5.2.19　效率特性

5.3　三相变压器

5.3.1　三相变压器的磁路系统

三相变压器的磁路系统主要有两种：一种是由 3 个单相变压器的铁心组成的，称为三相变压器组；另一种是 3 个铁心柱变压器。前者的磁路互相独立，各相磁通的磁路互无影响，如图 5.3.1 所示。而后者的三相磁路连在一起，如图 5.3.2 所示。

如果把 3 台单相变压器的铁心按照图 5.3.2(a)所示的方式并联在一起，各相磁通都会

利用中间的那条铁心柱构成回路,因此中间铁心柱的磁通应等于三相磁通的总和。由于外加三相电压 $\dot{U}_A$、$\dot{U}_B$、$\dot{U}_C$ 是对称的,因此三相磁通的总和应为

$$\dot{\Phi}_A + \dot{\Phi}_B + \dot{\Phi}_C = 0 \tag{5-41}$$

既然三相磁通的总和等于 0,那么把图 5.3.2(a)所示变压器中间的铁心柱拿掉,对三相磁路不会产生任何影响。这样,各相磁通都以另外两相的磁路作为自己的回路。

在实际制造中,为了简化结构,把图 5.3.2(a)中的 3 个铁心柱放在同一个平面上,如图 5.3.2(b)所示。这种磁路结构的三相之间不对称,各相的励磁电流略有不同,但影响不大;此外,这样的结构重量轻,占地面积小,价格低。不论是三相变压器组,还是 3 个铁心柱变压器,各相基波磁通通过的路径都为铁心磁路,遇到的磁阻都较小。

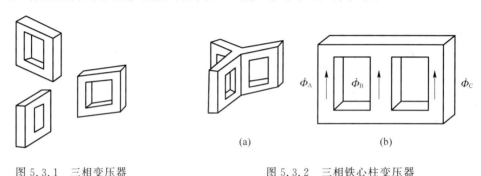

图 5.3.1　三相变压器　　　　　　　图 5.3.2　三相铁心柱变压器

5.3.2　单相变压器的连接组

在分析三相变压器连接组前,先介绍一下单相变压器连接组。三相变压器中的一相,就是一个单相变压器,它的原绕组和副绕组套在同一个铁心柱上,交链一个主磁通。原绕组和副绕组电动势的相位关系只有两种:一种是同相位(相位差为 0);另一种是反相位(相位差为 180°)。原副绕组电动势的相位关系一方面与绕组的绕制方向有关,另一方面也与首尾端标号的位置有关。绕向不同对应电动势的相位不同,首尾端的标号位置不同相应电动势的相位也不同。按绕向和首尾端标号位置,将原副绕组电动势的相位关系分为下面 4 种情况。

(1) 绕向相同,标号位置相同,如图 5.3.3(a)所示。这时,原绕组和副绕组的首端 U_1 与 u_1 是互感线圈的同名端,电动势 $\dot{E}_{U_2U_1}$ 与 $\dot{E}_{u_2u_1}$ 同相位,相位差为 0。

(2) 绕向相同,标号位置不同,如图 5.3.3(b)所示。这时,原绕组和副绕组的首端 U_1 与 u_1 是互感线圈的异名端,电动势 $\dot{E}_{U_2U_1}$ 与 $\dot{E}_{u_2u_1}$ 相位相反,相位差为 180°。

(3) 绕向不同,标号位置相同,如图 5.3.3(c)所示,这时,原绕组和副绕组首端 U_1 与 u_1 是互感线圈的异名端,电动势 $\dot{E}_{U_2U_1}$ 与 $\dot{E}_{u_2u_1}$ 相位相反,相位差为 180°。

(4) 绕向不同,标号位置不同,如图 5.3.3(d)所示。这时,原绕组与副绕组首端 U_1 与 u_1 是互感线圈的同名端,电动势 $\dot{E}_{U_2U_1}$ 与 $\dot{E}_{u_2u_1}$ 相位相同,相位差为 0。

从以上 4 种情况可以看出,单相变压器原绕组和副绕组电动势的相位是相同还是相反,决定于两绕组的首端(或尾端)是不是同名端。如果是同名端,则电动势相位相同;如果不是

同名端,则电动势相位相反,相位差为 180°。这就是电路理论中互感线圈的同名端问题。

用时钟表示法来表示变压器连接组的原绕组和副绕组对应电动势的相位关系。它使原绕组电动势相量指向时钟表面的"12",这时对应的副绕组电动势相量指向时钟几,就是第几组。由于单相变压器原绕组和副绕组电动势相位只有同相位和反相位两种,分别对应时钟的 0 点和 6 点,所以按照这样的表示法,图 5.3.3(a)和(d)属于 I,I0 连接组,图 5.3.3(b)和(c)属于 I,I6 连接组,其中 I,I 表示单相变压器。

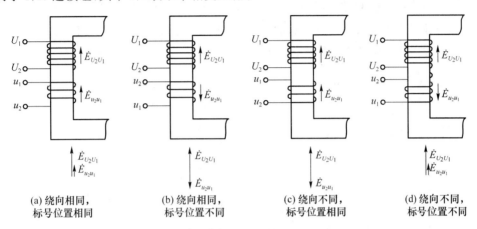

(a) 绕向相同,标号位置相同　　(b) 绕向相同,标号位置不同　　(c) 绕向不同,标号位置相同　　(d) 绕向不同,标号位置不同

图 5.3.3　单相变压器原绕组和副绕组电动势的相位关系

5.3.3　三相变压器的连接组

三相变压器高、低压绕组线电动势之间的相位差,因其连接方法的不同而不一样。但是,不论怎样连接,高、低压绕组线电动势 $\dot{E}_{AB}$ 和 $\dot{E}_{ab}$ 之间的相位差,要么为 0°,要么为 30°的整数倍。当然,$\dot{E}_{BC}$ 与 $\dot{E}_{bc}$、$\dot{E}_{CA}$ 与 $\dot{E}_{ca}$ 也有同样的关系。因此,国际上仍采用时钟表示法标识三相变压器高、低压绕组线电动势的相位关系。即,规定高压绕组线电动势 $\dot{E}_{AB}$ 为长针,永远指向钟面上的"12";低压绕组线电动势 $\dot{E}_{ab}$ 为短针,它指向的数字表示三相变压器连接组标号的时钟序数,指向"12"时,时钟序数为 0。连接组标号书写的形式:用大写、小写英文字母 Y 或 y 分别表示高、低压绕组星形连接,D 或 d 分别表示高、低压绕组三角形连接;高压后用",",连接,低压接其后;在英文字母后边写出时钟序数。

1. Y,y 连接组

以图 5.3.4(a)所示的 Y,y 连接三相变压器为例,介绍确定其连接组标号的方法。在三相变压器绕组连接图中,上下对着的高、低压绕组套在同一铁心柱上。图 5.3.4(a)所示的绕组中,A 与 a、B 与 b、C 与 c 端标"·",表示每个铁心柱的高、低压绕组都是首端为同名端,三相对称。当已知三相变压器绕组连接方式及是否同名端时,确定变压器的连接组标号的方法是分别画出高压绕组和低压绕组的电动势相量图,根据相量图中高压边线电动势 $\dot{E}_{AB}$ 与对应低压边线电动势 $\dot{E}_{ab}$ 的相位关系,确定其连接组标号。具体步骤如下。

（1）在绕组连接图上标出各个相电动势与线电动势。如图 5.3.4(a)所示,标出了 $\dot{E}_{XA}$、

$\dot{E}_{YB}$、$\dot{E}_{ZC}$、$\dot{E}_{AB}$、$\dot{E}_{xa}$、$\dot{E}_{yb}$、$\dot{E}_{zc}$ 及 $\dot{E}_{ab}$等。

（2）按照高压绕组星形连接方式，按顺时针方向画出高压绕组电动势相量图，如图 5.3.4(b)所示。

（3）根据同一铁心柱上高、低压绕组的相位关系，先确定低压绕组的相电动势相量，然后按照低压绕组的连接方式，画出低压绕组电动势相量图。从图 5.3.4(a)可以看出，同一铁心柱上的绕组 AX 和 ax，两绕组首端是同名端，因此高、低压绕组电动势 $\dot{E}_{XA}$ 和 $\dot{E}_{xa}$同相位（对应的单相变压器是 I，I0 连接）；同理 $\dot{E}_{YB}$ 和 $\dot{E}_{yb}$同相位，$\dot{E}_{ZC}$ 和 $\dot{E}_{zc}$同相位。低压绕组也是星形连接，其电动势相量图如图 5.3.4(b)所示。

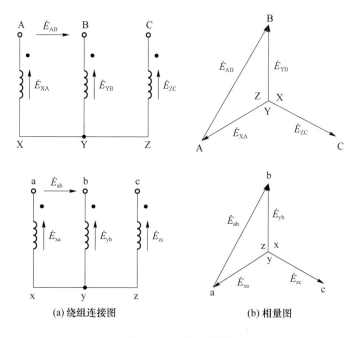

(a) 绕组连接图　　　　(b) 相量图

图 5.3.4　Y,y0 连接

对于高、低压绕组线电动势相量图中 $\dot{E}_{AB}$ 与 $\dot{E}_{ab}$的相位关系，根据时钟表示法的规定，$\dot{E}_{AB}$指向钟面"12"的位置，由 $\dot{E}_{ab}$指的数字确定连接组标号。如图 5.3.4(b)所示，$\dot{E}_{AB}$ 与 $\dot{E}_{ab}$同相，因此该变压器连接组的标号为 Y,y0。

如果把图 5.3.4(a)中每相的高、低压绕组异名端作为首端，则画它们的相量图时，把相电动势 $\dot{E}_{XA}$、$\dot{E}_{YB}$、$\dot{E}_{ZC}$ 和 $\dot{E}_{xa}$、$\dot{E}_{yb}$、$\dot{E}_{zc}$反相即可。这种情况对应的连接组标号为 Y,y6。

以上确定连接组标号的步骤，对各种接线情况的三相变压器都适用。使用该步骤时，有两点要注意：一是根据高、低压绕组的连接方式画出各自的电动势相量图；二是高压绕组电动势相量图与低压绕组电动势相量图之间的相位关系要画对，其绘制依据是对于套在同一铁心柱上的高、低压绕组电动势，当绕组首端为同名端时，它们的相位相同，当绕组首端为异名端时，它们的相位相反。

考虑到高、低压绕组首端既可为同名端也可为异名端，如果高压绕组 XA、YB、ZC 标记不动，那么低压绕组既可为 ax、by、cz 的标记，又可为 cz、ax 与 by 的标记，还可为 by、cz 与

ax 的标记,按 Y,y 连接的三相变压器可以有 Y,y0、Y,y2、Y,y4、Y,y6、Y,y8 和 Y,y10 几种连接组标号,时钟序数都是偶数。

2. Y,d 连接组

若低压绕组为三角形连接,以图 5.3.5(a)所示的 Y,d11 连接三相变压器为例,首端为同名端,把高压绕组星形连接电动势相量图与低压绕组三角形连接电动势相量图画在一起,且 $\dot{E}_{XA}$ 与 $\dot{E}_{xa}$ 同相,如图 5.3.5(b)所示。Y,d 连接的变压器,还可以得到 Y,d3、Y,d5、Y,d7、Y,d9 的连接组标号,时钟序数都是奇数。此外,D,d 连接可以得到与 Y,y 连接一样时钟序数的连接组标号,D,y 连接也可以得到与 Y,d 连接一样时钟序数的连接组标号。

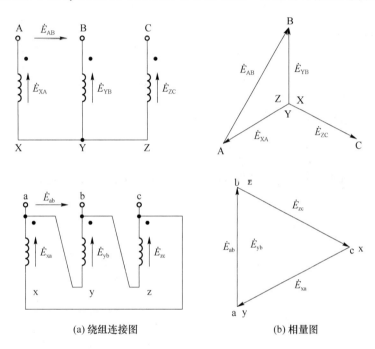

(a) 绕组连接图　　　　　　　　(b) 相量图

图 5.3.5　Y,d11 连接

三相双绕组电力变压器常用的连接组标号为 Y,yn0、Y,d11、YN,d11、YN,y0 及 Y,y0。Y,yn0 中的 n 表示副绕组有中线引出,作为三相四线制供电。YN,y0 中的 N 表示需要接地的场合。

例 5-3　已知三相变压器的连接组标号为 9,求出可能的连接方式。

解　已知连接组标号求连接方式,是确定连接组的逆求解问题,这类问题会在直流调速系统中遇到。因为标号 9 为奇数,所以连接法必然为 D,y 或 Y,d。现按 D,y 接法进行分析。

(1) 设原绕组按下列顺序连接:AX→BY→CZ,画出原绕组电动势相量三角形,如图 5.3.6(a)所示。

(2) 因为标号为 9,所以副绕组线电动势相量滞后于原绕组线电动势相量的角度为 $9\times30°=270°$,将原绕组线电动势相量按顺时针方向旋转 270°,便可确定对应标志的副绕组线电动势相量的位置。

（3）根据副绕组线电动势相量三角形作出副绕组相电动势相量 $\dot{E}_{xa}$、$\dot{E}_{yb}$、$\dot{E}_{zc}$。

（4）比较对应标志的原、副绕组相电动势的相位关系可知，$\dot{E}_{xa}$ 与 $\dot{E}_{YB}$ 相位相反，$\dot{E}_{yb}$ 和 $\dot{E}_{ZC}$ 相位相反，$\dot{E}_{zc}$ 和 $\dot{E}_{XA}$ 相位相反。因此，绕组 ax 与 BY、by 与 CZ、cz 与 AX 应当分别在同一铁心上，且原、副绕组的首端不是同名端。由此得出的绕组标志如图 5.3.6(a)所示。

如果原绕组的连接顺序为 AX→CZ→BY，同理可以得到绕组标志和相量图如图 5.3.6(b)所示。

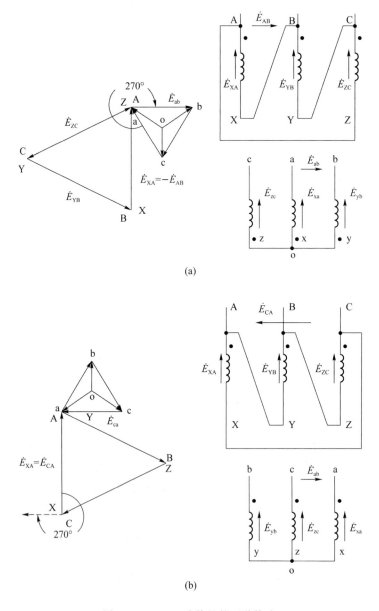

(a)

(b)

图 5.3.6 D,y 连接组的两种接法

5.3.4　三相变压器磁路系统和连接法对电动势波形的影响

由于磁路的饱和和磁滞的影响,励磁电流为一尖顶波,它含有奇次谐波。在单相变压器中,3 次谐波电流和基波电流都有自己的回路而可自由流通,因此磁通 Φ 和电动势 e 的波形总是正弦形。但对三相变压器来说,情况就要复杂一些,由于三相绕组中的 3 次谐波电流具有大小相等、时间相位相同的特征,所以当三相变压器为星形连接,又无中线引出时,3 次谐波电流无法同时流入或流出中点,因而这种情况下 3 次谐波电流就不能流通。但当三相接成三角形连接或星形中线连接时,则 3 次谐波电流可以在三角形连接构成的闭路或星形中线连接的中线中流通。故在三相变压器中 3 次谐波电流(因谐波中 3 次谐波最大故在此处讨论,而高次谐波逐渐减小故可以忽略)的流通情况与绕组的连接密切相关。

1. YN,y 或 D,y 连接的三相变压器

YN,y 连接时,中线上的 3 次谐波电流大小等于每相绕组中的 3 次谐波电流的 3 倍。D,y 连接时,原绕组空载电流的 3 次谐波分量可以通过。这两种连接组,原绕组接通三相交流电源后,3 次谐波电流均可在原绕组内畅通,因此即使在磁路饱的情况下,铁心中的磁通和绕组中的感应电动势仍呈(或接近)正弦波形。而且不论是线电动势(或电压)还是相电动势(或电压),原绕组还是副绕组电动势,其波形均呈正弦波形。

2. Y,y 连接的三相变压器

由于原绕组中无中线,因此 3 次谐波电流不能存在,即 i_0 波形近似呈正弦形。磁路饱和时,铁心中的磁通为一平顶波,说明磁通中的奇次谐波分量存在,而且 3 次谐波磁通影响最大。但是 3 次谐波磁通是否能够流通,取决于三相变压器是何种铁心结构(组式或心式),下面分别叙述。

(1) 在三相组式变压器中,各相之间的磁路互不关联,因此 3 次谐波磁通 Φ_3 可以同在基波磁通 Φ_1 的路径流通。Φ_3 所遇磁阻很小,故对幅值的影响较大。3 次谐波的频率是基波频率的 3 倍,所以 3 次谐波电动势能使相电压增高,其幅值可达基波幅值的 45%～60%,这样将危及变压器绕组的绝缘。因此,电力变压器不能设计成 Y,y 连接组的三相组式变压器(也叫三相变压器组)。

(2) 在三相心式变压器中,由于三相铁心互相关联,所以方向相同的 3 次谐波磁通不能沿铁心闭合,只能通过非磁性介质(变压器油或空气)及箱壁形成回路,这将遇到很大的磁阻,使 3 次谐波磁通大为削弱,则主磁通仍接近于正弦波,从而使每相电动势也接近正弦波。即使在铁心饱和的情况下,相电动势、线电动势仍可以被认为具有正弦波形,所以在中、小型三相心式变压器中,Y,y 连接组也还是可以采用的。

3. Y,d 连接的三相变压器

如果三相变压器采用 Y,d 连接,原绕组中有空载电流的 3 次谐波分量不能通过,因此主磁通和原、副绕组将出现 3 次谐波电动势。但因为副绕组为三角形连接,3 次谐波相电动势大小相等,相位相同,它在副绕组三角形的闭合回路内产生 3 次谐波电流。副绕组内的 3 次谐波电流同样起着励磁电流的作用,因此变压器的主磁通由原绕组的正弦空载电流和副绕组的 3 次谐波电流共同建立。由此可见,Y,d 连接的三相变压器的效果与 D,y 连接时相似,主磁通仍接近于正弦波形。

5.3.5 三相变压器的并联运行

变压器的并联运行是指两台或多台变压器的原绕组和副绕组分别接到原绕组和副绕组的公共母线上,同时对负载供电的运行方法,如图 5.3.7 所示。这种运行方法被广泛应用在电力系统中。变压器并联供电有很多优点:可以提高供电的可靠性,当其中一台变压器发生故障时,可将其切除检修,由另一台投入供电,而不致中断供电;可以根据负载的变化来调整投入并联运行的变压器台数,以提高效率;还可以减小装设容量,随着用电量的增加再分批安装新变压器。但并联台数也不宜过多,因为单台变压器容量过小会使总的设备投资和占地面积增加。

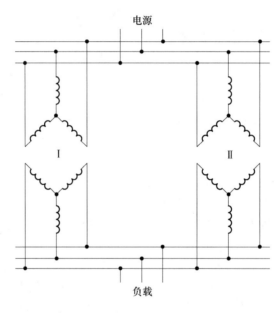

图 5.3.7 两台三相变压器并联运行的接线图

1. 变压器理想并联运行的条件

变压器理想并联运行的情况是:

① 空载时各变压器的副绕组电动势必须大小相同、相位相同,使得副绕组之间不致因形成环流而增加损耗,这样的并联运行就像单台运行一样,空载时的副绕组电流为零;

② 负载时,各变压器的电流应当按照它们的容量成比例地分配,这样可使各变压器同时达到满载,最大限度地利用全部变压器的容量;

③ 负载时,各变压器副绕组电流同相位,总负载电流等于各变压器负载电流的算术和,在总负载电流一定时,各变压器所分担的电流最小。

要想符合上述情况,并联运行的变压器必须满足的条件是:

① 原、副绕组的额定电压相同,即变比相同;

② 具有相同的连接组标号;

③ 各变压器的短路阻抗的模和幅角都相等,即短路阻抗标幺值相同。

实际并联运行时,连接组必须相同,变比允许有少量差异,对短路阻抗幅度相同的要求通常不太严格。

2. 变压器理想并联条件的分析

并联变压器的影响有连接组不同对变压器并联运行的影响、变比不同对变压器并联运行的影响、短路阻抗不同对变压器并联运行的影响等。这里仅讨论连接组不同对变压器并联运行的影响。

设两台并联运行的变压器的连接组分别为 Y,y12 和 Y,d11,则它们的空载副绕组线电压之间有 30°相位差,如图 5.3.8 所示,线电压差值为

$$\Delta U_{20}=2\times\sin\frac{30°}{2}\times U'_{20}=0.52U'_{20}$$

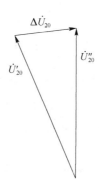

图 5.3.8　Y,y12 和 Y,d11 并联运行时的副绕组电压

当电压为额定值时,$\Delta U_{20}=0.52U_{2N}$,这个电压加在很小的短路阻抗上,必然产生很大的空载环流。例如,当 $Z_k^*=0.05$ 时,有

$$\Delta I^*=\Delta U_{20}^*/2Z_k^*=0.52U_{2N}/(2\times0.05)=5.2I_{2N}$$

即副绕组开路时的环流约为额定电流的 5.2 倍。由于连接组不同引起的空载副绕组线电压的相位差是 30°的整倍数,所以电压差值很大,环流也就很大。因此,不同绕组的变压器绝对不允许并联运行。

5.4　其他变压器

1. 自耦变压器

图 5.4.1(a)为普通双绕组变压器的原理图。设 N_{ab} 匝的原边绕组与 $N_{b'c'}$ 匝的副绕组共同套在一个铁心柱上,被同一个主磁通 Φ_m 所匝链,因此原边绕组和副边绕组上每一匝线圈的感应电动势都相同。若在原边绕组上找一点 c 使 N_{bc} 和 $N_{b'c'}$ 相等,则相应的 $\dot E_{cb}=\dot E_{c'b'}$。于是,把 bc 和 $b'c'$ 的对应点短接起来也不会有何影响,如图 5.4.1(b)所示。这样,就可以使用一个绕组代替原来的 2 个绕组,如图 5.4.1(c)所示。这种原、副绕组有共同部分的变压器称为自耦变压器。当变压器空载运行时,如图 5.4.1(c)所示,若略去漏阻抗压降,则有

$$U_2=U_{bc}=\left(\frac{U_1}{N_{ab}}\right)N_{bc}=\frac{U_1}{N_{ab}/N_{bc}}=\frac{U_1}{k_a} \tag{5-42}$$

其中,U_1/N_{ab} 为每匝的感应电动势;k_a 为自耦变压器的变比。

$$k_a = \frac{U_1}{U_2} = \frac{N_{ab}}{N_{bc}} \tag{5-43}$$

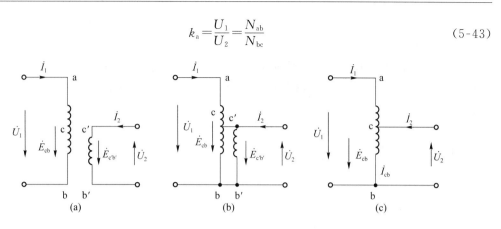

图 5.4.1　从双绕组变压器到自耦变压器的演变过程

自耦变压器空载时,原绕组中流过励磁电流 $\dot{I}_0$,磁路中的磁动势为 $N_{ab}\dot{I}_0$。自耦变压器的副绕组接上负载后有电流 $\dot{I}_2$ 流过,这里与普通变压器一样,略去原绕组漏阻抗,认为 $\dot{U}_1 = -\dot{E}_1$,空载和负载时认为 $\dot{E}_1$ 不变,因此空载磁动势和负载磁动势相等。则其磁动势平衡方程式为

$$\dot{I}_1 N_{ac} + (\dot{I}_1 + \dot{I}_2) N_{bc} = \dot{I}_0 N_{ab} \tag{5-44}$$

$$\dot{I}_1 (N_{ac} - N_{bc}) + (\dot{I}_1 + \dot{I}_2) N_{bc} = \dot{I}_0 N_{ab} \tag{5-45}$$

当不计励磁电流 $\dot{I}_0$ 时,则有

$$\dot{I}_1 N_{ab} + \dot{I}_2 N_{bc} = 0, \quad \dot{I}_1 = -\frac{1}{k_a} \dot{I}_2 \tag{5-46}$$

容量关系:自耦变压器的容量和双绕组变压器的容量计算方法相同,即

$$S_N = U_{1N} I_{1N} = U_{2N} I_{2N} \tag{5-47}$$

绕组 ac 段和 bc 段的容量分别为

$$S_{ac} = U_{ac} I_{1N} = \left(U_{1N} \frac{N_{ab} - N_{bc}}{N_{ab}} \right) I_{1N} = S_N \left(1 - \frac{1}{k_a} \right) \tag{5-48}$$

$$S_{bc} = U_{bc} I_{bc} = U_{2N} I_{2N} \left(1 - \frac{1}{k_a} \right) = S_N \left(1 - \frac{1}{k_a} \right) \tag{5-49}$$

由以上 3 个式子可以看出,若变压器的容量为 S_N,则绕组 ac、bc 的容量都比 S_N 小,即都只占 S_N 的 $(1 - 1/k_a) \times 100\%$。一般,双绕组变压器的原、副绕组容量相等,绕组容量总和等于两倍的额定容量。

因此,只要比较一下自耦变压器与双绕组变压器就可以看出,自耦变压器不仅可以省去一个绕组,而且在容量相同时,其绕组容量 $E_{cb} I_{cb} = E_N I_N$(电磁容量或计算容量)比双绕组变压器小。这样就可以减少硅钢片、铜(铝)等材料的消耗,并使损耗降低,效率提高。此外,在一定容量的条件下,还使得变压器的外形尺寸缩小,以达到节省材料,减少成本的目的。用自耦变压器改接成调压器是很方便的,如图 5.4.1(c)所示,若将 c 点做滑动接触形式就演变成调压器了。

显然,上述优点的产生是由于自耦变压器的绕组容量小于一般变压器容量,即 $S_{ac} =$

$S_{bc} = S_N\left(1 - \dfrac{1}{k_a}\right) < S_N$。可以看出，$k_a$ 越接近 1，系数 $(1 - 1/k_a)$ 就越小，上述自耦变压器的优点也就越显著，故 $(1 - 1/k_a)$ 又称为效率系数。因而，自耦变压器适用于原、副绕组电压比变化不大的场合（一般希望 k_a 在 2 以下）。

2. 互感器

互感器（又称仪用互感器）是一种测量用装置，它是按照变压器原理工作的。互感器可分为电流互感器与电压互感器两种。对于较大电流、较高电压的电路，已不能直接用普通的电流表、电压表进行测量，必须在借助互感器将原电路的电量按比例变化为某一较小的电量后，才能进行测量。因此，互感器具有以下两重任务。

① 将大的电量按一定比例变换为能用普通标准仪表直接测量的电量。通常，电流互感器的副绕组额定电流为 1 A 或 5 A，电压互感器副绕组的额定电压为 100 V 或 150 V。这样，可使仪表规格统一，从而降低生产成本。

② 使测量仪表与高压电路隔离，以保证可能接触测量仪表的工作人员的安全。互感器除用于测量电流和电压之外，还要用于给各种继电保护装置（一种在电气设备事故中保护设备安全的装置）的测量系统供电，因此它的应用是十分广泛的。由于互感器是一种测量用设备，人们首先关心的就是它的测量误差，因此它的基本特性就是准确等级，即必须保证测量的准确度。显然，对互感器的许多问题的考虑和分析都以此为重点。以下对两种互感器分别作进一步介绍。

（1）电流互感器

电流互感器的原理图如图 5.4.2 所示。它的原绕组由 1 匝或几匝截面较大的导线构成，串联接入待测电流的电路中。与原绕组相反，副绕组的匝数比较多，截面积较小，而且与阻抗很小的仪表（如电流表、功率表的电流线圈）构成闭路。因此，电流互感器实际上就相当于一个副绕组短路的变压器，正常工作时的磁动势关系为 $\dot{I}_1 N_1 + \dot{I}_2 N_2 = \dot{I}_0 N_1$。因为励磁电流 $\dot{I}_0$ 很小，$\dot{I}_0 N_1$ 可以忽略，所以磁动势关系可以写成：

$$\dot{I}_1 N_1 + \dot{I}_2 N_2 = 0, \qquad \dot{I}_1 = -\frac{N_2}{N_1}\dot{I}_2$$

由于电流互感器要求误差较小，所以希望励磁电流 $\dot{I}_0$ 越小越好，因而一般电流互感器铁心中的磁通密度 B 的值较低。一般，B 为 $0.08 \sim 0.1\,T$，即 $800 \sim 1\,000\,GS$。如果忽略产生这样低的磁通密度所需的极小的励磁电流 I_0，那么 $I_1/I_2 = N_2/N_1 = k$，k 称为电流互感器的变比。可见，原绕组和副绕组的电流比与匝数成反比，据此由 I_2 可以推算出 I_1 的值和相位。由于电磁互感器内总有一定的励磁电流 I_0 存在，因而电流互感器测量电流总是有误差的。按照误差的大小，电流互感器的准确度被划分为 0.2、0.5、1.0、3.0、10 这 5 个标准等级。例如，0.5 级准确度表示额定电流下原、副绕组电流变比的误差不超过 $\pm 0.5\%$。

为了使用安全，电流互感器在运行中必须特别注意以下两点。

① 电流互感器的副绕组必须可靠地接地，以防止由于绕组绝缘损坏，原绕组的高电压传到副绕组发生人身伤害事故。

② 电流互感器的副绕组绝对不允许开路。这是由于开路时互感器处于空载状态，这时铁心的磁通密度比它在额定时高出好多倍，增加了铁心损耗，使铁心过热，影响电流互感器的性能。更严重的是，因为副绕组开路，失去了 $\dot{I}_2 N_2$ 的去磁作用，原绕组电流将全部用于

励磁,从而在匝数很多的副绕组中感应出高电压,有时高达数千伏,这对工作人员是十分危险的。因此,电流互感器在使用时,任何情况下都不允许副绕组开路。若人们要在电流互感器运行中换接电流表,必须事先把电流互感器的副绕组短路。

(2) 电压互感器

电压互感器的原理图,如图 5.4.3 所示,它实际上相当于一个空载运行的变压器,只是它的负载为阻抗较大的测量仪表,所以它的容量比一般变压器要小得多。它的原绕组匝数 N_1 大,副绕组匝数 N_2 小,原绕组的电压为 U_1,副绕组电压为 U_2,有

$$\frac{U_1}{U_2} \approx \frac{E_1}{E_2} = \frac{N_1}{N_2} = k$$

因此改变匝数就可以用小电压 U_2 测得大电压 U_1。按照测量误差的大小,电压互感器被划分为 0.2、0.5、1.0、3.0 几个等级,每个等级允许误差参见有关技术标准。

影响电压互感器误差的原因有两个方面:一是负载过大,副绕组电流过大,引起内部压降大;二是励磁电流 I_0 过大。为了保证一定的测量准确度,对电压互感器提出如下要求:

① 电压互感器副绕组的负载不能接得太大;

② 互感器要用性能好的硅钢片做成,且铁心磁密不饱和;

③ 电压互感器在使用时应注意副绕组不能短路,否则将产生大的短路电流;

④ 为了安全起见,电压互感器的副绕组连同铁心,都必须可靠地接地。

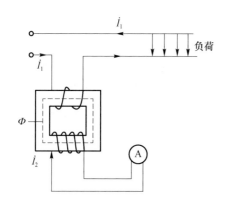

图 5.4.2　电流互感器的原理图

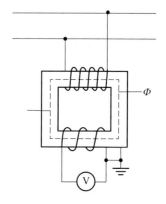

图 5.4.3　电压互感器的原理图

3. 电焊变压器

交流电焊机在生产中应用很广泛。它实际上是一台特殊的降压变压器,工作原理与普通变压器没有本质的差别,但工作性能却有很大不同。根据弧焊的需要,电焊变压器应能满足:①有一定的空载电压,约 60～80 V,以便引燃电弧;②电弧产生后,电压要迅速下降,在额定焊接电流下,电压约为 30～40 V;③当焊条碰击工件,变压器处于短路状态时(起弧前),副绕组短路电流不能过大,应与工作电流相差不大;④能调节副绕组输出焊接电流的大小。

为满足上述要求,电焊变压器的结构必须具有以下特点:应有较多的漏磁,以得到较大的漏抗和急剧下降的外特性,如图 5.4.4 所示;副绕组的匝数可以改变,绕组漏抗也可以改变,以便调节副绕组输出电流,满足不同厚度焊件对焊接电流的要求,具有良好的调节特性。

下面介绍一种较为常用的磁分路动铁式电焊变压器的结构和原理。

　　这种电焊变压器有 3 个铁心柱,两边是主铁心,中间是动铁心,如图 5.4.5 所示。副绕组分成两部分,其中右边铁心上部的绕组有中间抽头,引出端 5 接焊枪,引出端 1 接焊件。焊接电流有粗调和细调两种调节方法,粗调依靠更换线匝:当抽头 3 与抽头 2 连接时,副绕组匝数全部接入,漏抗最大,工作电流较小;当抽头 3 与抽头 4 连接时,副绕组有一部分匝数未接入,漏抗较小,工作电流较大。动铁心的位置通过螺杆调节,通过调节动铁心位置改变磁分路的磁通大小,从而调节漏磁的大小。当动铁心调进时,漏抗增大,工作电流减小,外特性变得陡峭;当动铁心调出时,漏抗减小,工作电流增大,外特性变得平坦。

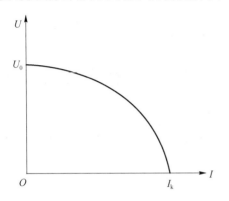

图 5.4.4　电焊变压器的外特性

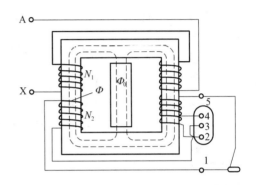

图 5.4.5　电焊变压器的结构图

思考题与习题

　　5-1　简述变压器的基本工作原理及用途。

　　5-2　变压器的主要结构部件有哪些? 各自的作用是什么?

　　5-3　变压器的额定值中有哪些应注意的问题?

　　5-4　变压器按铁心如何分类?

　　5-5　变压器有哪些主要的额定值?

　　5-6　研究变压器时,都要在图上标明各电磁量的正方向,而且电磁方程就是在这些规定的正方向下推导出来的,因此正方向的规定很重要。请讲一讲,在变压器中正方向的规定惯例。

　　5-7　变压器中主磁通和漏磁通的性质有何不同? 在等效电路中怎样反映它们的作用?

　　5-8　变压器副绕组开路时,原绕组加额定电压,电阻 r_1 很小,为什么电流不会很大? Z_m 代表什么物理意义?

　　5-9　一台 220 V/110 V 的单相变压器,如果用通电流的方法去测量它的电阻 r_1 及 r_2,应该加多大的直流电压? 加 110 V 电压行不行? 为什么?

　　5-10　一台变压器的 $S_N = 5\,kV \cdot A$,原绕组由两个同样的额定电压为 3 000 V 的线圈组成,副绕组由两个同样的额定电压为 230 V 的线圈组成。问这台变压器可以有哪几种不同电压比的连接法? 每种连接法下原绕组和副绕组的额定电压和额定电流各为多少?

　　5-11　为什么变压器的空载损耗可以看成铁损耗,短路损耗可以看成铜损耗? 负载时的铁损耗与空载损耗有多大差别？负载时的铜损耗与短路损耗有多大差别？

5-12 变压器副绕组带负载运行时，铁心中的主磁通仅由一次电流产生吗？励磁所需的有功功率（铁损耗）是由原绕组还是副绕组提供的？

5-13 变压器原、副绕组在电路上并没有联系，但在负载运行时，副绕组电流大则原绕组电流也大，为什么？由此说明"磁动势平衡"的概念及其在定性分析变压器时的作用。

5-14 说明变压器折算法的依据及具体方法。可以将原绕组的量折算到副绕组吗？折算后电压、电流、电动势、阻抗及功率等量与折算前分别是何关系？

5-15 变压器原、副绕组间的功率是靠什么作用来实现的？在等效电路上可用哪些电量的乘积来表示？由此说明变压器能否直接传递直流电功率。

5-16 什么叫标幺值？使用标幺值求解变压器问题时有何优点？

5-17 试证明：在忽略铜损耗的情况下，分别在高压侧和低压侧做空载实验所测得的两条空载特性曲线，当用标幺值表示时是重合的。

5-18 变压器的电压调整率 ΔU 与哪些因素有关？变压器的效率与哪些因素有关？

5-19 Y,d 连接的三相变压器，当原绕组接三相对称电源时，试分析下列各量有无 3 次谐波：

(1) 原、副绕组相、线电流；

(2) 主磁通；

(3) 原、副绕组相、线电动势；

(4) 原、副绕组相、线电压。

5-20 自耦变压器的额定容量、电磁容量之间的相互关系如何？

5-21 当变比 k 较大时，一般不采用自耦变压器，为什么？

5-22 电流互感器正常工作时相当于普通变压器的什么状态？使用时有哪些注意事项？为什么副绕组不能开路？为了减小误差，设计时注意什么？

5-23 一台变压器的高压绕组接在电压为 3 000 V、频率为 50 Hz 的交流电网上，测得低压绕组的电压为 220 V，已知低压绕组的匝数为 120 匝，试求：

(1) 变比 k；

(2) 高压绕组匝数。

5-24 有一台单相变压器，额定容量 $S_N = 250$ kV·A，原、副绕组的额定电压为 $U_{1N}/U_{2N} = 10$ kV/0.4 kV，试计算原、副绕组的额定电流 I_{1N}、I_{2N}。

5-25 有一台三相变压器，主要铭牌值为 $S_N = 5\,000$ kV·A、$U_{1N}/U_{2N} = 66$ kV/10.5 kV，原绕组为星形接法，副绕组为三角形接法。试求：

(1) 额定电流 I_{1N}、I_{2N}；

(2) 线电流 I_{1L}、I_{2L}；

(3) 相电流 I_{1P}、I_{2P}。

5-26 单相变压器的主要铭牌值为 $S_N = 200$ kV·A，$U_{1N}/U_{2N} = 10$ kV/0.38 kV。在低压侧加电压做空载实验，测得数据为 $U_{2N} = 380$ V、$I_{20} = 39.5$ A、$P_0 = 1\,100$ W。在高压侧加电压做短路实验，测得数据为 $U_k = 450$ V、$I_k = 20$ A、$p_k = 4\,100$ W，室温为 25℃。求折算到高压侧时的励磁参数和短路参数，画出 Γ 形等效电路。

5-27 单相变压器的主要铭牌值为 $S_N = 3$ kV·A，$U_{1N}/U_{2N} = 230$ V/115 V，$f = 50$ Hz，

$r_1 = 0.3\ \Omega, r_2 = 0.05\ \Omega, X_1 = 0.8\ \Omega, X_2 = 0.1\ \Omega$。试求：

(1) 折算到高压侧时的 r_k、X_k 及 Z_k；

(2) 折算到低压侧时的 r_k、X_k 及 Z_k。

5-28　三相变压器的主要铭牌值为 $S_N = 750\ \text{kV} \cdot \text{A}$，$U_{1N}/U_{2N} = 10\ \text{kV}/0.4\ \text{kV}$，按 Y，yn0 连接。在低压侧做空载实验，测得 $U_{2N} = 400\ \text{V}$，$I_{20} = 60\ \text{A}$，$P_0 = 3\ 800\ \text{W}$。室温为 20℃ 时，在高压侧做短路实验，测得 $U_{1k} = 440\ \text{V}$，$I_{1k} = 43.3\ \text{A}$，$p_k = 10\ 900\ \text{W}$。试求：

(1) 变压器各参数；

(2) T 形等效电路（设 $r_1 = r_2'$，$X_1 = X_2'$）；

(3) 额定负载时 $\cos\varphi_2 = 0.8$、$\cos\varphi_2 = 1$、$\cos(-\varphi_2) = 0.8$ 这 3 种情况下的电压调整率和效率。

5-29　一台 220 V/110 V 的单相变压器，在出厂前做"同名端"实验，其接线图如题图 5.1 所示，将 $U_2 u_2$ 连接在一起，在 $U_1 U_2$ 端加 220 V 电压，用电压表量 $U_1 u_1$ 间的电压，当 $U_1 u_1$ 分别为同名端和不同名端时，电压表的读数各为多少？

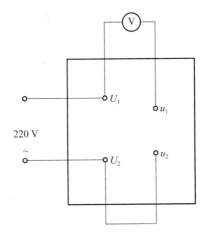

变压器.ppt

题图 5.1　变压器同名端实验接线图

5-30　分别画出三相变压器 Y,y2、Y,y6、D,y3、Y,d9 连接组的接线图及对应的向量图。

5-31　分别画出题图 5.2 所示的各三相变压器的电动势相量图，并判断其连接组别。

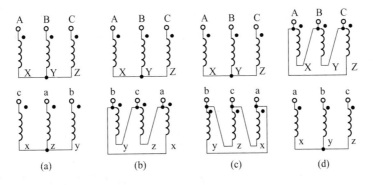

(a)　　　　(b)　　　　(c)　　　　(d)

题图 5.2　连接组接线图

第6章 交流电机基础

交流电机包括异步电机和同步电机两大类,二者有相同之处和不同之处。本章主要分析它们的相同之处,即交流电机的电枢绕组、电动势及磁动势。对于交流电机电枢绕组的要求是能感应出一定大小而波形为正弦波的电动势,对于三相电机的要求是电动势对称,在绕组中通入三相对称电流时,气隙中有旋转磁场,三相绕组在空间中对称分布,各相绕组的匝数应相同。

6.1 三相异步电动机的绕组及感应电动势

6.1.1 交流电机的绕组

1. 单相绕组

前面已经学过直流电机的绕组,本章学习交流电机的绕组,由于许多概念是和前面相同的,因此这里不再重复。为简明计,绘制绕组图时用如图 6.1.1 所示的示意方法。图 6.1.1 中有两个元件,每个元件的匝数都为 N_y,且都有两个出线端子 d 和 K。图 6.1.1 中的两个元件是串联的,亦即第一个元件的尾端 K_1 和第二个元件的首端 d_2 相连。图 6.1.2 所示绕组为一种定子单相绕组,假定这是一台交流发电机的定子绕组,电机的转子上有 4 个磁极,图示瞬间,定子槽 1～6 处于第一个 N 极区,定子槽 7～12 处于第一个 S 极区,定子槽 13～18 处于第二个 N 极区,定子槽 19～24 处于第二个 S 极区。位于 N 极区的导体产生的电动势方向是向上的,而位于 S 极区的另一些导体产生的电动势方向是向下的。构成单相绕组的原则是:让所有导体产生的电动势都能串联相加,没有互相抵消的现象。

如果按图 6.1.2 接线,那么所有导体的电动势都是串联相加的,得到的单相绕组是合理的。这种把 4 个元件一个套一个安放的绕组,称为同心链式绕组。定子槽数 Z 为 24,极数 $2p$ 为 4,每极槽数为

$$Q=\frac{Z}{2p}=\frac{24}{4}=6 \tag{6-1}$$

每极每相槽数为

$$q=\frac{2}{3}Q=\frac{2}{3}\times 6=4 \tag{6-2}$$

单相绕组为什么不取 $q=Q$,而用 $q=\frac{2}{3}Q$,这要等到讲分布系数时再做解释。图 6.1.2 中有 8 个定子槽没有使用,分别是槽 1、6、7、12、13、18、19 和 24。由槽 2 和槽 11 中的两个元件边

构成一个元件,节距最大;由槽 5 和槽 8 中的两个元件边构成的另一个元件,节距最小。

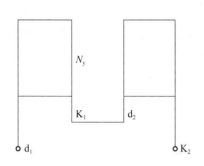

图 6.1.1　绕组的示意图

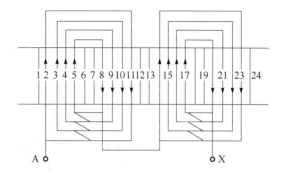

图 6.1.2　单相同心链绕组($Z=24,2p=4$)

根据各个元件边的电动势方向,也可以构成图 6.1.3 所示的单相分组同心链绕组。这种绕组不是 q 个元件同心,而是 $\frac{q}{2}$ 个元件同心。为了保证所有元件的电动势都能串联相加,不发生互相抵消的现象,单相分组同心链绕组中相邻的两组同心链不允许首尾串联,必须像图 6.1.3 中所示的那样采用尾尾相连或首首相连。

也可以如图 6.1.4 所示的那样,用等节距的元件去构成单相绕组,它使所有导体的电动势都串联相加,相电动势的大小和前两种绕组完全一样,不同的只是端接线的接法。这是一种单层等节距绕组,元件的节距为

$$y=\frac{Z}{2p}=\frac{24}{4}=6 \tag{6-3}$$

由于元件节距 y 等于电机的极距 τ,所以也称为整距绕组。同心链绕组的元件节距虽然有大有小,但它产生的相电动势大小和整距绕组完全一样,因此也属于整距绕组的范畴。

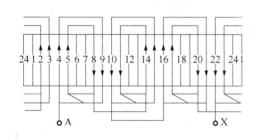

图 6.1.3　单相分组同心链绕组($Z=24,2p=4$)

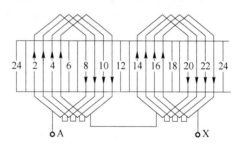

图 6.1.4　单相等节距绕组($Z=24,2p=4$)

2. 两相对称绕组

电机转子铁心的端面是个圆,从几何角度看可以分为 360°,这样划分的角度为机械角度,即电机转子铁心圆周为 360°机械角度或 2π 弧度。然而,从磁场角度看,一对磁极是一个交变周期,把电机的一对磁极(一个 N 极和一个 S 极)所对应的机械角度定为 360°电角度。在图 6.1.5 中,用 x 轴表示电机沿气隙展开的方向,用 y 轴表示磁密 B,一个圆周用 360°机械角度表示。不论电机的磁极数是多少(图 6.1.5 所示电机是 4 极),都是一个极对应 180°电角度,一对极对应 360°电角度,电机一个圆周对应 $p\times360$°电角度。设电机的极对数为 p,电角度与机械角度的关系为

$$电角度 = p \times 机械角度$$

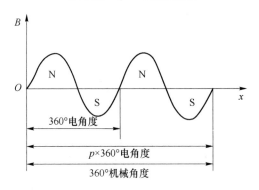

图 6.1.5　机械角度与电角度

　　为了构成对称的两相绕组,得出的两个相电动势除了大小完全相等外,还必须在时间上严格错开 90°的电角度。由于电机的一个极距相当于 180°电角度,要求两个元件边产生的电动势在时间上错开 90°电角度,因此这两个元件边在电机定子圆周上必须相距半个极距。对于整数槽绕组,规定每极每相槽数等于整数。令 m 代表绕组的相数,则每极每相槽数 q 的普遍表达式为

$$Q = \frac{Z}{2pm} \tag{6-4}$$

　　仍取前面使用的 24 槽定子,将其制成极数等于 4 的两相对称绕组,m=2,则每极每相槽数为

$$q = \frac{Z}{2pm} = \frac{24}{4 \times 2} = 3 \tag{6-5}$$

这里仍采用整距绕组,取节距 y=6,亦即 1~7 槽下线,这是一个元件的两个边。已知每极每相槽数等于 3,因此取相邻的 3 个元件串联,构成一个元件组。在图 6.1.6 中共有 4 个这样的元件组,为了对称,每相分得两个元件组。用 α 代表槽与槽之间按电角度计算得到的相角,称为槽距(或槽距角)。由于电机定子圆周上的一个极距按电角度计算相当于 180°,所以槽距为

$$\alpha = \frac{2p \times 180°}{Z} = 30° \tag{6-6}$$

式(6-6)说明相邻两槽中的导体电动势在时间上相差 30°电角度。不难理解,槽 4 中的导体电动势必然比槽 1 中的导体电动势滞后或超前 90°电角度。为了保证两相电动势互差 90°,A 相绕组从导体 1 进线,B 相绕组从导体 4 进线。

3. 三相对称绕组

　　三相对称绕组和两相对称绕组的区别只是绕组相数 m 由 2 增大为 3,式(6-4)还是适用的。如果仍用 24 槽的定子构成一个 4 极的三相对称绕组,则每极每相槽数为

$$q = \frac{Z}{2pm} = \frac{24}{4 \times 3} = 2 \tag{6-7}$$

　　采用同心链绕组,由两个元件串联成一个元件组,每个元件组的元件数仍等于每极每相槽数,如图 6.1.7 所示,共用三大三小 6 个元件组。为了对称,每相分得一大一小两个元件组。图 6.1.7 中的 A 相绕组用粗实线表示,B 相绕组用细实线表示,C 相绕组用虚线表示。

A 相绕组从槽 1 进线，B 相绕组从槽 9 进线，C 相绕组从槽 17 进线。三相绕组比较复杂，这里只简单介绍一下同心链式绕组。要说明这种绕组的合理性，就需要分析三相绕组的电动势，这部分内容在 6.2 节中介绍。

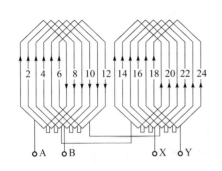

图 6.1.6　两相等节距绕组（$Z=24,2p=4$）

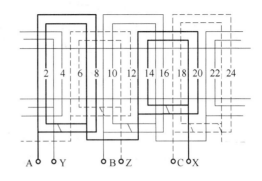

图 6.1.7　三相整距绕组（$Z=24,2p=4$）

6.1.2　交流绕组的电动势

本节从产生电动势这一方面分析绕组的构成原则，从导体电动势开始，逐级说明如何构成元件、元件组和相绕组，最后说明三相绕组的构成原则。在三相异步电机和同步电机中，它们的三相对称绕组及产生的感应电动势是完全一样的。本节用三相同步发电机绕组进行说明。

1. 导体中的感应电动势

图 6.1.8(a)所示的是一台两极交流发电机，其定子上有一根固定不动的导体 A，由永磁材料制成的 2 极转子，以恒定的转速 n 顺时针方向旋转。定子的内径为 D，铁心的长度为 l，磁力线切割导体 A 的线速度为

$$v=\pi D\,\frac{n}{60} \tag{6-8}$$

其中，n 为转子的转速，单位为 r/min。导体感应电动势为

$$e_{\mathrm{D}}=B_{\delta}lv \tag{6-9}$$

由于 N、S 板磁场交替切割导体 A，因此导体 A 中的感应电动势是交变的。假定气隙磁密 B_{δ} 在空间的分布是正弦的，则

$$B_{\delta}=B_{\mathrm{m}}\sin\alpha \tag{6-10}$$

其中，B_{m} 是气隙磁密的最大值。由于电机的一个极距按电角度计算等于 π，所以按长度计算的距离 x 和按电角度计算的角度 α 之间存在着下列关系：

$$\alpha=\frac{\pi}{\tau}x \tag{6-11}$$

图 6.1.8(b)给出了气隙磁密沿空间分布的波形。

将式(6-10)代入式(6-9)，得出导体感应电动势：

$$e_{\mathrm{D}}=B_{\mathrm{m}}lv\sin\alpha=E_{\mathrm{m}}\sin\alpha \tag{6-12}$$

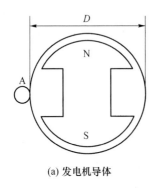

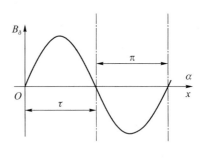

(a) 发电机导体   (b) 气隙磁密沿空间分布的波形

图 6.1.8 两极同步发电机

式(6-12)中，$E_m = B_m l v$ 是导体感应电动势的最大值。导体感应电动势按正弦规律变化，其频率为

$$f = \frac{pn}{60} = \frac{\omega}{2\pi} \tag{6-13}$$

其中，ω 是用电角度表示的角频率，它和电角度 α 之间的关系为

$$\alpha = \frac{\pi}{\tau}x = \frac{\pi}{\tau}vt = \frac{\pi}{\tau}2p\tau nt = 2\pi ft = \omega t \tag{6-14}$$

其中，线速度为

$$v = \pi D\frac{n}{60} = 2p\tau\frac{n}{60} = 2\tau f \tag{6-15}$$

所以，导体感应电动势为

$$e_D = E_m \sin\omega t = \sqrt{2}E_D\sin\omega t \tag{6-16}$$

其中，E_D 是导体感应电动势的有效值，且

$$E_m = \sqrt{2}E_D \tag{6-17}$$

由于正弦函数的平均值是其最大值的 $\frac{2}{\pi}$ 倍，故电机的每极磁通为

$$\Phi_m = \frac{2}{\pi}B_m\tau l \tag{6-18}$$

利用式(6-12)、式(6-15)、式(6-17)和式(6-18)，可以求出导体感应电动势的有效值：

$$E_D = 2.22f\Phi_m \tag{6-19}$$

已知对于一个单匝线圈，当它交链的磁通为 Φ_m、频率为 f 时，它所感生出的电动势为 $4.44f\Phi_m$。现在只有一根导体，相当于半匝，它所感生出的电动势是单匝线圈的一半。因此，两种方法的分析结果相同。

2. 电动势星形图

电动势星形图是分析电机绕组常用的理论工具，也就是普通的相量分析。但是如果对绕组的实际情况了解得不够深入，往往就很难掌握电动势星形图的用法。

交流电机的定子上都有很多槽，每个槽内安放着若干导体，每根导体都可以看成一个独立的小交流电源。制造绕组就是将这些小交流电源按特定的要求合理地连接起来。虽然这些频率相同的小交流电动势有效值都完全相等，但相位各不相同，连接绕组能够合理地解决这些小交流电动势的串、并联问题。相位问题是主要矛盾，必须突出它，电动势星形图就是

显示这些导体电动势相位关系的理论工具。根据式(6-6)可知相邻两定子槽间的相位差,或者按电角度计算的槽距

$$\alpha = \frac{p360^{\circ}}{Z} \qquad (6\text{-}20)$$

对于定子槽数 $Z=24$、电机极数 $p=4$ 的定子,相邻两槽间的相位差等于 30°。如果用相量 1 代表槽 1 中导体电动势的大小和方向,则代表槽 2 中导体电动势的相量 2 一定比相量 1 滞后或超前 30°。图 6.1.9 中取相量 1 超前相量 2 的角度为 30°。同理,比相量 2 滞后 30° 的相量 3 代表槽 3 中的导体电动势大小和方向……槽 13 中的导体电动势相量与槽 1 中的导体相量相同,故画在一处;同理,槽 14 和槽 2 中的导体相量相同;依此类推,得到图 6.1.9 所示的相量图,也就是电动势星形图。

电动势星形图明确地表示出各个槽中的导体电动势在相位上的不同之处,它可以帮助人们正确地连线,或者帮助人们判断已知的接线方法是否合理。

3. 元件电动势

在实际电机中,绕组的基本单元是多匝线圈,或称为元件。为简明计,首先分析单匝元件的电动势。对于等距元件,想要确定单匝元件的电动势,首要的问题是确定元件的节距 y。节距是指一个元件左右两个边间的距离,其度量单位通常为槽数,即元件跨越的槽数。如 $y=5$,就是指元件的左边放在槽 1 内时,它的右边一定放在槽 6 内,元件跨越了 5 个槽,记作 $y=5(1\sim6\,$槽$)$。图 6.1.10 表示的元件,元件的左边放在槽 1 内,产生的电动势为 $\dot{E}_{d1}$,元件的右边放在槽 $(y+1)$ 内,电动势为 $\dot{E}_{dy}$,那么当 y 选多大时,得到的元件电动势最大呢?下面用电动势星形图说明这个问题。根据图 6.1.9 所示的正方向规定,匝电动势为

$$\dot{E}_{z} = \dot{E}_{d1} - \dot{E}_{dy} \qquad (6\text{-}21)$$

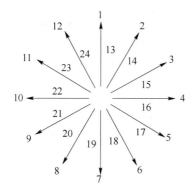

图 6.1.9　电动势星形图

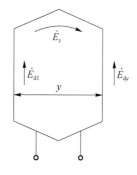

图 6.1.10　元件电动势方向

式(6-21)说明,要想得到最大的元件电动势,必须使 $\dot{E}_{d1}$ 和 $\dot{E}_{dy}$ 相差 180°,或者说相差一个极距。图 6.1.6 所示的等距绕组为了获得最大电动势,采用了整距绕组,即 $y=\tau$ 的绕组结构。用图 6.1.9 所示的电动势星形图指导接线,也就是槽 1 的元件边和槽 7 的元件边相连构成第一个元件,槽 2 的元件和槽 8 的元件相连构成第二个元件,依此类推。这样得到的

整距元件的匝电动势是导体电动势的 2 倍,即

$$E_z = 2E_d = 4.44f\Phi_m \tag{6-22}$$

以上讨论了单匝元件的电动势,现在讨论多匝整距元件的电动势。如果一个元件的匝数为 N_y,将它串联成整距元件时的元件电动势为

$$E_\tau = 2N_yE_d = 4.44N_yf\Phi_m \tag{6-23}$$

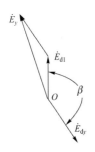

图 6.1.11　短距相量图

整距元件的电动势在实际电机中并不常用,原因是绕组的端接线太长,浪费铜线,更主要的原因是整距元件产生的电动势中包含着较大的高次谐波。高次谐波的危害是多方面的,为了适当地削减高次谐波,实际电机中多采用短距绕组。短距绕组的节距小于极距,但按槽数计算时必须等于整数,这是因为一个元件的两个边必须都安放在定子槽内。

图 6.1.11 所示为短距相量图。如果用 β 代表节距 y 所对应的电角度,由于 τ 相当于 $180°$,所以

$$\beta = 180°\frac{\tau}{y} \tag{6-24}$$

根据图 6.1.11 中的几何关系,得到短距绕组的匝电动势为

$$E_y = 2E_d\sin\frac{\beta}{2} = 2E_d\frac{y}{\tau}90° = E_\tau k_y \tag{6-25}$$

其中,$E_\tau = 2E_d$ 代表整距元件的电动势。

$$k_y = \sin\frac{y}{\tau}90° \tag{6-26}$$

称为短距系数。短距系数 $k_y \leqslant 1$,表示整距元件电动势和短距元件电动势之间的比值。如果元件的匝数为 N_y,则短距元件的电动势

$$E_{y.N} = 4.44fN_yk_y\Phi_m \tag{6-27}$$

4. 元件组电动势

由相邻的若干个元件串联成的一组称为元件组,例如,图 6.1.4 中由 4 个元件串联成元件组,图 6.1.6 中由 3 个元件串联成元件组等。下面分析等距元件的元件组电动势。

对于等距元件,各个元件产生的电动势大小必然相等,而且彼此错开的相位角等于槽距 α。假定各个元件产生的电动势分别为 $\dot{E}_1, \dot{E}_2, \cdots, \dot{E}_q$,那么元件组电动势 $\sum\dot{E}$ 就是这些元件电动势的相量和。图 6.1.12 所示为每极、每相槽数 q 等于 3 时的情况。由于所有元件都依次错开了电角度 α,所以它们构成了一个圆的内接多边形。取圆的半径为 R,由小三角形 $\triangle Oab$ 得

$$\sin\frac{1}{2}\alpha = \frac{E_1}{2R}$$

由大三角形 $\triangle Oad$ 得出

$$\sin\frac{1}{2}q\alpha = \frac{\sum E}{2R}$$

联立求解,元件组的电动势为

$$\sum E = E_1 \frac{\sin \frac{1}{2}q\alpha}{\sin \frac{1}{2}\alpha} = qE_1 k_{\mathrm{f}}$$

其中：

$$k_{\mathrm{f}} = \frac{\sin \frac{1}{2}q\alpha}{\sin \frac{1}{2}\alpha} \tag{6-28}$$

k_{f} 称为基波绕组的分布系数。当为集中绕组时,元件组电动势等于 qE_1。由于基波绕组分布的存在,元件组电动势由各元件电动势的代数和 qE_1 减小为各元件电动势的相量和 $\sum E$。分布系数就是为考虑这种电动势减小的情况而引入的,取 $k_{\mathrm{f}} \leqslant 1$。现在解释单相绕组中 $q \neq Q$ 的原因。当 $q=Q=6$ 时,按分布元件电动势分析,在同 N(S) 极区内,必有元件边电动势相差 $6 \times 30° = 180°$ 电角度,使电动势互相抵消(槽 1 和槽 6、槽 7 和槽 12 等的电动势抵消)。

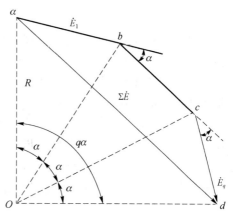

图 6.1.12　分布元件的电势

5. 相电动势

相绕组是由元件组的串联或并联组成的。通常,元件组的电动势要么完全同相,要么互差 180°,对于每相串联匝数等于 N 的集中绕组,其相电动势为

$$E = 4.44 f N \Phi_{\mathrm{m}} \tag{6-29}$$

如果相绕组是等距绕组,且节距小于极距,则相电动势将比整距时有所减小,应乘以短距系数去考虑短距对电动势的削减作用。如果这种等距绕组不但短距,而且分布,那就需要乘以 $k_{\mathrm{y}}k_{\mathrm{f}}$ 去考虑短距和分布对相电动势的削减作用。因此,分布且短距绕组的相电动势为

$$E = 4.44 f N k_{\mathrm{y}} k_{\mathrm{f}} \Phi_{\mathrm{m}} \tag{6-30}$$

把 $k_{\mathrm{N}} = k_{\mathrm{y}} k_{\mathrm{f}}$ 称为绕组系数,用来考虑分布和短距对相电动势的削减作用。所以,相电动势的每相串联匝数为

$$E = 4.44 f N k_{\mathrm{N}} \Phi_{\mathrm{m}} \tag{6-31}$$

例 6-1　对于图 6.1.4 所示的绕组,已知 $f=50\,\mathrm{Hz}, \Phi_{\mathrm{m}} = 4.9 \times 10^{-3}\,\mathrm{Wb}, N_{\mathrm{y}}=30, k_{\mathrm{f}}=0.84$,求相电动势。

解　每相串联匝数:

$$N = 2 \times 4 N_{\mathrm{y}} = 8 \times 30 = 240$$

绕组系数:

$$k_{\mathrm{N}} = k_{\mathrm{y}} k_{\mathrm{f}} = 1 \times 0.84 = 0.84$$

相电动势:

$$E = 4.44 f N k_N \Phi_m = 4.44 \times 50 \times 240 \times 0.84 \times 4.9 \times 10^{-3} \approx 220 \text{ V}$$

6.1.3 交流绕组中的谐波电动势

1. 谐波

虽然利用改变气隙大小的方法,能够使交流机的气隙磁密波形比较接近正弦波,但其谐波分量还是比较大的,其原因有定子和转子齿槽的影响、铁心饱和等。图 6.1.13 所示是凸极同步机的气隙磁密波形,把它分解成傅里叶级数,得出

$$B_\delta = B_{1m} \sin \alpha + B_{3m} \sin 3\alpha + \cdots + B_{nm} \sin n\alpha \tag{6-32}$$

因其他谐波分量逐渐减小,影响小,这里只讨论基波、三次谐波和五次谐波。图 6.1.14 所示为这 3 种气隙磁密谐波分量的空间波形,它们是由同一转子磁极产生的,切割定子绕组的转速都是转子的转速 n。基波是气隙磁密的主要成分,它产生有用的基波电动势 E_1。基波的极数等于转子的极数,都是 $2p$,所以基波电动势的频率仍为

$$f_1 = pn/60 \tag{6-33}$$

三次谐波的极对数等于转子极对数的 3 倍,所以三次谐波电动势的频率为

$$f_3 = 3pn/60 \tag{6-34}$$

即,它是基波电动势频率的 3 倍。同理,得出五次谐波的频率:

$$f_5 = 5pn/60 \tag{6-35}$$

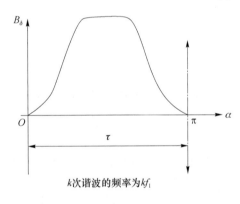

图 6.1.13 凸极同步机的气隙磁密波形　　　图 6.1.14 3 种气隙磁密谐波分量的空间波形

2. 削弱高次谐波电动势的基本方法

谐波电动势的存在使发电机输出电压波形畸变,附加损耗增加,效率下降;使异步电机产生有害的附加转矩,引起振动与噪声,运行性能变坏;高次谐波电流在输电线内引起谐振,产生过电压,并对邻近通信线路产生干扰。为此,应将高次谐波电动势削弱至最小。

(1) 三相绕组的线电动势

假定 A 相绕组的相电动势为

$$e_A = E_{1m} \sin \omega t + E_{3m} \sin 3\omega t + E_{5m} \sin 5\omega t \tag{6-36}$$

则 B 相绕组和 C 相绕组的相电动势分别为

$$e_B = E_{1m} \sin(\omega t - 120°) + E_{3m} 3\sin(\omega t - 120°) + E_{5m} 5\sin(\omega t - 120°) \tag{6-37}$$

$$e_C = E_{1m} \sin(\omega t - 240°) + E_{3m} 3\sin(\omega t - 240°) + E_{5m} 5\sin(\omega t - 240°) \tag{6-38}$$

对于基波电动势而言,$\dot{E}_{1A}$、$\dot{E}_{1B}$ 和 $\dot{E}_{1C}$ 大小相等,相位互差 $120°$,是一个对称的三相电动势。图 6.1.15 是三相电动势的谐波分量相量图。如果接成星形接法,线电动势是相电动势的 $\sqrt{3}$ 倍;如果接成三角形接法,线电动势和相电动势相等。

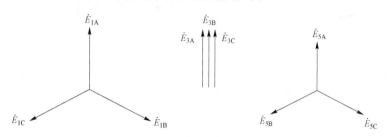

图 6.1.15　三相电动势的谐波分量相量图

（2）三相绕组星形或三角形接法可消除三次谐波

三次谐波电动势在相位上彼此相差 $3×120°=360°$,即它们同相位、同大小。在星形连接的电路中,由于线电动势 $E_{3AB}=E_{3A}-E_{3B}=0$,即线电动势中不存在三次谐波。在 D 形接法的电路中,三角形回路中将形成大小等于相电动势 3 倍的总电动势,三次谐波电动势在闭合回路内产生环流 $\dot{I}_3$,于是相电动势 $\dot{E}_{p3}=\dot{I}_3 Z_3$。

由此可见,三次谐波相电动势 $\dot{E}_{p3}$ 刚好等于环流所引起的阻抗压降 $\dot{I}_3 Z_3$,所以线电动势中不会出现三次谐波。同理,也不会出现 3 的倍数次谐波。虽然三角形回路中的三次谐波电流并不大,但它可引起三次谐波损耗,影响电机的效率,所以交流发电机多采用星形接法。

（3）采用短距绕组可消除谐波

根据式 $k_{yn}=\sin n\dfrac{y}{\tau}90°$,当节距 y 小于极距 τ 时,短距系数小于 1,这说明改变节距,可以改变元件电动势的大小。电动势变小的原因是两个元件边的电动势不再相差 $180°$。如果两个元件边的电动势相差 $360°$ 或 $360°$ 的整数倍,则元件电动势等于 0。图 6.1.14 说明,五次谐波磁密极距只是基波磁密极距的 $1/5$。根据这一道理,选一个节距 y,让它正好等于五次谐波磁密极距的 4 倍,如图 6.1.16 表示的情况。在这种情况下,两个元件边的五次谐波电动势互差 $720°$,所以元件电动势中将不含五次谐波。

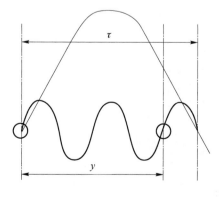

图 6.1.16　消除五次谐波的元件

还可以用 n 次谐波的短距系数 k_{yn} 来计算短距对谐波的削弱作用。对 n 次谐波来说,节距 y 用 n 次谐波的电角度 β_n 计算时等于 $n\beta_n$,所以 n 次谐波的短距系数为

$$k_{yn}=\sin n\frac{y}{\tau}90° \qquad (6\text{-}39)$$

如果取 $y=4\tau/5$,则五次谐波的短距系数 $k_{y5}=0$。如果取 $y=6\tau/7$,则 7 次谐波的短距系数 $k_{y7}=0$。节距 y 按槽数计算必须是整数。

五次谐波电动势的相角位移是 $600°$,

相当于 $240°$,所以五次谐波电动势 $\dot{E}_{5A}$、$\dot{E}_{5B}$ 和 $\dot{E}_{5C}$ 也形成对称的三相,不过相序不再是 A—B—C,而是 A—C—B,即相序发生了倒转。同理,可以解释七次谐波电动势。

可见,三相绕组的线电动势中不出现三次谐波,削弱谐波的重点是五次谐波和七次谐波。一般来说,谐波次数越高,幅值越小,相应的谐波电动势也越小。

从电动势计算角度看,单层同心式绕组、交叉式绕组、链式绕组同属整距绕组,不能利用短距来削弱谐波。

（4）采用分布绕组削弱谐波电动势

如前所述,绕组分布后,产生的绕组电动势将比集中绕组的小。仿照式(6-28),对于频率 $f_n = nf_1$(f_1 为基波频率)的 n 次谐波,其分布系数 k_{fn} 为 $k_{fn} = \dfrac{\sin\dfrac{nq\alpha}{2}}{\sin\dfrac{n\alpha}{2}}$。根据计算可知,当每极每相槽数 q 增加时,基波分布系数减小不多,而谐波分布系数显著减小。因此,采用分布绕组可削弱高次谐波电动势。但 q 值过大,槽数增加,会引起冲剪钢片工时和材料消耗量增加,使电机成本提高。因此,通常取 $q = 2\sim 6$。

（5）改善磁极的极靴外形或励磁绕组的分布范围

改善磁极的极靴外形(凸极同步电机)或励磁绕组的分布范围(隐极同步电机),使气隙磁通密度在空间接近正弦分布,可得星形连接交流绕组的线电动势为

$$E_L = \sqrt{E_1^2 + E_5^2 + E_7^2 + \cdots} = \sqrt{3}\sqrt{E_{p1}^2 + E_{p5}^2 + E_{p7}^2 + \cdots} \tag{6-40}$$

其中,E_1、E_5、E_7 分别为基波、五次谐波、七次谐波的线电动势。

6.2 三相单层绕组分析

6.2.1 三相单层对称绕组

一个铁心槽内放置上、下两个有效边时,称为双层绕组,如图 6.2.1(a)所示;而一个铁心槽仅放置一个有效边时,称为单层绕组,如图 6.2.1(b)所示。由于每两个有效边连接成一个线圈,故每台采用单层绕组的电机线圈总数为槽数的 1/2。

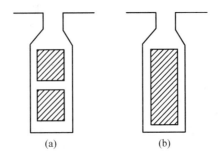

(a)　　　(b)

图 6.2.1　双层绕组和单层绕组

现以实例说明单层绕组的连接方法。设电机定子槽数 $Z=24$，极数 $2p=4$，要求连接成三相 $60°$ 相带单层叠绕组〔相带是指一个元件组在基波磁场中所跨的电角度，即每个极距内属于每相的槽所占的区域。这里把分散在一个极距，即 $180°$ 电角度（相带）上的电动势相量划分成 3 组，每个元件组占有的电角度（相带）是 $60°$〕。现在的问题是 $Z/2=12$ 个元件应怎样组成，怎样把 12 个元件连接成三相对称绕组，使其感应电动势为三相对称电动势。基本计算过程如下：

① 极距

$$\tau=\frac{Z}{2p}=\frac{24}{4}=6$$

② 每极每相槽数

$$q=\frac{Z}{2pm}=\frac{24}{2\times2\times3}=2$$

③ 槽距角

$$\alpha=\frac{2p\pi}{Z}=\frac{4\times180°}{24}=30°$$

取节距 $y=\tau=6(1\sim7)$，此时应用电动势星形图最为有效。因各槽导体（或元件边）的感应电动势幅值相等，相邻两槽电动势的相位差等于两槽之间所夹槽距角 α，所以依次画出所有槽中导体的电动势相量图正好能形成对称星形图，也就是电动势星形图。于是，可以画出 24 个槽中各导体的电动势星形图。图 6.2.2(b) 所示的电动势星形图是这样绘制的：图 6.2.2(a) 所示瞬间，导体 1 恰好处在 N 极中心下，感应的电动势有正的最大值，因此在图 6.2.2(b) 中把它的电动势相量画在纵坐标轴上；在图 6.2.2(a) 所示转子转向下，导体 2 中的感应电动势比导体 1 中的感应电动势滞后 $30°$，所以导体 2 的电动势相量在图6.2.2(b) 中画在滞后于导体 1 电动势相量 $30°$ 的位置；导体 3 的电动势相量滞后于导体 2 电动势相量 $30°\cdots\cdots$导体 13 正处在另一 N 极中心下，其感应电动势与导体 1 相同，所以两个导体的电动势相量正好重合；同样的道理，导体 $14\sim24$ 的电动势相量分别与导体 $2\sim12$ 电动势相量重合。因此图 6.2.2(b) 所示电动势星形图，实际上是相互重合的两重电动势星形图。通常把这种由槽中导体（或元件边）形成的电动势星形图，称为槽电动势星形图。

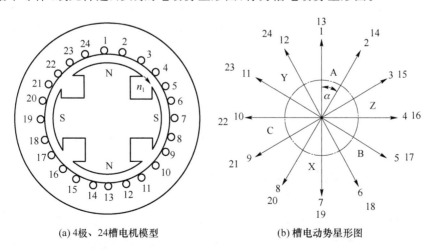

(a) 4极、24槽电机模型　　　　(b) 槽电动势星形图

图 6.2.2　4 极、24 槽电机模型和槽电动势星形图

由电动势星形图可以看出,如果在槽 1 和槽 7 中放入第一个元件,在槽 2 和槽 8 中放入第二个元件,并把这两个元件串联成 1 个元件组,在槽 13 和槽 19 中放入第一个元件,在槽 14 和槽 20 中放入第二个元件,并把这两个元件也连接成 1 个元件组,那么这两个元件组的电动势幅值和相位都是相同的,即这两个元件组的电动势相量完全重合。把这两个元件组串联或并联起来就得到了一相绕组,把它称为 A 相绕组。如果把这两个元件组串联,其连接顺序可以表示为

$$A—(1\text{-}7)—(2\text{-}8)—(13\text{-}19)—(14\text{-}20)—X$$

B 相绕组的电动势相量应与 A 相绕组的电动势相量大小相等,相位滞后于 A 相 120°。由电动势星形图可知,只要按下列顺序连接,B 相绕组就能满足上述要求。

$$B—(5\text{-}11)—(6\text{-}12)—(17\text{-}23)—(18\text{-}24)—Y$$

同样可以组成 C 相绕组,其连接顺序为

$$C—(9\text{-}15)—(10\text{-}16)—(21\text{-}3)—(22\text{-}4)—Z$$

这样组成的三相对称绕组,每相有 8 个槽、4 个元件,组成 2 个元件组。每相绕组都由 2 个元件组串联而成。图 6.2.3 示出了 A 相绕组的展开图,B、C 两相只要按上述顺序连接即可得到绕组连接图。

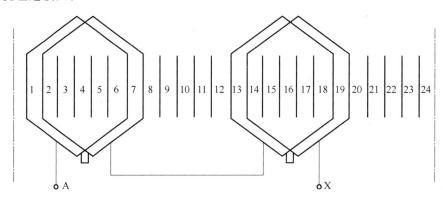

图 6.2.3　A 相绕组的展开图

如果把三相绕组全画出来,不难看出它们在电机圆周的空间位置上也是对称的,互差 120°电角度。各相绕组的元件数、总匝数等都是一样的,所以三相绕组的电阻、漏抗等参数也是相等的。

在图 6.2.3 中,每相绕组的两个元件组是串联的。如果需要也可以把两个元件组并联起来。同样,B、C 两相也需要做相应的连接。两个元件组之间由串联改为并联,相电动势为原值的 1/2,而允许电流则变为原值的 2 倍。

在图 6.2.3 所示的 A 相绕组中,它的相电动势应为元件组电动势的 2 倍。

6.2.2　三相单层同心式绕组

在实际电机中,三相单层对称绕组为了减少端接连线,节省用铜,或为了嵌线工艺上的方便,常常采用同心式绕组、链式绕组或交叉式绕组。这几种绕组与上述典型三相单层绕组比较起来,每相绕组所占的槽、串联的元件边都没有变化,只是各元件边串联的先后次序变

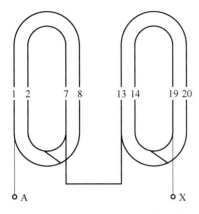

图 6.2.4　一相同心式绕组展开图

了,因此总电动势并没有变化。

连接三相单层同心式绕组时:首先,把导体 1 与导体 8 组成一个节距为 7 的大线圈,将导体 2 与导体 7 组成一个节距为 5 的小线圈;然后,顺着导体中的电动势方向把这两个线圈串联成 1 个元件组;按照同样的方法,将 13、14、19、20 这 4 根导体也组成 1 个元件组;最后,把两个元件组串联(或并联)起来就得到了一相绕组,把它叫作 A 相绕组,其展开图如图 6.2.4 所示。由于同一个线圈组中两个线圈的中心线重合在一起,故称为同心式绕组。按照同样的方法,可画出 B 相及 C 相的同心式绕组。

6.3　绕组的磁动势

一台电机的绕组,切割磁力线就产生电动势,有电流就产生磁动势,这两方面往往是同时发生的。理论和实践证明,若一个交流绕组从电动势上看是合理的,它所产生的磁动势必然是较好的。

6.3.1　整距元件的磁动势

如图 6.3.1 所示,异步机定子的一个整距元件中有电流流过时,就会产生磁力线,即产生磁动势。电机的气隙是均匀的,如果略去铁磁中的磁阻不计,就可以认为这个元件产生的磁动势全都降落在两个气隙上。由于电机结构的对称性,两个气隙的大小完全相等,所以降落在每个气隙上的磁动势正好等于元件磁动势的一半。假定元件的匝数为 N_y,通过的直流电流为 I_d,则元件磁动势为 $I_d N_y$。由图 6.3.1 可以看出,每根磁力线交链处的磁动势都是元件磁动势 $I_d N_y$,所以气隙中任何一点上的磁动势降都是 $0.5 I_d N_y$。如果把 N 极区的磁动势取作正,S 极区的磁动势取作负,则得出如图 6.3.2 中所示的气隙磁动势曲线,它是一个矩形波,将它分成空间谐波,得

$$F(x) = \frac{4}{\pi} \frac{I_d N_y}{2} \left(\sin\alpha + \frac{1}{3}\sin 3\alpha + \cdots + \frac{1}{n}\sin n\alpha + \cdots \right) \tag{6-41}$$

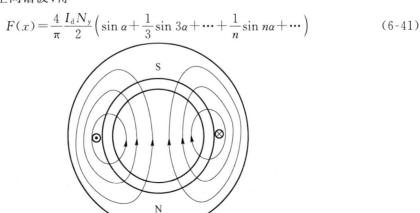

图 6.3.1　整距绕组产生的磁力线

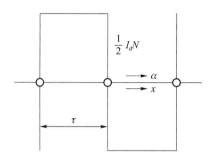

图 6.3.2 矩形磁动势波

6.3.2 单相绕组的磁动势

图 6.3.3 所示是单相绕组产生的气隙磁动势波形,它由各个元件产生的矩形波叠加而成。可以看出,由于绕组的分布,气隙磁动势波形变成阶梯形,比较接近正弦波。实际上,电机是既分布又短距的,绘出的气隙磁动势波形更接近正弦波。如果略去高次谐波,可以认为单相绕组产生的气隙磁动势中只含有基波,这个基波磁动势的振幅为

$$F_m = \frac{2}{\pi} I_d N_d \qquad (6\text{-}42)$$

其中,N_d 是单相绕组每极磁动势的等效匝数。

对于一个极数为 $2p$ 的电机,若每相串联匝数为 N,则每对磁极分得的匝数应为 N/p,需要考虑绕组是分布和短距的,还需要考虑绕组系数对磁动势的削减作用,这种削减作用不再证明,只取用结论。因此

$$N_d = \frac{N}{P} K_N \qquad (6\text{-}43)$$

将式(6-43)代入式(6-42),可得出每极磁动势的振幅:

$$F_m = \frac{2}{\pi} I_d \frac{N}{p} K_N \qquad (6\text{-}44)$$

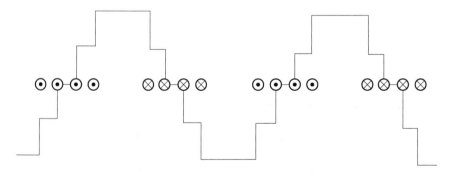

图 6.3.3 单相绕组产生的阶梯形气隙磁动势波

6.3.3　理想绕组产生的磁动势

1. 恒定磁动势

图 6.3.4 所示为理想绕组的恒定磁动势。理想绕组是一个等效的集中整距绕组,匝数等于等效匝数 N_d。当通入直流电流 I_d 时,它所产生的磁动势波形是一个空间正弦波。磁极中心线和绕组轴线重合,安放导体的位置是几何中性线,磁动势等于 0。

从纯数学的角度看,图 6.3.4 所示的空间正弦波和电流、电压等时间正弦波没有什么区别,也可以用一个相量来表示。为了和时间相量相区别,用符号 $\bar{F}_m$ 来表示恒定磁动势相量。

在图 6.3.5 中,用磁动势相量 $\bar{F}_m$ 表示理想绕组所产生的恒定磁动势,磁动势相量 $\bar{F}_m$ 的方向和绕组的轴线重合。电机的极数可以多于 2,这里只绘出一对磁极的磁动势。实际上,由于电机结构的对称性,其他各对磁极的磁动势和图 6.3.5 所示的磁动势重合。气隙中任意一点上的磁动势大小可以用相量 $\bar{F}_m$ 在该点法线上的投影表示,即

$$F(x) = F_m \cos\alpha = F_m \cos\frac{\pi}{\tau}x \tag{6-45}$$

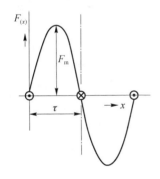

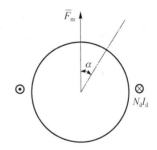

图 6.3.4　理想绕组的恒定磁动势　　　　　图 6.3.5　恒定磁动势相量

2. 脉振磁动势

进一步分析理想绕组通入正弦交流电流后产生的磁动势的特点。假定 $i = \sqrt{2}I\cos\omega t$ 是一个时间上的正弦波,则绕组磁动势就变成了一个时空函数 $F(x,t)$,有

$$F(x,t) = \frac{2\sqrt{2}}{\pi}N_d I\cos\alpha\cos\omega t = F_m\cos\alpha\cos\omega t \tag{6-46}$$

其中,F_m 代表这个磁动势的振幅,且

$$F_m = \frac{2\sqrt{2}}{\pi}N_d I = 0.9N_d I = 0.9\frac{NK_N}{p}I \tag{6-47}$$

很明显,在任何一个特定的瞬间,或者说,让时间 t 保持恒定时,式(6-46)所描述的磁动势和理想绕组的恒定磁动势一样是一个空间正弦波。随着时间的推移,这个磁动势的大小随着电流的大小一同变化,如果电流从正最大值减小为原有值的一半,各点的磁动势大小也将按同一比例减小。当电流等于 0 时,各点的磁动势也下降为 0。这种大小和方向都随时

间变化,且波峰和波谷都被绕组位置固定了的磁动势称为脉振磁动势,其波形如图 6.3.6 所示。它是一个沿电枢表面呈正弦分布的磁动势曲线,其振幅在正最大值和负最大值之间振动,振动的频率等于交流电流的频率。

在式(6-46)中,α 代表沿电枢表面的空间角,计量单位仍是电角度,即一个极距相当于 $180°$,α 的坐标原点选在绕组轴线上磁动势最大的位置。F_m 是电流达到最大值时产生的磁动势振幅;$\omega = 2\pi f$ 是交流电流的角频率。式(6-46)的形式和物理学中驻波的表达式一致,所以脉振磁动势也是一种驻波:波峰落在绕组轴线上,波节处安放导体。

脉振磁动势也可以用一个相量表示,如图 6.3.7 所示。脉振磁动势相量的振幅是随时间变化的,即

$$\bar{F} = \bar{F}_m \cos \omega t \tag{6-48}$$

图 6.3.7 中给出的角度是时间角 ωt,所以其中给出了在时间上经过一个周期脉振磁动势的振幅的变化特征。脉振磁动势的波峰和波节在空间中是固定不动的,代表这个磁动势的相量 $\bar{F}$ 或是与 $\bar{F}_m$ 同相,或是与 $\bar{F}_m$ 反相,不可能有别的相位。空间任一点上的磁动势的大小等于磁动势相量 $\bar{F}$ 在该点法线上的投影。

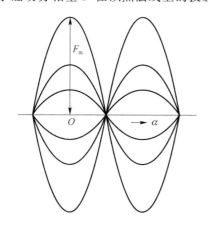

图 6.3.6 脉振磁动势的波形

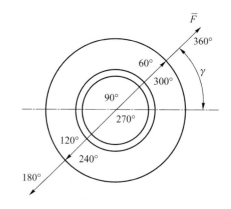

图 6.3.7 脉振磁动势相量

如果采用复数坐标表示图 6.3.7 所示的脉振磁动势相量,令绕组轴线距离实轴 γ,则磁动势相量 $\bar{F}$ 可以写作:

$$\bar{F} = F_m \mathrm{e}^{j\gamma} \cos \omega t$$

6.3.4 旋转磁动势

不管是异步电机还是同步电机,它们的气隙磁动势都是旋转磁动势。现在说明旋转磁动势的一些基本性质。

图 6.3.8 所示的是一台凸极式同步发电机,它由安放交流绕组的定子和同步旋转的磁极组成,磁极是直流激磁。假定由直流激磁产生的气隙磁密波形是正弦的,这个磁动势在定子内同步旋转,对定子上的绕组来说,这个磁动势的位置是随时间变化的,但是其振幅并不变化,这样的磁动势称为旋转磁动势。

如果将电机切开、展平,正弦形的旋转磁动势就变成了如图 6.3.9 所示的正弦曲线,它向前移动的线速度为 v,满足 $v=\pi nD/60$。定子的周长 $\pi D=2p\tau$,所以有

$$v=2p\tau\frac{n}{60} \tag{6-49}$$

当磁极旋转时,站在定子的任何一点上观察扫过这一点的磁动势,它的大小都是随时间周期性变化的。当扫过任意一点的磁动势波走过一个完整的 N 极和 S 极时,在时间上就经过了一个周期。一个极对数等于 p 的磁极就会产生一个有 p 个波峰的旋转磁动势。如果它每分钟转过 n 周,则在选定的定子观测点上就会观察到每秒钟扫过 $pn/60$ 个波峰。这种磁动势在定子绕组中感生出的电动势频率为

$$f=pn/60 \tag{6-50}$$

这个关系式对所有的交流电机都是适用的。将式(6-50)代入式(6-49),得出旋转磁动势移动的线速度:

$$v=2\tau f \tag{6-51}$$

这就是电磁波的传播速度公式。速度 v 和波长 $\lambda(\lambda=2\tau)$ 及频率 f 成正比。因此,旋转磁动势也可以用行波公式描述,即

$$F(x,t)=F_{\mathrm{m}}\sin\left(\frac{\pi}{\tau}x\mp\omega t\right) \tag{6-52}$$

其中,负号代表行波向空间坐标 x 的正方向移动;正号代表行波向空间坐标 x 的负方向移动。

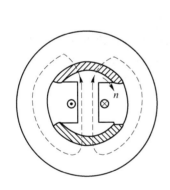

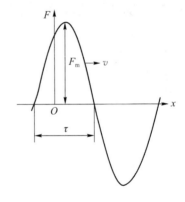

图 6.3.8　凸极式同步发电机的旋转磁动势　　　图 6.3.9　旋转磁动势的波形

式(6-52)能够准确地描述一个旋转磁动势,它可以这样来验证:对于定子圆周上任意一个固定点 x 而言,这一点上的磁动势大小是随时间作正弦变化的,这种正弦变化是由旋转磁动势扫过这一点造成的。根据式(6-52),可以让 $x\pi/\tau$ 等于常数,得到 $F(x,t)$ 随时间变化的规律;也可以在时间轴上选取一个特定的瞬间,把时间固定下来,然后绕定子圆周巡回一周观察定子圆周上各点的磁动势,它也是空间 x 的一个正弦函数,即令 ωt 恒定不变,得到 $F(x,t)$ 在空间的分布状态。因此,式(6-52)能够准确地描述一个旋转磁动势。

现在分析一下行波的传播速度 v。如果把观测点选在磁动势的正最大值上,即波峰上,也就是说站在波峰上随波峰一同前进,对式(6-52)来说,就是要求正弦的值永远等于 1,即

$$\frac{\pi}{\tau}x\mp\omega t=k\frac{\pi}{2}(k=1,3,5,\cdots) \tag{6-53}$$

对(6-53)做一次微分,得出

$$\frac{\pi}{\tau}\mathrm{d}x \mp \omega \mathrm{d}t = 0 \qquad (6\text{-}54)$$

将 $\omega = 2\pi f$ 代入式(6-54),整理后得出

$$v = \frac{\mathrm{d}x}{\mathrm{d}t} = \pm\frac{\omega\tau}{\pi} = \pm 2\tau f \qquad (6\text{-}55)$$

式(6-55)和式(6-51)完全一致,而且正负号的规定也得到了证实。

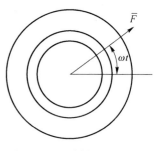

图 6.3.10　旋转磁动势向量

旋转磁动势也可以用一个向量表示。图 6.3.10 表示旋转磁动势向量,它的旋转角频率是 ω,通常用旋转磁动势向量 $\bar{F}$ 表示旋转磁动势的大小和振幅在空间中的瞬时位置,即

$$\bar{F} = \bar{F}_{\mathrm{m}} \mathrm{e}^{\pm \mathrm{j}\omega t} \qquad (6\text{-}56)$$

式(6-56)也可以很好地描述旋转磁动势。其中,算子 $\mathrm{e}^{\mathrm{j}\omega t}$ 具有这样的性质:用它乘一个向量,代表将这个向量正转 ωt。所以当时间固定时,向量 $\bar{F}$ 在空间中的位置也固定不动,向量的方向就是磁动势最大值所在的位置,空间其他各点上的磁动势大小是磁动势向量在该点法线上的投影。当时间变化时,随着时间的推移,磁动势向量以角频率 ω 连续转动,转过的角度等于 ωt。

6.3.5　脉振磁动势的分解

前面已经分析了交流机的两种主要磁动势:脉振磁动势和旋转磁动势。虽然这两种磁动势都是时空函数,但性质上有不少差异,必须掌握好它们各自的特点。这一节主要分析这两种磁动势间的相互关系。已知:

$$\mathrm{e}^{\pm \mathrm{j}\omega t} = \cos \omega t \pm \mathrm{j}\sin \omega t$$

$$\cos \omega t = \frac{1}{2}\mathrm{e}^{\mathrm{j}\omega t} + \frac{1}{2}\mathrm{e}^{-\mathrm{j}\omega t} \qquad (6\text{-}57)$$

将式(6-57)代入式(6-48),得出脉振磁动势:

$$\bar{F} = \bar{F}_{\mathrm{m}}\cos \omega t = \frac{1}{2}\bar{F}_{\mathrm{m}}\mathrm{e}^{\mathrm{j}\omega t} + \frac{1}{2}\bar{F}_{\mathrm{m}}\mathrm{e}^{-\mathrm{j}\omega t} \qquad (6\text{-}58)$$

式(6-58)说明:一个脉振磁动势 $\bar{F}_{\mathrm{m}}\cos \omega t$ 可以分解成一个正转的旋转磁动势 $\bar{F}_{\mathrm{m}}\mathrm{e}^{\mathrm{j}\omega t}$ 和一个反转的旋转磁动势 $\bar{F}_{\mathrm{m}}\mathrm{e}^{-\mathrm{j}\omega t}$,这两个旋转磁动势大小相等,都等于脉振磁动势最大振幅的 1/2,转动的角频率都等于 ω。式(6-58)也可以解释成:两个振幅相等、用相同角频率向相反方向旋转的旋转磁动势,可以合成一个脉振磁动势。

6.3.6　三相交流绕组产生的磁动势

要想理解多相交流电机的工作原理,首先需要分析多相绕组产生的气隙磁动势。由于常用的是三相异步电机和同步电机,所以此处着重分析三相绕组产生的气隙磁动势。和前面一样,只分析二极时的情况,由于电机结构的对称性,它也可以被看作多极的一对磁极。

三相对称电流产生的磁动势,不是完全的正弦波,可以分解成各次谐波;可以证明 3 的倍数次谐波,如九次、十五次等谐波的磁动势都为 0;对于绕组的五次、七次谐波的磁动势,绕组采用分布、短矩法可以将其削弱到极小;更高次数的谐波磁动势,本身很小,可以忽略。因此,三相绕组中的基波分量是主要的,下面介绍基波磁动势的合成方法。

1. 用三角函数求合成磁动势

在三相电机内,三相绕组的轴线在空间上互差 120°,如图 6.3.11 所示,用 3 个理想绕组代表实际的三相绕组,如果通入正弦电流,它们在气隙中产生的 3 个脉振磁动势 $\bar{F}_a$、$\bar{F}_b$、$\bar{F}_c$ 的正方向也互差 120°,都落在各自的绕组轴线上。把图 6.3.11 所示的 3 个正方向规定成绕组轴线的正方向,并用 $\bar{A}$、$\bar{B}$、$\bar{C}$ 表示。在三相电流对称的条件下,取

$$i_a = I_m \cos \omega t$$
$$i_b = I_m \cos(\omega t - 120°) \qquad (6\text{-}59)$$
$$i_c = I_m \cos(\omega t - 240°)$$

其中,I_m 为电流的最大值。

可以将时间坐标轴的原点选为 a 相电流达到正最大值的瞬间,即图 6.3.12 中的 t_0 点,电流的相序为 a—b—c。在三相交流电流流入三相绕组后,每相绕组都产生一个脉振磁动势,脉振磁动势的振幅和该相电流瞬时值的大小成正比,方向随着电流的正负在该绕组的轴线上来回变动。在给定的某一个瞬间,各相绕组中的电流大小和方向都是固定的,可以先求出该给定瞬间的各相电流的大小和方向,然后求出各相脉振磁动势的大小和方向,最后求出瞬间合成磁动势的大小和方向。

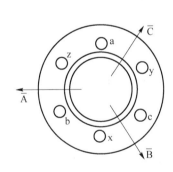

图 6.3.11 三相绕组的轴线正方向　　　　图 6.3.12 三相绕组的瞬时值

合成磁动势可以用向量法求,也可以用图解法求,还可以用三角函数推导。下面用三角函数推导三相绕组产生的合成磁动势。

首先认为三相绕组产生的脉振磁动势在空间中的分布是正弦的,三相绕组仍采用图 6.3.11 中规定的轴线正方向,并把空间角 α 的坐标原点选在 a 相绕组的正轴线上,规定 α 的正方向是由轴线 $\bar{A}$ 指向轴线 $\bar{B}$ 的。给定任意一个时间 t,3 个脉振磁动势的振幅分别为 F_{at}、F_{bt} 和 F_{ct},它们在气隙中的分布是正弦的。根据选定的空间坐标,写作:

$$\begin{cases} F_a(x,t) = F_{at} \cos \alpha \\ F_b(x,t) = F_{bt} \cos(\alpha - 120°) \\ F_c(x,t) = F_{ct} \cos(\alpha - 240°) \end{cases} \qquad (6\text{-}60)$$

合成磁动势 $\sum F(x,t)$ 是 3 个脉振磁动势的和,有

$$\sum F(x,t) = F_{at}\cos\alpha + F_{bt}\cos(\alpha-120°) + F_{ct}\cos(\alpha-240°) \tag{6-61}$$

但是,脉振磁动势的振幅是随着各相电流的大小变化的。如果各相电流随时间变化的规律如式(6-59)所示,则各相脉振磁动势的振幅为

$$\begin{cases} F_{at} = F_m\cos\omega t \\ F_{bt} = F_m\cos(\omega t-120°) \\ F_{ct} = F_m\cos(\omega t-240°) \end{cases} \tag{6-62}$$

其中,F_m 是各相脉振磁动势的最大振幅,也就是电流达到最大值时,产生的相脉振磁动势的振幅。将式(6-62)代入式(6-61),可以得出合成磁动势:

$$\sum F(x,t) = F_m\cos\omega t\cos\alpha + F_m\cos(\omega t-120°)\cos(\alpha-120°)$$
$$+ F_m\cos(\omega t-240°)\cos(\omega t-240°) \tag{6-63}$$

式(6-63)中等号右边的每一项都是一个脉振磁动势,三角函数中的空间角 α 说明各个脉振磁动势在空间中的分布是正弦函数;而三角函数中的时间角 ωt 说明各个脉振磁动势的振幅随时间作正弦变化。已知三角函数的积化和差公式为

$$\cos\alpha\cos\beta = \frac{1}{2}\cos(\alpha-\beta) + \frac{1}{2}\cos(\alpha+\beta) \tag{6-64}$$

将式(6-63)中的积形式都化成和差形式,有

$$\sum F(x,t) = \frac{1}{2}F_m\cos(\alpha-\omega t) + \frac{1}{2}F_m\cos(\alpha+\omega t) + \frac{1}{2}F_m\cos(\alpha-\omega t)$$
$$+ \frac{1}{2}F_m\cos(\alpha+\omega t-240°) + \frac{1}{2}F_m\cos(\alpha-\omega t)$$
$$+ \frac{1}{2}F_m\cos(\alpha+\omega t-480°) \tag{6-65}$$

式(6-65)中含有角度 $\alpha+\omega t$ 的 3 个余弦项是 3 个互差 120°相角的正弦函数(有 480°−360°= 120°),它们的和等于 0,因此式(6-65)变成

$$\sum F(x,t) = \frac{3}{2}F_m\cos(\alpha-\omega t) \tag{6-66}$$

这是一个旋转磁动势,振幅为 $3F_m/2$,沿 α 坐标的正值方向旋转。在图 6.3.11 中,规定 α 的正向是逆时针方向,所以式(6-66)表示的旋转磁动势也是沿逆时针方向旋转的。即,通过分析磁动势,可以得出三相交流绕组产生的一个旋转磁动势。

2. 用图解法求合成磁动势

以上用数学方法得出的三相绕组合成磁动势特性,也可以直观地用图解法得到。图 6.3.13表示两极异步(同步)电动机的三相磁动势的合成。

图 6.3.13 中有 3 种图,左边 4 个图表示 4 个不同瞬间的对称三相电流的向量;中间一列表示 A、B、C 三相绕组分别用了 3 个等效的集中整距线圈表示,其轴线互差 120°空间电角度,各相的脉振磁动势在中间的图里用脉振的正弦波表示,在右边的图里用相应的向量表示。

在图 6.3.13 上下的 4 组图里,第一组图为 $\omega t=0°$,$t=0°$(A 相电流到达最大值)的情况;第二、三、四组依次对应 $\omega t=120°$、$\omega t=240°$、$\omega t=360°$的情况,相应的时间为 $t=T/3$、

$t=2T/3$、$t=T$。首先根据所选定 4 个瞬间的各相电流的瞬时值,画出各相脉振磁动势波以及相应的空间脉振向量,并注意幅值的大小及性质(正负);然后将三相脉振磁动势波及相应的空间脉振向量进行合成,即可得出三相绕组合成磁动势波(图 6.3.13 中用粗线表示),以及相应的向量。

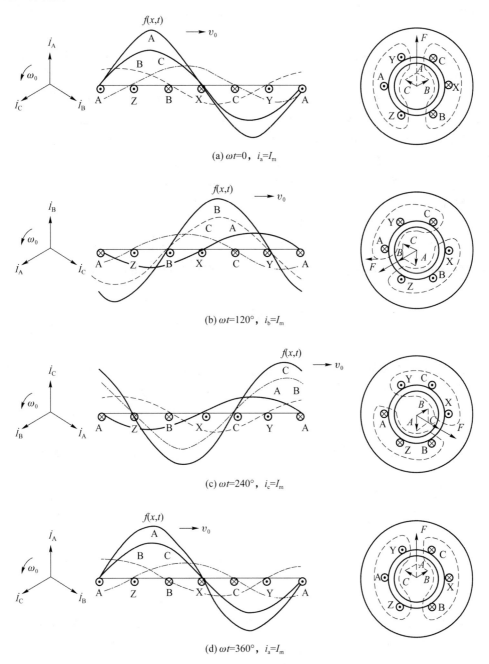

(a) $\omega t=0$, $i_a=I_m$

(b) $\omega t=120°$, $i_b=I_m$

(c) $\omega t=240°$, $i_c=I_m$

(d) $\omega t=360°$, $i_a=I_m$

图 6.3.13　三相绕组合成磁动势的图解

电流变化一个周期,磁动势波(基波)就移动 360°电角度,即一个波长。可以这样说,交流电流在时间上经过多少电角度,三相磁动势在空间中就转过多少电角度。当交流电流频

率为 f 时,电流每分钟变化 $60f$ 个周期,磁动势每分钟移动 $60f$ 个波长。定子圆周有 p 个波长,可以求得旋转磁动势转速为 $n_1=60f/p$,n_1 称为同步转速。观察 4 个瞬间对应的图形,并加以比较,可看出三相合成磁动势的特性。

3. 合成磁动势的性质

从以上分析可知,当对称三相绕组中通入对称三相电流时,所形成的三相合成磁动势具有以下特性。

(1) 三相合成磁动势是(圆)旋转磁动势,转速为同步转速 $n_1=60f/p$,旋转方向取决于电流的相序,即从超前电流相转到滞后电流相。

(2) 三相合成磁动势幅值不变,为各相脉振磁动势幅值的 3/2 倍。由于幅值恒定,且旋转幅值的轨迹是一个圆,所以这种旋转磁动势和由它建立的旋转磁场被称为圆形旋转磁动势和圆形旋转磁场。如果在对称的 m 相绕组中通以对称的 m 相电流,则合成磁动势基波幅值为每相脉振磁动势基波幅值的 $m/2$ 倍。

(3) 当三相电流中任意一相电流的瞬时值到达最大值时,三相合成磁动势的幅值,恰好在这一相绕组的轴线上。

可以证明二相对称绕组通入二相对称电流或多相对称绕组通入多相对称电流时,同样会产生圆形旋转磁动势。如果多相绕组通入不对称电流(各相电流振幅不等或各相电流的相角不完全相差 $360°/m$,其中 m 为相数),则产生椭圆旋转磁动势。

思考题与习题

6-1 试述单相绕组、两相绕组和三相绕组各自的特点。

6-2 电角度的意义是什么?它与机械角度之间有怎样的关系?

6-3 定子表面在空间相距 α 电角度的两个导体,它们的感应电动势大小与相位有何关系?

6-4 交流绕组与直流绕组有什么异同?为什么直流绕组的支路数一定是偶数?而交流绕组的支路数可以是奇数?

6-5 为什么交流绕组用短矩和分布的方法可以改善磁动势波形和电动势波形?

6-6 相带是如何定义的?为什么采用 60° 相带分配三相绕组的槽?是否可采用 120° 相带进行分配?为什么?

6-7 为了得到三相对称的基波感应电动势,对三绕组的安排有什么要求?

6-8 为什么交流绕组产生的磁动势既是空间函数,又是时间函数?试分别用单相绕组产生的脉振磁动势和三相绕组产生的旋转磁动势加以说明。

6-9 试分析单相交流绕组和三相交流绕组所产生的磁动势有何区别,与直流电机电枢磁动势又有何区别。

6-10 削弱谐波电动势的方法有哪些?

6-11 三相交流电机线电压中是否有三次谐波?为什么?为什么三相交流发电机的定子绕组一般都用星形连接?

6-12 一个脉振磁动势可以分解成两个磁动势行波,试说明这两个行波的特点。

6-13　一个脉振磁动势分解成两个旋转磁动势,这时脉振磁动势在空间还是矩形波吗?

6-14　在维修三相异步电动机的定子绕组时,若把每相的匝数适当增加,则气隙中每极磁通将如何变化?

6-15　如果给一个三相对称绕组的各相通入大小和相位均相同的单相交流电流 $i = I_m \sin \omega t$,求合成磁动势的基波幅值和转速。

6-16　某一台三角形接线的交流电机的定子对称三相绕组,电机运行时有一相绕组断线,则产生的基波磁动势是什么性质的磁动势?

6-17　已知一个元件的两个元件边电动势分别为 $\dot{E}_1 = 10 \angle 0°$、$\dot{E}_2 = 10 \angle 150°$,求这个元件的短距系数 k_{y1}、k_{y5}。

6-18　将 3 个相邻元件串联成一个元件组,元件电动势分别为 $40 \angle 0°$、$40 \angle 20°$、$40 \angle 40°$,求这个元件的电动势及分布系数 k_f。

6-19　有一单层交流绕组,$Z_1 = 36$,$2p = 4$。试画出:

(1) 电动势星形图;

(2) 各元件等节距时的 A 相绕相的同心式绕组展开图。

6-20　有一单层三相绕组,$Z_1 = 24$,$2p = 4$。试:

(1) 画出支路数 $a = 2$ 的 A 相单层对称绕组展开图;

(2) 计算出绕组系数。

6-21　一台四极三相异步电机的定子槽数 $Z = 36$,试计算基波和五次谐波、七次谐波磁动势的分布系数。

6-22　某台三相异步电动机接在 50 Hz 的工作电网上,每相感应电动势的有效值 $E_1 = 350$ V,定子绕组的每相每个支路串联匝数 $N_1 = 312$,绕组系数 $k_{N1} = 0.96$,求每极磁通 Φ_m。

交流电机基础.ppt

第7章 三相异步电动机原理

异步电动机的用途十分广泛,它遍及各个生产部门,容量从几十瓦到几兆瓦。在工厂和家庭中随处可以看到异步电动机,如它在轧钢厂中被用来拖动小型轧机,在相关工厂中用来拖动卷扬机和鼓风机。异步机之所以用得如此广泛,主要原因是它结构简单、造价低廉和维修方便,并有较好的工作特性。但是异步电动机也存在着功率因数低、调速性能不够好等缺点。随着变频技术的发展,异步电动机的调速性能已大大改善。

7.1 三相异步电动机的结构和工作原理

7.1.1 三相异步电动机的结构

异步电机由定子和转子两部分组成。定子和转子之间有气隙,为了减小励磁电流,提高功率因数,气隙应做得尽可能小。按不同的转子结构,异步电动机分为笼型异步电动机和绕线转子异步电动机两种。这两种电动机的定子结构完全一样,仅转子结构不同。

1. 定子的结构

异步电动机的定子由定子铁心、定子绕组和机座等组成。定子铁心是电机磁路的一部分,一般由喷有绝缘漆的 0.5 mm 硅钢片叠压而成,采用硅钢片的原因是其可以减少铁损耗,同时绝缘漆可以减少铁心的涡流损耗。定子铁心的内圆上开有很多个定子槽,用来安放三相对称绕组,有引出 3 根线的,也有引出 6 根线的,可以根据需要连接成星形或三角形。机座的作用主要是固定定子铁心,因此除考虑强度外,还要考虑通风和散热的需要。图 7.1.1 是笼型异步电动机定子的外观图,图 7.1.2 是笼型异步电动机的纵向结构图。

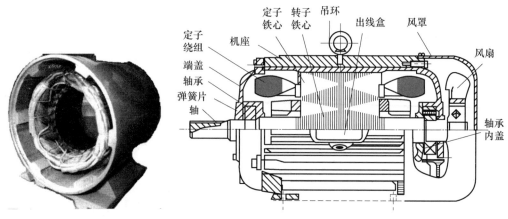

图 7.1.1 笼型异步电动机定子的外观图   图 7.1.2 笼型异步电动机的纵向结构图

2. 转子的结构

异步电动机的转子由转子铁心、转子绕组和转轴等组成。转子铁心也是磁路的一部分，一般由 0.5 mm 硅钢片叠成，铁心与转轴必须可靠地固定，以便传递机械功率。转子绕组分绕线型和笼型两种，绕线型转子铁心的外圆周上也布满着槽，槽内安放着转子绕组。绕线型转子为三相对称绕组，常连接成星形，3 条出线通过轴上的 3 个滑环及压在其上的 3 个电刷把电路引出。这种电动机在启动和调速时，可以在转子电路中串入外接电阻，或进行串级调速。绕线转子异步电动机的转子绕组连接示意图如图 7.1.3 所示。

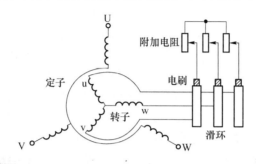

图 7.1.3　绕线转子异步电动机的绕组连接示意图

笼型转子绕组是由槽内的导条和端环构成的多相对称闭合绕组，有铸铝式和插铜条式两种结构。铸铝式转子的导条、端环和风扇是一起铸出的，结构简单，制造方便，常用于中、小型电动机。插铜条式转子的所有铜条与端环焊接在一起，形成短路绕组。如果把笼型转子的铁心去掉单看绕组部分，其形似鼠笼，如图 7.1.4 所示。

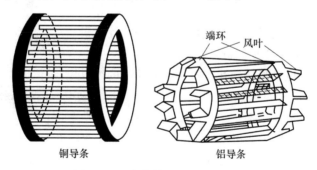

图 7.1.4　去掉铁心后的笼型转子

7.1.2　三相异步电动机的工作原理

这里简单说明异步电动机是怎样旋转起来的。异步电动机的定子上装有三相对称绕组，通入三相对称交流电流后，在电机气隙中产生一个旋转磁场。这个旋转磁场的转速称为同步转速 n_1，它和定子电流的频率 f_1 以及电机的极对数 p 有关，即

$$n_1 = \frac{60f_1}{p} \tag{7-1}$$

异步电动机的转子是一个自身短接的多相绕组。定子旋转磁场切割转子绕组，并在其中产生感生电动势，由于转子绕组短接，因此其中的感生电动势将形成转子电流。转子电流

的方向在大多数导体中与感生电动势方向一致。转子上的载流导体在定子旋转磁场的作用下将形成转矩,它迫使转子转动。说明一这种物理过程的示意图,如图 7.1.5 所示。

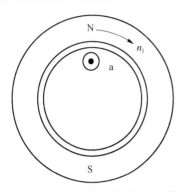

在图 7.1.5 中,用磁极 N 和 S 来表示定子绕组产生的旋转磁场,它沿顺时针方向旋转的转速是 n_1;假定转子上有某一根导体 a,在图示瞬间它正处于 N 极的中心线上。首先考虑转子不转时的情况,根据图 7.1.5 中的磁动势方向和导体 a 的运动方向,利用右手定则,得导体 a 中的电动势方向,它是穿出纸面指向读者的。转子上的载流导体由两个端环短接,假定其产生的导体电流和导体电动势同相,因此图 7.1.5 中的符号⊙也代表导体 a 的电流方向。根据定子磁动势方向和导体 a 的电流方向,利用左手定则可以定出导体 a 的受力方向。显然,导体 a 产生的转矩迫使转子跟着定子

图 7.1.5 异步电动机转子载流导体和
转矩示意图

旋转磁场旋转。随着转子转速的增大,定子旋转磁场切割转子导体的转速越来越小,只要转子转速低于气隙旋转磁场的转速,转子导体和气隙旋转磁场之间会有相对运动,转子导体中就会产生电流,并形成电磁转矩,这就是异步电动机的工作原理。

异步电动机的转子导体中本来没有电流,转子中的导体电流是靠切割旋转磁场产生的,所以转子中的电流是感应出来的,因此异步电动机也称为感应电动机。

7.1.3　三相异步电动机的铭牌数据

和直流电动机一样,异步电动机的机座上也有一个铭牌,铭牌上标注着额定数据。以下是三相异步电动机铭牌上主要的额定数据。

① 额定电压 U_N:电动机额定运行时定子两端加的线电压,单位为 V 或 kV。
② 额定电流 I_N:定子两端加额定电压、轴端输出额定功率时的定子线电流,单位为 A。
③ 额定功率 P_N:电动机额定运行时轴端输出的机械功率,单位为 kW。
④ 额定频率 f_N:标准工业用电的频率。我国标准工业用电的频率(工频)为 50 Hz。
⑤ 额定转速 n_N:电动机在额定电压、额定功率及额定频率下的转速,单位为 r/min。

此外,铭牌上还标有定子绕组相数、连接方法、功率因数、效率、温升、绝缘等级和质量等。绕线型转子异步电动机的铭牌上还标有转子额定电压(指定子绕组加额定电压、转子开路时滑环之间的线电压)和转子额定电流。

7.2　三相异步电动机转子不转时的电磁关系

正常运行的异步电动机的转子总是旋转的。为了便于理解,本章先从转子不转时进行分析,最后再分析转子旋转的情况(参见 7.3 节)。异步电动机从定子(原绕组)电源吸收电功率,通过电磁耦合把功率传送到转子(副绕组)。电磁过程的分析方法与变压器分析方法相似。

7.2.1　转子绕组开路时的电磁关系

1. 磁动势状况

图 7.2.1 是一台绕线型三相异步电动机,定子、转子绕组都是星形连接的,定子绕组接在三相对称电源上,转子绕组开路。图 7.2.1(a)仅仅画出定子、转子三相绕组的连接方式,并在其中标明各有关物理量的正方向。图 7.2.1(b)是定子、转子三相等效绕组在定子、转子铁心中的空间坐标图,此图是从电动机轴向看进去的,应该想象它的铁心和导体都有一定的轴向长度,用 L 表示。需要注意的是,图 7.2.1(a)和图 7.2.1(b)是一致的,只是从不同的角度画出的。

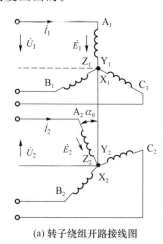
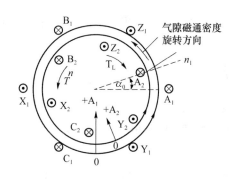

(a) 转子绕组开路接线图　　　　(b) 定子、转子三相等效绕组在定子、转子铁心中的空间坐标图

图 7.2.1　转子开路时,三相绕线异步电动机各物理量的方向

作用在磁路上的励磁磁动势产生的磁通,如图 7.2.2 所示。像双绕组变压器那样,把通过气隙同时链着定子、转子两个绕组的磁通称为主磁通,气隙里每极主磁通量用 Φ_m 表示。把不链转子绕组而只链定子绕组的磁通称为定子绕组漏磁通,简称定子漏磁通,用 $\Phi_{1\sigma}$ 表示。漏磁通主要分为槽部漏磁通、端部漏磁通和由谐波磁动势产生的谐波磁通。气隙是均匀的,励磁磁动势产生的主磁通 Φ_m 所对应的气隙磁通密度,是一个在空间以正弦分布,并且以同步角频率旋转的磁通密度波,同时切割在空间上静止的定子、转子绕组,从而在定子、转子绕组中产生感应电动势。此时,转子绕组开路,转子绕组内无电流,故 $\Phi_{2\sigma}=0$。

定子、转子绕组中产生的感应电动势为

$$\dot{E}_1 = -\mathrm{j}4.44 f_1 N_1 k_{N_1} \dot{\Phi}_m$$
$$\dot{E}_2 = -\mathrm{j}4.44 f_2 N_2 k_{N_2} \dot{\Phi}_m \tag{7-2}$$

其中,$-\mathrm{j}$ 表示电动势在时间上滞后主磁通 Φ_m 90°电角度,当定子、转子绕组的轴线重合时,$\dot{E}_1$ 与 $\dot{E}_2$ 同相位;N_1 为定子绕组的每相串联匝数;N_2 为转子绕组的每相串联匝数;k_{N_1} 和 k_{N_2} 分别是定子、转子绕组系数;f_1 和 f_2 分别是定子、转子电动势的频率,此时 $f_1 = f_2$。

定子、转子绕组中的感应电动势的有效值为

$$E_1 = -\mathrm{j}4.44 f_1 N_1 k_{N_1} \Phi_m$$
$$E_2 = -\mathrm{j}4.44 f_2 N_2 k_{N_2} \Phi_m \tag{7-3}$$

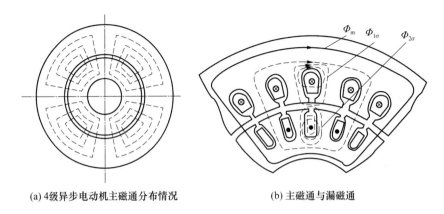

(a) 4级异步电动机主磁通分布情况　　(b) 主磁通与漏磁通

图 7.2.2　电机的磁通

定子、转子绕组中的每相电动势(有效值)之比为

$$k_e = \frac{E_1}{E_2} = \frac{N_1 k_{N_1}}{N_2 k_{N_2}}$$
$$E_1 = k_e E_2 = E_2' \tag{7-4}$$

定子绕组漏磁通 $\Phi_{1\sigma}$ 也是交变磁通,在定子绕组中产生感应漏电动势 $\dot{E}_{1\sigma}$。$\dot{E}_{1\sigma}$ 在时间上滞后于主磁通 Φ_m 90°电角度。

$$\dot{E}_{1\sigma} = -j4.44 f_1 N_1 k_{N_1} \dot{\Phi}_{1\sigma} \tag{7-5}$$

与变压器相似,可以把定子绕组中的感应漏电动势看成定子电流(也称励磁电流)$\dot{I}_0$ 在漏电抗 X_1 上的压降,$\dot{E}_{1\sigma}$ 在时间上滞后 $\dot{I}_0$ 90°电角度,即

$$\dot{E}_{1\sigma} = -j\dot{I}_0 X_1 \tag{7-6}$$

上述电磁过程可用电磁关系示意图表示,如图 7.2.3 所示。

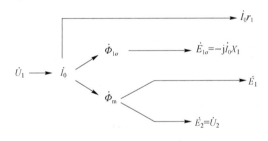

图 7.2.3　转子开路时的电磁关系示意图

2. 电压平衡方程式、等效电路及相量图

由于异步电动机三相对称,所以分析它的等效电路方程式和相量图时可抽出一相来分析。由图 7.2.3 所示的异步电动机转子开路时的电磁关系可知,定子侧一相绕组外加电压 $\dot{U}_1$ 后,绕组中产生励磁电流 $\dot{I}_0$,且它等于定子绕组中各部分的压降之和,分别是电阻压降、漏抗压降(漏磁通引起的电动势)和主磁通产生的电动势。

$$\dot{U}_1 = -\dot{E}_1 + \dot{I}_0 (r_1 + jx_1) = -\dot{E}_1 + \dot{I}_0 Z_1 \tag{7-7}$$

其中,$Z_1 = r_1 + jx_1$,为定子一相绕组漏阻抗。式(7-7)中按照用电惯例规定各量正方向。

和变压器类似,异步电动机的励磁电流 $\dot{I}_0$(转子开路时是空载电流)可分为有功分量 $\dot{I}_{Fe}$(铁损耗电流分量)与无功分量 $\dot{I}_\mu$(磁化电流分量)两部分。有功分量超前主磁通 $\Phi_m 90°$ 电角度,与 $-\dot{E}_1$ 同相。无功分量与 $\dot{\Phi}_m$ 同相,超前 $\dot{E}_1 90°$ 电角度。上述关系可表示为

$$\dot{I}_0 = \dot{I}_{Fe} + \dot{I}_\mu \tag{7-8}$$

与变压器类似,反电动势 $-\dot{E}_1$ 可用励磁阻抗 Z_m 上的压降来表示。其中,电阻 r_m 上消耗的功率等于铁心中的铁损耗,Z_m 上的压降等于电动势 $-\dot{E}_1$。

$$-\dot{E}_1 = \dot{I}_0 (r_m + jx_m) = \dot{I}_0 Z_m \tag{7-9}$$

根据式(7-7)、式(7-8)和式(7-9),可以画出等效电路和时间相量图,如图 7.2.4 所示。异步电动机转子绕组开路时的时间相量图,以磁通 $\dot{\Phi}_m$ 为参考相量(画在横坐标轴上),再根据电压平衡方程式(7-7)画出。

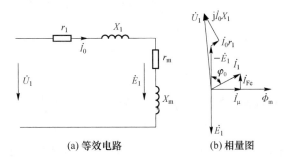

(a) 等效电路　　(b) 相量图

图 7.2.4　转子绕组开路时异步电动机的等效电路图和相量图

必须说明,以上方程式、等效电路和相量图虽然在形式上与变压器一样,但在定量分析时两者却有区别,主要体现在:异步电动机气隙较大,而变压器气隙较小或无气隙,因此异步电动机的励磁电流比变压器大,异步电动机的励磁电流可占额定电流的 20%~50%,而变压器的仅占 5%~10%;异步电机的漏阻抗比变压器大,变压器空载时原绕组的漏阻抗压降不超过额定电压的 0.5%,而异步电机转子开路时漏阻抗压降可达额定电压的 2%~5%。尽管如此,$\dot{I}_0 Z_1$ 仍远小于 E_1,分析异步电动机时,仍可认为 $\dot{U}_1 \approx -\dot{E}_1$,$E$ 正比于 Φ_m。当外加电压和频率不变时,异步电动机仍可按磁通恒定的恒电压系统进行分析。

7.2.2　转子绕组短路并堵转时的电磁关系

正常情况下,转子短路电动机就要旋转,为使电动机停转需使用强制的方法把转子堵住,因此这种状态称为异步电动机的堵转状态。这种状态相当于变压器短路。其接线图如图 7.2.5 所示。

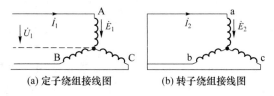

(a) 定子绕组接线图　　(b) 转子绕组接线图

图 7.2.5　异步电动机转子绕组短路并堵转时的接线图

1. 电磁状况

在定子侧加三相对称电压 $\dot{U}_1$ 之后，定子绕组中流过电流 $\dot{I}_1$，转子短路使磁路发生了较大的变化。这时，定子三相对称电流 $\dot{I}_1$ 产生空间旋转磁动势 $\dot{F}_1$，$\dot{F}_1$ 在定子、转子绕组中分别感应出电动势 $\dot{E}_1$ 和 $\dot{E}_2$。旋转磁场的极对数为 p，同步转速为 n_1，不转的转子导体与磁场之间有相对运动，每经过一对磁极，导体中的感应电动势就变化一周，即 $f=pn_1/60$。旋转磁场的转速与电网频率 f_1 之间有 $n_1=60f_1/p$ 的关系，所以感应电动势的频率 $f=\dfrac{p60f_1}{60p}=f_1$，即等于电网频率。转子绕组短接，故转子绕组中有对称的三相电流 $\dot{I}_2$ 流过，建立起旋转磁动势 $\dot{F}_2$。由于此时定子、转子电流有相同的频率及相同的相序，定子、转子极数又相等，所以 $\dot{F}_1$ 与 $\dot{F}_2$ 在电机气隙圆周上同向、同速旋转，两者相对静止，并合成电机气隙圆周上实际存在的磁动势 $\dot{F}_0$。$\dot{F}_0$ 才是在定子、转子绕组中产生电动势的磁动势。因此，磁动势平衡方程为

$$\dot{F}_1+\dot{F}_2=\dot{F}_0 \tag{7-10}$$

定子绕组中流过电流 $\dot{I}_1$，它在定子绕组中产生相应的漏阻抗压降 $\dot{I}_1r_1$ 和 $j\dot{I}_1X_1$。此外，定子绕组中还有由旋转磁动势产生的感应电动势 $-\dot{E}_1$，所以此时的定子电路除电流 $\dot{I}_1$ 比转子开路时的定子电流 $\dot{I}_0$ 大之外，与转子开路时没有区别。由于这时的转子绕组短路，所以旋转磁动势在转子绕组中产生的感应电动势 $\dot{E}_2$ 也类似于定子中的 $\dot{E}_1$，被绕组内部的漏阻抗压降 $\dot{I}_2r_2$ 和 $j\dot{I}_2X_2$ 所平衡。其中，$j\dot{I}_2X_2$ 是转子电流 $\dot{I}_2$ 在转子中产生漏磁通 $\dot{\Phi}_{2\sigma}$ 时所产生的漏电动势 $-\dot{E}_{2\sigma}$，其表示方法同定子的漏电动势 $-\dot{E}_{1\sigma}$。图 7.2.6 是异步电动机转子堵转时定子、转子侧等效电路，其中定子按用电惯例规定正方向，转子按发电惯例规定正方向。电动势平衡方程式为

$$\dot{U}_1=-\dot{E}_1+\dot{I}_1r_1+j\dot{I}_1X_1 \tag{7-11}$$
$$\dot{E}_2=\dot{I}_2r_2+j\dot{I}_2X_2=\dot{I}_2Z_2$$

其中，$Z_2=r_2+jX_2$ 为转子绕组漏阻抗。

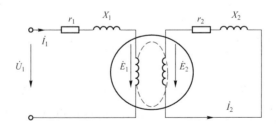

图 7.2.6　异步电动机转子堵转时定子、转子侧等效电路

综上所述，异步电动机转子堵转时的电磁关系示意图可用图 7.2.7 表示。

2. 转子绕组的折算

通常，异步电动机转子对应的相数、每相串联的匝数及绕组系数与定子对应的相数、每相串联的匝数及绕组系数不同。为简化分析和计算，与变压器相似，要找到一个假想的新转

子,让新转子的相数、每相串联匝数及绕组系数与定子完全一致,这样新转子的电动势与定子电动势相等,就可以把转子电路接到定子电路上去,把本来由两个电路和一个磁路组成的异步电动机用一个比较简单的等效电路来代替。要想让这个新转子与实际转子完全等效,就要使新转子产生的磁动势与原转子的磁动势完全一致,这样转子对定子的影响才能不变。因此,转子折算的原则是折算前、后磁动势、功率损耗等关系不变。折算后转子的每相电动势变为 $\dot{E}'_2$,电流变为 $\dot{I}'_2$,转子漏阻抗变为 $Z' = r'_2 + jX'_2$。

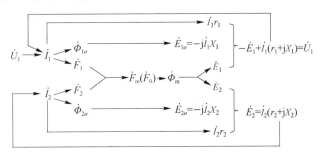

图 7.2.7　异步电动机转子堵转时的电磁关系示意图

3. 电流的折算

根据折算前、后转子磁动势保持不变的条件,有

$$\frac{m_1}{2} \times 0.9 \times \frac{N_1 k_{N_1} I'_2}{p} = \frac{m_2}{2} \times 0.9 \times \frac{N_2 k_{N_2} I_2}{p}$$

故得

$$I'_2 = \frac{m_2 N_2 k_{N_2}}{m_1 N_1 k_{N_1}} I_2 = \frac{I_2}{k_i} \tag{7-12}$$

其中, $k_i = \frac{m_1 N_1 k_{N_1}}{m_2 N_2 k_{N_2}}$ 为定子、转子电流比。

对于绕线型异步电动机,有 $m_1 = m_2 = 3$。对于笼型电动机,有 $m_1 \neq m_2$(详细解释请参考有关书籍)。这里,相数比的物理意义是把 m_2 相的笼型转子在磁动势等效的前提下折算为等效的三相转子,然后就可以接到定子上去了。

4. 电动势的折算

转子电动势的折算应是 $\dot{E}'_2 = \dot{E}_1$,因此有

$$\frac{\dot{E}'_2}{\dot{E}_2} = \frac{\dot{E}_1}{\dot{E}_2} = \frac{4.44 f_1 N_1 k_{N_1} \dot{\Phi}_m}{4.44 f_2 N_2 k_{N_2} \dot{\Phi}_m} = \frac{N_1 k_{N_1}}{N_2 k_{N_2}} = k_e \tag{7-13}$$

折算后的转子电动势 $\dot{E}'_2 = k_e \dot{E}_2$,其中 $k_e = \frac{N_1 k_{N_1}}{N_2 k_{N_2}}$ 称为异步电动机定子、转子电动势比。

5. 阻抗的折算

根据折算前后转子上有功功率不变,即铜损耗保持不变的条件,可得

$$m_1 I_2'^2 r'_2 = m_2 I_2^2 r_2$$

则折算后的转子电阻为

$$r'_2 = \frac{m_2 I_2^2 r_2}{m_1 I_1'^2} = \frac{m_2}{m_1} k_i^2 r_2 = \frac{m_2}{m_1} \left(\frac{m_1 N_1 k_{N_1}}{m_2 N_2 k_{N_2}} \right)^2 r_2 = k_e k_i r_2 \tag{7-14}$$

根据转子漏磁场储能不变的条件,有

$$m_1 I_2'^2 X_2' = m_2 I_2^2 X_2$$

得

$$X_2' = k_e k_i X_2 \qquad (7\text{-}15)$$

折算后的转子功率因数为

$$\varphi_2' = \arctan \frac{X_2'}{r_2'} = \arctan \frac{X_2}{r^2} = \varphi_2 \qquad (7\text{-}16)$$

根据磁动势方程式(7-10),有

$$\frac{m_1}{2} \times \frac{0.9(N_1 k_{N_1} \dot{I}_1)}{p} + \frac{m_1}{2} \times \frac{0.9(N_1 k_{N_1} \dot{I}_2')}{p} = \frac{m_1}{2} \times 0.9 \times \frac{N_1 k_{N_1} \dot{I}_0}{p} \qquad (7\text{-}17)$$

可得电流形式的异步电动机磁动势方程:

$$\dot{I}_1 + \dot{I}_2' = \dot{I}_0$$

6. 折算后的方程式、等效电路和相量图

根据式(7-9)、式(7-11)、式(7-13)、式(7-14)、式(7-15)、式(7-17),转子短路且堵转的异步电动机折算后的基本方程式为

$$\begin{cases} \dot{U}_1 = -\dot{E}_1 + \dot{I}_1 r_1 + j\dot{I}_1 X_1 = -\dot{E}_1 + \dot{I}_1 Z_1 \\ -\dot{E}_1 = \dot{I}_0 (r_m + jx_m) = \dot{I}_0 Z_m \\ \dot{E}_2' = \dot{E}_1 \\ \dot{E}_2' = \dot{I}_2' (r_2' + jX_2') = \dot{I}_2' Z_2' \\ \dot{I}_1 + \dot{I}_2' = \dot{I}_0 \end{cases} \qquad (7\text{-}18)$$

其中,定子侧的输入阻抗为

$$\frac{\dot{U}_1}{\dot{I}_1} = Z_1 + \cfrac{1}{\cfrac{1}{Z_m} + \cfrac{1}{Z_2'}} \qquad (7\text{-}19)$$

根据式(7-18),可以画出异步电动机短路并堵转时的等效电路和相量图,如图 7.2.8 所示。

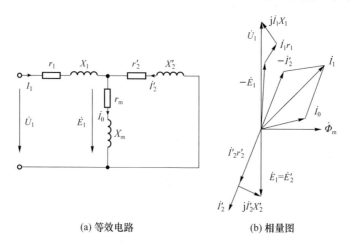

(a) 等效电路   (b) 相量图

图 7.2.8 异步电动机短路并堵转时的等效电路和相量图

7.3   三相异步电动机转子旋转时的电磁关系

7.3.1   转子回路电压方程

正常工作状态下,当三相异步电动机转子以恒定转速 n 旋转时,转子绕组是闭合的。转子回路的电压方程式为

$$\dot{E}_{2s} = \dot{I}_{2s}(r_2 + jX_{2s})\tag{7-20}$$

其中,$\dot{E}_{2s}$ 是转子转速为 n 时,转子绕组的相电动势;$\dot{I}_{2s}$ 是上述情况下转子的相电流;X_{2s} 是转子转速为 n 时,转子绕组一相的漏电抗,注意 X_{2s} 与 X_2 有区别;r_2 是转子一相绕组的电阻。

当转子以恒定转速 n 旋转时,转子绕组的感应电动势、电流和漏电抗的频率(称转子频率)用 f_2 表示,这就和转子不转时的情形大不一样。异步电动机运行时,转子的转向与气隙旋转磁通密度的转向一致,它们之间的相对转速为 $n_2 = n_1 - n$,因此电动机转子上的频率 f_2 为

$$f_2 = \frac{pn_2}{60} = \frac{p(n_1 - n)}{60} = f_1 s\tag{7-21}$$

其中,$s = \dfrac{n_1 - n}{n_1}$ 称为转差率。由于转子频率 f_2 等于定子频率 f_1 乘以转差率 s,因此转子频率 f_2 也称为转差频率。s 为任何值时,式(7-21)的关系都成立。正常运行的异步电动机,转子转速 n 接近于同步转速 n_1,转差率 s 很小。一般 $s = 0.01 \sim 0.05$,因此转子频率 f_2 约为 $0.5 \sim 2.5\ \text{Hz}$。

转子旋转时,转子绕组中的感应电动势为

$$E_{2s} = 4.44 f_2 N_2 k_{N_2} \Phi_m = 4.44 s f_1 N_2 k_{N_2} \Phi_m = sE_2\tag{7-22}$$

其中,E_2 是转子不转时转子绕组中的感应电动势。式(7-22)说明,当转子旋转时,每项感应电动势与转差率 s 成正比。值得注意的是,电动势 E_2 并不是异步电动机堵转时的真正电动势。因为电机堵转时,气隙主磁通 Φ_m 的大小发生变化,式(7-22)中的 Φ_m 是电机正常运行时气隙里每极磁通量,可以是常数。

转子漏电抗 X_{2s} 是转子频率为 f_2 时的漏电抗,它与转子不转时的转子漏电抗 X_2(对应频率 $f_1 = 50\ \text{Hz}$)之间的关系为

$$X_{2s} = 2\pi f_2 L_2 = 2\pi s f_1 L_2 = sX_2$$

忽略集肤效应,转子电阻对频率的变化不敏感,认为电阻不变,$r_{2s} = r_2$。

可见,当转子以不同的转速旋转时,转子的漏电抗 X_{2s} 是个变数,它与转差率 s 成正比。正常运行时,异步电动机的 X_2 远远大于 X_{2s}。

7.3.2   定子、转子磁动势关系

本节对转子旋转时,定子、转子绕组电流产生的空间磁动势进行分析。

当三相异步电动机的转子旋转时,定子绕组里流过的电流由 $\dot{I}_0$ 变为 $\dot{I}_1$,产生旋转磁动势 $\dot{F}_1$,这里仍假设它相对于定子绕组以同步转速 n 旋转,设其方向为 u—v—w(或 A—B—C)。转子转速为 n,转子感应电动势的频率为 $f_2=sf_1$,由于转子电流 $\dot{I}_{2s}$ 也是三相对称电流,它在转子绕组中也产生一个旋转磁动势 $\dot{F}_2$,显然,$\dot{F}_2$ 在转子上同定子相序 A—B—C 的方向以 $n_2=60f_2/p$ 的速度旋转。从而可知,$\dot{F}_2$ 与定子的相对转速为

$$n_2+n=60f_2/p+n=sn_1+n=\frac{n_1-n}{n_1}n_1+n=n_1 \tag{7-23}$$

可见,无论 n 为何值,转子的旋转磁动势 $\dot{F}_2$ 与定子的旋转磁动势 $\dot{F}_1$ 总是同速同向旋转,两个磁动势相对静止。这一结论十分重要,对于任何正常运行的电机都是适用的。两个磁动势在空间中相对静止,最终它们形成一个合成磁动势 $\dot{F}_1$,$\dot{F}_1$ 才是在定子、转子绕组中感应电动势对应的实际磁动势。这一磁动势平衡方程式可写成

$$\dot{F}_1=\dot{F}_0-\dot{F}_2 \tag{7-24}$$

异步电机磁动势平衡的概念也与变压器相似。假定电机原本运行在理想空载状态,电机轴上没加负载,并假定空载转矩非常小,可以忽略,那么总的阻转矩为 0,转子转速可以达到同步转速,即旋转磁场转速 n_1。由于此时转差率为 0,所以转子电动势 $\dot{E}_{2s}$ 和转子电流 $\dot{I}_{2s}$ 也都为 0,因此磁动势 $\dot{F}_2$ 也为 0,电机只有励磁磁动势,即 $\dot{F}_1=\dot{F}_0$。如果电机轴上加上一定负载,转子转速就要下降,随之转差率 s 增大,$\dot{E}_{2s}$ 和 $\dot{I}_{2s}$ 也增大,产生转子磁动势 $\dot{F}_2$,它力图使磁通 Φ_m 减小,从而使感应电动势 E_1 减小。与变压器一样,由于定子漏阻抗很小,无论是空载情况还是负载情况均可认为 $-\dot{E}_1=\dot{U}_1$,所以只要 $\dot{U}_1$ 不变,$\dot{E}_1$ 就基本不变,这样磁路中的磁通 $\dot{\Phi}_m$ 和合成磁动势 $\dot{F}_0$ 也就基本不变。因此,当转子磁动势 $\dot{F}_2$ 出现时,定子磁动势必须增大一个 $\dot{F}_2$ 与之平衡,以保证合成磁动势 $\dot{F}_0$ 不变。于是,定子电流也相应增加,定子将从电网吸收更多的电能转换成机械能,以满足负载增大的需要。这与变压器的磁动势平衡方程式的概念相似。

7.3.3　转子绕组的折算

经分析,转子电流频率 f_2 的大小仅仅影响转子旋转磁动势 F_2 相对于转子的转速,而 F_2 与定子的相对转速永远为 n_1,与 f_2 的大小无关。另外,定子、转子之间仅通过磁动势相联系,图 7.3.1 是转子旋转时异步电动机的一相电路等效电路图。由于转子旋转时的转子电动势与定子电动势不仅数值上不等,频率也不相同,若把转子电路折算后接到定子上去,使二者之间有电的联系,就要进行两步折算:首先进行频率折算,把 f_2 折算为 f_1;然后把频率为 f_1 的转子电动势、电流和阻抗折算到定子上。这样,经过两步折算的 $\dot{E}_2'$ 才与 E_1 完全相等,转子电路才能接到定子电路上去。

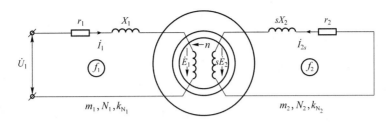

图 7.3.1　转子旋转时异步电动机的一相电路等效电路图

异步电动机转子电路频率 f_2 的折算,实质上就是在磁场不变的情况下,用一个静止的假想转子(频率为 f_1)来代替真实转子(频率为 f_2)。或者说,保持电磁性能不变指两方面:一是折算前、后转子磁动势 F_2 相对定子的转速、转向和幅值与空间相位保持不变;二是折算前、后转子绕组的有功功率、无功功率和铜损耗均保持不变。

已知无论转子是转还是不转,转子磁动势 F_2 的转速和转向均与同步转速相同,所以当转子由转动折算成转子不动时,F_2 的转速和转向不发生变化,因此只要使 F_2 的幅值和空间相位不变就可以了。

为了保持折算前、后转子磁动势 F_2 的幅值相等,要求不转时的等效转子电流有效值与旋转时的实际转子电流有效值相等。

为了保持折算前、后转子磁动势与定子磁动势的空间相位不变,应使转子的阻抗角保持不变。因为合成磁动势的空间位置与电流的时间相位存在严格不变的关系,保持阻抗角不变就能使电流与电动势的相位差保持不变,从而使转子磁动势与定子磁动势的空间相位关系保持不变。

当转子绕组短接时,实际转子旋转时的相电流为

$$\dot{I}_{2s}=\frac{\dot{E}_{2s}}{r_2+jX_{2s}}=\frac{s\dot{E}_2}{r_2+jsX_2} \tag{7-25}$$

将式(7-25)中的分子和分母同除以 s,得到

$$\dot{I}_2=\frac{\dot{E}_2}{r_2/s+jX_2}=\dot{I}_{2s} \tag{7-26}$$

阻抗角为

$$\varphi_2'=\arctan\frac{X_2}{r_2/s}=\arctan(sX_2/r_2)=\arctan(X_{2s}/r_2)=\varphi_2$$

式(7-26)是一个变换后的等式,同变换前的式(7-25)相比物理意义有所不同,$\dot{I}_{2s}$ 和 $\dot{I}_2$ 有效值相等,它们与各自电动势的相位差也相同,两者产生的 F_2 完全一致。式(7-25)是转子转动时的转子电流,其频率为 f_2,而式(7-26)却对应转子不转时的转子电流,频率为 f_1。因此,图 7.3.1 所示的转子转动时异步电动机的一相电路等效电路图,可以折算成图 7.3.2 所示的转子不转时异步电动机的一相电路图,两个电路产生的 F_2 完全一致。

在完成频率折算之后,电动机已变成一个等效的、转子不转的电机。下面还要进行第二步折算,即把转子电路折算到定子电路上去。折算方法与转子不转时异步电动机的折算完全相同。折算后的有关参数分别为 $\dot{E}_2'$、$\dot{I}_2'$、r_2'、X_2',此时对应频率 f_1。折算后的转子各参量为

$$\begin{cases} \dot{I}_2' = I_2/k_i \\ r_2' = k_e k_i r_2 \\ X_2' = k_e k_i X_2 \\ \dot{E}_2' = k_e k_i \\ \dot{E}_2' = k_e E_2 = E_1 \end{cases} \tag{7-27}$$

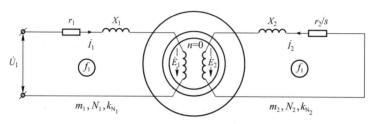

图 7.3.2　频率折算后异步电动机的一相电路图

转子旋转时的基本方程式为

$$\begin{cases} \dot{U}_1 = -\dot{E}_1 + \dot{I}_1(r_1 + jX_1) \\ -\dot{E}_1 = \dot{I}_0(r_m + jX_m) \\ \dot{I}_1 = \dot{I}_0 - \dot{I}_2' \\ \dot{E}_2' = \dot{I}_2'(r_2'/s + jX_2') \end{cases} \tag{7-28}$$

例 7-1　一台三相绕线型异步电动机,其定子绕组加频率为 50 Hz 的工频电压,转子绕组开路电动势 $E_{2N} = 260$ V(已知转子绕组为星形连接),转子电阻 $r_2 = 0.06\ \Omega$,$X_2 = 0.2\ \Omega$,电动机的额定转差率 $s_N = 0.04$。求电动机额定运行时:

(1) 转子电路的频率 f_2;

(2) 转子电动势 E_{2s_N};

(3) 转子电流 I_{2s_N}。

解　(1) 转子电路的频率为

$$f_2 = s_N f_1 = 0.04 \times 50 = 2\ \text{Hz}$$

(2) 额定运行时的转子电动势(相电动势)为

$$E_{2s_N} = s_N E_2 = 0.04 \times \frac{260}{\sqrt{3}} \approx 6\ \text{V}$$

其中,$E_{2N} = 260$ V 是线电动势,除以 $\sqrt{3}$ 变成相电动势。

(3) 额定运行时的转子电流为

$$I_{2s_N} = \frac{E_{2s_N}}{Z_2} \approx \frac{6}{0.06} = 100\ \text{A}$$

其中,$Z_2 = \sqrt{r_2^2 + (s_N X_2)^2} = \sqrt{0.06^2 + (0.04 \times 0.2)^2} \approx 0.06\ \Omega$

7.3.4　异步电动机的等效电路及相量图

由式(7-28)可以得出图 7.3.3 所示的异步电动机折算后的等效电路及图 7.3.4 所示的

异步电动机 T 型等效电路。与变压器等效电路做对应理解,可以更清楚地反映电动机内部的能量关系,可把转子电阻 r_2'/s 分成两部分,即 $\dfrac{r_2'}{s}=r_2'+r_2'(1-s)/s$。由于异步电动机定子漏阻抗 Z_1 不是很大,所以定子电流从空载到额定负载,在 Z_1 上的压降比 U_1 小得多,可以认为 $U_1\approx-E_1$,如外加电压 U_1 恒定,主磁通 Φ_m 和相应的励磁电流 $I_m(=I_0)$ 基本是常数。

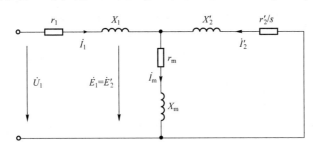

图 7.3.3　异步电动机折算后的等效电路

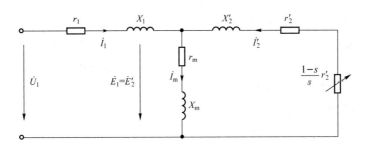

图 7.3.4　异步电动机 T 型等效电路

根据图 7.3.4 可以画出异步电动机负载时的相量图,如图 7.3.5 所示。这里取 $\dot{\Phi}_m$ 在水平位置,作为参考相量,由于有铁损耗,励磁电流 $\dot{I}_m$ 超前于 $\dot{\Phi}_m$ 一个铁损耗角 α_{Fe};$\dot{I}_2'$ 滞后于 $\dot{E}_2'$ 的角度为

$$\varphi_2=\arctan(sX_2'/r_2)$$

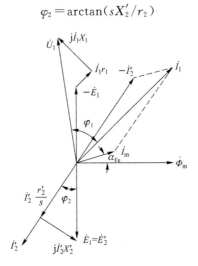

图 7.3.5　异步电动机负载时的相量图

此外,图 7.3.4 是复阻抗串、并联电路,计算比较麻烦。为简化计算,在要求精度不是很高的情况下,也常用图 7.3.6 所示的异步电动机 Γ 型简化等效电路,这一电路把励磁回路前移直接接到电源电压 $\dot{U}_1$ 上去,也就是用 $\dot{U}_1$ 加在 Z_m 上产生的励磁电流,代替 T 型等效电路中的励磁电流。替换后的励磁电流略有增加,但误差并不大。

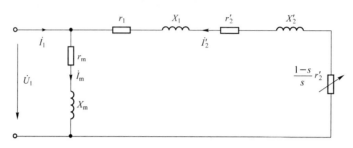

图 7.3.6 异步电动机 Γ 型简化等效电路

例 7-2 一台星形连接的六极三相异步电动机,额定容量(功率)$P_N = 400\ \text{kW}$,额定电压 $U_{1N} = 3\,000\ \text{V}$,额定转速 $n_N = 975\ \text{r/min}$,每相参数为 $r_1 = 0.42\ \Omega$,$X_1 = 2\ \Omega$,$r_2' = 0.45\ \Omega$,$X_2' = 2\ \Omega$,$r_m = 4.67\ \Omega$,$X_m = 48.7\ \Omega$。试分别用两种等效电路求定子电流、转子电流、励磁电流、功率因数、输入功率和效率。

解 (1)用 T 型等效电路计算

① 额定负载时的转差率

n_1 的求法:根据 $f_1 = 50\ \text{Hz}$,$n_1 = 60f_1/p$,且极对数 p 只能取 $1,2,3,\cdots$,所以对应的 n_1 是 $3\,000,1\,500,1\,000,\cdots$。取与 $n_1 - n_N$ 差最小的 n_1:

$$s_N = \frac{n_1 - n_N}{n_1} = \frac{1\,000 - 975}{1\,000} = 2.5\%$$

② 等效电路的总阻抗

$$Z = Z_1 + \frac{\left(\dfrac{r_2'}{s_N} + jX_2'\right)Z_m}{\left(\dfrac{r_2'}{s_N} + jX_2'\right) + Z_m} = (0.42 + j2) + \frac{\left(\dfrac{0.45}{0.025} + j2\right) \times (4.67 + j48.7)}{\left(\dfrac{0.45}{0.025} + j2\right) + (4.67 + j48.7)} \approx 17.25\angle 30.4° \ \Omega$$

③ 定子相电压为 $\dfrac{3\,000}{\sqrt{3}} \angle 0°\ \text{V}$ 时的定子电流

$$\dot{I}_1 = \frac{\dot{U}_{1N}/\sqrt{3}}{Z} = \frac{3\,000/\sqrt{3}}{17.25\angle 30.4°} \approx 100.41\angle -30.4°\ \text{A}$$

④ 定子功率因数

$$\cos\varphi_1 = \cos 30.4° \approx 0.863(\text{滞后})$$

⑤ 定子输入功率

$$P_1 = \sqrt{3}\,U_1 I_1 \cos\varphi_1 = \sqrt{3} \times 3\,000 \times 100.41 \times 0.863 \approx 450\,267\ \text{W}$$

⑥ 电机效率

$$\eta = \frac{P_2}{P_1} = \frac{400 \times 10^3}{450\,267} \approx 88.8\%$$

⑦ 转子电流

$$\dot{I}'_2 = -\dot{I}_1 \frac{Z_m}{\left(\frac{r'_2}{s} + jX'_2\right) + Z_m} = -100.41\angle 30.4° \times \frac{4.67 + j48.7}{\left(\frac{0.45}{0.025} + j2\right) + (4.67 + j48.7)} \approx 88\angle 168.21°\, \text{A}$$

⑧ 励磁电流

$$\dot{I}_m = \dot{I}_1 \frac{\frac{r'_2}{s} + jX'_2}{\left(\frac{r'_2}{s} + jX'_2\right) + Z_m} = 100.41\angle 30.4° \times \frac{\frac{0.45}{0.025} + j2}{\left(\frac{0.45}{0.025} + j2\right) + (4.67 + j48.7)} \approx 32.74\angle -89.97°\, \text{A}$$

（2）用 Γ 型简化等效电路计算

① 转子电流

$$\dot{I}'_2 = -\frac{\dot{U}_1}{r_1 + jX_1 + \left(\frac{r'_2}{s} + jX'_2\right)} = -\frac{3\,000/\sqrt{3}}{0.42 + j2 + \left(\frac{0.45}{0.025} + j2\right)} \approx 91.89\angle 167.75°\, \text{A}$$

② 励磁电流

$$\dot{I}_m = \frac{\dot{U}_1}{Z_m} = \frac{3\,000/\sqrt{3}}{4.67 + j48.7} \approx 35.4\angle -84.52°\, \text{A}$$

③ 定子电流

$$\dot{I}_1 = \dot{I}_m - \dot{I}'_2 = 35.4\angle -84.52° + 91.89\angle -12.25° \approx 108\angle -30.43°\, \text{A}$$

④ 定子功率因数

$$\cos\varphi_1 = \cos 30.43° \approx 0.862（滞后）$$

⑤ 定子输入功率

$$P_1 = \sqrt{3}U_1 I_1 \cos\varphi_1 = \sqrt{3} \times 3\,000 \times 108 \times 0.862 \approx 483\,741\, \text{W}$$

⑥ 电机效率

$$\eta = \frac{P_2}{P_1} = \frac{400 \times 10^3}{483\,741} \approx 82.7\%$$

由以上计算看出，用 Γ 型简化等效电路得到的定子电流、转子电流和励磁电流比 T 型等效电路大些，而效率低些。

7.4 三相异步电动机的功率传递与电磁转矩

7.4.1 三相异步电动机的功率传递与功率方程式

与直流电动机相似，异步电动机也是机电能量转换装置。下面根据异步电动机的 T 型等效电路来分析它的功率传递关系及各部分损耗。图 7.4.1 用 T 型等效电路及功率流程图画出了功率传递关系。

电动机正常工作时，从电网吸收的总电功率就是它的总输入功率 $P_1 = m_1 U_{1P} I_{1P} \cos\varphi_1$。其中，$m_1$ 是定子相数；U_{1P}、I_{1P} 分别是定子的相电压和相电流；$\cos\varphi_1$ 是定子的功率因数。

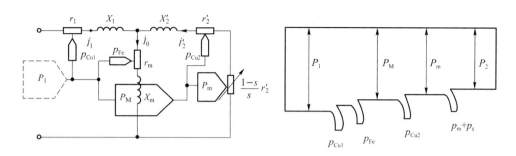

图 7.4.1　功率传递关系

P_1 进入电动机后,首先在定子上遭到两小部分损耗:一部分损耗是定子铜损耗,其功率为 $p_{\mathrm{Cu1}}=m_1 I_1^2 r_1$;另一部分损耗是铁损耗,它主要由定子铁心中的磁滞和涡流损耗组成,在等效电路上正是 r_{m} 上损耗的有功功率,这部分功率为 $p_{\mathrm{Fe}}=m_1 I_0^2 r_{\mathrm{m}}$。总的输入功率 P_1 减去定子铜损耗和铁损耗后,余下的部分就是通过磁场和气隙传到转子上的电磁功率 P_{M},即转子等效电路上的有功功率,或电阻 r_2'/s 上的有功功率。由等效电路可知:

$$P_{\mathrm{M}}=P_1-p_{\mathrm{Cu1}}-p_{\mathrm{Fe}}=m_1 I_2'^2\Big(r_2'+\frac{1-s}{s}r_2'\Big)=m_1 I_2'^2\frac{r_2'}{s}=m_1 E_2' I_2' \cos\varphi_2 \tag{7-29}$$

其中,φ_2 是转子回路的功率因数角。电磁功率 P_{M} 进入转子后,在转子电阻上产生转子铜损耗 $p_{\mathrm{Cu2}}=m_1 I_2'^2 r_2'$。因为异步电动机正常工作时的转子频率很低,实际转子铁损耗很小,可以忽略,因此电磁功率减掉转子铜损耗,余下部分全部转换为机械功率,称为总机械功率,用 P_{m} 表示。

$$P_{\mathrm{m}}=P_{\mathrm{M}}-p_{\mathrm{Cu2}}=m_1 I_2'^2 r_2'\frac{1-s}{s} \tag{7-30}$$

它是转子旋转时对应的功率。可由等效电路得出机械功率 P_{m} 与电磁功率的关系:

$$P_{\mathrm{m}}=m_1 I_2'^2 r_2'\frac{1-s}{s}=(1-s)m_1 I_2'^2\frac{r_2'}{s}=(1-s)P_{\mathrm{M}} \tag{7-31}$$

即总机械功率为电磁功率 P_{M} 与转差功率 sP_{M} 之差,转差功率正好是转子的铜损耗。因为

$$P_{\mathrm{M}}=m_1 I_2'^2\frac{r_2'}{s}=\frac{1}{s}p_{\mathrm{Cu2}}$$

$$p_{\mathrm{Cu2}}=sP_{\mathrm{M}} \tag{7-32}$$

总机械功率并没有由轴头全部输出到生产机械,在此之前还要减去机械损耗 p_{m} 和附加损耗 p_{s}。机械损耗主要由电机的轴承摩擦损耗和风阻摩擦损耗构成,对于绕线转子异步电动机,机械损耗还包括电刷摩擦损耗。附加损耗是由磁场中的高次谐波磁通和漏磁通等引起的损耗,这部分损耗在小电机中能占到满载时额定功率的 $1\%\sim3\%$,在大型电机中所占的比例小些,通常在 0.5% 左右。总机械功率 P_{m} 减掉机械摩擦损耗 p_{m} 和附加损耗 p_{s} 之后,才是电机轴头输出到生产机械的功率 P_2,因此有

$$P_2=P_{\mathrm{m}}-p_{\mathrm{m}}-p_{\mathrm{s}} \tag{7-33}$$

7.4.2　三相异步电动机的电磁转矩和转矩平衡关系

异步电动机的电磁转矩 T 是由转子电流 I_2 与主磁通 Φ_{m} 相互作用产生电磁力而形成

的总转矩。从转子产生机械功率的方面出发,它等于异步电动机的总机械功率 P_m 除以转子旋转的角速度 Ω。

$$T = \frac{P_m}{\Omega} \tag{7-34}$$

如果把 $P_m = (1-s)P_M$ 和 $\Omega = (1-s)\Omega_1$ 代入式(7-34),有

$$T = \frac{P_m}{\Omega} = \frac{(1-s)P_M}{(1-s)\Omega_1} = \frac{m_1 I_2'^2 r_2'/s}{2\pi f1/p} \tag{7-35}$$

这里,Ω_1 是旋转磁场的角速度,也称同步角速度。由式(7-35)可以看出,电磁转矩也可以用电磁功率 P_M 除以同步角速度 Ω_1 获得。

下面推导电磁转矩的物理表达式。旋转磁场的角速度 $\Omega_1 = 2\pi f_1/p$,再由式(7-29)所示的电磁功率 P_M 表达式,可得

$$T = \frac{P_M}{\Omega_1} = \frac{m_1 E_2' I_2' \cos\varphi_2}{2\pi f_1/p} = \frac{p}{2\pi f_1} m_1 \times 4.44 f_1 k_{N_1} N_1 \Phi_m I_2' \cos\varphi_2 = C_T' \Phi_m I_2' \cos\varphi_2 \tag{7-36}$$

其中,$C_T' = \frac{p}{\sqrt{2}} m_1 k_{N_1} N_1$,为异步电动机的转矩常数;电流 I_2' 的单位为 A;主磁通 Φ_m 的单位为 Wb;电磁转矩 T 的单位为 N·m。式(7-36)与直流电动机的电磁转矩表达式很相似。

当异步电动机带动负载在稳态运行时,从力学的角度上看,有 3 个转矩作用在这个拖动系统上。使拖动系统转动的是电磁转矩 T,它是转子电枢在磁场中受力产生的转矩。除这一拖动转矩外,系统上还有两个阻转矩。一个阻转矩是负载转矩 T_m,它是被拖动负载对转子的阻转矩,在数值上等于异步电动机的输出转矩 T_2,因此它也等于输出功率 P_2 除以转子角速度 Ω,即

$$T_m = T_2 = \frac{P_2}{\Omega} \tag{7-37}$$

另一个阻转矩是电机的空载摩擦转矩 T_0,即电机风阻摩擦损耗、轴承摩擦损耗及附加损耗等对应的空载阻转矩,在数值上等于机械损耗与附加损耗之和除以转子角速度,即

$$T_0 = \frac{p_m + p_s}{\Omega} \tag{7-38}$$

因此,电机在稳态运行时,转矩的平衡关系式为

$$T = T_m + T_0 \quad 或 \quad T = T_2 + T_0 \tag{7-39}$$

也可以将对应的功率方程式(7-33)两边同除以转子角速度 Ω 得到式(7-39)。

例 7-3　已知电机参数同例 7-2,又知机械损耗 $P_m = 4$ kW 和附加损耗 $p_s = 2$ kW,试计算定子和转子铜损耗、定子铁损耗、总机械功率、轴上输出转矩、空载转矩及电磁转矩。

解　定子铁损耗:

$$p_{Fe} = 3 I_m^2 r_m = 3 \times (32.74)^2 \times 4.67 \approx 15\,017 \text{ W}$$

定子铜损耗:

$$p_{Cu1} = 3 I_1^2 r_1 = 3 \times (100.41)^2 \times 0.42 \approx 12\,704 \text{ W}$$

转子铜损耗:

$$p_{Cu2} = m_1 I_2'^2 r_2' = 3 \times (88.44)^2 \times 0.45 \approx 10\,559 \text{ W}$$

总机械功率:

$$P_m = P_2 + p_m + p_s = 400\,000 + 4\,000 + 2\,000 = 406\,000 \text{ W}$$

电磁功率：

$$P_{\mathrm{M}} = P_{\mathrm{m}} + p_{\mathrm{Cu2}} = 406\ 000 + 10\ 559 = 416\ 559\ \mathrm{W}$$

轴上输出转矩：

$$T_2 = \frac{P_2}{\Omega} = \frac{P_2}{\frac{2\pi}{60} \times 975} = \frac{400 \times 10^3}{102.1} \approx 3\ 917.73\ \mathrm{N \cdot m}$$

空载转矩：

$$T_0 = \frac{p_{\mathrm{m}} + p_{\mathrm{s}}}{\Omega} = \frac{4\ 000 + 2\ 000}{102.1} \approx 58.77\ \mathrm{N \cdot m}$$

电磁转矩：

$$T = T_2 + T_0 = 3\ 917.73 + 58.77 = 3\ 976.5\ \mathrm{N \cdot m}$$

也可以用对应功率除以对应角速度的方法计算电磁转矩。

7.5 三相异步电动机的工作特性

异步电动机的工作特性是指在定子电压、频率均为额定值时，电动机的转速、定子电流、功率因数、电磁转矩、效率分别与输出功率的关系，即在 $U_1 = U_{\mathrm{N}}$、$f_1 = f_{\mathrm{N}}$ 时，n、I_1、$\cos \varphi_1$、T、η 分别同 P_2 的关系。对于中、小型电动机，其工作特性可以用直接加负载的办法测得。而大容量电动机因受设备的限制，通常由空载和短路实验测出电机的参数，然后再利用等效电路计算出工作特性。

7.5.1 工作特性的分析

图 7.5.1 所示为异步电动机的工作特性曲线，分别介绍如下。

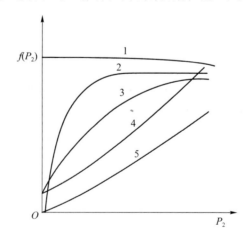

图 7.5.1 异步电动机的工作特性

1. 转速特性

当电动机空载时，输出功率 P_2 为 0，电动机的电磁转矩只用于克服空载转矩 T_0。此时,转子电流、转子铜损耗很小,可忽略;转差率 s 很小,接近于 0,电动机的转速接近同步转速 n_1。随着负载的增加,P_2 增大,转子电动势、转子电流均增大,从而产生大的电磁转矩来平衡负载转矩。相应的转速有所下降,但下降不多;转差率的增加量并不很大。当 $P_2 = P_N$ 时,s_N 增大到 $0.015 \sim 0.05$。转速特性 $n = f(P_2)$ 是一条稍微向下倾斜的近似直线的曲线,如图 7.5.1 中的第 1 条曲线所示。

2. 定子电流特性

根据公式 $\dot{I}_1 = \dot{I}_0 - \dot{I}_2'$,电动机空载时,转子电流 $\dot{I}_2'$ 几乎为 0,定子电流近似等于励磁电流 $\dot{I}_0$。随着负载增加,转速下降,转子电流增大,励磁电流基本不变,定子电流也增大。当 P_2 较大时,定子电流几乎随 P_2 按正比例增加。定子电流特性 $I_1 = f(P_2)$ 如图 7.5.1 中的第 4 条曲线所示。

3. 定子功率因数特性

空载时,$\dot{I}_1 = \dot{I}_0$,空载电流基本上是无功电流,因此功率因数 $\cos \varphi_N$ 很低,不超过 0.2。当负载增大时,定子电流中的有功电流增加,使 $\cos \varphi_N$ 较快地提高。接近额定负载时,$\cos \varphi_N$ 最高。负载再增加时,由于转差率增大,sX_2 加大,转子电流的无功分量有所增加,相应定子电流的无功分量随之增加,$\cos \varphi_N$ 反而略有下降。定子功率因数特性 $\cos \varphi_1 = f(P_2)$ 如图 7.5.1 中的第 3 条曲线所示。

4. 电磁转矩特性

将输出转矩 $T_2 = P_2/\Omega$ 代入式 $T = T_2 + T_0$,可得异步电动机的转矩方程式 $T_2 = P_2/\Omega + T_0$。可以得出,电动机空载时,电磁转矩 $T = T_0$;随着负载增大,P_2 增加,当 P_2 在 $0 \sim P_N$ 之间变化时,s 变化不大,机械角速度 Ω 变化也不大,电磁转矩随 P_2 的变化曲线近似为一条直线。电磁转矩特性 $T = f(P_2)$ 如图 7.5.1 中的第 5 条曲线所示。

5. 效率特性

由效率公式:

$$\eta = \frac{P_2}{P_1} = \frac{P_2}{P_2 + p_{Cu1} + p_{Fe} + p_{Cu2} + p_m + p_s} \tag{7-40}$$

可知,电动机空载时,$P_2 = 0$,$\eta = 0$。随着输出功率 P_2 增加,效率也在增加,但效率的高低取决于损耗在输入功率中所占的比重。损耗中的铁损耗和机械损耗基本不随负载的变化而变化,称为不变损耗;而铜损耗和附加损耗随负载的变化而变化,称为可变损耗。当输出功率增加时,由于可变损耗增加较慢,所以效率上升较快。当可变损耗等于不变损耗时,效率最高,约为 $0.75 \sim 0.94$,此时负载出现在 $(0.7 \sim 1.0)P_N$ 范围内。当超过额定负载时,可变损耗增加很快,因此效率降低。一般来说,电动机容量越大,效率越高。效率特性 $\eta = f(P_2)$ 如图 7.5.1 中的第 2 条曲线所示。电动机的容量选择应适当,保持电动机长期工作在额定负载附近,是一种正确的做法。

7.5.2　工作特性的求取

用直接负载法求取工作特性时,先做空载实验测出异步电动机的铁损耗和机械损耗,再用电桥测出定子电阻。

做负载实验时,保持电源的电压和频率为额定值,先将负载加到 5/4 额定值,再将其减小到 1/4 额定值,分别读取不同负载下的输入功率 P_1、定子电流 I_1 和转速 n(或转差 $n_1 - n$),最后计算出不同负载下的功率因数 $\cos \varphi_1$、电磁转矩 T、效率 η 等,并绘制出工作特性。

7.6 三相异步电动机的参数测定

为了用等效电路计算异步电动机的工作特性,应先知道它的参数。与变压器一样,通过空载和短路(堵转)实验,便可测出异步电动机的 r_1、X_1、r_2'、X_1'、r_m、X_m。

7.6.1 空载实验

空载实验的目的是测励磁参数 r_m、X_m、机械损耗 p_m 和铁损耗 p_{Fe}。实验时,电动机轴上先不带任何负载,对定子施以额定频率的对称三相额定电压,使电机运转一段时间,让机械损耗达到稳定;然后调节外加电压,使其从 $(1.1 \sim 1.3)U_{1N}$ 开始,逐渐降低电压直到电动机转速明显下降,电流开始回升为止。记录几组定子相电压、空载相电流及空载输入功率数据,从而绘出空载特性 $I_0 = f(U_1)$ 及 $P_0 = f(U_1)$,如图 7.6.1 所示。图 7.6.2 为空载时异步电动机的等效电路。

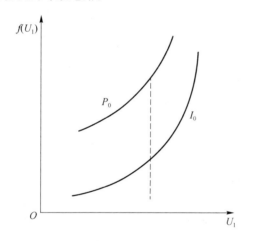
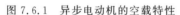
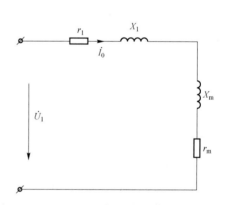

图 7.6.1 异步电动机的空载特性   图 7.6.2 空载时异步电动机的等效电路

异步电动机空载时,转子铜损耗和附加损耗很小,可忽略不计。此时,定子输入功率 P_0 等于定子铜损耗 $m_1 I_0^2 r_1$、铁损耗 p_{Fe} 和机械损耗 p_m 之和,即

$$P_0 = m_1 I_0^2 r_1 + p_{Fe} + p_m \tag{7-41}$$

将输入功率 P_0 减去定子铜损耗 $m_1 I_0^2 r_1$ 后的功率用 p_0' 表示,得出

$$p_0' = P_0 - m_1 I_0^2 r_1 = p_{Fe} + p_m \tag{7-42}$$

在上述损耗中,铁损耗 p_{Fe} 与磁通密度的平方成正比,因此可认为它与 U_1^2 成正比,而机械损耗 P_m 与电压 U_1 无关,只要转速没有大的变化,就可认为 p_m 是个常数。可以算出对应不同电压的 $p_{Fe} + p_m$,并画出曲线,如图 7.6.3 所示。将曲线延长并与纵坐标相交于点 O',

交点的纵坐标就是机械损耗,过点 O' 作一条与横坐标平行的直线,该直线以上的部分就是铁损耗 p_{Fe}。

定子加额定电压 U_1 时,根据空载测得的相电流 I_0 和三相功率 P_0,可以算出

$$\begin{cases} |Z_0| = \dfrac{U_1}{I_0} \\[2mm] r_0 = \dfrac{P_0 - p_{\mathrm{m}}}{m_1 I_0^2} \\[2mm] X_0 = \sqrt{|Z_0|^2 - r_0^2} \end{cases} \quad (7\text{-}43)$$

电动机空载时,$s \approx 0$,从 T 型等效电路可以看出,这时

$$\frac{1-s}{s} r_2' \approx \infty$$

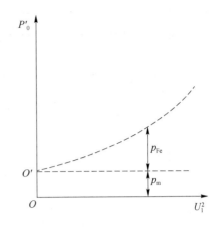

图 7.6.3　$p_0' = F(U_1^2)$ 曲线

由 $X_0 = X_{\mathrm{m}} + X_1$,其中 X_1 可以从短路(堵转)实验中测出,于是励磁电抗为

$$\begin{cases} X_{\mathrm{m}} = X_0 - X_1 \approx X_0 \\[2mm] r_{\mathrm{m}} = r_0 - r_1 \approx r_0 \quad \text{或} \quad r_{\mathrm{m}} = \dfrac{p_{\mathrm{Fe}}}{m_1 I_0^2} \end{cases} \quad (7\text{-}44)$$

异步电动机的定子电阻 r_1 和绕线转子电阻可以由短路实验算出,也可以用加直流电压并测直流电压、直流电流的方法直接测出。但这样算出的是直流电阻,而等效电路中的电阻是交流电阻,因有集肤效应,交流电阻比直流电阻稍大,因此需要加以修正。

7.6.2　堵转实验

堵转实验是在转子堵住不动的情况下,对定子绕组施加不同数值的电压,故又称堵转实验(也称短路实验)。为了在做短路实验时不出现过电流,可把加在异步电动机定子上的电压降低。一般从 $U_1 = 0.4U_{1\mathrm{N}}$ 开始,逐渐降低电压,记录几组定子电压 $U_{1\mathrm{k}}$、定子电流 $I_{1\mathrm{k}}$ 和定子输入功率 $P_{1\mathrm{k}}$,从而画出异步电动机的短路特性 $I_{1\mathrm{k}} = f(U_{1\mathrm{k}})$、$P_{1\mathrm{k}} = f(U_{1\mathrm{k}})$,如图 7.6.4 所示。

异步电动机堵转时,$s = 1$,代表总机械功率的附加电阻 $r_2'(1-s)/s = 0$,由于 $Z_{\mathrm{m}} \gg Z_2'$,有 $I_{\mathrm{m}} \approx 0$,励磁支路近似开路,从而得出堵转实验等效电路,如图 7.6.5 所示。

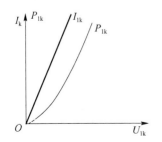

图 7.6.4　异步电动机的短路特性

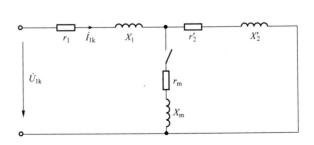

图 7.6.5　堵转实验等效电路

堵转实验时，$n=0$，所以机械损耗 $p_m=0$，又近似认为 $I_m=0$，所以铁损耗 $p_{Fe}=0$，则定子输入功率 P_{1k} 全部变为定子、转子绕组铜损耗。

$$P_{1k}=m_1 I_1^2 r_1+m_1 I_2'^2 r_2' \tag{7-45}$$

由于 $I_m\approx0$，则可认为 $I_2'=I_1=I_{1k}$，所以

$$P_{1k}=m_1 I_{1k}^2(r_1+r_2')=m_1 I_{1k}^2 r_k \tag{7-46}$$

其中 $r_k=r_1+r_2'$，根据短路阻抗数据，可以算出短路阻抗 Z_k、短路电阻 r_k 和短路电抗 X_k。

$$\begin{cases} |Z_k|=\dfrac{U_{1k}}{I_{1k}} \\ r_k=\dfrac{P_{1k}}{m_1 I_{1k}^2}=r_1+r_2' \\ X_k=\sqrt{|Z_k|^2-r_k^2}=x_1+x_2' \end{cases} \tag{7-47}$$

对于大、中型异步电动机，可以认为 $X_1\approx X_2'\approx\dfrac{X_k}{2}$，$r_1=r_2'=\dfrac{r_k}{2}$。对于 100 kW 以下的小型异步电动机，可取 $X_2'\approx0.97X_k$（2、4、6 极），或 $X_2'\approx0.57X_k$（8、10 极）。

例 7-4 星形连接三相笼型异步电动机的额定功率 $P_N=3$ kW，$U_N=380$ V，$I_N=7.25$ A，$n_N=740$ r/min，$r_1=2.01\ \Omega$，频率为 50 Hz。空载实验数据：$U_1=380$ V，$I_0=3.64$ A，$P_0=246$ W，$P_m=11$ W。短路实验数据：$U_{1k}=100$ V，$I_{1k}=7.05$ A，$P_{1k}=470$ W，忽略空载附加损耗，计算参数 r_m、X_m、X_1、X_2' 和 r_2'。

解　(1) 求空载参数
空载阻抗：

$$|Z_0|=\frac{U_N}{\sqrt{3}I_0}=\frac{380}{\sqrt{3}I_0}=\frac{380}{\sqrt{3}\times3.64}\approx60.3\ \Omega$$

空载电阻：

$$r_0=\frac{P_0-p_m}{m_1 I_0^2}=\frac{246-11}{3\times3.64^2}\approx5.91\ \Omega$$

$$X_0=\sqrt{|Z_0|^2-r_0^2}=\sqrt{60.3^2-5.91^2}\approx60\ \Omega$$

(2) 求短路参数
短路阻抗：

$$|Z_k|=\frac{U_{1k}/\sqrt{3}}{I_{1k}}=\frac{100/\sqrt{3}}{7.05}\approx8.19\ \Omega$$

短路电阻：

$$r_k=\frac{P_{1k}}{m_1 I_{1k}^2}=\frac{470}{3\times7.05^2}\approx3.15\ \Omega$$

短路电抗：

$$X_k=\sqrt{|Z_k|^2-r_k^2}=\sqrt{8.19^2-3.15^2}=7.56\ \Omega$$

转子电阻折算值：

$$r_2'=r_k-r_1=3.15-2.01=1.14\ \Omega$$

定子和转子漏抗折算值：

$$X_1\approx X_2\approx\frac{X_k}{2}=\frac{7.56}{2}=3.78\ \Omega$$

（3）求励磁参数

励磁电阻：

$$r_m = r_0 - r_1 = 5.91 - 2.01 = 3.9\ \Omega$$

励磁电抗：

$$X_m = X_0 - X_1 = 60 - 3.78 = 56.22\ \Omega$$

思考题与习题

7-1　三相异步电动机的转子漏电抗是否为常数？为什么？

7-2　三相异步电动机的功率因数在额定电压下与什么有关？

7-3　异步电动机额定运行时，由定子电流产生的旋转磁动势相对于定子的转速是多少？相对于转子的转速又是多少？由转子电流产生的旋转磁动势相对于转子的转速是多少？相对于定子的转速又是多少？

7-4　三相异步电动机的定转子电动势比与定转子电流比有什么不同？

7-5　三相异步电动机的主磁通在定子、转子绕组中感应电动势的大小、相序、相位与什么有关？它在定子 A 相绕组和转子 a 相绕组中所产生的感应电动势的相位关系是固定不变的吗？为什么？这与变压器一相的原、副绕组感应电动势的关系有何不同？

7-6　一台已经选好的异步电动机，其主磁通的大小与什么因素有关？

7-7　异步电动机短路与变压器短路是否相同？

7-8　当三相异步电动机接三相对称电源堵转时，转子电流的相序如何确定？电动势是多少？转子电流产生的磁动势性质如何？其转向和转速如何？

7-9　若三相异步电动机在额定电压下启动，其启动电流是额定运行时的 5 倍，那么启动时电磁转矩是否也为额定电磁转矩的 5 倍？为什么？

7-10　一台三相异步电动机额定运行时的转差率为 0.02，问这时通过气隙传递的功率有百分之几转化为铜损耗？有百分之几转化为总机械功率？

7-11　三相异步电动机的设计频率为 60 Hz，现接在频率为 50 Hz 的电网上运行，设额定电压和输出功率均保持在设计值，问电动机内部的各种损耗、转速、功率因数、效率将有什么变化？

7-12　一台三相异步电动机的定子绕组损坏了，经修复后发现其空载电流比正常值大了 10%。假定磁路不饱和，问将定子线圈匝数增加多少才能使其空载电流达到正常值？并说明这样的处理对电动机其他电磁性能有何影响。

7-13　有一台三相绕组转子异步电动机，定子绕组短路，在转子绕组中通入三相对称交流电流，频率为 f_1，这时旋转磁动势相对转子以同步转速 n_1 沿顺时针方向旋转，问转子转向如何？转差率如何计算？

7-14　异步电动机转子电路中感应电动势的大小、漏电抗的大小、转子电流和转子电动势夹角的大小与转子的转差率有何关系？如果通过集电环从外部给绕线型异步电动机的转子绕组串联上电抗器，其电抗数值会随转子转速改变吗？为什么？

7-15　异步电动机运行时，为什么总是要从电源吸收滞后的无功电流？

7-16　某台三相异步电动机，$P_N=11$ kW，$U_N=380$ V，$f_N=50$ Hz，$n_N=1\,460$ r/min。其定子绕组采用三角形接法，$2p=4$，$\eta_N=89.07\%$，$\cos\varphi_N=0.858$，试求：定子绕组的额定相电流 I_{NP}。

7-17　某台三相感应电动机，$P_N=75$ kW，$U_N=3\,000$ V，$f_N=50$ Hz，$n_N=975$ r/min，$I_N=18.5$ A，$\cos\varphi_N=0.87$。试求：

（1）极数 $2p$；

（2）转差率 s_N；

（3）效率 η_N。

7-18　某台三相八极异步电动机，$f=50$ Hz，$s_N=0.046\,7$。试求：

（1）额定转速 n_N；

（2）额定运行时改变相序瞬间的转差率 s。

7-19　某台三相八极异步电动机，$f=50$ Hz，$s_N=0.043$。试求：

（1）旋转磁动势的转速 n_1；

（2）额定转速 n_N；

（3）转子转速为 700 r/min 时的转差率 s；

（4）$n=800$ r/min 时的转差率 s；

（5）启动瞬时的转差率 s。

7-20　一台三相绕线型异步电动机，额定电压 $U_N=380$ V，额定电流 $I_N=35$ A，定子、转子绕组均为星形连接，每相绕组的匝数和绕组系数为 $N_1=320$，$k_{N_1}=0.945$，$N_2=170$，$k_{N_2}=0.93$。试求：

（1）这台电动机的变比 k_e、k_i；

（2）若转子绕组开路，定子加额定电压，求转子每相感应电动势 E_2；

（3）若转子绕组短路堵转，定子接电源，测得定子电流为额定值，求转子每相电流 I_2（忽略励磁电流）。

7-21　一台三相六极绕线型异步电动机，当定子接到额定电压、转子不转且开路时，每相感应电动势为 110 V，电源频率为 50 Hz。已知电动机的额定转速 $n_N=980$ r/min，转子堵转时的参数 $r_2=0.1$ Ω，$X_2=0.5$ Ω，忽略定子漏阻抗的影响，额定运行时，试求：

（1）转子电流频率 f_2；

（2）转子每相电动势 E_{2s}；

（3）转子每相电流 I_{2s}。

7-22　有一台三相绕线转子异步电动机，定子绕组和转子绕组都是星形连接，$2p=4$，$U_N=380$ V，$f=50$ Hz，$r_1=0.45$ Ω，$X_1=0.45$ Ω，$N_1=200$，$k_{N_1}=0.94$，$r_2=0.02$ Ω，$X_1=0.09$ Ω，$N_2=38$，$k_{N_2}=0.99$，$r_m=4$ Ω，$X_m=24$ Ω，机械损耗和附加损耗为 250 W，转差率为 0.04。试：

（1）求出定子、转子电路之间的阻抗变比 $k_N(=k_i k_e)$；

（2）绘出 T 型等效电路图；

（3）求出输入功率 P_1、输出功率 P_2 和效率 η。

7-23　有一台三相异步电动机，定子绕组和转子绕组都是星形连接，$U_N=380$ V，$n_N=1\,445$r/min，$r_1=1.375$ Ω，$X_1=2.43$ Ω，$r_2=1.047$ Ω，$X_2=4.4$ Ω，$r_m=8.34$ Ω，$X_m=82.6$ Ω，

额定时机械损耗和附加损耗均为 205 W,转差率为 0.04,功率 $P_N=30$ kW。试:

(1) 绘出 T 型等效电路;

(2) 求出额定时的定子电流和功率因数 $\cos\varphi_N$;

(3) 求出输入功率 P_1 和效率 η。

7-24   某台三相感应电动机的定子、转子绕组均为三相,均为星形连接,$U_N=380$ V,$n_N=1\,444$ r/min,$r_1=0.4$ Ω,$X_1=1.0$ Ω,$r_2'=0.4$ Ω,$X_2'=1$ Ω,$r_m=0$ Ω,$X_m=40$ Ω,定子、转子绕组有效匝数比为 4。试求:

(1) 满载时的转差率;

(2) 满载时转子每相电动势和频率;

(3) 总机械功率。

7-25   一台三相异步电动机的数据如下:$P_N=7.5$ kW,$U_N=380$ V,$f_N=50$ Hz,$2p=4$,$\eta_N=89.07\%$,$S_N=0.029$,过载能力 $\lambda_m=T_{max}/T_N=2$。试求电动机的最大电磁转矩。

7-26   某台三相笼型异步电动机的数据如下:$P_N=10$ kW,$U_N=380$ V,定子绕组为三角形连接,$2p=4$,$r_1=1.33$ Ω,$X_1=2.43$ Ω,$r_2=1.12$ Ω,$X_2=4.4$ Ω,$r_m=7$ Ω,$X_m=90$ Ω,机械损耗和附加损耗均为 100 W。试求额定负载时的电动机转速、输出转矩、定子和转子相电流、定子功率因数和电动机效率。

7-27   某台三相笼型异步电动机的数据如下:$P_N=17$ kW,$U_N=380$ V,定子绕组三角形连接,$2p=4$,$r_1=0.715$ Ω,$X_1=1.74$ Ω,$r_2=0.416$ Ω,$X_2=3.03$ Ω,$r_m=6.2$ Ω,$X_m=75$ Ω,机械损耗和附加损耗分别为 139 W 和 323 W。试求额定负载时的转差率。

7-28   一台三相四极笼型异步电动机的额定电压为 220 V,额定频率为 60 Hz,过载能力 $\lambda_m=2.5$,临界转差率为 0.16。现将该机接在 220 V、50 Hz 的电源上,问此时的最大电磁转矩为额定电磁转矩的多少倍?产生最大电磁转矩时的转速为多少?(不计定子电阻、机械损耗和附加损耗)

7-29   一台三相异步电动机的额定数据如下:$U_N=380$ V,$f_N=50$ Hz,$P_N=7.5$ kW,$n_N=962$ r/min,定子绕组为三角形连接,$2p=6$,$\cos\varphi_N=0.827$,$p_{Cu1}=470$ W,$p_{Fe}=234$ W,$p_m=45$ W,$p_s=80$ W。试求:

(1) 额定负载时的转差率;

(2) 额定负载时的转子电流频率;

(3) 额定负载时的转子铜损耗;

(4) 额定负载时的效率;

三相异步电动机原理.ppt

(5) 额定负载时的定子电流。

7-30   一台三相四极笼型异步电动机,$P_N=10$ kW,$U_N=380$ V,定子绕组和转子绕组都是星形连接,$I_N=19.8$ A,测得电阻 $r_1=0.5$ Ω。空载实验的数据如下:$U_1=380$ V,$I_0=5.4$ A,$p_0=0.425$ kW,$p_m=0.08$ kW。短路实验的数据如下:$U_{1N}=130$ V,$I_{1k}=19.8$ A,$p_{1k}=1.1$ kW。求等效电路参数 r_2、X_1、X_2、r_m 和 X_m。

第8章 同步电机

同步电机是一种常用的交流电机。同步电机和直流电机、异步电机一样,也是根据电磁感应原理工作的一种旋转电机。由于它们在稳态能够以恒定转速、恒定频率运行,所以称为同步电机。与异步电机相比,同步电机的特点是转子的转速 n 与定子产生旋转磁场的转速 n_1 相等,且与频率 f 之间具有固定不变的关系,即 $f=pn/60$,或 $n=60f/p$,转速 n 也称为同步速率。正常工作时,若电网的频率不变,则同步电机的转速恒为常值,与负载的大小无关。

同步电机主要用作发电机,亦可用作电动机或补偿机。本章主要介绍同步电机的基本结构、励磁方式以及同步电机的基本原理。

8.1 同步电机的基本结构及简单工作原理

8.1.1 同步电机的基本结构

同步发电机、电动机或补偿机的结构类似,都是由定子和转子两大部分组成的。同步电机的结构可以分为旋转电枢式和旋转磁极式两类。旋转电枢式的电枢装在转子上,主磁极装在定子上,这种结构在小容量同步电机中得到一定的应用。长期的制造和运行经验表明,对于高压、大容量的同步电机,采用旋转磁极式结构比较合理。在旋转磁极式同步电机里,电枢装在定子上,主磁极装在转子上,由于励磁部分的容量和电压通常比旋转电枢式结构小得多,所以电刷和集电环的负荷就大为减轻,工作条件得以改善。目前,旋转磁极式结构已成为中、大型同步电机的基本结构。

在旋转磁极式同步电机中,按照转子主极的形状,同步电机又可分成隐极式和凸极式两种基本形式,如图8.1.1所示。

同步电机转子与异步电机转子有所不同。隐极式同步电机的转子做成圆柱形,气隙为均匀的,通常由整块铸钢制成,在圆周2/3部分铣有槽和齿,槽中有直流励磁绕组,转子圆周上没开槽的1/3部分称为大齿,是磁极的中心区;凸极式转子有明显凸出的磁极,气隙不均匀,磁极的形状与直流机相似,铁心常由普通钢片冲压后叠成,磁极上装有集中直流励磁绕组。由于汽轮机是一种高速原动机,所以汽轮发电机一般采用隐极式结构。水轮机则是一种低速原动机,所以水轮发电机一般采用凸极式结构。同步电动机、由内燃机拖动的同步发电机以及同步补偿机,大多采用凸极式结构,少数二极的高速同步电动机采用隐极式结构。

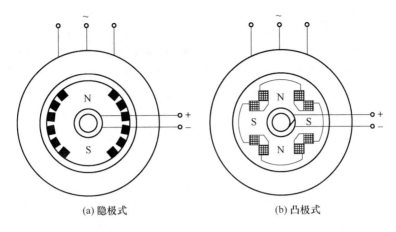

(a) 隐极式　　　　　　　　　　(b) 凸极式

图 8.1.1　同步电机的转子结构

同步电机定子与异步电机定子的结构基本相同,由铁心、电枢绕组、机座和端盖等部分组成。其中,铁心由硅钢片叠成,大型同步电机由于尺寸太大,硅钢片常制成扇形,然后对成圆形;电枢绕组是三相对称绕组,大型高压同步电机对定子绕组的绝缘性能要求较高,常用云母绝缘;机座和端盖的作用与异步电机相同。

以下是同步电动机的一些典型额定数据。

① 额定容量(功率)P_N:电动机轴上输出的机械功率或发电机输出的有功功率。单位为 kW。

② 额定电压 U_N:电动机额定运行时加在定子绕组上线电压,或发电机额定运行时定子输出的线电压。单位为 V 或 kV。

③ 额定电流 I_N:电动机额定运行时定子绕组输入线电流或发电机额定运行时定子输出的线电流。单位为 A。

④ 额定功率因数 $\cos \varphi_N$:电机额定运行时的功率因数。

⑤ 额定转速 n_N:电机额定运行时的转速,单位为 r/min。

⑥ 额定效率 η_N:电机额定运行时的效率。

此外,同步电动机铭牌上还给出了额定频率 f_N(单位为 Hz)、额定励磁电压 U_{fN}(单位为 V)、额定励磁电流 I_{fN}(单位为 A)。

额定容量(功率)、额定电压、额定电流、额定效率、额定功率因数之间的关系如下:

① 对发电机,有

$$P_N = \sqrt{3} U_N I_N \cos \varphi_N$$

② 对电动机,有

$$P_N = \sqrt{3} U_N I_N \eta_N \cos \varphi_N$$

8.1.2　同步电机的简单工作原理

同步发电机的作用是把机械能转变成电能,它由原动机拖动旋转。在转子直流励磁绕组送入直流励磁电流后,转子磁极显固定极性,转子转起来后,磁场切割定子绕组,或者说定子绕组做切割磁力线的运动,三相对称绕组中将感生出三相对称电动势,成为三相交流电源。如果该发电机单独给负载供电时,对频率的要求并不十分严格,则其对原动机的转速要求也不很严格。但现代的发电机很少单独供电,绝大多数都是向共同的大电网供电,这就对同步发电机的频率要求很严格,我国电网频率为 50 Hz,所以发电机发出的电动势频率也必须为 50 Hz。发电机的频率与电网频率不等会造成严重事故,这是绝对不允许的。

同步电动机的工作原理也很容易理解。电动机的作用是把电能转换为机械能,带动生产机械完成生产任务。同步电动机工作时,定子三相绕组接入三相电网,电能由电网送入电动机,这时定子三相对称绕组中流过三相对称电流,将产生圆形旋转磁场。如果转子已经送

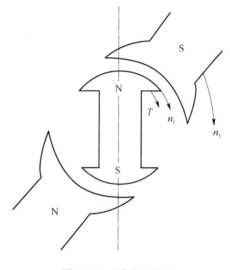

图 8.1.2 同步电动机

入直流励磁电流,并且转子磁极已显固定极性,则旋转磁场的磁极对转子异性磁极的磁拉力牵引转子与旋转磁场同向同速旋转,如图 8.1.2 所示,这就是同步电动机的简单工作原理。由于转子转速与旋转磁场转速相同,则称同步电动机。同步电动机转子转速与旋转磁场的转速必须相等,不能有转速差,因为一有转速差,定子、转子磁极的相对位置就会不断变化:在一段短时间内,定子、转子磁极为异性磁极相吸引,转子受拉力;过 180° 后,定子、转子磁极为同性磁极相排斥,转子受推力。这样交替进行,转子所受平均力矩为 0,电动机不能运转。因此,同步电动机正常工作时转子转速必须与旋转磁场转速相等,形成固定的电磁转矩,才能拖动负载同步旋转。

8.2 同步电动机的电磁特性

8.2.1 同步电动机的磁动势

异步电机主、漏磁通的概念可以应用到同步电机中。同步电动机中,同时交链着定子、转子绕组的磁通为主磁通,主磁通一定通过气隙,其路径为主磁路;只交链定子绕组,不交链转子绕组的磁通为定子漏磁通,漏磁通产生的感应电动势可以用电路在电抗上的电压降来表示。

当同步电动机的定子三相对称绕组接到三相对称电源上时,就会产生三相合成旋转磁动势(或磁动势),简称电枢磁动势,用空间矢量 $\dot{F}_a$ 表示。设电枢磁动势 $\dot{F}_a$ 的转向为逆时针方向,转速为同步转速。

先不考虑同步电动机的启动过程,认为它的转子也是沿逆时针方向以同步转速旋转着,并向转子上的励磁绕组通入直流励磁电流 I_f。由励磁电流 I_f 产生的磁动势称为励磁磁动

势(直流磁动势),用 $\dot{F}_0$ 表示,它也是一个空间矢量。由于励磁电流 I_f 是直流,励磁磁动势 $\dot{F}_0$ 相对于转子而言是静止的,但转子本身以同步转速逆时针方向旋转着,所以励磁磁动势 $\dot{F}_0$ 相对于定子也以同步转速沿逆时针方向旋转。可见,作用在同步电动机主磁路上的一共有两个磁动势,即电枢磁动势 $\dot{F}_a$ 和励磁磁动势 $\dot{F}_0$,二者都以同步转速同向旋转,相对静止,即同步旋转。但是二者在空间中却不一定位置相同,可能是一个在前、另一个在后。

为了简单起见,不考虑电机主磁路的饱和现象,认为主磁路是线性磁路。也就是说,作用在电机主磁路上的各个磁动势,可以认为在主磁路里单独产生磁通,当这些磁通与定子相绕组交链时,单独产生相电动势,最后把相绕组里的各电动势根据基尔霍夫第二定律进行考虑即可。

先考虑励磁磁动势 $\dot{F}_0$ 单独在电机磁路里产生磁通的情况。

在研究磁动势产生磁通之前,先规定两个轴:把转子的一个 N 极和对应 S 极的中心线称为纵轴,或 d 轴;把与纵轴相距 90°空间电角度的轴线称为横轴,或 q 轴,如图 8.2.1 所示。d 轴和 q 轴都随着转子一同旋转。

从图 8.2.1 中可以看出,励磁磁动势 $\dot{F}_0$ 作用在纵轴方向,产生的磁通如图 8.2.2 所示。把励磁磁动势 $\dot{F}_0$ 单独产生的磁通叫作励磁磁通,用 Φ_0 表示,显然 Φ_0 经过的磁路是关于纵轴对称的磁路,并且 Φ_0 随着转子一起旋转。

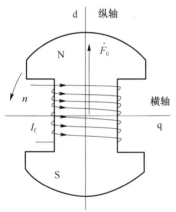

图 8.2.1　同步电机的纵轴与横轴

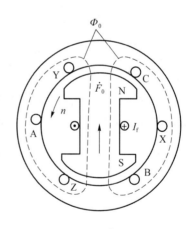

图 8.2.2　由励磁磁动势 $\dot{F}_0$ 单独产生的磁通 $\dot{\Phi}_0$

电枢磁动势 F_a 在主磁路里单独产生的磁通又怎样呢?前面已经说过 F_a 与 F_0 仅仅同步,但不一定位置相同,已经知道 F_0 作用在纵轴方向,只要 F_a 与 F_0 位置不同(包括相反方向),F_a 与 F_0 的作用方向就不同。这样一来就遇到了困难。因为在凸极式同步电机中,沿着定子内圆的圆周方向气隙很不均匀,极面下的气隙小,两极之间的气隙较大。即使知道了电枢磁动势 F_a 的大小和位置,也无法求磁通。这就需要介绍凸极同步电动机的双反应原理。

如果电枢磁动势 F_a 与励磁磁动势 F_0 的相对位置已给定,如图 8.2.3(a)所示,由于电枢磁动势与转子之间无相对运动,可以把电枢磁动势 F_a 分成两个分量:一个分量称为纵轴电枢磁动势,作用在纵轴方向,用 F_{ad} 表示;另一个分量称为横轴电枢磁动势,作用在横轴方

向,用 $\dot{F}_{aq}$ 表示。即

$$\dot{F}_a = \dot{F}_{ad} + \dot{F}_{aq}$$

$\dot{F}_{ad}$ 和 $\dot{F}_{aq}$ 在空间中正交,以同步转速旋转。单独考虑 $\dot{F}_{ad}$ 或 $\dot{F}_{aq}$ 在电机主磁路里产生磁通的情况,即分别考虑纵轴电枢磁动势 $\dot{F}_{ad}$ 和横轴电枢磁动势 $\dot{F}_{aq}$ 单独在主磁路里产生的磁通 Φ_{ad} 和 Φ_{aq},其结果就等于考虑了电枢磁动势 $\dot{F}_a$ 的作用,而 $\dot{F}_{ad}$ 永远作用在纵轴方向,$\dot{F}_{aq}$ 永远作用在横轴方向,尽管气隙不均匀,但对纵轴或横轴来说,都分别为对称磁路。这就给分析带来了方便。这种处理问题的方法,称为双反应原理。

把纵轴电枢磁动势 $\dot{F}_{aq}$ 单独在电机的主磁路里产生的磁通,称为纵轴电枢磁通,用 Φ_{ad} 表示,如图 8.2.3(b)所示。把横轴电枢磁动势 $\dot{F}_{aq}$ 单独在电机的主磁路里产生的磁通,称为横轴电枢磁通,用 Φ_{aq} 表示,如图 8.2.3(c)所示。Φ_{ad}、Φ_{aq} 都以同步转速逆时针方向旋转着。

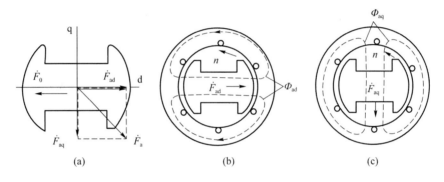

图 8.2.3 电枢反应磁动势及磁通

纵轴、横轴电枢磁动势 $\dot{F}_{ad}$、$\dot{F}_{aq}$ 除了单独在主磁路里产生过气隙的磁通外,分别都要在定子绕组漏磁路里产生漏磁通,图 8.2.3 里没有画出。这里,N 为匝数,k_N 为绕组系数。因此电枢磁动势 $\dot{F}_a$ 的大小为

$$F_a = \frac{3}{2} \times \frac{4}{\pi} \times \frac{\sqrt{2}}{2} \frac{N k_N}{p} I$$

纵轴电枢磁动势 $\dot{F}_{ad}$ 为

$$F_{ad} = \frac{3}{2} \times \frac{4}{\pi} \times \frac{\sqrt{2}}{2} \frac{N k_N}{p} I_d$$

横轴电枢磁动势 $\dot{F}_{aq}$ 为

$$F_{aq} = \frac{3}{2} \times \frac{4}{\pi} \times \frac{\sqrt{2}}{2} \frac{N k_N}{p} I_q$$

若 $\dot{F}_{ad}$ 转到 A 相绕组轴线上,则 i_{dA} 为最大值;若 $\dot{F}_{aq}$ 转到 A 相绕组轴线上,则 i_{qA} 为最大值。显然,$\dot{I}_{dA}$ 与 $\dot{I}_{qA}$ 相差 90° 时间电角度。由于三相对称,只取 A 相,简写为 $\dot{I}_{dA}$ 与 $\dot{I}_{qA}$ 便可。考虑到 $\dot{F}_a = \dot{F}_{ad} + \dot{F}_{aq}$,所以有

$$\dot{I} = \dot{I}_d + \dot{I}_q$$

即把电枢电流 $\dot{I}$ 按相量的关系分成 $\dot{I}_d$ 和 $\dot{I}_q$ 两个分量,其中,$\dot{I}_d$ 产生了磁动势 $\dot{F}_{ad}$,$\dot{I}_q$ 产生了磁动势 $\dot{F}_{aq}$。

8.2.2 凸极式同步电动机的电动势及相量图

1. 凸极式同步电动机的电动势

下面分别考虑电机主磁路里各磁通在定子绕组里产生感应电动势的情况。

不管是励磁磁通 Φ_0 也好,还是各电枢磁通 Φ_{ad}、Φ_{aq} 也好,它们都以同步转速按逆时针方向旋转着,于是都要在定子绕组里产生感应电动势。其中,励磁磁通 Φ_0 在定子绕组里产生的感应电动势用 $\dot{E}_0$ 表示,纵轴电枢磁通 Φ_{ad} 在定子绕组里产生的感应电动势用 $\dot{E}_{ad}$ 表示,横轴电枢磁通 Φ_{aq} 在定子绕组里产生的感应电动势用 $\dot{E}_{aq}$ 表示。

根据图 8.2.4 给出的同步电动机定子绕组各电量正方向,可以列出 A 相回路的电压平衡等式:

$$\dot{E} + \dot{I}(r_1 + jX_1) = \dot{E}_0 + \dot{E}_{ad} + \dot{E}_{aq} + \dot{I}(r_1 + jX_1) = \dot{U} \tag{8-1}$$

其中,r_1 是定子绕组一相的电阻;X_1 是定子绕组一相的漏电抗。

因磁路为线性磁路,E_{ad} 与 Φ_{ad} 成正比,Φ_{ad} 与 $\dot{F}_{ad}$ 成正比,$\dot{F}_{ad}$ 又与 $\dot{I}_d$ 成正比,所以 E_{ad} 与 I_d 成正比。$\dot{I}$ 与 $\dot{E}$ 的正方向相反,故 $\dot{I}_d$ 落后于 E_{ad} 90°时间电角度,于是电动势 $\dot{E}_{ad}$ 可以写成

$$\dot{E}_{ad} = j\dot{I}_d X_{ad} \tag{8-2}$$

同理,$\dot{E}_{aq}$ 可以写成

$$\dot{E}_{aq} = j\dot{I}_q X_{aq} \tag{8-3}$$

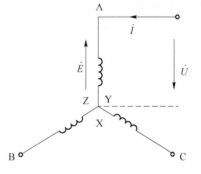

图 8.2.4 同步电动机各电量的正方向(用电惯例)

其中,X_{aq} 称为横轴电枢反应电抗,X_{ad} 称为纵轴电枢反应电抗,X_{ad}、X_{aq} 对同一台电机都是常数。

把式(8-2)和式(8-3)代入式(8-1),得出

$$\dot{U} = \dot{E}_0 + j\dot{I}_d X_{ad} + j\dot{I}_q X_{aq} + \dot{I}(r_1 + jX_1) \tag{8-4}$$

把 $\dot{I} = \dot{I}_d + \dot{I}_q$ 代入式(8-4),得出

$$\dot{U} = \dot{E}_0 + j\dot{I}_d X_{ad} + j\dot{I}_q X_{aq} + (\dot{I}_d + \dot{I}_q)(r_1 + jX_1)$$
$$= \dot{E}_0 + j\dot{I}_d(X_{ad} + X_1) + j\dot{I}_q(X_{aq} + X_1) + (\dot{I}_d + \dot{I}_q)r_1$$

一般情况下,当同步电动机容量较大时,可忽略电阻 r_1,于是

$$\dot{U} = \dot{E}_0 + j\dot{I}_d X_d + j\dot{I}_q X_q \tag{8-5}$$

其中,$X_d = X_{ad} + X_1$,称为纵轴同步电抗;$X_q = X_{aq} + X_1$,称为横轴同步电抗。对同一台电机,X_d、X_q 也都是常数,可以用计算或实验的方法求得。

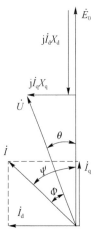

图 8.2.5 $\varphi < 90°$（领先性）时的同步电动机电动势相量图

同步电机要想作为电动机运行,电源必须向电机的定子绕组传输有功功率。从图 8.2.4 规定的电动机用电惯例知道,这时输入电机的有功功率 P_1 必须满足 $P_1 = 3UI\cos\varphi > 0$。这就是说,定子相电流的有功分量 $I\cos\varphi$ 应与相电压 U 同相位。可见,$\dot{U}$ 与 $\dot{I}$ 二者之间的功率因数角 φ 必须小于 $90°$,才能使电机运行于电动机状态。

2. 凸极式同步电动机的电动势相量图

根据式(8-5),当 $\varphi < 90°$（领先性）时,凸极式同步电机运行于电动机状态时的相量图如图 8.2.5 所示。当然,也可以画出 $\varphi > 90°$（落后性）时的相量图。

图 8.2.5 中 $\dot{U}$ 与 $\dot{I}$ 之间的夹角 φ 是功率因数角;$\dot{E}_0$ 与 $\dot{U}$ 之间的夹角是 θ;$\dot{E}_0$ 与 $\dot{I}$ 之间的夹角是 Ψ,并且

$$I_d = I\sin\Psi$$
$$I_q = I\cos\Psi$$

其中,θ 为功率角,这个概念很重要,后面分析时要用到。

可见,对凸极同步电动机的电磁关系研究和其相量图的绘制,是按图 8.2.6 所示的思路进行的,且有 $\varphi = \theta + \varphi$。

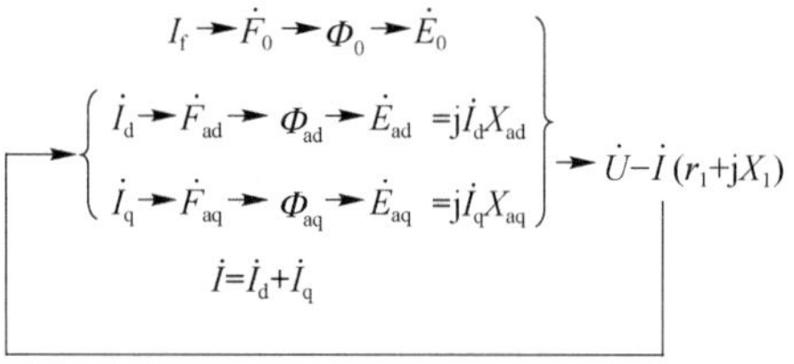

$$
\begin{array}{l}
I_f \rightarrow \dot{F}_0 \rightarrow \Phi_0 \rightarrow \dot{E}_0 \\
\left\{
\begin{array}{l}
\dot{I}_d \rightarrow \dot{F}_{ad} \rightarrow \Phi_{ad} \rightarrow \dot{E}_{ad} = j\dot{I}_d X_{ad} \\
\dot{I}_q \rightarrow \dot{F}_{aq} \rightarrow \Phi_{aq} \rightarrow \dot{E}_{aq} = j\dot{I}_q X_{aq} \\
\dot{I} = \dot{I}_d + \dot{I}_q
\end{array}
\right\} \rightarrow \dot{U} - \dot{I}(r_1 + jX_1)
\end{array}
$$

图 8.2.6 凸极式同步电动机的电磁关系

8.2.3 隐极式同步电动机的电动势及相量图

对于隐极式同步电动机,电机的气隙是均匀的,表现的参数（如纵、横轴同步电抗 X_d、X_q）在数值上彼此相等,即

$$X_d = X_q = X_c$$

其中 X_c 为隐极式同步电动机的同步电抗。

对于隐极式同步电动机,式(8-5)变为

$$\dot{U} = \dot{E}_0 + j\dot{I}_d X_d + j\dot{I}_q X_q = \dot{E}_0 + j(\dot{I}_d + \dot{I}_q)X_c = \dot{E}_0 + j\dot{I}X_c \tag{8-6}$$

图 8.2.7 所示为隐极式同步电动机的电动势相量图。

例 8-1 已知一台隐极式同步电动机的端电压标幺值 $U^* = 1$,电流的标幺值 $I^* = 1$,同步电抗的标幺值 $X_c^* = 1$ 和功率因数 $\cos\varphi = 1$（忽略定子电阻）。试求:

(1) 这种情况下的电动势相量图;

(2) E_0 的标幺值;

(3) θ。

解　(1) 图 8.2.8 所示为这种情况下的电动势相量图。

(2) 从图 8.2.8 可以看出,等边直角三角形斜边长为 $\sqrt{2}$,即 $E_0^* = \sqrt{2}U^* = \sqrt{2}$。

(3) 从图 8.2.8 看出,这种情况下,$\theta = 45°$。

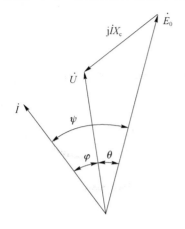

图 8.2.7　隐极式同步电动机的电动势相量图

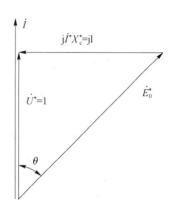

图 8.2.8　例 8-1 的相量图

8.3　同步电动机的功率、转矩和功角特性

8.3.1　功率传递与转矩平衡

同步电动机从电源吸收的有功功率 $P_1 = 3UI\cos\varphi$,在定子绕组处消耗掉小部分的铜损耗 $p_{Cu} = 3I^2 r_1$ 后,其余功率通过气隙传到转子,转变为电磁功率 P_M,即

$$P_1 - p_{Cu} = P_M \tag{8-7}$$

从电磁功率 P_M 里再扣除铁损耗 p_{Fe}、机械摩擦损耗 p_m 和附加损耗 p_s 后,剩余部分转变为电动机轴上的机械功率 P_2 输出给负载,即

$$P_M - p_{Fe} - p_m - p_s = P_2 \tag{8-8}$$

其中,铁损耗 p_{Fe}、机械摩擦损耗 p_m 和附加损耗 p_s 之和称为空载损耗 p_0,即

$$p_0 = p_{Fe} + p_m + p_s \tag{8-9}$$

图 8.3.1 所示为同步电动机的功率流程图。

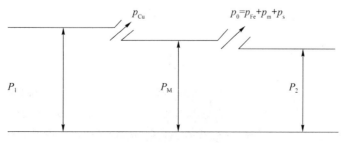

图 8.3.1　同步电动机的功率流程图

如果知道电磁功率 P_M，将式(8-8)同除以同步角速度 Ω_1 就能很容易地算出它的电磁转矩 T，即

$$\frac{P_2}{\Omega_1}=\frac{P_M}{\Omega_1}=\frac{p_0}{\Omega_1}$$

得

$$T_2=T-T_0 \tag{8-10}$$

其中，$\Omega_1=\frac{2\pi n_1}{60}$，$T=\frac{P_M}{\Omega_1}$ 为电磁转矩，T_0 为空载转矩，T_2 为电动机轴上输出转矩，式(8-10)是同步电动机的转矩平衡等式。

例 8-2 已知一台三相六极同步电动机的数据：额定容量 $P_N=250\text{ kW}$，额定电压 $U_N=380\text{ V}$，额定功率因数 $\cos\varphi=0.8$，额定效率 $\eta_N=88\%$，定子每相电阻 $r_1=0.03\ \Omega$，定子绕组为星形连接。试求：

（1）额定运行时，定子输入的电功率 P_1；

（2）额定电流 I_N；

（3）额定运行时的电磁功率 P_M；

（4）额定电磁转矩 T_N。

解 （1）额定运行时，定子输入的电功率为

$$P_1=\frac{P_N}{\eta_N}=\frac{250}{0.88}\approx 284\text{ kW}$$

（2）额定电流为

$$I_N=\frac{P_N}{\sqrt3 U_N\cos\varphi_N}=\frac{250\times10^3}{0.88}\approx284\text{ kW}$$

（3）额定电磁功率为

$$P_M=P_1-3I_N^2 r_1=284-3\times539.4^2\times0.03\times10^{-3}\approx257.8\text{ kW}$$

（4）额定电磁转矩为

$$T_N=\frac{P_M}{\Omega_1}=\frac{P_M}{\frac{2\pi n}{60}}=\frac{257.8\times10^3}{\frac{2\pi\times1\,000}{60}}\approx2\,462\text{ N}\cdot\text{m}$$

下面讨论电磁功率。当忽略同步电动机定子电阻 r_1 时，电磁功率为

$$P_M=P=3UI\cos\varphi$$

从图 8.2.5 可以看出 $\varphi=\Psi-\theta$，其中 Ψ 是 $\dot{E}_0$ 与 $\dot{I}$ 之间的夹角，θ 是 $\dot{U}$ 与 $\dot{E}_0$ 之间的夹角，于是

$$P_M=3UI\cos\varphi=3UI\cos(\Psi-\theta)=3UI\cos\Psi\cos\theta+3UI\sin\Psi\sin\theta$$

从图 8.2.5 可以得到：

$$I_d=I\sin\Psi$$
$$I_q=I\cos\Psi$$
$$I_d X_d=\dot{E}_0-U\cos\theta$$
$$I_q X_q=U\sin\theta$$

考虑以上这些关系，有

$$P_M = 3UI_q\cos\theta = 3UI_d\sin\theta = 3U\frac{U\sin\theta}{X_q}\cos\theta + 3UI\frac{E_0 - U\cos\theta}{X_d}\sin\theta$$

$$= 3\frac{E_0 U}{X_d}\sin\theta + 3U^2\left(\frac{1}{X_q} - \frac{1}{X_d}\right)\cos\theta\sin\theta \tag{8-11}$$

将三角函数关系式 $\sin 2\theta = 2\cos\theta\sin\theta$ 代入式(8-11),得出

$$P_M = 3\frac{E_0 U}{X_d}\sin\theta + \frac{3U^2(X_d - X_q)}{2X_d X_q}\sin 2\theta \tag{8-12}$$

8.3.2 功(矩)角特性

本节讨论功角特性。从式(8-12)可以看出,电磁功率 P_M 的大小与角度 θ 成一定函数关系,即当 θ 角变化时,电磁功率 P_M 的大小也跟着变化。把 $P_M = f(\theta)$ 称为同步电动机的功角特性,用曲线表示,如图 8.3.2 所示。接在电网上运行的同步电动机的电源电压 U、电源频率 f 等都保持不变,如果保持电动机的励磁电流 I_f 不变,那么对应电动势 E_0 也是常数;另外,同步电动机的参数 X_d、X_q 也是常数。

在式(8-12)所描述的凸极式同步电动机的电磁功率 P_M 中,第 1 项与励磁电动势 E_0 成正比,与励磁电流 I_f 的大小有关,是功角 θ 的正弦函数,称为励磁电磁功率;第 2 项与励磁电流 I_f 的大小无关,是由参数 $X_d \neq X_q$ 引起的,即由电机转子是凸极式转子引起的,是 2θ 的正弦函数,这一项的电磁功率称为凸极电磁功率。如果电机的气隙均匀(如隐极式同步电机),$X_d = X_q$,式(8-12)中的第 2 项为 0,即不存在凸极电磁功率。隐极式同步电动机可以看成凸极式同步电动机的特例。

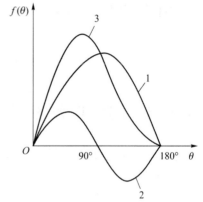

图 8.3.2 凸极式同步电动机的功角、矩角特性

式(8-12)中第 1 项代表的励磁电磁功率是主要的,第 2 项的数值比第 1 项小得多。励磁电磁功率为

$$P_{M励} = 3\frac{E_0 U}{X_d}\sin\theta$$

其中,$P_{M励}$ 与 θ 成正弦变化关系,如图 8.3.2 中的曲线 1 所示。当 $\theta = 90°$时,$P_{M励}$ 最大,用 P'_m 表示,则

$$P'_m = 3\frac{E_0 U}{X_d}$$

凸极电磁功率为

$$P_{M凸} = \frac{3U^2(X_d - X_q)}{2X_d X_q}\sin 2\theta$$

当 $\theta = 45°$时,$P_{M凸}$ 最大,用 P'_m 表示,则

$$P'_m = \frac{3U^2(X_d - X_q)}{2X_d X_q}$$

$P_{M凸}$ 与 θ 的关系,如图 8.3.2 中的曲线 2 所示。图 8.3.2 中的曲线 3 是总的电磁功率与 θ 角之间的关系。可见,总的最大电磁功率 P_{Mm} 对应的 θ 角小于 $90°$。

式(8-12)等号两边同除以同步角速度 Ω_1,得出电磁转矩:

$$T = 3\frac{E_0 U}{\Omega_1 X_d}\sin\theta + \frac{3U^2(X_d - X_q)}{2X_d X_q \Omega_1}\sin 2\theta$$

把电磁转矩 T 与 θ 的变化关系称为矩角特性,与功角特性仅差个比例常数。

由于隐极式同步电动机的参数 $X_d = X_q = X_c$,于是式(8-12)变为

$$P_M = \frac{3E_0 U}{X_c}\sin\theta$$

上式为隐极式同步电动机的功角特性,X_c 是隐极式同步电动机的同步电抗。可见,隐极式同步电动机没有凸极电磁功率这一项。因此,隐极式同步电动机的电磁转矩 T 与 θ 角的关系为

$$T = \frac{3E_0 U}{\Omega_1 X_d}\sin\theta \tag{8-13}$$

在某固定励磁电流条件下,隐极式同步电动机的最大电磁功率 P_{Mm} 与最大电磁转矩 T_m 分别为

$$P_{Mm} = \frac{3E_0 U}{X_c}, \quad T_m = 3\frac{E_0 U}{\Omega_1 X_c}$$

8.3.3 同步电动机的静态稳定运行问题

与异步电动机一样,同步电动机也有静态稳定运行问题。下面以隐极式同步电动机为例,来讲解这一问题。

(1) 当电动机拖动机械负载运行在 $0° < \theta < 90°$ 范围内时,如图 8.3.3(a)所示,电磁转矩 T 与负载转矩 T_L 相平衡,即 $T = T_L$。由于某种原因,负载转矩 T_L 突然增大为 T'_L,根据式(8-13),这时转子要减速使 θ 增大。例如,当 θ 变为 θ_2 时,对应的电磁转矩为 T',如果 $T' = T'_L$,电机就能继续同步运行;如果负载转矩又恢复为 $T = T_L$,电动机的 θ 角就恢复为 θ_1,电动机也能够稳定运行。$0° < \theta < 90°$ 是隐极式同步电动机的稳定工作区。

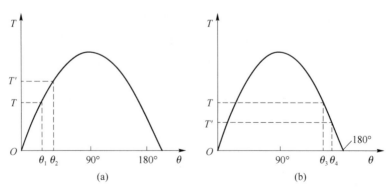

图 8.3.3 同步电动机的稳定运行

（2）当同步电动机带负载运行在 $90° < \theta < 180°$ 范围内时，假设电动机运行于 $\theta = \theta_3$ 处，如图 8.3.3(b) 所示，电磁转矩 T 与负载转矩 T_L 相平衡，即 $T = T_L$。由于某种原因，负载转矩突然增大为 T_L，这时 θ 角要增大，如增大为 θ_4。因 θ_4 对应的电磁转矩 T' 比增大了的负载转矩 T'_L 小，即 $T' < T'_L$，于是电动机的 θ 要继续增大，而其对应的电磁转矩反而变得更小，从而找不到新的平衡点。这样下去的结果是，电机的转子转速会逐渐偏离同步转速，即失去同步，无法工作。可见，当 $90° < \theta < 180°$ 时，隐极式同步电动机不能稳定工作。

定义最大电磁转矩 T_m 与额定转矩 T_N 之比为过载倍数（能力），用 λ_m 表示。为了保证最大同步电动机有一定的过载能力，与异步电动机一样，λ_m 应有一定的数值，即：

$$\lambda_m = \frac{T_m}{T_N} = \frac{\dfrac{3UE_0}{X_d \Omega_1}}{\dfrac{3UE_0 \sin\theta_N}{X_d \Omega_1}} = \frac{1}{\sin\theta_N} = 2 \sim 3.5 \tag{8-14}$$

因此，隐极式同步电动机额定运行时，θ_N 处于 $30° \sim 16.5°$ 范围内。事实上，凸极式同步电动机额定运行时的功率角还要再小些。

当负载改变时，θ 随之变化，就能使同步电动机的电磁转矩 T 或电磁功率 P_M 跟着变化，以达到平衡状态，而电机的转子转速 n 却严格按照同步转速旋转，不发生任何变化，所以同步电动机的机械特性 $n = f(T)$ 为一条直线，是硬特性。

仔细分析同步电动机的原理，发现 θ 有着双重含义：①电动势 $\dot{E}_0$ 与 $\dot{U}$ 之间的夹角，显然是个时间电角度；②产生电动势 $\dot{E}_0$ 的励磁磁动势 $\dot{F}_0$ 与作用在同步电动机主磁路上的合成磁动势（$\dot{F}_0 + \dot{F}_a$）之间的角度，这是个空间电角度。$\dot{F}_0$ 对应着 $\dot{E}_0$，合成磁动势（$\dot{F}_0 + \dot{F}_a$）近似地对应着 $\dot{U}$。可以把合成磁动势（$\dot{F}_0 + \dot{F}_a$）看成等效磁极，由它拖着转子磁极以同步转速 n_1 旋转，如图 8.3.4 所示。如果转子磁极在前，等效磁极在后，即转子拖着等效磁极旋转是同步发电机的运行状态。

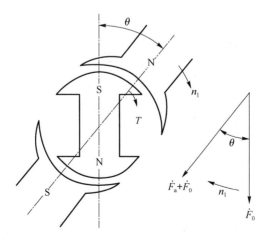

图 8.3.4 同步电机等效磁极与转子磁极

由此可见，同步电机是作电动机运行，还是作发电机运行，要视转子磁极与等效磁极之间的相对位置而定。

8.4　同步电动机的功率因数的调节与 U 形特性曲线

8.4.1　同步电动机的功率因数调节

当同步电动机接在电源上时,认为电源的电压 U 以及频率 f 都不变,维持常数。另外,让电动机拖动的有功负载也保持为常数,仅改变它的励磁电流,就能调节它的功率因数。在分析过程中,忽略电动机的各种损耗。

通过画出不同励磁电流下同步电动机的电动势相量图,可以使问题得到解答。为了简单,采用隐极式同步电动机的电动势相量图来进行分析,所得结论完全可以用于凸极式同步电动机。

同步电动机的负载不变,是指电动机转轴输出的转矩 $T_2(T_L)$ 不变,为了分析简单,忽略空载转矩,这样有 $T=T_2$。当 T_2 不变时,可以认为电磁转矩 T 也不变。根据式(8-13)可知

$$T=\frac{3E_0U}{\Omega_1 X_c}\sin\theta=常数 \tag{8-15}$$

由于电源电压 U、电源频率 f 以及电机的同步电抗等都是常数,当改变励磁电流 I_f 时,电动势 E_0 的大小会跟着变化,但必须满足式(8-15)。

$$E_0\sin\theta=常数$$

当负载转矩不变时,也可认为电动机的输入功率 P_1 不变(因为忽略了电机的各种损耗),于是

$$P_1=3UI\cos\varphi=常数$$

在电压 U 不变的条件下,必有

$$I\cos\varphi=常数 \tag{8-16}$$

式(8-16)说明了电动机定子边的有功电流,应维持不变。

图 8.4.1 是根据式(8-15)和式(8-16)这两个条件画出的 3 种不同励磁电流 I_f、I_f'、I_f'' 对应的电动势 E_0、E_0'、E_0'' 的电动势相量图,其中

$$I_f''<I_f<I_f'$$

所以

$$E_0''<E_0<E_0'$$

从图 8.4.1 中看出,不管如何改变励磁电流的大小,为了满足式(8-16),电流 $\dot I$ 末端的轨迹总是在与电压 $\dot U$ 垂直的虚线上;为了满足式(8-15),$\dot E_0$ 末端的轨迹总是在与电压 $\dot U$ 平行的虚线上。因此,当改变励磁电流 I_f 时,同步电动机功率因数变化的规律如下。

(1)当励磁电流和正常励磁电流相等时,定子电流 $\dot I$ 与 $\dot U$ 同相,称为正常励磁状态,如

图 8.4.1 中的 $\dot{E}_0$、$\dot{I}$。这种情况下运行的同步电动机像个纯电阻负载,功率因数 $\cos\varphi_N=1$。

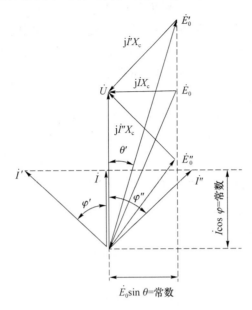

图 8.4.1 负载不变时,仅改变励磁电流的电动势相量图

(2)当励磁电流比正常励磁电流小时,称为欠励状态,如图 8.4.1 中的 $\dot{E}_0''$ 和 $\dot{I}''$。这时 $E_0'<U$,定子电流 $\dot{I}''$ 滞后于 $\dot{U}$ 的角度为 φ''。同步电动机除了从电网吸收有功功率,还要从电网吸收滞后性的无功功率。这种情况下运行的同步电动机像个电阻电感负载。继续减小励磁电流,E_0 会变得更小,θ、φ 增大,定子电流 I 增大。当 $\theta=90°$ 时有最大输出转矩和最大输出功率,已达到稳定工作极限,若再减小励磁电流,同步电动机将进入不稳定工作区。电网本来就供应着如异步电动机、变压器等这种需要滞后性无功功率的负载,现在欠励的同步电动机也需要滞后性的无功功率,这就加重了电网的负担,所以同步电动机很少采用这种运行方式。

(3)当励磁电流比正常励磁电流大时,称为过励状态,如图 8.4.1 中的 $\dot{E}_0'$ 和 $\dot{I}'$。这时 $\dot{E}_0'>U$,定子电流 $\dot{I}'$ 领先 $\dot{U}$ 的角度为 φ'。同步电动机除了从电网吸收有功功率,还要从电网吸收领先性无功功率。这种情况下运行的同步电机,像个电阻电容负载。可见,过励状态下的同步电动机对改善电网的功率因数有很大的好处。

总之,改变同步电动机的励磁电流,能够改变它的功率因数,这点是三相异步电动机办不到的。所以,当同步电动机拖动负载运行时,一般要过励,或至少运行在正常励磁状态下,即不会让它运行在欠励状态。过励状态既可以输出机械功率,又可以向电网提供一定数量的无功功率,能够对其他设备所需的无功功率进行补偿。

例 8-3 某企业变电所的变压器容量为 1 000 kV·A,二次电压为 6 000 V。已用的容量为有功功率 400 kW,无功功率 400 kvar(感性)。现在企业要增加一台较大的设备,要求电动机功率为 500 kW,转速在 370 r/min 左右。根据生产机械的要求,由产品目录中查出的可供选择的异步电动机和同步电动机分别为:①Y500—6/1430 笼型异步电动机,$P_N=500$

kW，$U_N = 6\,000$ V，$I_N = 67$ A，$n_N = 370$ r/min，$\cos \varphi_N = 0.78$，$\eta_N = 0.92$；②TDKl73/20—16 同步电动机，$P_N = 550$ kW，$U_N = 6\,000$ V，$I_N = 64$ A，$n_N = 375$ r/min，$\eta_N = 0.92$。试计算选用异步电动机时变压器需要输出的视在功率，不增加变电所容量是否可行。选用同步电动机时，调节 I_f 向电网提供的无功功率，调到 I_1 额定时，求同步电动机输入的有功功率、向电网提供的无功功率和电动机此时的功率因数，再求出此时电源变压器的有功功率、无功功率及视在功率。

解 （1）选用异步电动机时，它正好运行在额定状态。

① 异步电动机输入的有功功率：

$$P_1 = \sqrt{3} U_1 I_1 \cos \varphi_1 = \sqrt{3} \times 6\,000 \times 67 \times 0.78 \approx 543.1 \text{ kW}$$

② 异步电动机从电网吸收的无功功率：

$$Q = \sqrt{3} U_1 I_1 \sin \varphi_1 = \sqrt{3} \times 6\,000 \times 67 \times 0.625\,8 \approx 435.7 \text{ kvar}$$

③ 变压器输出的总有功功率：

$$P = 400 + 543.1 = 943.1 \text{ kW}$$

④ 变压器输出的总无功功率：

$$Q = 400 + 435.7 = 835.7 \text{ kvar}$$

⑤ 变压器的总视在功率：

$$S = \sqrt{P^2 + Q^2} = \sqrt{943.1^2 + 835.7^2} \approx 1\,260 \text{ kV} \cdot \text{A}$$

由此可见，选用异步电动机时，视在功率已超过变压器容量，如不采取措施就不能正常工作。

（2）选用同步电动机时，假定输出功率仍为 500 kW，效率仍为 0.92。

① 同步电动机从电网吸收的有功功率：

$$P_1 = P_2 / \eta_N = \frac{500}{0.92} \approx 543.5 \text{ kW}$$

② 调节 I_f 使 I_1 达到额定值，此时电动机的视在功率：

$$S = \sqrt{3} U_N I_N = \sqrt{3} \times 6\,000 \times 64 \approx 665.1 \text{ kV} \cdot \text{A}$$

③ 同步电动机向电网提供的无功功率：

$$Q = \sqrt{S^2 - P^2} = \sqrt{665.1^2 - 543.5^2} \approx 383.4 \text{ kvar}$$

④ 同步电动机的功率因数：

$$\cos \varphi = \frac{P}{S} \approx 0.817 (\text{超前})$$

⑤ 变压器输出的总有功功率：

$$P = 543.5 + 400 = 943.5 \text{ kW}$$

⑥ 变压器的无功功率：

$$Q = 400 - 383.4 = 16.6 \text{ kvar}$$

⑦ 变压器的视在功率：

$$S = \sqrt{P^2 + Q^2} = \sqrt{943.5^2 + 16.6^2} \approx 943.6 \text{ kV} \cdot \text{A}$$

可见，选用同步电动机时，由于补偿了无功功率，变压器的视在功率并未超过变压器容量,因此可以工作,不用增加变压器容量。

8.4.2　同步电动机的 U 形特性曲线

从图 8.4.1 可以看出,在 3 种不同的励磁电流下,只有正常励磁时,定子电流最小;过励或欠励时,定子电流都会增大。把定子电流 I 的大小与励磁电流 I_f 的大小的关系 $I = f(I_f)$ 用曲线表示,如图 8.4.2 所示。由于定子电流变化曲线呈 U 字形,故称 U 形特性曲线。当电动机带有不同的负载时,就对应有一组 U 形曲线。输出功率越大,在相同的励磁电流条件下,定子电流越大,所得 U 形曲线就会往右上方移动。图 8.4.2 中各条 U 形曲线对应的功率关系为 $P_2''' > P_2'' > P_2'$。

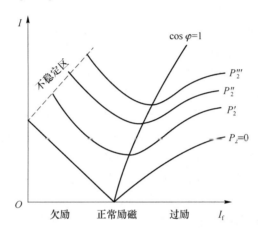

图 8.4.2　同步电动机的 U 形特性曲线

每条 U 形曲线对应的定子电流都有一最小值,这时定子仅从电网吸收有功功率,功率因数 $\cos \varphi = 1$。把这些最小值点连起来,构成 $\cos \varphi = 1$ 的线,它微微向右倾斜,说明输出为纯有功功率时,输出功率增大,励磁电流必须相应地增加。

$\cos \varphi = 1$ 线的左边是欠励区,右边是过励区。当同步电动机带了负载时,减小励磁电流,电动势 E_0 减小,P_M 与 E_0 成正比。当 P_M 小到一定程度时,θ 超过 $90°$,电动机就失去同步,如图 8.4.2 中虚线所示的不稳定区。从这个角度看,同步电动机也不能运行于欠励状态。

同步电动机功率因数可调的原因不妨简单地理解为同步电动机的磁场是由定子边电枢反应磁动势 $\dot{F}_a$ 和转子边励磁磁动势 $\dot{F}_0$ 共同建立的:①当转子边欠励时,定子边需要从电源输入滞后的无功功率建立磁场,定子边便具有滞后性的功率因数;②当转子边正常励磁时,不需要定子边提供无功功率,定子边便呈纯电阻性,$\cos \varphi = 1$;③当转子边过励时,定子边反而要吸收领先性无功功率,定子边便具有领先性的功率因数。因此,同步电动机功率因数呈电感性、电阻性,还是电容性,完全可以通过人为地调节励磁电流、改变励磁磁动势的大小来实现。

8.5 同步电动机的启动

长期以来,同步电动机启动困难是限制其广泛应用的一个重要原因。由同步电动机模型可知,它在正常工作时是靠合成磁场对转子磁极的磁拉力牵引转子同步旋转的,转子转速只有在与合成磁场同步时才有稳定的磁拉力,形成一定的同步转矩。同步转矩能使同步电动机正常旋转,但在非变频启动中它却无能为力,这是因为同步转矩是功角 θ 的函数。在非变频启动过程中,转子转速与旋转磁场转速不等,功角 θ 在 $0°\sim360°$ 之间不断变化:当 θ 在 $0°\sim180°$ 之间时,定子、转子磁极相吸引,转矩起拖动作用;当 θ 在 $180°\sim360°$ 之间时,定子、转子磁极相排斥,转矩起制动作用,θ 角变化一个周期的平均转矩为 0。由于无法使电动机加速,所以当同步电动机恒频率启动时,启动转矩为 0,不能依靠同步转矩,必须采取其他措施。同步电动机有如下 3 种启动方法。

第一种启动方法是辅助电动机法。通常是用一台与同步电动机极数相同的小型异步电动机,把同步电动机拖动到异步转速,然后投入电网,加入直流,靠同步转矩把转子牵入同步。这种启动方法投资大、不经济且占地面积大,不适合带负载启动,所以用得不多,个别用于启动同步补偿机。

第二种启动方法是变频启动法。这是一种性能很好的启动方法,启动电流小,对电网冲击小,它要求有为同步电动机供电的变频电源。变频启动是在启动之前将转子加入直流,然后使变频器的频率从 0 开始缓慢上升,旋转磁场牵引转子缓慢地同步加速,直到额定转速。这种启动方法只要有变频电源就能够实现。现在,除应用变频调速的变频电源对同步电动机进行启动外,还有专门用于启动同步电动机的变频电源,这种电源把电动机启动起来,投入电网后,变频电源即被切除,因此它可以用一台变频电源分时启动多台同步电动机。这样的变频电源只在启动时应用,所以它的容量可比同步电动机小得多。

第三种启动方法是异步启动法。这是同步电动机采用的一种方法,启动过程分为两个阶段,即异步启动阶段和牵入同步阶段。

下面仅对第三种启动方法进行分析。

(1) 异步启动阶段

同步电动机转子上装有笼型绕组,能够在启动的第一阶段把转子加速到正常的异步转速,这一转速通常大于同步转速的 95%,也称为准同步转速。同步电动机的异步启动过程与笼型电动机的启动过程完全一样,只是同步电动机的笼条可以细些,容量可以小些。这是因为同步电动机的笼型绕组只在异步启动阶段起作用,在同步运行时不切割磁场,不产生感应电动势,也无电流通过,在同步电动机出现振荡时,笼型绕组感生的瞬时电流起稳定作用。

与异步电动机启动一样,同步电动机在异步启动阶段也要求有足够大的启动转矩倍数,有尽量小的启动电流倍数以及有一定的过载能力。此外,为了能够顺利地牵入同步,也要求在准同步转速下有一定的转矩,把它称为牵入转矩。

不同的生产机械对启动有不同的要求,如风机、水泵类机械对启动转矩要求不高,但希望有较大的牵入转矩,球磨机则对启动转矩有较高的要求。与笼型电动机启动一样,同步电动机异步启动时,可以直接启动,也可以减压启动,这要根据具体情况而定。

在异步启动过程中,如何处理转子直流励磁绕组也是一个值得注意的问题。这时它不能加入直流励磁电流,原因是如果加入直流励磁电流,随着转速的上升,转子磁极在定子绕组中能感生出一个频率随转速变化的三相对称电动势,这个电动势的频率与电网电压的频率不相同,它通过电源变压器二次绕组构成回路,产生很大的电流,这一电流与定子绕组启动电流按瞬时叠加,使定子电流过大,这是不允许的。在异步启动过程中,直流励磁绕组也不能开路,因为直流绕组匝数很多,正常运行时旋转磁场并不切割它,而在启动过程中,特别是在低速时,旋转磁场以很高的速度切割直流励磁绕组,在其上感生出很大的电动势,容易击穿绕组绝缘,对操作人员的人身安全也构成一定的威胁,这也是不允许的。

在异步启动过程中,如果把直流励磁绕组直接短路,将产生单轴转矩。假定这时定子旋转磁动势转速为 n_1,转子转速为 n,那么旋转磁场切割转子的速度为 n_1-n,旋转磁场在转子直流励磁绕组中的感应电动势频率为 $f_2=P(n_1-n)/60=sf_1$,这与异步机的情形相同,这一电动势在直流励磁绕组中产生频率为 f_2 的单相短路电流。根据磁动势理论,它将在旋转着的转子上产生一个脉振磁动势,把这一脉振磁动势再分成两个大小相等、方向相反的旋转磁动势 F_{r+} 和 F_{r-},分别看它们在启动过程中所起的作用。

正序磁动势 F_{r+} 在转子上继续向前旋转,它对转子的转速为 $\Delta n=60f_2/P=sn_1$,所以 F_{r+} 对定子的转速为 $n+\Delta n=n+sn_1=n+n_1(n_1-n)/n=n_1$。可见,$F_{r+}$ 与定子旋转磁动势同速、同向旋转,并产生固定的转矩,这与正常的异步电动机一样,画出 $T_+=f(n)$ 的曲线,如图 8.5.1 中曲线 1 所示。

负序磁动势 F_{r-},以 $\Delta n=sn_1$ 的速度在转子上向反方向旋转,它对定子的转速为 $n_-=n-sn_1=n_1-2sn_1=n_1(1-2s)$。可见,$F_{r-}$ 的转速是随 s 而变化的,它与定子旋转磁场转速不等,产生小的周期性变化转矩,平均转矩为 0。所以 F_{r-} 对定子旋转磁场的作用可以不必考虑,但由于 F_{r-} 在气隙中旋转切割定子三相绕组,在定子绕组中感生出一组与电网不同频率的三相对称电动势,它在定子三相绕组及供电变压器二次绕组中形成三相对称电流,这组三相对称电流产生的旋转磁场,与 F_{r-} 同速、同向旋转,两者相对静止,形成了一个反装的异步电动机(转子为原绕组,定子为副绕组),产生的转矩用 T_- 表示,T_- 随 s 的变化曲线 $T_-=f(s)$,如图 8.5.1 中的曲线 2 所示。当 $1>s>0.5$(或 $0<n<0.5n_1$)时,F_{r-} 的转速 $n_1(1-2s)$ 为负,它试图拉着定子反向旋转,但定子不动,其反作用转矩把转子推向前进,所以在这个转速范围里 T_- 对转子起拖动作用,使转子加速,T_- 为正。当 $s=0.5$(或 $n=0.5n_1$)时,F_{r-} 的转速 $n_1(1-2s)$ 为 0,不切割定子绕组,$T_-=0$。当 $0.5>s>0$(或 $0.5n_1<n<n_1$)时,F_{r-} 的转速 $n_1(1-2s)$ 为正,F_{r-} 试图拉着定子正向旋转,定子不动,反作用力把转子推向反转,T_- 为负,对电动机起制动作用,特别是当转速在 $0.5n_1$ 附近时,反作用转矩很大,对电动机启动有较大影响。

把图 8.5.1 中的 $T_+=f(s)$(曲线 1)和 $T_-=f(s)$(曲线 2)相加,得到的 $T=f(s)$ 就是启动过程中的单轴转矩曲线,如图 8.5.1 中的曲线 3 所示。由曲线 2 可知,如果在启动过程中把直流励磁绕组直接短路,在转速升到 1/2 同步速度之后 T_- 将达到一个很大的负值,有可能把电动机的转速卡在半速附近,从而达不到准同步转速,无法牵入同步,使启动失败。为解决这一问题,给直流励磁绕组串一电阻闭合,所串电阻阻值一般为励磁绕组电阻的 5～10 倍。串电阻后,T_+ 和 T_- 以及合成转矩 T 的形状都发生了变化,如图 8.5.2 所示。对于 T_+,相当于正常异步电动机转子串电阻,临界转差率 S_m 增大;对于 T_-,相当于把一次磁动势削弱，$T_- = f(s)$ 曲线与异步电动机降低电源电压时的机械特性相似。所以串电阻后，在半速附近，T_- 的最大制动转矩将大为减小，启动过程中靠笼型绕组产生的异步转矩和单轴转矩中的 T_+，可以把转子拉过 T_- 制动转矩最大的区域（半速附近），使电动机达到准同步转速。

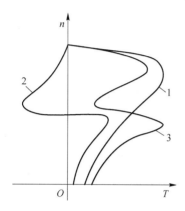 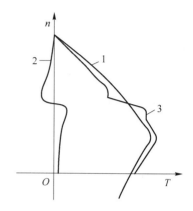

图 8.5.1　直流励磁绕组直接短路时的单轴转矩　　图 8.5.2　直流励磁绕组串电阻闭合时的单轴转矩

（2）牵入同步阶段

异步启动之后，电动机已达到准同步转速，这时笼型绕组的异步转矩虽然已有一定数值，但不能靠它把转子拉入同步。由异步电动机机械特性可知，这一段的异步转矩基本与转差率成正比，转速升高，转差率减小，转矩与之成正比地减小，到同步转速时该项转矩为 0，所以不能靠它把转子牵入同步。把转子拉入同步要靠同步转矩的作用，为此在电动机达到准同步转速后，应及时给直流励磁绕组加入励磁电流，同步转矩在异步启动阶段不起加速作用，那是因为在转速较低的情况下，旋转磁场以较高的速度扫过转子磁场，对转子推拉参半，平均转矩为 0。但在电动机达到准同步转速之后，情况发生了变化，这时转子转速已接近旋转磁场转速，加入励磁电流后，旋转磁场相对转子转速已经很低，功角 θ 由 0 变到 $180°$ 的时间较长，而在这半个周期内旋转磁场对转子的力一直是拉力，这一转矩再加上这期间的异步转矩，可以把转子由准同步转速拉到同步转速，使电动机进入稳定的同步运行状态。这就是同步电动机启动的第二阶段——牵入同步阶段。

牵入同步进行得是否顺利与以下几个因素有关：①与这时的负载转矩有关，负载越轻越容易牵入；②与系统的转动惯量 GD^2 有关，惯量越小加速越快，越容易牵入；③与加入励磁电流的瞬间有关，显然当功角 θ 等于 0 时，加入励磁电流最有利，这时牵入的可能性最大。因此，对于负载较重、惯量较大以及牵入困难的同步电动机，希望在 θ 为 0 时加入励磁电流，因而要在控制电路中添加测量功角的环节，以保证能在 θ 过 0 时加入励磁电流。对于牵入不是很困难的同步电动机，一般不检测功角 θ，何时加入励磁电流，都能够牵入同步。这是因为即使在 $180°\sim360°$ 区间内加入直流，开始同步转矩为负，对转子起减速作用，但由于这时异步转矩较大，减速又使异步转矩加大，因此其有效地抑制了减速，当 θ 进入 $360°\sim540°$ 区间（进入 $0\sim180°$ 区间）时，同步转矩又起牵入作用，仍能把转子牵入同步。

解决牵入同步困难的办法还有加大励磁电流。加大励磁电流可以加大 E_0，从而加大同步转矩，有利于牵入同步。

综上所述,同步电动机的异步启动法是先异步启动,后牵入同步,达到同步的电动机进入稳定运行状态,启动结束。

思考题与习题

8-1　什么叫同步电机? 怎样由极数决定它的转速? 试问 75 r/min、50 Hz 的电机是几极?

8-2　为什么同步电动机只能运行在同步转速,而异步电动机不能在同步转速下运行?

8-3　试画出同步电动机与并励直流电动机的机械特性 $n = f(T)$,并比较两者有何区别,为什么?

8-4　试描述同步电机各种励磁方式下的无功功率的区别,及其适用范围。

8-5　凸极式同步发电机负载运行时,若 Ψ_0 既不等于 0 又不等于 90°,问电枢磁场的基波与电枢磁动势的基波在空间中是否相同,为什么?

8-6　一台凸极式同步电动机,假定它的电枢反应磁动势两个分量 F_{ad} 和 F_{aq} 有相同的量值。问:两个分量分别产生的磁通 Φ_{ad} 和 Φ_{aq} 大小是否相等? 如果不等,哪一个数值较大? 为什么?

8-7　一台同步电动机,按电动机惯例,定子电流滞后电压,若不断增加其励磁电流,则此电动机的功率因数将怎样变化?

8-8　说明功角 θ 的物理意义。

8-9　同步电动机在异步启动过程中,直流励磁绕组为什么不能送直流电流,不能开路,也不宜直接短路?

8-10　从磁能观点说明调节励磁电流可以调节同步电动机功率因数的道理。调节励磁电流对同步电动机的有功负载有无影响?

8-11　说明同步电动机的补偿原理。解释为什么补偿时同步电动机总是工作在过励磁状态?

8-12　说明同步电动机的异步启动过程。

8-13　说明同步电动机的牵入同步过程。

8-14　为什么说同步电动机本身无启动能力? 采用异步法启动同步电动机时应注意哪些事项?

8-15　一台三相凸极同步电动机,定子绕组为星形连接,$U_N = 6\,000$ V,$f_N = 50$ Hz,$n_N = 300$ r/min,$I_N = 57.8$ A,$\cos\varphi_N = 0.8$(超前),$X_d = 64.2$ Ω,$X_q = 40.8$ Ω。不计定子电阻,试求:

(1) 额定负载下的励磁电动势;

(2) 额定负载下的电磁功率及电磁转矩。

8-16　已知一台隐极式同步电动机,额定电压 $U_N = 6\,000$ V,额定电流 $I_N = 71.5$ A,额定功率因数 $\cos\varphi_N = 0.9$(领先),定子绕组为星形接法,同步电抗 $X_c = 48.5$ Ω,忽略定子电阻 r_1。当这台电机在额定运行,且功率因数 $\cos\varphi_N = 0.9$(领先)时,试求:

(1) 空载电动势 $\dot{E}_0$;

（2）功角 θ_N；

（3）电磁功率 P_M；

（4）过载倍数 λ。

8-17　某企业电源电压为 6 000 V，内部使用了多台异步电动机，其总输出功率为 1 500 kW，平均效率为 70%，功率因数为 0.8（滞后）。企业新增一台 400 kW 的设备，计划采用运行于过励状态的同步电动机拖动，补偿企业的功率因数到 1（不计电机本身损耗）。试求：

（1）同步电动机的容量；

（2）同步电动机的功率因数。

8-18　一台隐极式三相同步电动机，电枢绕组星形接法，同步电抗 $X_c = 5.8\ \Omega$，额定电压 $U_N = 380\ V$，额定电流 $I_N = 23.6\ A$，不计电阻压降，当输入功率为 15 kW 时，试求：

（1）功率因数 $\cos \varphi_N = 1$ 时的功角 θ；

（2）每相电动势 $E_0 = 250\ V$ 时的功角 θ 和功率因数 $\cos \varphi$。

8-19　某厂变电所的容量为 2 000 kV·A，变电所本身的负荷为 1 200 kW，功率因数 $\cos \varphi = 0.65$（滞后）。今该厂欲添一同步电动机，额定数据为：$P_N = 500\ kW$，$\cos \varphi = 0.8$（超前），$\eta_N = 95\%$。问当同步电动机额定运行时，全厂的功率因数是多少？变电所是否过载？

同步电机.ppt

第9章　控制电机

控制用交、直流电机种类繁多,性能各异,这些电机往往拖动小型负载,功率在 750 W 以下,最小的不到 1 W,外形尺寸也小。但就其工作原理看,仍可以区别为直流电机、异步电机和同步电机。因此,学习其他电机是建立在学好直流电机、变压器、异步电机和同步电机的基础之上的。随着自动化的发展,不但转速控制和位置控制需要使用电机去满足不同的特殊需要,信号检测、放大和转换,甚至数学解算也都需要使用电机完成。这些特殊用途的电机往往突出某一方向的性能和特点,是一些基本概念的扩大和延伸。所以,学习这些电机有利于扩大知识面,而且透过具体问题的分析,可以提高分析问题和解决问题的能力。

9.1　单相异步电动机

9.1.1　单相异步电动机的工作原理

单相异步电动机的工作原理比三相异步电动机复杂,这是因为交流机的工作原理分析是从旋转磁场出发的,而线圈通单相交流电产生的是脉振磁场。在分析脉振磁场时已经知道,一个脉振磁场可以分解成两个大小相等、方向相反、转速相同的旋转磁场,它们的幅值是脉振磁场最大振幅的 1/2。

如果定子绕组是单相绕组,它产生的磁动势就是脉振磁动势。采用重叠原理,假设定子上有两套三相绕组,它们产生两个大小相等、方向相反、转速相同的旋转磁场,这两个旋转磁场合起来刚好等于实际的单相绕组产生的脉振磁场。

把一台单相电机想象成两台相同的同轴运行的三相异步电动机,它们的定子旋转磁动势向相反的方向旋转。把其中一台定子旋转磁动势和转子沿同方向旋转的三相异步电动机称为正序电机,而把另一台定子旋转磁动势和转子沿反方向旋转的三相异步电动机称为负序电机。由于这两台电机的参数完全一样,所以应当具有完全相同的机械特性(三相异步电动机机械特性 $n=f(T)$ 曲线在第 10 章详述)。图 9.1.1 所示为正序电机的转矩 T_+ 和负序电机的转矩 T_- 机械特性,它们是典型的三相笼型电动机的机械特性。

单相异步电机的机械特性应当是正序电机的转矩加上负序电机的转矩,即 $T=T_++T_-$。

两台三相异步电动机同轴运行,参数完全一样,定子旋转磁场向相反的方向旋转,当一台处于电动状态时,另一台处于反接制动状态。启动时转矩对消,所以 $n=0$ 时,合成转矩 $T=0$,单相异步电动机没有启动转矩,自己不能启动。当 $n\neq0$ 时,$T\neq0$。由图 9.1.1 看出,单相异步电动机既可以正序电机为主进行正转,也可以负序电机为主进行反转。所以,单相异步电动机没有固定方向,外力拨它正转它就正转,外力拨它反转它就反转。

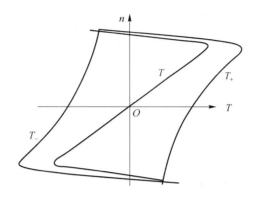

图 9.1.1   单相异步电动机的正负序转矩机械特性

9.1.2   单相异步电动机的启动

如前所述,单相异步电动机不能自行启动,究其原因,是当 $n=0$ 时,$T=0$,气隙中不存在合成的旋转磁场。因此,若要使单相异步电动机能够自行启动,必须设法使电动机启动时在气隙中建立起旋转磁场。针对这一要求,设计了单向电容启动电动机、罩极电动机等单相异步电动机。

1. 单相电容启动电动机

单相电容启动电动机的定子上有两套绕组,如图 9.1.2(a)所示,工作绕组 N_1(又称主绕组)和启动绕组 N_s(又称辅助绕组)均嵌放在定子铁心槽中。启动绕组串联电容器 C 后,与工作绕组一起接在单相电源上。

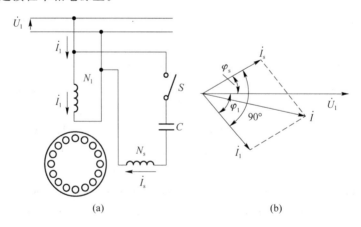

图 9.1.2   单相电容启动电动机原理图

从两套绕组的空间位置上看,它们相距 90°电角度,从两套绕组的电流时间关系上看,它们有 90°的相位差(在正确选择电容数量的情况下),如图 9.1.2(b)所示。因此,电动机在启动时能获得一个两相旋转磁场,这个磁场使电动机产生启动转矩。电动机的转动方向取决于启动绕组和工作绕组空间位置的相对关系,所以互换这两个绕组中任何一个绕组的端头,使其绕组轴线方向相反,就能改变两个绕组空间位置的相对关系,从而改变电动机的转向。当电动机的转速达到同步转速的 70%~80% 时,装在电动机轴上的离心式开关 S 就自动地把启动绕组断开,所以这种电动机被称为电容启动电动机。如果启动绕组可以长期运行,这种电机就称为电容电动机。电容电动机运行时,定子绕组在空气隙中产生的不是脉振磁场,而是旋转磁场,这就使得电容电动机的运行性能比电容启动电动机有较大的改善。

2. 罩极电动机

罩极电动机的定子铁心作成凸极式,每个磁极上都装有工作绕组,如图 9.1.3(a)所示,在每个磁极的极靴一边开有一个小槽,用短路铜环弧把部分极靴(约占 1/3 极靴表面)围起来形成被罩部分,短路铜环 W_s 和工作绕组 W_1 二者轴线之间有一定角度,转子为笼型。

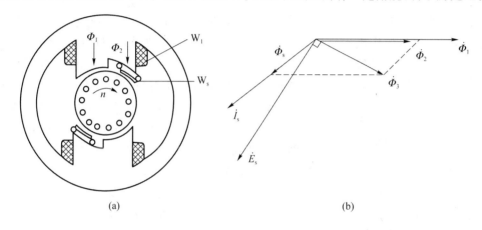

(a)   (b)

图 9.1.3 罩极电动机原理图

当单相交流电流通过工作绕组 W_1 时,定子主磁极产生脉振磁通,其中,$\dot{\Phi}_1$ 不穿过短路铜环,$\dot{\Phi}_2$ 穿过短路铜环。由于 $\dot{\Phi}_1$、$\dot{\Phi}_2$ 皆随工作绕组电流的变化而变化,故 $\dot{\Phi}_1$,$\dot{\Phi}_2$ 同相位。在 $\dot{\Phi}_2$ 作用下,短路铜环中产生感应电动势,并产生电流 $\dot{I}_s$。$\dot{I}_s$ 在被罩部分磁极中产生与 $\dot{I}_s$ 同相位的磁通 $\dot{\Phi}_s$,于是穿过短路铜环的合成磁通为 $\dot{\Phi}_3 = \dot{\Phi}_2 + \dot{\Phi}_s$,如图 9.1.3(b)所示。在 $\dot{\Phi}_3$ 的作用下,短路铜环中的感应电动势 $\dot{E}_s$ 的相位比 $\dot{\Phi}_3$ 滞后 90°,而 $\dot{I}_s$ 滞后于 $\dot{E}_s$ 一个小角度。

由于 $\dot{\Phi}_1$、$\dot{\Phi}_2$ 在空间位置上和时间上都有一定的相位差,而且 $\dot{\Phi}_3$ 始终滞后于 $\dot{\Phi}_1$,因此二者的合成作用,使气隙中建立起一个"移动磁场",其移动方向总是从磁极的未罩部分移向被罩部分。由于这个移动磁场的作用,电动机产生了启动转矩,且电机转子沿移动磁场的移动方向启动罩极电动机的启动转矩不大,同时它的结构非常简单,故常用于小型电扇,其功率一般不超过 40 W。

9.2 测速发电机

测速发电机是一种检测元件,它能将转速变换成电信号,输出的电信号与转速成正比。

测速发电机具有测速和计算等功能。在调速系统中,测速发电机作为测速元件,构成主反馈通道;在位置随动系统中,测速发电机作为测速反馈元件,形成局部反馈回路,改善系统的动态性能和稳态精度;在解算装置中,测速发电机作为解算元件,进行积分、微分运算。测速发电机的用途不同,其性能也不同。例如,作测速元件时,要有较高的灵敏度、线性度,且反应要快;作解算元件时,要有较高的线性度、较小的温度误差和剩余电压,但对灵敏度要求不高;作阻尼元件时,要有较高灵敏度,但对线性度要求不高。

测速发电机分直流测速发电机与交流测速发电机两种。

9.2.1 直流测速发电机

直流测速发电机就是微型直流发电机,其结构和工作原理与直流发电机相同,只是有的测速发电机磁极作成永磁式,而且随着永磁材料性能的提高和价格的下降,永磁测速发电机的数量迅速增加。有多种测速发电机(如永磁式无槽电枢发电机、杯型电枢发电机、无刷直流测速发电机和霍尔测速发电机等)在减小转动惯量、电压纹波,提高抗干扰能力及线性度等方面有突出的优点。直流测速发电机的接线图如图9.2.1所示。

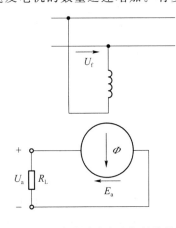

图 9.2.1 直流测速发电机的接线图

当测速发电机转子在磁通为 Φ 的磁场中以转速 n 旋转时,电枢绕组中的感应电动势为

$$E_a = C_e \Phi n \qquad (9-1)$$

空载时输出电压 $U_a = E_a$。输出电压与转速成正比。当测速发电机接上负载 R_L 时,输出电压为

$$U_a = E_a - I_a R_a \qquad (9-2)$$

其中,R_a 为电枢回路总电阻。

由于负载电流为

$$I_a = \frac{U_a}{R_L} \qquad (9-3)$$

式(9-2)变为

$$U_a = C_e \Phi n - R_a \frac{U_a}{R_L}$$

整理得到

$$U_a = \frac{C_e \Phi}{1 + \dfrac{R_a}{R_L}} n = K_L n \qquad (9-4)$$

其中

$$K_L = \frac{C_e \Phi}{1 + \dfrac{R_a}{R_L}} \qquad (9-5)$$

由式(9-4)可知如下几点。

① 当 Φ、R_a、R_L 保持不变时，U_a 与 n 成线性关系。K_L 表示输出特性的斜率，称为测速发电机的灵敏度；

② 输出电压的极性随旋转方向而变；

③ 负载电阻 R_L 的大小将影响灵敏度，R_L 变大，灵敏度提高，且空载时灵敏度最高。

直流测速发电机的静态输出特性，如图 9.2.2 所示。

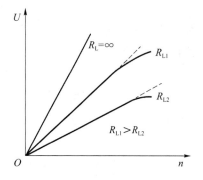

图 9.2.2　直流测速发电机的静态输出特性

以上是静态特性，现在讨论动态特性。直流测速发电机的动态方程为

$$U_a = E_a - L_a \frac{\mathrm{d}I_a}{\mathrm{d}t} - I_a R_a \tag{9-6}$$

将式(9-1)和式(9-3)代入式(9-6)，得到

$$U_a = C_e \Phi_n - \frac{L_a}{R_L} \frac{\mathrm{d}U_a}{\mathrm{d}t} - \frac{R_a}{R_L} U_a \tag{9-7}$$

整理得到

$$T = \frac{L_a}{R_a + R_L} \tag{9-8}$$

$$K'_L = 9.55 C_e \Phi / \left(1 + \frac{R_a}{R_L}\right) \tag{9-9}$$

得出

$$T \frac{\mathrm{d}U_a}{\mathrm{d}t} + U_a = K'_L \Omega(s) \tag{9-10}$$

对式(9-10)两边取拉氏变换，得出

$$(T_s + 1)U_a = K'_L \Omega(s) \tag{9-11}$$

得到传递函数

$$G(s) = \frac{U_a(s)}{\Omega(s)} = \frac{K'_L}{T_s + 1} \tag{9-12}$$

可见，考虑电枢电流变化和电感时，直流测速发电机处于惯性环节。当 $1/T$ 远大于系统带宽时，直流测速发电机处于比例环节。

对误差进行分析，由式(9-4)可见，只有 Φ、R_a、R_L 不变时，U_a 才与 n 有严格的线性关系。实际上，Φ、R_a、R_L 很难保持不变，因而直流测速发电机存在一定的线性误差：

$$\delta = \frac{\Delta U_{\max}}{U_{a\max}} \tag{9-13}$$

其中，$\Delta U_{\max}$ 是在工作转速范围内，实际输出电压与理想输出电压间的最大差值；$U_{a\max}$ 是最高转速对应的理想输出电压。对于一般的测速发电机，$\delta = 1\% \sim 2\%$；对于较精密的测速发电机，$\delta = 0.1\% \sim 0.25\%$。

产生线性误差的因素很多，主要有如下几点。

① 电枢反应的影响。和直流发电机一样，直流测速发电机中也存在电枢反应，使气

隙磁密发生畸变。当负载电流增大,磁路饱和时,直流测速发电机将产生去磁效应,使每极下的合成磁通减小。负载电流愈大,去磁效应愈严重。磁通减小,使输出电压减小,破坏了线性关系。

② 温度的影响。环境温度及电机本身温度的变化,使电枢电阻和励磁绕组的电阻发生变化。如铜导线,温度每增加 25 ℃,其阻值将增加 10%,电枢绕组 R_a 增加,将使 U_a 下降。励磁绕组电阻增加,励磁电流减少,磁通下降,造成输出电压 U_a 降低,从而形成线性误差。

③ 电刷与换向器接触电阻的影响。电刷与换向器接触电阻是电枢回路总电阻的重要组成部分。接触电阻不仅与电刷和换向器接触面、压紧弹簧状况有关,还与转速、负载电流有关。因此,转速与负载电流变化使电枢电阻变化,造成线性误差。

人们采取各种方法抑制线性误差。例如,将磁路设计的比较饱和,即使励磁电流的变化较大,磁通也不会有大的改变;有的在励磁回路中串入较大的或具有负温度系数的电阻,以减少励磁电阻的影响;有的采用永磁材料,无需励磁电流;有的接入较大负载电阻或采用较低转速,以限制负载电流,避免产生较强的电枢反应。

9.2.2 交流测速发电机

交流测速发电机分为交流同步测速发电机和交流异步测速发电机。前者的输出电压不仅其幅值与转速有关,其频率也与转速有关,致使电机本身的阻抗和负载阻抗也与转速有关。这样,输出电压不再与转速呈线性关系,因此同步测速发电机不适用于自动控制系统。后者的输出电压与转速有严格的线性关系,广泛用于自动控制系统。下面仅对杯型转子交流异步测速发电机作介绍。

1. 杯型转子交流异步测速发电机的结构

它的优点是转动惯量小,反应快。杯型转子交流异步测速发电机的定子槽内嵌放互成 90°电角度的励磁绕组和输出绕组。对于机座号较大的杯型转子异步测速发电机,励磁绕组嵌放在外定子槽内,而输出绕组嵌放在内定子槽内。通过调整内、外定子槽的相对位置,使剩余电压最小。

2. 杯型转子交流异步测速发电机的工作原理

从工作原理上讲,发生在笼型转子交流异步测速发电机中的电磁过程和杯型转子交流异步测速发电机中的电磁过程基本相同。所不同的是,笼型转子含有限根导条,而杯型转子可认为有无数根导条。因此,完全可以用笼型转子说明其工作原理。将杯型转子绕组等效成其轴线与 d、q 轴重合的两个绕组。当将定子励磁绕组 W_1 接在恒定的单相交流电压 U_f 上时,在气隙中便产生一个与励磁绕组轴线一致的脉振磁通 $\dot{\Phi}_d$,如图 9.2.3(a)所示。当 $n=0$ 时,脉振磁通 $\dot{\Phi}_d$ 只与等效绕组 1—1′轴线交链,产生变压器电动势 E_r,其电磁现象与副绕组短路时的变压器相同。而等效绕组 2—2′轴线、定子输出绕组 W_2 轴线都与 $\dot{\Phi}_d$ 垂直,没有交链,不产生感应电动势,输出电压为 0。当 $n\neq0$ 时,等效线圈 2—2′将切割 $\dot{\Phi}_d$,产生旋转感应电动势 e_{r2}。若气隙磁密 $B_\delta=B_{\delta m}\sin\omega t$,则有

$$e_{r2} = W_{22} l v B_{\delta} = W_{22} l \frac{\pi D_N}{60} B_{\delta m} \sin \omega t$$

(9-14)

$$= C n \Phi_d \sin \omega t = \sqrt{2} E_{r2} \sin \omega t$$

其中，W_{22} 是等效绕组 2-2′的匝数。

$$E_{r2} = \frac{1}{\sqrt{2}} C \Phi_d n$$

(9-15)

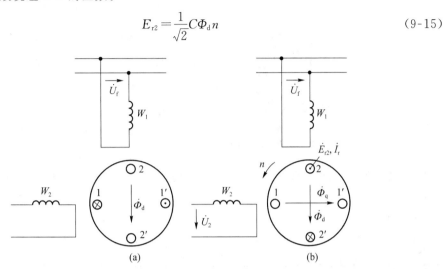

图 9.2.3　杯型转子交流异步测速发电机的工作原理

由式(9-14)可见，等效绕组 $2-2'$ 的旋转电动势是一个有效值与转速 n 成正比、频率与电源频率相同的电动势。若等效绕组 $2-2'$ 中流过与 E_{r2} 相位相同的电流 $\dot{I}_r$（认为杯型转子等效绕组 $2-2'$ 是纯电阻，忽略电感），如图 9.2.3(b)所示，根据右手定则，$\dot{I}_r$ 将产生与 q 轴重合的磁动势 $\dot{F}_q$，因 q 轴方向气隙较大，磁路不饱和，所以沿 q 轴方向的磁通 $\dot{\Phi}_q$ 与 $\dot{F}_q$ 成比例。由于转子由高电阻材料制成，电阻远大于电抗，即 I_r 和 E_{r2} 互成比例、同相，所以有

$$\Phi_q = K E_{r2} = K \frac{C \Phi_d}{\sqrt{2}} n$$

(9-16)

Φ_q 和 e_{r2} 一样，也是以电源频率 f 进行交变的。输出绕组 W_2 轴线与 q 轴重合，刚好与 Φ_q 交链，在 W_2 中产生变压器电动势：

$$E_2 = 4.44 f W_2 \Phi_q = 4.44 f W_2 K \frac{C \Phi_d}{\sqrt{2}} n = K' n$$

(9-17)

即输出电压与转速呈线性关系。若转子以相反方向转动，Φ_q 相位将变化 180°，从而使 Φ_q 相位也变化 180°。这样，输出电压除能反映转速的大小外，还能反映转动的方向。

一台理想的交流异步发电机具有的特性为：①输出电压与转速呈严格的线性关系；②输出电压与励磁电压相位相同；③转速 $n=0$ 时，输出电压为 0。

实际上，由于测速发电机参数受温度变化和工艺的影响，难以满足上述要求，总会产生误差。

（1）线性误差

由式(9-17)可知，若要使 U_2 与 n 呈严格的线性关系，Φ_d 必须为常数。由前面分析可知，当 $n=0$ 时，交流异步调速发电机沿 d 轴的电磁关系与副绕组短路的变压器相似，$\dot{\Phi}_d$ 是

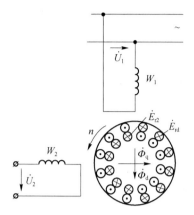

图 9.2.4　转子电流对励磁磁动势的作用

由原、副绕组共同产生的。当 $n \neq 0$ 时，除存在上述电磁关系外，要注意到等效绕组 $2-2'$ 产生旋转电动势 E_{r2}，即 $E_{r2} \rightarrow I_r \rightarrow \Phi_q$，等效绕组 $1-1'$ 又要切割 $\dot{\Phi}_q$，产生旋转电动势 $\dot{E}_{rd}$，其方向如图 9.2.4 所示。$\dot{E}_{rd}$ 产生 $\dot{I}_{rd}$，$\dot{I}_{rd}$ 产生的磁通刚好与 $\dot{\Phi}_d$ 相反。由于 $\Phi_q \propto n$，$\dot{I}_{rd}$ 也与转速有关，它产生的磁通也随转速变化。这样，$\dot{\Phi}_d$ 就不能保持不变，必造成线性误差。

（2）相位误差

理想异步测速发电机的输出电压与励磁电压应当是同相位的，但由于杯型转子导体不是纯电阻性的，励磁绕组和输出绕组也有漏抗，这些电抗在异步测速发电机中会引起一定的相位误差。

（3）剩余电压

剩余电压是指 $n=0$ 时仍有输出电压，也称零信号电压，约为几毫伏到几十毫伏。产生剩余电压的原因很多，主要有两方面：一是工艺方面的原因，如磁路不对称、绕组匝间短路、励磁绕组与输出绕组间不严格成 $90°$ 等；二是导磁材料的原因，如不均匀或非线性等。

选用交流测速发电机时，除注意选择技术条件较优者外，还可采取相应措施使误差减小。

9.3　伺服电动机

伺服电动机在自动控制系统中作为执行元件，故又称为执行电动机，其功能是把所接受的电信号转换为电动机转轴上的角位移或角速度的变化。按电流种类的不同，伺服电动机可分为直流伺服电动机和交流伺服电动机两大类。

9.3.1　直流伺服电动机

1. 基本结构

一般的直流伺服电动机的基本结构与普通直流电动机并无本质的区别，也是由装有磁极的定子、可以转动的电枢及换向器组成。按励磁方式的不同，直流伺服电动机可分为电磁式和永磁式两种。电磁式直流伺服电动机的磁场由励磁电流通过励磁绕组产生。按励磁绕组与电枢绕组连接方式的不同，电磁式直流伺服电动机又分为他励式、并励式和串励式 3 种，一般多用他励式。永磁式直流伺服电动机的磁场由永磁铁产生，无需励磁绕组和励磁电流。

2. 工作原理

直流伺服电动机的工作原理与普通直流电动机相同，分为电磁式与永磁式两种，其电路图如图 9.3.1 所示。电枢电流 I_a 与磁场相互作用产生了使电枢旋转的电磁转矩：

$$T = C_T \Phi I_a \tag{9-18}$$

电枢旋转时，电枢绕组又会切割磁感线，而产生电动势：

$$E = C_e \Phi_n \tag{9-19}$$

电枢电流 I_a 与电枢电压和电动势的关系为

$$E = U_a - R_a I_a \tag{9-20}$$

电动机的转速为

$$n = \frac{U_a}{C_e \Phi} - \frac{R_a}{C_e C_T \Phi^2} T \tag{9-21}$$

为简化分析，假设磁路不饱和，且不考虑电枢反应的影响，则电磁式直流伺服电动机的磁通就与励磁电压成正比，即

$$\Phi = C_\Phi U_f \tag{9-22}$$

其中，比例常数 C_Φ 由电机结构决定。将式 (9-22) 代入式 (9-21)，得出

$$n = \frac{U_a}{C_e C_\Phi U_f} - \frac{R_a}{C_e C_T C_\Phi^2 U_f^2} T$$

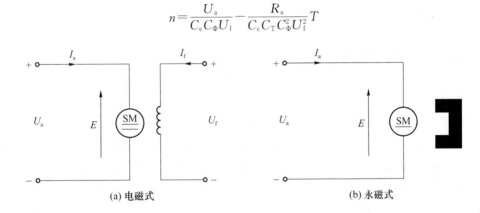

图 9.3.1 直流伺服电动机的电路图

可见，电磁式直流伺服电动机有两种控制转速的方式：改变 U_a 或改变 U_f，即电枢控制或磁场控制。而对永磁式直流伺服电动机来说，只有电枢控制一种方式。

采用电枢控制时，电枢绕组加上控制信号电压，电磁式直流伺服电动机的励磁绕组加上额定电压。当控制信号电压 $U=0$ 时，$I_a=0$，$T=0$，电动机不会旋转，即转速 $n=0$。当 $U_a \neq 0$ 时，$I_a \neq 0$，$T \neq 0$，电动机在电磁转矩 T 的作用下运转。改变 U_a 的大小或极性，电动机的转速或转向将随之改变，电动机随着电枢电压大小或极性的改变而处于调速或反转的状态中。U_a 取不同值时，电磁式直流伺服电动机的机械特性与普通直流电动机相同，是一组平行的、略有倾斜的直线。

采用磁场控制时，给电磁式直流伺服电动机的励磁绕组加上控制信号电压，给电枢绕组加上额定电压。如前所述，这种控制方式在永磁式直流伺服电动机中不能采用。这时，电磁式直流伺服电动机的工作原理与电枢控制时相同，只是当控制信号电压 U_f 的大小和极性改变时，电动机随着磁场强弱和方向的改变而处在调速或反转状态中。当 U_f 不同时，电磁式直流伺服电动机的机械特性与普通直流电动机在不同 I_f 时的机械特性相同：I_f 减小，机械特性上移，斜率增加。

两种控制方式相比,在性能上,电枢控制远比磁场控制优越,故应用最多。而磁场控制的主要优点是控制功率小,仅用于小功率电动机。图9.3.2所示为直流伺服电动机的特性,这里$U_{ai}(i=1,2,3)$对应不同的U_a。

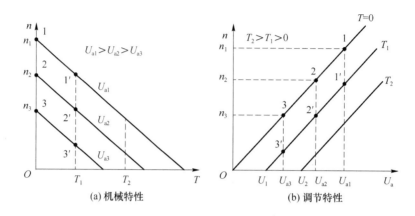

(a) 机械特性　　　　　　　(b) 调节特性

图 9.3.2　直流伺服电动机的特性

9.3.2　交流伺服电动机

1. 基本结构

交流伺服电动机本质上是一个两相异步电动机,其定子上装有两个在空间上相差90°的绕组:励磁绕组和控制绕组。运行时,励磁绕组始终加上一定的交流励磁电压U_f,控制绕组则加上控制信号电压U_c。转子的构型主要有两种:笼型转子和空心杯型转子。

笼型转子交流伺服电动机的结构与普通笼型异步电动机相同,空心杯型转子交流伺服电动机结构图如图9.3.3所示。定子包括外定子和内定子两部分:外定子的铁心槽内放有定子两相绕组;内定子由硅钢片叠成,压在一个端盖上,一般不放绕组,它的作用只是减小磁路的磁阻。转子由导电材料(如铝)做成薄壁圆筒形,放在内、外定子之间,杯子底部固定在转轴上,杯壁薄而轻,厚度一般不超过0.5 mm,因而转动惯量小,动作快速灵敏,多用于要求低速运行的平滑系统中。

转轴　转子　定子绕组　内定子　外定子

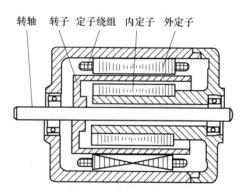

图 9.3.3　空心杯型转子交流伺服电动机结构图

2. 工作原理

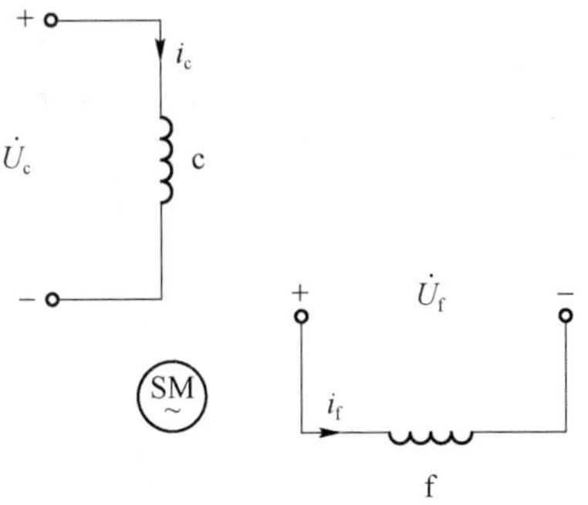

交流伺服电动机接线图如图 9.3.4 所示,其中 f 是励磁绕组,c 是控制绕组。当两相绕组分别加上交流电压 U_f 和 U_c 时,两相绕组中的电流 i_f 和 i_c 各自产生磁动势。它们的大小和方向随时间按正弦规律变化,方向符合右手定则,即始终在绕组的轴线方向。也就是说,F_f 总在水平方向,F_c 总在垂直方向,两者构成了电机的合成磁动势 F。现在,通过对以下几种情况下的合成磁动势以及所产生的磁场的分析来研究电动机的工作状态。

图 9.3.4 交流伺服电动机接线图

(1) 对称运行状态

当两相绕组分别加上相位相差 90° 的额定电压时,交流伺服电动机处于对称运行状态。对称两相电流通过对称两相绕组与对称三相电流通过对称三相绕组的原理相似,能够产生幅值不变的旋转磁动势和旋转磁场。旋转磁动势的旋转方向与两相绕组中两相电流的相序一致。由于这一合成磁动势的幅值不变,若用一空间矢量表示它,则其末端的轨迹为一个圆,因而称为圆形磁动势,简称圆磁动势。它所产生的磁场称为圆形磁场,简称圆磁场。与普通三相异步电动机在对称状态下运行时的情况一样,圆磁场在转子上产生与磁场旋转方向一致的电磁转矩,使转子运转起来。

如果控制电压反相,则两相绕组中两相电流相序随之改变,转子的转向也就改变了。如果控制电压和励磁电压都随控制信号的减小而减小,并始终保持两者的相位差为 90°,则电动机仍处于对称运行状态,合成磁动势的幅值减小,使得电磁转矩也随之减小。若负载一定,则转子的转速必然下降,转子电流增加,使得电磁转矩又重新增加到与负载转矩相等,电动机便在比原来低的转速下稳定运行。

(2) 单相运行状态

当控制电压等于 0,或虽控制电压不等于 0,但与励磁电压相位相同时,交流伺服电动机处于单相运行状态。合成磁动势为脉振磁动势,它可以分解为两个幅值相等、转速相同、转向相反的旋转圆磁动势,产生两个转向相反的圆磁场。它们在转子上分别产生两个方向相反的电磁转矩 T_+ 和 T_-:决定转子能否转动的总电磁转矩等于两者之差。当转子静止时,由于 $T_+ = T_-$,总电磁转矩 $T=0$,电动机没有启动转矩,不会自行启动。

倘若上述单相状态在运转中出现,对于普通异步电动机来说,其机械特性如图 9.3.5(a)所示,总电磁转矩不等于 0,电动机仍将继续运转,这种单相自转现象在伺服电动机中是绝不允许出现的。为此,交流伺服电动机的转子电阻都取得比较大,使得其机械特性成为如图 9.3.5(b)所示的下垂的机械特性。于是,总电磁转矩 T 始终是与转子转向相反的制动转矩,从而保证 T 单相供电时不会产生自转现象,而且可以自行制动,使转子迅速停止运转。

(3) 不对称运行状态

当励磁电压等于额定值,而控制电压小于额定值,但与励磁电压的相位相差保持 90° 时,或者当控制电压与励磁电压都等于额定值,但两者的相位差小于 90° 时,交流伺服电动机处于不对称运行状态。将不同时刻的 F_c 和 F_f 进行矢量相加,便可得到相应时刻的合成磁动势 F。上述两种情况下 F_c 和 F_f 的波形及合成磁动势分别如图 9.3.6(a)和图 9.3.6(b)所示。合成磁动势都是以变化的幅值和转速在空间旋转的,其末端的轨迹为一椭圆,故称为椭圆磁动势,它所产生的磁场称为椭圆磁场。

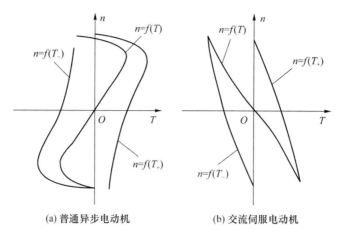

(a) 普通异步电动机　　(b) 交流伺服电动机

图 9.3.5　单相供电时的机械特性

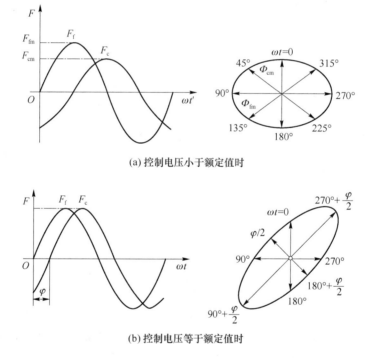

(a) 控制电压小于额定值时

(b) 控制电压等于额定值时

图 9.3.6　椭圆磁动势

椭圆磁动势也可以分解为两个转速相同,转向相反,但幅值不等的旋转圆磁动势。其中,与原椭圆磁动势 F 转向相同的正向圆磁动势的幅值大,与原椭圆磁动势 F 转向相反的反向圆磁动势的幅值小。电动机的工作状态越不对称,反向圆磁动势的幅值就越接近于正向圆磁动势的幅值,如当电动机处于单相状态时,正、反向圆磁动势幅值相等。反之,电动机的工作状态越接近于对称,反向圆磁动势的幅值就越小于正向圆磁动势的幅值,如当电动机处于对称运行状态时,反向圆磁动势为 0,只有正向圆磁动势。

交流伺服电动机在不对称状态下运行时的总电磁转矩 T 应为正向和反向两个圆磁场分别产生的电磁转矩 T_+ 和 T_- 之差,电动机的工作状态越不对称,T 越小。负载一定时,电动机的转速势必下降,转子电流增加,直到 T 重新增加到与负载转矩相等,电动机便在比原来低的转速下稳定运行。可见,改变控制电压的数值或相位也可以控制电动机的转速。

普通的两相和三相异步电动机正常情况下都是在对称状态下运行的,不对称状态属于故障运行,而交流伺服电动机则可以靠不同程度的不对称运行来达到控制的目的。这是交流伺服电动机在运行上与普通异步电动机的根本区别。

3. 转速控制方式

综上所述,交流伺服电动机可以有以下几种转速控制方式。

① 双相控制:控制电压与励磁电压的相位差保持 90°不变,通过按相同比例改变它们的大小来改变电动机的转速。

② 幅值控制:控制电压与励磁电压的相位差保持 90°不变,通过改变控制电压的大小来改变电动机的转速。

③ 相位控制:控制电压与励磁电压的大小保持额定值不变,通过改变它们的相位差来改变电动机的转速。

④ 幅相控制:同时改变控制电压的大小和相位来改变电动机的转速。

9.4　步 进 电 机

9.4.1　步进电机的基本结构

步进电动机,又称脉冲电动机。其功能是把电脉冲信号转换成输出轴上的转角或转速。步进电机按相数的不同可分为三相、四相、五相、六相等;按转子材料的不同,可分为磁阻式(反应式)和永磁式等。目前,磁阻式步进电机的应用最多。

图 9.4.1 是三相磁阻式步进电机的结构原理图。定子和转子都用硅钢片叠成双凸极形式。定子上有 6 个极,其上装有绕组,相对的两个极上的绕组串联起来,组成 3 个独立的绕组,称为三相绕组,独立绕组数称为步进电机的相数。因此,四相磁阻式步进电机的定子上应有 8 个极,组成 4 个独立的绕组,五相、六相磁组式步进电机依此类推。图 9.4.1 中的转子有 4 个极或 4 个齿,其上无绕组。图 9.4.2 是一种增加转子齿数的典型结构图。为了不增加直径,还可以按相数 n 做成多段式,等等。无论哪一种结构形式,其工作原理都相同。

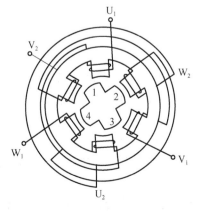
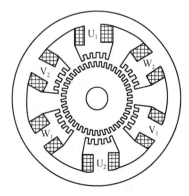

图 9.4.1　三相磁阻式步进电机的结构原理图　　图 9.4.2　增加转子齿数的步进电机典型结构图

9.4.2　步进电机的工作原理

步进电机在工作时,需由专用的驱动电源将脉冲信号电压按一定的顺序轮流加到定子的各相绕组上。驱动电源主要由脉冲分配器和脉冲放大器两部分组成。

步进电机的定子绕组从一次通电结束到下一次通电结束称为一拍。转子前进一步的角度称为步距角。m 相步进电机按通电方式的不同,分成以下 3 种运行方式。

(1)m 相单 m 拍运行

"m 相"是指 m 相电动机,"单"是指每次只给一相绕组通电,"m 拍"是指通电 m 次完成一个通电循环。若以三相步进电机为例,则其运行方式为三相单三拍运行,其通电顺序为 U—V—W,或反之。

当 U 相绕组单独通电时,如图 9.4.3.(a)所示,定子 U 相磁极产生磁场,由于磁通力图走磁阻最小的磁路,所以靠近 U 相的转子齿 1 和 3 被吸引到与定子极 U_1 和 U_2 对齐的位置。

当 V 相绕组单独通电时,如图 9.4.3(b)所示,定子 V 相磁极产生磁场,由于磁通力图走磁阻最小的磁路,所以靠近 V 相的转子齿 2 和 4 被吸引到与定子极 V_1 和 V_2 对齐的位置。

当 W 相绕组单独通电时,如图 9.4.3(c)所示,定子 W 相磁极产生磁场;由于磁通力图走磁阻最小的磁路,所以靠近 W 相的转子齿 3 和 1 被吸引到与定子极 W_1 和 W_2 对齐的位置。

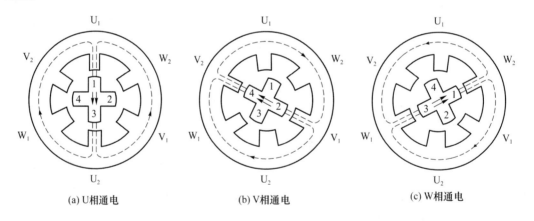

(a) U相通电　　　　　　　(b) V相通电　　　　　　　(c) W相通电

图 9.4.3　三相单三拍运行

以后重复上述过程。可见,当三相绕组按 U—V—W 的顺序通电时,转子将顺时针方向旋转。若改变三相绕组的通电顺序,即按 W—V—U 的顺序通电时,转子旋转方向就变成逆时针。显然,该电动机在这种运行方式下的步距角为 $\theta = 30°$。

(2)m 相双 m 拍运行

"双"是指每次同时给两相绕组通电。若以三相步进电机为例,则其运行方式为三相双三拍运行。其通电顺序为 UV—VW—WU,或反之。

当 U、V 两相绕组同时通电时,由于 U、V 两相的磁极对转子齿都有吸引力,故转子将转到如图 9.4.4(a)所示位置。同理,当 V、W 两相绕组同时通电时,转子将转到图 9.4.4(b)所示位置。当 W、U 两相绕组同时通电时,转子将转到图 9.4.4(c)所示位置。以后重复上述过程。可见,当三相绕组按 UV—VW—WU 顺序通电时,转子顺时针方向旋转。改变通电顺序,使其按 WU—VW—UV 顺序通电,即可改变转子的转向。显然,这种运行方式下的步距角仍为 $\theta = 30°$。

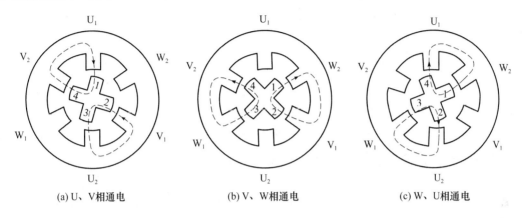

(a) U、V相通电　　　　　(b) V、W相通电　　　　　(c) W、U相通电

图 9.4.4　三相双三拍运行

（3）m 相单、双 $2m$ 拍运行

若以三相步进电机为例,则其运行方式为三相单、双六拍运行,简称三相六拍运行。其通电顺序为 U—UV—V—VW—W—WU,或反之。所以采用这种运行方式,经过 6 拍才能完成一个通电循环,步距角 $\theta = 15°$。

磁阻式步进电机在脉冲信号停止输入时,转子便不再受到定子磁场的作用力,转子将因惯性而可能继续转过某一角度,因此必须解决停机时的转子定位问题。磁阻式步进电机一般是在最后一个脉冲停止时,在该绕组中继续通直流电以确定转子位置,即采用带电定位的方法。永磁式步进电机因转子本身有磁性,可以实现自动定位,不需采用带电定位的方法。

由以上的讨论可以看到,无论采用何种运行方式,步距角(机械角度)θ 与转子齿数 z 和拍数 n 之间都存在着如下关系:

$$\theta = \frac{360°}{zn} \tag{9-23}$$

由于转子每经过一个步距角相当于转了 $\frac{1}{zn}$ 圈,若脉冲频率为 f,则转子每秒钟就转了 f/zn 圈,故转子每分钟的转速为

$$n = \frac{60f}{zn} \tag{9-24}$$

磁阻式步进电机作用于转子上的电磁转矩为磁阻转矩。转子处在不同位置,磁阻转矩的大小不同。其中,转子受到的最大电磁转矩,称为最大静转矩。它是步进电机的重要技术数据之一。

步进电机启动时,启动转矩不仅要克服负载转矩,还要克服惯性转矩,如果脉冲频率过高,转子跟不上,电机就会失步,甚至不能启动。步进电机不失步启动的最高频率,称为启动频率。

步进电机启动后,惯性转矩的影响不像启动时那么明显,电机可以在比启动频率高的脉冲频率下不失步地连续运转。步进电机不失步运行的最高频率,称为运行频率。

步距角小,最大静转矩大,则启动频率和运行频率高。

综上所述,可以看到步进电机的转角与输入脉冲数成正比,其转速与输入脉冲频率成正比,因而不受电压、负载及环境条件变化的影响。由于步进电机的上述工作职能正好符合数字控制系统的要求,因而随着数字技术的发展,它在数控机床、轧钢机和军事工业等方面得到了广泛的应用。

9.5 旋转变压器

9.5.1 旋转变压器的结构

旋转变压器是自动控制系统中的一种精密控制微电机。当在旋转变压器原绕组外施加单相交流电压励磁时,其副绕组的输出电压将与转子转角严格保持某种函数关系。在控制系统中,它可以作为解算元件,用于坐标变换、三角运算,实现加、减、乘、除、乘方和开方等数学运算;在随动系统中,它可以代替控制式自整角机,传输与机械角度有关的电信号;在数码变换装置中,它可以作为电感移相器来使用。

旋转变压器有多种分类方法。若按有无电刷和滑环的滑动接触来分,可分为接触式和无接触式两种。在无接触式旋转变压器中,还可再分为有限转角和无限转角两种。在无特别说明时,均指接触式旋转变压器。

若按旋转变压器的磁极对数目来分,可分为单极对和多极对两种。在无特别说明时,均指单极对旋转变压器。在高精度双通道系统中,则采用电气变速的双通道旋转变压器。

若按旋转变压器的使用要求来分,可分为用于解算装置的旋转变压器和用于随动系统的旋转变压器。通常以此方式进行分类。

用于解算装置的旋转变压器可分为以下4种基本形式。

① 正余弦旋转变压器:当正余弦旋转变压器的原绕组外施单相交流电源励磁时,正余弦旋转变压器原绕组的两个输出电压分别与转子转角呈正弦和余弦函数关系。

② 线性旋转变压器:在一定的工作转角范围内,线性旋转变压器输出电压与转子转角(通常单位为弧度,rad)成线性函数关系的一种旋转变压器。

③ 比例式旋转变压器:比例式旋转变压器除了在结构上增加了一个带有调整和锁紧转子位置的装置,其他都与正余弦旋转变压器相同,常在系统中作为调整电压的比例元件。

④ 特殊函数旋转变压器:在一定转角范围内,特殊函数旋转变压器输出电压与转子转角成某一给定的函数关系(如正割函数、倒数函数、圆函数及对数函数等)的一种变压器。它的结构和工作原理与正余弦旋转变压器基本相同。

旋转变压器的结构类似于普通绕线型感应电动机。为了获得良好的电气对称性,以提高旋转变压器的精度,它们都设计成两极隐极式的四绕组旋转变压器。图9.5.1所示的是正余弦旋转变压器结构图。旋转变压器的定子、转子铁心都是采用高磁导率的铁镍软磁合金片或高硅钢片经冲制、绝缘、叠装而成的。

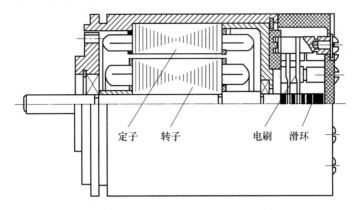

图 9.5.1 正余弦旋转变压器结构图

为使旋转变压器的导磁性能沿气隙圆周各处均匀一致,在定子、转子铁心叠片时,采用每片错过一齿槽的旋转叠片法。定子铁心的内圆周上和转子铁心的外圆周上都冲有均匀齿槽,里面各放置两套空间轴线互相垂直的绕组。其绕组通常采用高精度的正弦分布绕组。转子上的两套绕组分别通过滑环和电刷装置引出并与外电路接通。

我国现在生产的 XZ、XX、XL 系列的旋转变压器均为接触式结构,它们为封闭式,可以防止因机械撞击和环境恶劣所造成的接触不良,从而保证电机性能。

无接触式旋转变压器有两种,一种是将转子绕组引出线做成弹簧卷带状,这种转子只能在一定转角范围内转动,称为有限转角的无接触式旋转变压器;另一种是将两套绕组中的一套自行短接,而另一套通过环形变压器从定子边引出。这种无接触式旋转变压器的转子转角不受限制,因此称为无限转角的无接触式旋转变压器。由于无接触式旋转变压器没有电刷和滑环间的滑动接触,所以工作时更为可靠。

9.5.2 正余弦旋转变压器的工作原理

正余弦旋转变压器通常在定子上放置两套完全相同的正弦分布绕组,它们的空间位置相差 90°电角度,其中一套绕组为励磁绕组,另一套绕组为补偿绕组。一般情况下,它们的匝数及绕组系数都相同,统称为定子绕组。在转子上也放置两套完全相同、空间位置相差 90°电角度的绕组,其中一套绕组的输出电压与转子转角 a 成正弦函数关系,另一套绕组的输出电压与转子转角 a 成余弦函数关系,故称为正余弦旋转变压器。

下面分两种情况分析正余弦旋转变压器的工作原理,L、C 为定子绕组,A、B 为转子绕组。

1. 转子绕组开路,即空载运行

转子绕组 A、B 开路,同时将定子补偿绕组 C 也开路,如图 9.5.2 所示。对励磁绕组 L 外施单相交流电压励磁,电压为 U_d,并把励磁绕组的轴线方向确定为直轴,即 d 轴,则补偿绕组轴线方向为交轴,即 q 轴。这时,磁路中产生直轴脉振磁通 Φ_{d0},由直轴脉振磁通在励磁绕组中产生的感应电动势为

$$E_d = 4.44 f N_d k_d \Phi_{d0} \approx U_d \tag{9-25}$$

其中,N_d 为励磁绕组匝数;k_d 为定子绕组基波绕组系数;Φ_{d0} 为直轴脉振磁通幅值。若忽略漏磁通,则 $E_d = U_d$。当交流励磁电压恒定时,直轴磁通的幅值 Φ_d 恒定。由于采用了正弦绕

组,直轴磁场在空间成正弦分布。

如图 9.5.2(a)所示,转子上有两套绕组 A 和 B,在定子励磁绕组形成的直轴磁场中,直轴磁通 Φ_{d0} 与转子的正弦输出绕组 B 垂直交链,与余弦输出绕组 A 不交链,只在正弦输出绕组中产生感应电动势 E_B。与普通双绕组变压器比较,其励磁绕组 L 相当于变压器的原绕组,正弦输出绕组 B 相当于变压器的副绕组,二者区别仅在于正弦输出绕组 B 所交链磁通的多少,取决于它和励磁绕组之间的相对位置。

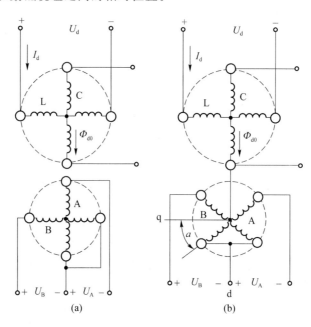

图 9.5.2　正余弦旋转变压器定子、转子空载接线图

设转子正弦输出绕组 B 的轴线和交轴的夹角 a 为转子转角,如图 9.5.2(b)所示。为了求得正弦输出绕组 B 的开路电压,可先将励磁绕组的直轴磁通 Φ_{d0} 分解为两个分量:第 1 个分量为 Φ_{d1},它和正弦输出绕组 B 的轴线方向一致,能在该绕组中产生感应电动势;第 2 个分量为 Φ_{d2},它和正弦输出绕组 B 的轴线方向垂直,不会在该绕组中产生感应电动势。这两个磁通分量表示为

$$\begin{cases} \Phi_{d1} = \Phi_{d0} \sin a \\ \Phi_{d2} = \Phi_{d0} \cos a \end{cases} \tag{9-26}$$

正弦输出绕组 B 的开路电压为

$$U_{B0} = E_{B0} = 4.44 f N_2 k_2 \Phi_{d0} \sin a \tag{9-27}$$

其中,N_2 为转子绕组匝数;k_2 为转子绕组基波绕组系数。

将 $\Phi_{d0} = \dfrac{E_d}{4.44 f N_d k_d}$ 代入式(9-27),得出

$$\begin{aligned} U_{B0} = E_{B0} &= \frac{4.44 f N_2 k_2}{4.44 f N_d k_d} E_d \sin a \\ &= \frac{N_2 k_2}{N_d k_d} E_d \sin a = k_u E_d \sin a \\ &= k_u U_d \sin a \end{aligned} \tag{9-28}$$

其中，$k_u = \dfrac{N_2 k_2}{N_d k_d}$是一个常数，称为变比，它为定子、转子绕组的有效匝数比，即空载副绕组的最大输出电压与原绕组励磁电压之比。

由式(9-28)可以看出，在正余弦旋转变压器中，当转子正弦输出绕组空载，励磁绕组电压恒定时，其输出电压U_{B0}将与转子转角a呈正弦函数关系。

转子的余弦输出绕组和正弦输出绕组在空间位置相差90°电角度。同理，余弦输出绕组的开路电压为

$$U_{A0} = k_u U_d \sin(a + 90°) = k_u U_d \cos a \tag{9-29}$$

由于定子补偿绕组 C 与定子励磁绕组 L 相互垂直，当正弦输出绕组 B 的轴线与定子励磁绕组 L 重合时，余弦输出绕组 A 也与定子励磁绕组 L 垂直，则此时补偿绕组 C 和余弦绕组 A 的轴线均与脉振磁场 Φ_d 的轴线正交，绕组内都没有感应电动势产生。当转子转动离开此位置时，情况如上所述。

9.5.3　正余弦旋转变压器对交轴磁动势的补偿

假设转子正弦输出绕组 B 和交轴的夹角仍为转子转角 a，则转子绕组接有负载时的接线图，如图 9.5.3 所示。此时，接入负载后（负载阻抗为 Z_{BN}），正弦输出绕组 B 中便有电流 I_B 通过，而余弦输出绕组 A 的负载阻抗为 Z_{AN}，流过的电流为 I_A，两电流分别在各自绕组内产生磁通 Φ_B 和 Φ_A。为便于分析，Φ_B 和 Φ_A 将按绕组轴线方向分解为直轴磁通分量和交轴磁通分量，即

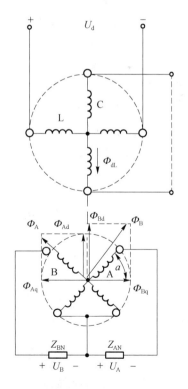

$$\left.\begin{aligned} \Phi_{Bd} &= \Phi_a \sin a \\ \Phi_{Bq} &= \Phi_B \cos a \\ \Phi_{Ad} &= \Phi_A \cos a \\ \Phi_{Aq} &= \Phi_A \sin a \end{aligned}\right\} \tag{9-30}$$

由此可得

$$\Phi_d = \Phi_B \sin a + \Phi_A \cos a$$
$$\Phi_q = \Phi_B \cos a - \Phi_A \sin a \tag{9-31}$$

如果能使 $\Phi_B \cos a = \Phi_A \sin a$，则 $\Phi_q = 0$，即交轴磁场为0。消除副绕组对主磁场的影响，得到完全补偿效果，要求转子的两套绕组和负载的参数完全相同，称为副绕组对称。

转子绕组直轴磁通分量 Φ_d 与定子励磁绕组直轴磁通 Φ_{dL} 的方向相反，对主磁通来说起去磁作用。一般，定子励磁绕组的外加电压 U_d 为常数，在理想情况下，$U_d = E_d = 4.44 f N_d k_d \Phi_{d0}$ 不变，则合成磁场与空载时的励磁磁场保持相等。于是，励磁绕组 L 中的电流增加，磁通 Φ_{dL} 增加，而 $\Phi_{dL} - \Phi_d = \Phi_{d0}$ 保持不变。所以，直

图 9.5.3　旋转变压器负载时的接线图

轴合成磁场在转子绕组中产生的感应电动势也与空载时一样,仍可用式(9-28)、式(9-29)表达,这和双绕组变压器空载和负载运行时的原理是同样的。

根据图9.5.3所示的转子回路,在副绕组对称的条件下,可以得到转子正弦绕组、余弦绕组的电动势平衡方程式:

$$\begin{cases} E_A = I_A Z_A = I_A(Z_{AL} + Z_{AN}) \\ E_B = I_B Z_B = I_B(Z_{BL} + Z_{BN}) \end{cases}$$

其中,Z_{AL} 和 Z_{BL} 分别是转子绕组的阻抗。则转子电流 I_A 和 I_B 分别为

$$\begin{cases} I_B = \dfrac{E_B}{Z_B} = \dfrac{k_u E_d \sin a}{Z_B} \\ I_A = \dfrac{E_A}{Z_A} = \dfrac{k_u E_d \cos a}{Z_A} \end{cases}$$

从而得到转子正弦输出绕组、余弦输出绕组的输出电压:

$$\begin{cases} U_A = Z_{AN} I_A = \dfrac{Z_{AN}}{Z_A} k_u E_d \cos a \\ U_B = Z_{BN} I_B = \dfrac{Z_{BN}}{Z_B} k_u E_d \sin a \end{cases} \tag{9-32}$$

由此可见,正余弦旋转变压器在副绕组对称的条件下,输出电压分别与转子转角 a 的正弦或余弦函数成正比。

综上所述,副绕组对称条件是 $\Phi_{Aq} = \Phi_{Bq}$,即 $\Phi_B \cos a = \Phi_A \sin a$。可见,若要达到副绕组对称,除绕组 A 和 B 参数、形状完全相同外,负载阻抗也必须相等,即 $Z_{AN} = Z_{BN}$。这样,无论 a 为多大,交轴磁通 $\Phi_q = 0$,输出电压分别与 $\sin a$ 和 $\cos a$ 成正比。

当然,除了副绕组对称外,也可以采用原绕组对称的方法进行补偿,即在定子上放置一套补偿绕组 C。在转子绕组带负载后,转子输出绕组出现交轴磁通时,短路的补偿绕组(也可有负载)中就会产生感应电动势及电流,并产生与转子交轴磁通方向相反的磁通,从而削弱转子交轴磁通的作用。如果两磁通正好完全抵消,则称为完全补偿,这种方法称为一次侧补偿。实际上,为了达到完善补偿的目的,通常采用原绕组对称或副绕组对称的四绕组结构形式,称为双重补偿。

9.5.4 线性旋转变压器的工作原理

线性旋转变压器是转子输出电压的大小与转子转角 a 成正比关系的旋转变压器,即它的 $U_2 = f(a)$ 图像为一条直线。

正余弦旋转变压器的正弦输出绕组的输出电压大小与 $\sin a$ 成正比。由于转子转角 a 用弧度作单位,当 a 很小时,$\sin a \approx a$。因此,正余弦旋转变压器在转子转角很小的情况下,可以作为线性旋转变压器来使用,即 $U_B = \dfrac{Z_{BN}}{Z_B} k_u E_d \sin a = \dfrac{Z_{BN}}{Z_B} k_u E_d a$。当 $|a| \leqslant 14°$ 时,$\sin a$ 的线性误差不超过 1%;如果要求线性误差不超过 0.1%,则 $|a| \leqslant 4.5°$。显然,这样小的转角范围不能满足实际使用的要求。为了扩大线性角度的范围,将四绕组旋转变压器进行适当连接(请参考有关资料),使输出电压与转子转角 a 呈如下函数关系:

$$U_2 \propto \frac{\sin a}{1+k_u \cos a} \tag{9-33}$$

当选取最佳变比值 $k_u = 0.54$ 时,在转子偏转角 a 小于 $60°$ 范围内,线性误差不超过 0.1%。但在实际设计中,因最佳变比值还与其他参数有关,通常取 $k_u = 0.56 \sim 0.57$。对机座号较小的线性旋转变压器,其最佳变比值应取较大值。

9.6 永磁式直流力矩电动机

在某些自动控制系统中,被控对象的转速比驱动电动机的转速低很多,需要设置减速装置来匹配转速。对于小功率的随动控制系统而言,对减速装置的设置有时是困难的,并且由于减速机构的间隙特性会影响精密随动控制系统的响应性能,有时甚至会出现自激振荡。永磁式直流力矩电动机是为实现低速运转并提供大电磁转矩而设计的伺服电动机,在某些控制场合,使用永磁式直流力矩电动机可以直接拖动负载,省掉减速机构的中间环节。永磁式直流力矩电动机具有精度高、线性度好、反应速度快等优点,并且容许堵转,可作为拖动电机用于需要调节转矩和控制张力的系统,如 X-Y 函数记录仪、X-Y 焊枪的焊条传动、人造卫星天线的驱动、数控机床中的伺服控制等。

永磁式直流力矩电动机的径向尺寸大而轴向尺寸小,这与普通伺服电动机具有小转动惯量的细长结构的特点相反,其目的在于获得大转矩和低转速。其结构示意图如图 9.6.1 所示。

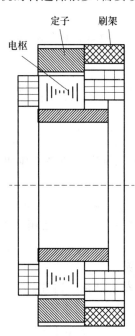

图 9.6.1 永磁式直流力矩电动机结构示意图

9.6.1 获得大转矩

由电磁感应原理可知,直流电动机电枢绕组中流过的电流为 I_a 时,每根导体受到的电磁力为

$$f_{av} = B_{av} I_a l$$

其中,B_{av} 为直流电动机每极磁通下磁感应强度的平均值,l 为导体切割磁力线的有效长度。电磁转矩为

$$T = N f_{av} \frac{D}{2} = \frac{N B_{av} I_a l}{2} D \tag{9-34}$$

其中,N 为绕组在磁极下的导体总数,即绕组匝数;D 为绕组径向的平均等效直径。由式(9-34)可知,可以通过减小导体有效长度 l,增加绕组匝数 N,使 Nl 不变,从而维持绕组做功不变。在此条件下,D 值的增大能使转矩成比例增加。

9.6.2　获得低转速

由电磁感应原理可知,在磁极下以线速度 v 运动的 N 个导体产生的感应电动势为

$$E = B_{av}Nlv$$

理想空载时,电动机的转速为 n_0,外加电压完全与反电动势平衡,即

$$U = E = B_{av}Nlv = B_{av}Nl\frac{\pi Dn_0}{60}$$

解得

$$n_0 = \frac{60U}{\pi B_{av}NlD} \tag{9-35}$$

当 Nl 不变时,空载转速与 D 成反比,增大 D 可使转速降低,且力矩增大。

9.7　直线异步电动机

将旋转运动变换成直线运动的异步电动机称为直线异步电动机。直线异步电动机省略了由旋转电动机拖动的经涡轮蜗杆转换成直线运动的转换机构,可以驱动作直线运动的物体。

直线异步电动机的结构如图 9.7.1 所示。其工作原理同笼型异步电动机类似。在固定的初级上安装交流绕组,按相序顺序通入交流电时,在空间形成平移的行波磁场,次级连通导体中感生的电流在磁场中受到与磁场运动方向相同的作用力,即

$$F = KpI_2\Phi_m\cos\varphi_2$$

其中,K 为与电动机结构有关的常数;p 为初级磁极对数;I_2 为次级电流的有效值;Φ_m 为初级上一对磁极产生的磁通量幅值;$\cos\varphi_2$ 为次级功率因数。在电磁力的作用下,次级沿水平方向以速度 v 运动。设行波磁场运动的速度为 v_s,转差率为

$$s = \frac{v_s - v}{v_s}$$

则次级运动的速度为

$$v = v_s(1-s) = 2f\tau(1-s) \tag{9-36}$$

其中,τ 为极距。

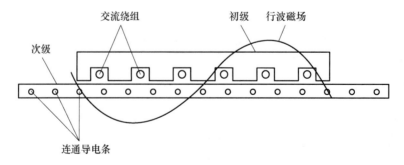

图 9.7.1　直线异步电动机的结构

与旋转异步电动机相同,改变直线异步电动机原绕组通电的相序可以改变电动机的运动方向。

思考题与习题

9-1 说明单相绕组为什么不能产生启动转矩。

9-2 说明罩极启动的工作原理。

9-3 说明哪些因素能引起直流测速发电机的误差,怎样消除这些误差。

9-4 说明交流测速发电机的工作原理。

9-5 分析交流测速发电机的工作原理时,变压器电动势与旋转感应电动势交织在一起,说明哪些是变压器电动势,哪些是旋转感应电动势。

9-6 什么是直流伺服电动机的调节特性?绘出用标幺值表示的调节特性曲线组。

9-7 说明交流伺服电动机在两相绕组对称而外加两相电压不对称时,将产生椭圆形旋转磁场的原理。

9-8 什么是交流伺服电动机的自转现象?应如何消除?

9-9 说明两相交流伺服电动机的控制方法。

9-10 何为步进电机的"拍"?步距角 θ 与转子齿数 z 和拍数 m 之间都存在着什么关系?

9-11 说明正余弦旋转变压器的工作原理。

9-12 说明正余弦旋转变压器转子边补偿和定子边补偿的工作原理。

9-13 为了获得大转矩、低速度,永磁式直流力矩电动机在结构上有什么特点?

9-14 说明直线异步电动机的工作原理。

控制电机.ppt

第10章 三相异步电动机的电力拖动

与直流电动机相比,异步电动机具有结构简单、运行可靠、价格便宜、维护方便等一系列优点,尤其是随着电力电子技术的发展和交流调速技术的日益成熟,异步电动机在调速性能方面完全可以与直流电动机相媲美。因此,异步电动机的电力拖动已被广泛地应用在各个工业电气自动化领域中,并逐步成为电力拖动的主流。本章主要讲述异步电动机电力拖动的以下几个内容:三相异步电动机的机械特性、三相异步电动机的启动、三相异步电动机的调速、三相异步电动机的制动、三相异步电动机拖动系统的机械过渡过程分析。

10.1 三相异步电动机的机械特性

10.1.1 三相异步电动机机械特性的 3 种表达式

三相异步电动机的机械特性指当定子电压、频率以及绕组参数都固定时,电动机的转速 n 与电磁转矩 T 之间的关系 $T=f(n)$。由于电动机的转差率 s 与转速 n 之间存在着线性关系 $s=1-n/n_1$,三相异步电动机的机械特性也常用 $T=f(n)$ 的形式表示。当用曲线表示三相异步电动机的机械特性时,习惯以 T 为横坐标,n 或 s 为纵坐标。

三相异步电动机的机械特性有 3 种表达式,分别是物理表达式、参数表达式及实用表达式。

1. 物理表达式

由三相异步电动机的电磁转矩 T、电磁功率 P_M 以及转子电动势 E_2' 表达式,可推得三相异步电动机的转矩公式为

$$T=\frac{P_M}{\Omega_1}=\frac{3E_2'I_2'\cos\varphi_2}{2\pi f_1/p}=\frac{3p}{2\pi f_1}\times 4.44f_1k_{N1}N_1\Phi_m I_2'\cos\varphi_2=C_T'\Phi_m I_2'\cos\varphi_2 \quad (10\text{-}1)$$

其中,$C_T'=3pk_{N1}N_1/\sqrt{2}$ 称为三相异步电动机的转矩常数;N_1 为定子绕组每相串联匝数;k_{N1} 为基波绕组系数;Φ_M 为异步电动机每极磁通;I_2' 为转子电流的折算值;$\cos\varphi_2$ 为转子电路的功率因数。

式(10-1)表明,三相异步电动机的电磁转矩 T 是由磁通 Φ_m 与转子电流的有功分量 $I_2'\cos\varphi_2$ 相互作用产生的。在物理上,这 3 个量的方向遵循左手定则,且三者相互垂直,因此式(10-1)称为三相异步电动机机械特性的物理表达式。该表达式在形式上与直流电动机的转矩表达式 $T=C_T\Phi I_N$ 相似,反映了异步电动机电磁转矩产生的物理本质,适用于对异步电动机机械特性做定性分析。但物理表达式没有直接反映电磁转矩与电动机参数之间的关系,更没有明显地表示电磁转矩与转速之间的关系,因此分析或计算三相异步电动机的机

械特性时,一般不采用物理表达式,而是采用参数表达式。

2. 参数表达式

1) 参数表达式的推导

三相异步电动机的电磁转矩 T 可用电磁功率 P_M 和同步角速度 Ω_1 表示为

$$T=\frac{P_M}{\Omega_1}=\frac{3I_2'^2r_2'/s}{2f_1/p} \tag{10-2}$$

根据图 10.1.1 所示的异步电动机的 T 型等效电路,略去励磁电流 I_0,可得转子电流的折算值:

$$I_2'=\frac{U_1}{\sqrt{(r_1+r_2'/s)^2+(X+X_2')^2}} \tag{10-3}$$

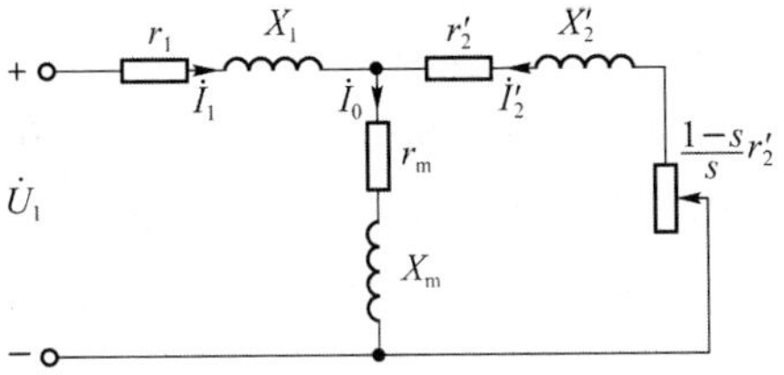

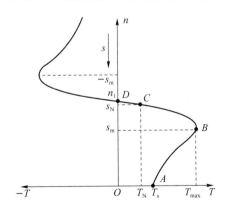

图 10.1.1　异步电动机的 T 型等效电路

将式(10-3)代入式(10-2),可得

$$T=\frac{3p}{2\pi f_1}\cdot\frac{U_1^2r_2'/s}{(r_1+r_2'/s)^2+(X+X_2')^2} \tag{10-4}$$

式(10-4)表明三相异步电动机的电磁转矩 T 与定子电源电压 U_1、电源频率 f_1、电动机定转子参数 (r,r_2',X_1,X_2',p) 以及转差率 s 之间的关系。对于一台已经制造好的电动机,其定转子参数等均不变,若 U_1 和 f_1 不变,则 $T=f(s)$ 或 $T=f(n)$ 称为三相异步电动机机械特性的参数表达式。按式(10-4)绘制的三相异步电动机的机械特性曲线,如图 10.1.2 所示。第 I 象限中,旋转磁场的转向与转子转向一致,而且 $0<n<n_1$,$0<s<1$,因此电磁转矩 T 和转子转速 n 均为正,电动机处于电动运行状态。第 II 象限中,旋转磁场的转向与转子转向一致,但 $n>n_1$,$s<0$,因此 $T<0$,$n>0$,电动机处于发电回馈制动状态。

图 10.1.2　三相异步电动机的机械特性曲线

2）机械特性曲线的分析

根据图 10.1.2 分析三相异步电动机机械特性曲线中的几个特殊点。

（1）启动点 A

该点处 $n=0$，$s=1$，对应的转矩称为启动转矩 T_s。它是异步电动机开始启动时的电磁转矩。令式(10-4)中的 $s=1$，即有

$$T_s = \frac{3p}{2\pi f_1} \cdot \frac{U_1^2 r_2'}{(r_1+r_2')+(X_1+X_2')^2} \tag{10-5}$$

式(10-5)表明：T_s 与 U_1^2 成正比。当 U_1 过小时，启动转矩明显下降，甚至使 $T_s < T_N$，造成电机不能启动。在一定范围内，增大 r_2'，可以增大 T_s。当 f_1 和 U_1 一定时，X_1+X_2' 越大，T_s 就越小。

启动转矩 T_s 与额定转矩 T_N 的比值称为启动转矩倍数，用 λ_s 表示。λ_s 是异步电动机的一个重要参数。只有当 $\lambda_s > 1$ 时，异步电动机才能在额定负载下启动。一般情况下，λ_s 是针对笼型异步电动机而言的，因为绕线转子异步电动机通过增加转子电阻 r_2'，可加大启动转矩，这也是绕线转子异步电动机的优点。一般，笼型电动机的 $\lambda_s=1.0\sim2.0$；起重、冶金机械专用的笼型电动机的 λ_s 可达 3.0。

（2）最大转矩点 B

该点处电磁转矩为最大转矩 T_{max}，对应的转差率为 s_m，称为临界转差率。当 $s<s_m$ 时，随 T 的增加，s 增大，转速下降，机械特性曲线的斜率为负；当 $s>s_m$ 时，随 T 的增加，s 减小，转速升高，机械特性曲线的斜率为正。式(10-4)对 s 求导，并令 $dT/ds=0$，可求出 T_{max} 及其对应的 s_m：

$$s_m = \pm \frac{r_2'}{\sqrt{r_1^2+(X_1+X_2')^2}} \tag{10-6}$$

$$T_{max} = \pm \frac{3p}{4\pi f_1} \cdot \frac{U_1^2}{\pm r_1+\sqrt{r_1^2+(X_2+X_2')^2}} \tag{10-7}$$

式(10-6)和式(10-7)中，正号对应于第I象限的电动状态，负号对应于第II象限的发电回馈制动状态。通常，$r_1 \ll X_1+X_2'$，因此可以忽略 r_1，则式(10-6)和式(10-7)可近似写成

$$s_m = \pm \frac{r_2'}{X_1+X_2'} \tag{10-8}$$

$$T_{max} = \pm \frac{3p}{4\pi f_1} \cdot \frac{U_1^2}{X_1+X_2'} \tag{10-9}$$

由式(10-8)和式(10-9)，可得出如下结论：

① 当电动机参数和电源频率 f_1 不变时，最大转矩 T_{max} 与 U_1^2 成正比，s_m 与 U_1 无关，保持不变；

② 当 f_1 和 U_1 不变时，s_m 和 T_{max} 均与漏电抗 $X+X_2'$ 成反比；

③ T_{max} 与转子电阻 r_2' 无关，s_m 与 r_2' 成正比，因此当增加 r_2' 时，T_{max} 不变，s_m 与 r_2' 成正比地增大，使机械特性变软。

最大电磁转矩 T_{max} 与额定电磁转矩 T_N 的比值，称为电动机的过载倍数，用 λ_m 表示。λ_m 是异步电动机的另一个重要参数。异步电动机运行时，绝不可能长期运行在最大转矩处。因为此时电流过大，电动机温升若超过允许值，则有可能烧毁电动机，同时在最大转矩

处电动机转速也不稳定。一般情况下,异步电动机的 $\lambda_m = 1.8 \sim 3.0$,而起重、冶金机械专用的异步电动机的 λ_m 可达 3.5。

（3）额定工作点 C

该点处电磁转矩和转速均为额定值,用 T_N 和 n_N 表示,对应的额定转差率用 s_N 表示。异步电动机可长期运行在额定状态。

在转差率 $0 < s < s_m$ 的区域,s 增大（n 减小）,T 随之增大,根据电力拖动系统稳定运行的判定条件,该区域是稳定区。而在转差率 $s_m < s < 1$ 的区域,s 增大（n 减小）,T 随之减小,根据电力拖动系统稳定运行的判定条件,该区域是不稳定区。事实上,个别负载如通风机负载等,也可以在不稳定区内稳定运行。

（4）同步转速点 D

该点处 $n = n_1 = 60f_1/p, s = 0, T = 0$,此时电动机不能进行能量转换。

3. 实用表达式

1) 实用表达式的推导

三相异步电动机机械特性的参数表达式,对于分析电动机各种参数变化对电磁转矩的影响是非常有用的。但在进行机械特性的工程计算时,电动机的定子、转子参数 r_1、r_2'、X_1、X_2' 在产品手册中是查不到的,因此使用机械特性的参数表达式也不方便。为了能利用电动机产品手册中的数据,计算出异步电动机的机械特性,有必要推导出三相异步电动机机械特性的实用表达式。

用式(10-4)除以式(10-7),可得

$$\frac{T}{T_{max}} = \frac{2r_2' \left[r_1 + \sqrt{r_1^2 + (X_1 + X_2')^2} \right]}{s \left[(r_1 + r_2'/s)^2 + (X_1 + X_2')^2 \right]} \tag{10-10}$$

由式(10-6)可得

$$\sqrt{r_1^2 + (X_1 + X_2')^2} = r_2'/s_m \tag{10-11}$$

将式(10-11)代入式(10-10),可得

$$\frac{T}{T_{max}} = \frac{2r_2'(r_1 + r_2'/s_m)}{s \left[(r_2'/s_m)^2 + (r_2'/s)^2 + 2r_1 r_2'/s \right]} = \frac{2(1 + r_1 s_m/r_2')}{s/s_m + s_m/s + 2r_1 s_m/r_2'}$$

$$= \frac{2 + q}{s/s_m + s_m/s + q} \tag{10-12}$$

其中,$q = 2r_1 s_m/r_2'$。一般情况下,对于三相异步电动机,$s_m = 0.1 \sim 0.2, r_1 \approx r_2'$,因此 $q = 0.2 \sim 0.4$。而式(10-12)对任何 s 值,都有($s/s_m + s_m/s$）$\geqslant 2$,可见 q 比 2 小得多,因此式(10-12)可化简为

$$\frac{T}{T_{max}} = \frac{2}{s/s_m + s_m/s} \tag{10-13}$$

式(10-13)就是三相异步电动机机械特性的实用表达式。

2) 实用表达式的使用

从实用表达式可以看出,只有求出最大转矩 T_{max} 和临界转差率 s_m,才能求出 T。

通过查找三相异步电动机的产品手册,可以得到电动机的额定功率 P_N、额定转速 n_N 和过载倍数 λ_m,则额定输出转矩 $T_{2N} = 9\,550P_N/n_N$。忽略空载转矩 T_0,认为电动机的额定转矩 $T_N = T_{2N}$,则最大转矩 $T_{max} = \lambda_m T_N = \lambda_m T_{2N}$。式(10-13)可以表示为

$$T = \frac{2\lambda_m T_N}{s/s_m + s_m/s} \qquad (10\text{-}14)$$

如果已知机械特性上某点的转矩 T(如 T_N)和对应的转差率 s(如 s),那么根据式(10-14)可得

$$s_m = s\left[\frac{\lambda_m T_N}{T} \pm \sqrt{\left(\frac{\lambda_m T_N}{T}\right)^2 - 1}\right] \qquad (10\text{-}15)$$

当 $s = s_N$ 时, $T = T_N$,有 $s_m = s_N(\lambda_m \pm \sqrt{\lambda_m^2 - 1})$。由于 $s_m > s_N$,因此这里应取正号。算出最大转矩 T_{max} 和临界转差率 s_m 后,只需给出 s 值,就可以得出相应的 T 值。

当三相异步电动机在额定负载范围内运行时,转差率很小,额定转差率 s_N,仅为 $0.02 \sim 0.06$。这时 $\frac{s}{s_m} \ll \frac{s_m}{s}$,从而使 $\frac{s}{s_m} + \frac{s_m}{s} \approx \frac{s_m}{s}$,于是得到简化机械特性为

$$T = \frac{2\lambda_m T_N}{s_m} s \qquad (10\text{-}16)$$

这说明,在 $0 < s < s_m$ 的范围内三相异步电动机的机械特性呈线性关系,具有与他励直流电动机相似的特性。计算启动转矩时不能用简化机械特性,否则误差很大。

10.1.2 三相异步电动机的固有机械特性和人为机械特性

1. 固有机械特性

三相异步电动机的固有机械特性是指三相异步电动机定子电压和频率为额定值,定子绕组按规定的接线方式连接,定子及转子回路不外接任何电器元件条件下的机械特性。固有机械特性可以利用机械特性的参数表达式或实用表达式计算得到。利用参数表达式或实用表达式计算出同步转速点、额定工作点、最大转矩点和启动点这几个特殊点,然后将这些点连接起来,便得到固有特性曲线。当然,计算的点越多,做出的曲线就越精确。对于任一异步电动机,固有机械特性曲线只有一条。当改变固有机械特性中任一参数时,就变为人为机械特性曲线了。

例 10-1 一台三相四极笼型异步电动机,技术数据为 $P_N = 5.5$ kW, $U_N = 380$ V, $I_N = 11.2$ A,三角形连接, $n_N = 1\,442$ r/min, $f_N = 50$ Hz, $\lambda_m = 2.33$,绕组参数为 $r_1 = 2.83\ \Omega$, $r_2' = 2.38\ \Omega$, $X_1 = 4.94\ \Omega$, $X_2' = 8.26\ \Omega$。根据机械特性的参数表达式和实用表达式,分别计算电动机的固有机械特性。用实用表达式计算启动转矩和且当负载转矩 $T_L = 64.2$ N·m 时的转速。

解 (1)用机械特性的参数表达式计算

同步转速:

$$n_1 = 60f_1/p = 60 \times 50/2 = 1\,500 \text{ r/min}$$

额定转差率:

$$s_N = (n_1 - n_N)/n_1 = (1\,500 - 1\,442)/1\,500 \approx 0.038\,7$$

临界转差率:

$$s_m = r_2'/\sqrt{r_1^2 + (X_1 + X_2')^2} = 2.38/\sqrt{2.83^2 + (4.94 + 8.26)^2} \approx 0.176$$

机械特性表达式：

$$T=\frac{3p}{2\pi f_N}\cdot\frac{U_N^2 r_2'/s}{(r_1+r_2'/s)^2+(X_1+X_2')^2}=\frac{6\,567/s}{(2.83+2.38/s)^2+174.24}$$

给出不同的 s 值，按上式计算相应的电磁转矩 T，并将计算结果列于表 10.1.1 中。

（2）用机械特性实用公式计算

临界转差率：

$$s_m=s_N(\lambda_m+\sqrt{\lambda_m^2-1})=0.038\,7\times(2.33+\sqrt{2.33^2-1})\approx0.172$$

额定转矩：

$$T_N=9.55P_N/n_N=9.55\times5500/1\,442\approx36.4\ \text{N·m}$$

机械特性实用表达式：

$$T_{max}=\lambda_m T_N=2.33\times36.4=84.8\ \text{N·m}$$

$$T=\frac{2T_{max}}{s/s_m+s_m/s}=\frac{169.6}{s/0.172+0.172/s}$$

给出不同的 s 值，按上式计算相应的电磁转矩 T。计算结果列于表 10.1.1 中。根据计算结果也可画出固有特性曲线。

表 10.1.1　固有机械特性计算数据

	s	0	0.038 7	0.08	0.176	0.25	0.6	0.8	110
$T/(\text{N·m})$	按参数公式计算	0	39.3	66.4	84.5	80.4	49.7	39.5	32.6
	按实用公式计算	0	36.4	64.2	84.3	78.9	44.9	34.9	28.3

从表 10.1.1 可以看出，当 $s<s_m$ 时，用两种方法求出的机械特性十分接近，因此在工程计算时，可以使用实用表达式。

（3）将 $s=1$ 代入机械特性实用表达式，得到启动转矩：

$$T_s=\frac{169.6}{\dfrac{1}{0.172}+\dfrac{0.172}{1}}\approx28.33\ \text{N·m}$$

当 $T=T_L=64.0\ \text{N·m}$，可以通过查表 10.1.1 得出 s 的值；也可以在机械特性实用表达式中令 $T=T_L=64.2\ \text{N·m}$，得到 $64.2=\dfrac{169.6}{\dfrac{s}{0.172}+\dfrac{0.172}{s}}$，求出 s，把 s 大于 s_m 的舍去，然后求转速 n。

2. 人为机械特性

三相异步电动机的人为机械特性是指人为地改变电源参数或电动机参数而得到的机械特性。由机械特性的参数表达式可知，可以改变的参数有定子电源电压 U_1、电源频率 f_1、极对数 p、定转子电路电阻或电抗（$r_1、r_2'、X_1、X_2'$）等。所以，三相异步电动机的人为机械特性种类很多，这里介绍 3 种常见的人为机械特性。

1）降低定子电压的人为机械特性

由前面的分析可知，当定子电压 U_1 降低而其他参数都与固有机械特性相同时，电动机的电磁转矩 T 与 U_1^2 成正比地降低，临界转差率 s_m 和同步转速 n_1 均与 U_1 无关而保持不变。因此，可得出降低 U_1 时的人为机械特性曲线，是一组通过同步转速点的曲线簇，如

图 10.1.3 所示。

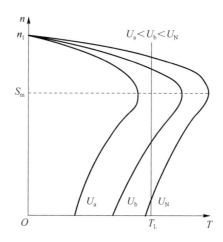

图 10.1.3　三相异步电动机降低定子电压时的人为机械特性

从图 10.1.3 可知,降低定子电压后的人为机械特性,其线性段斜率变大,即机械特性变软。启动转矩 T_s 和最大转矩 T_{max} 均与 U_1^2 成正比地降低,电动机的启动转矩倍数和过载能力均显著下降。如果电动机在额定负载下运行,U_1 降低后将导致转速 n 下降,转差率 s 增大,转子电流将因转子电动势 sE_2 的增大而增大,从而引起定子电流增大,导致电动机过载。电动机长期欠压过载运行,势必造成电动机过热,缩短电动机的使用寿命。另外,定子电压下降过多,可能出现最大转矩小于负载转矩的情况,将使电动机停转。

　　2) 定子回路外串对称电阻或对称电抗器时的人为机械特性

三相异步电动机定子串对称电阻或对称电抗器时,相当于增大了电动机定子回路的漏阻抗,从式(10-5)、式(10-6)和式(10-7)可知,这并不影响电动机同步转速 n_1 的大小,但是临界转差率 s_m、最大转矩 T_{max} 和启动转矩 T_s 都随外串电阻或电抗的增大而减小。图 10.1.4(a)和图 10.1.4(b)所示分别为三相异步电动机定子串对称电阻 R_s 及对称电抗器 X_s 时的人为机械特性。

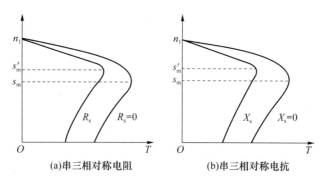

(a)串三相对称电阻　　　　　　(b)串三相对称电抗

图 10.1.4　定子回路外串对称电阻或对称电抗器时的人为机械特性

　　3) 转子回路串接对称电阻时的人为机械特性

在绕线转子异步电动机的转子回路中串入三相对称电阻 R_s,如图 10.1.5(a)所示。由前面的分析可知,此时同步转速 n_1 和最大电磁转矩 T_{max} 不变,而临界转差率 s_m 随外接电阻 R_s 的增大而增大,其人为机械特性也是一组通过同步转速点的曲线簇,如图 10.1.5(b)所示。由图 10.1.5(b)可知,转子回路串接对称电阻,机械特性曲线线性段的斜率增大,特性变软。同时,在一定范围内增加转子电阻,可以增大电动机的启动转矩。当所串接的电阻为图 10.1.5 (b)中的 R_{s3},使 $s_{m3}=1$ 时,对应的启动转矩将达到最大转矩。如果再增大转子电阻,启动转矩反而会减小。

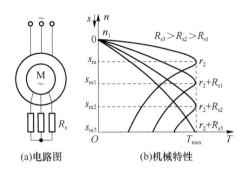

图 10.1.5　绕线转子异步电动机转子电路串对称电阻

转子回路串接对称电阻 R_s 时,除 R_s 外,其他参数都保持固有机械特性下的数值不变,根据式(10-4),要保持电磁转矩不变,只有保持 $r_2'/s=(r_2'+R_s')/s'$ 为常数才行,即

$$\frac{s'}{s}=\frac{r_2'+R_s'}{r_2'}=\frac{r_2+R_s}{r_2} \tag{10-17}$$

其中,s 为固有机械特性上电磁转矩为 T_L 时的转差率;s' 为在同一电磁转矩下人为机械特性上的转差率,R_s' 为 R_s 的折算值。

式(10-17)表明:当转子串接对称电阻时,若保持电磁转矩不变,则串接电阻后电动机的转差率与转子回路中的电阻成正比地增加,这一规律称为三相异步电动机转差率的比例推移。如果取最大转矩,则按比例推移规律有 $s_m'/s_m=(r_2+R_s)/r_2$,由此可得出转子回路外串电阻为

$$R_s=\left(\frac{s_m'}{s_m}-1\right)r_2 \tag{10-18}$$

转子绕组星形连接时,转子每相绕组的电阻 $r_2\approx Z_{2s}=s_N E_{2N}/(\sqrt{3}I_{2N})$,其中,$E_{2N}$ 为转子额定电动势,I_{2N} 为转子额定电流,Z_{2s} 为 $s=s_N$ 时转子每相绕组的阻抗,且 $Z_{2s}=r_2+jX_{2s}=r_2+js_N X_2$。由于 $s_N\ll1,r_2\gg s_N X_2$,故 $r_2\approx Z_{2s}$。E_{2N} 和 I_{2N} 的数据可在电动机的产品手册中查到。转差率的比例推移规律,在绕线转子异步电动机的各种工程计算中经常用到。

例 10-2　一台三相绕线转子异步电动机的技术数据为 $P_N=75$ kW,$n_N=720$ r/min,$E_{2N}=213$ V,$I_{1N}=148$ A,$I_{2N}=220$ A,$\lambda_m=2.4$,该电动机转子绕组为星形连接,拖动恒转矩负载 $T_L=T_N$。

(1)启动转矩 $T_s=T_{max}$ 时,求转子回路每相应串入的电阻值;

(2)电动机的转速 $n=300$ r/min 时,求转子回路每相应串入的电阻值。

解　(1)启动转矩 $T_s=T_{max}$ 时,转子回路每相应串入的电阻值的计算

① 额定转差率:

$$s_N = (n_1 - n_N)/n_1 = (750 - 720)/750 = 0.04$$

② 固有机械特性的临界转差率：

$$s_m = s_N(\lambda_m + \sqrt{\lambda_m^2 - 1}) = 0.04 \times (2.4 + \sqrt{2.4^2 - 1}) \approx 0.183$$

③ 转子绕组每相电阻：

$$r_2 = s_N E_{2N}/(\sqrt{3} I_{2N}) = 0.04 \times 213/(\sqrt{3} \times 220) \approx 0.022\,4\ \Omega$$

④ 启动转矩 $T_s = T_{max}$ 时，$s_m' = 1$，按比例推移关系，转子回路每相串入的电阻值为

$$R_s = \left(\frac{s_m'}{s_m} - 1\right)r_2 = \left(\frac{1}{0.183} - 1\right) \times 0.022\,4 \approx 0.1\ \Omega$$

(2) $T_L = T_N$，$n = 300$ r/min 时，转子回路每相应串入的电阻值的计算

① $n = 300$ r/min 时的转差率：

$$s' = (n_1 - n)/n_1 = (750 - 300)/750 = 0.6$$

② 人为机械特性的临界转差率：

$$s_m' = s'\left[\frac{\lambda_m T_N}{T} + \sqrt{\left(\frac{\lambda_m T_N}{T}\right)^2 - 1}\right] = 0.6 \times \left[\frac{2.4 T_N}{T_N} + \sqrt{\left(\frac{2.4 T_N}{T_N}\right)^2 - 1}\right] \approx 2.749$$

③ 按比例推移关系，转子回路每相串入的电阻值：

$$R_s = \left(\frac{s_m'}{s_m} - 1\right)r_2 = \left(\frac{2.794}{0.183} - 1\right) \times 0.022\,4 \approx 0.32\ \Omega$$

10.2 三相异步电动机的启动

三相异步电动机的启动是指电动机接通电源后，从静止状态加速到某一稳定转速的过程。对异步电动机启动性能的基本要求：具有足够大的启动转矩，以保证生产机械能够正常地启动；在保证启动转矩足够大的前提下，电动机的启动电流越小越好，以减小对电网的冲击；启动设备力求结构简单，运行可靠，操作方便。

10.2.1 异步电动机的固有启动特性

不论是笼型异步电动机还是绕线转子异步电动机，直接接入额定电压 U_N 时的启动特性称为固有启动特性。根据式(10-3)，令 $s=1$，此时略去 I_0，$I_1 = I_2'$，可得此时的启动电流 I_s，又称为堵转电流 I_{kN}，为

$$I_s = I_{kN} = \frac{U_N}{\sqrt{(r_1 + r_2')^2 + (X_1 + X_2')^2}} \tag{10-19}$$

由于电动机额定运行时，$S_N = 0.02 \sim 0.05$，而启动时，$s=1$，所以 I_{kN} 约为额定电流的 $4 \sim 7$ 倍。同理，根据式(10-5)，可计算出直接接入 U_N 时的启动转矩 T_s，又称为堵转转矩 T_k，并得出启动转矩倍数 $\lambda_s = 0.9 \sim 1.3$。可见，在异步电动机固有启动特性中，启动电流很大，而启动转矩却不大。因此，根据异步电动机对启动性能的基本要求，异步电动机的固有启动特性并不理想。

10.2.2　三相笼型异步电动机的启动

1. 直接启动

利用刀开关或接触器将电动机直接接到具有额定电压电网上的启动方法,称为直接启动或全压启动,此时电动机的启动特性,即为固有启动特性。笼型异步电动机直接启动的优点是启动设备和操作最为简单,缺点是启动电流大,因此只允许在额定功率 $P_N \leqslant 7.5\,kW$ 的小容量电动机中使用。为了利用直接启动的优点,如今设计的笼型异步电动机,都按直接启动时的电磁力和发热情况来考虑电动机的机械强度和热稳定性。因此就电动机本身来说,笼型异步电动机都允许按照直接启动方法启动。而最终能否直接启动,主要取决于电网供电变压器的容量。只要启动电流对电网造成的电压降不超过允许值,就应优先考虑采用直接启动方法启动。工程上,若电动机的启动电流满足式(10-20)所示的经验公式,就可以采用直接启动方法。

$$k_1 = \frac{I_s}{I_N} \leqslant \frac{1}{4}\left[3 + \frac{电源总容量(kV \cdot A)}{电动机容量(kW)}\right] \tag{10-20}$$

其中,k_1 为笼型异步电动机的启动电流倍数,其值可根据电动机的型号和规格从电动机的产品说明书中查得。

例 10-3　某三相笼型异步电动机,启动电机功率 $P_N = 40\,kW$,$U_N = 380\,V$,$I_N = 70\,A$,$n_N = 960\,r/min$,$\lambda_m = 2.5$,$k_1 = 6.5$,供电电源总容量 $S_N = 1\,000\,kV \cdot A$。试问该电动机能否带动额定负载直接启动?

解　由式(10-20)得

$$\frac{1}{4}\left[3 + \frac{电源总容量(kV \cdot A)}{启动电机功率(kW)}\right] = \frac{1}{4} \times \left(3 + \frac{1\,000}{40}\right) = 7 > k_1 = 6.5$$

所以,就启动电流而言,供电电网允许该电动机直接启动,但能否带动额定负载启动还需校验启动转矩。额定转差率为

$$s_N = \frac{n_1 - n_N}{n_1} = \frac{1\,000 - 960}{1\,000} = 0.04$$

$$s_m = s_N(\lambda_m + \sqrt{\lambda_m^2 - 1}) = 0.04 \times (2.5 + \sqrt{2.5^2 - 1}) \approx 0.192$$

在固有特性实用表达式中,令 $s = 1$,可得直接启动转矩:

$$T_s = \frac{2T_m}{\dfrac{s}{s_m} + \dfrac{s_m}{s}} = \frac{2 \times 2.5 T_N}{\dfrac{1}{0.192} + \dfrac{0.192}{1}} \approx 0.924 T_N < T_N$$

故该电动机不能带动额定负载直接启动。

2. 减压启动

当直接启动不能满足电网电压降的要求时,应采用降低定子电压 U_1 的启动方法以限制启动电流。但由于电磁转矩 T 和 U_1^2 成正比,因此减压启动只适用于空载或轻载启动的负载。减压启动时,可以采用传统的减压启动方法,也可以采用近几年广泛应用的电动机软启动器。

1) 定子电路串电阻或电抗器减压启动

(1) 启动过程

电动机启动过程中,在定子电路串联电阻或电抗器,启动电流在电阻或电抗器上将产生

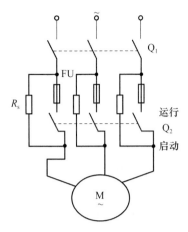

图 10.2.1　三相笼型异步电动机定子
电路串电阻减压启动的原理图

压降,降低了电动机定子绕组上的电压,启动电流从而减小。图 10.2.1 所示为定子电路串电阻减压启动的原理图,其中 Q_1 是主开关,起隔离电源的作用。启动时,把开关 Q_2 换接到"启动"的位置,此时启动电阻 R_s 接入定子电路,然后闭合主开关 Q_1,电动机开始旋转;待转速接近稳定转速,把开关 Q_2 换接到"运行"位置,电源电压直接加到定子绕组上,电动机启动结束。定子电路串电抗器减压启动时,只需将图 10.2.1 中的启动电阻换为电抗器,工作过程和串电阻减压启动一样。定子电路串电阻或电抗器减压启动具有启动平稳、运行可靠和构造简单等优点。例如,用串电阻减压启动,启动阶段功率因数较高。但因串电阻减压启动能耗较大,所以只能在电动机的容量较小时使用。容量较大的笼型异步电动机多采用串电抗器减压启动。此外,定子电路串电阻或电抗器减压启动有手动及自动等多种控制线路。

（2）启动电流和启动转矩

设定子电路串电阻或电抗器减压启动时,加在定子绕组上的电压为 U_1,令 $a=U_1/U_N$,称为减压系数。令式(10-19)中的 $\sqrt{(r_1+r_2')^2+(X_1+X_2')^2}=Z_k$,则额定电压下直接启动时,启动电流 $I_s=I_{kN}=U_N/Z_k$,启动转矩 $T_s=T_k$;减压启动时,启动电流 $I_s'=U_1/Z_k=aU_N/Z_k=aI_{kN}$,启动转矩 $T_s'=a^2T_k$。

可见,降压后,启动电流降低到全压时的 a 倍,启动转矩降低到全压时的 a^2 倍。

2）自耦变压器减压启动

（1）启动过程

电动机启动过程中,利用自耦变压器降低加到电动机定子绕组上的电压,以减小启动电流,其原理图如图 10.2.2(a)所示。启动时把换接开关 Q 投向启动的位置,自耦变压器 TA 一次绕组上加全电压,而电动机定子电压仅为自耦变压器抽头部分的电压值,电动机减压启动;待转速接近稳定值时,把换接开关换接到运行位置,切除自耦变压器,电动机全压运行,启动结束。

（2）启动电流和启动转矩

自耦变压器减压启动时,自耦变压器的一相电路如图 10.2.2(b)所示。设自耦变压器的电压比 $k_A=N_1/N_2=U_N/U_1=I_s/I_s'$,电动机的减压系数 $a=U_1/U_N=1/k_A$。启动时,电动机的启动电流 I_s 为自耦变压器的二次电流,即 $I_s=aI_{kN}=I_{kN}/k_A$。忽略自耦变压器的空载电流,电网供给的启动电流,即自耦变压器的一次电流为

$$I_s'=I_s/k_A=I_{kN}/k_A^2 \tag{10-21}$$

可见,自耦变压器减压启动时,电动机启动电流为直接启动时的堵转电流的 I_{kN}/k_A,而电网供给的启动电流为堵转电流的 $1/k_A^2$。

自耦变压器减压启动时,启动转矩与加在定子绕组上的电压的平方成正比,即

$$T_s'=(U_1/U_N)^2T_k=T_kk_A^2 \tag{10-22}$$

　　式(10-21)和式(10-22)表明：采用自耦变压器减压启动与直接启动相比，启动电流和启动转矩都降低到全压时的 $1/k_A^2$。而与定子电路串电阻或电抗器减压启动相比，在电动机启动转矩相同时，自耦变压器减压启动所需的电网电流较小，或者说，当电网提供的启动电流相同时，自耦变压器减压启动可以获得较大的启动转矩，而定子电路串电阻或电抗器减压启动仅适用于轻载启动情况。自耦变压器减压启动的优点是启动电流较小、启动转矩较大；缺点是启动设备体积大、笨重、价格贵以及维修不方便。

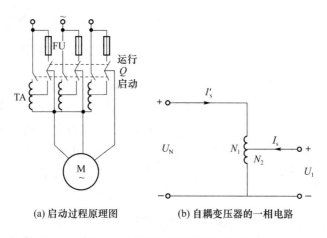

(a) 启动过程原理图　　　　(b) 自耦变压器的一相电路

图 10.2.2　自耦变压器减压启动

　　为了便于调节启动电流和启动转矩，减压启动用自耦变压器常备有 3 个抽头，抽头电压比，即减压系数 $a=U_1/U_N=1/k_A$。常用的启动用自耦变压器有 QJ1 和 QJ2 两种系列。QJ1 型的 3 个抽头分别为电源电压的 55%、64%、73%；QJ2 型的 3 个抽头分别为电源电压的 40%、60%、80%。此外，自耦变压器容量的选择与电动机的容量、启动时间和连续启动次数有关。

　　例 10-4　有一个三相笼型异步电动机，其额定功率 $P_N=65$ kW，额定电压 $U_N=380$ V，定子绕组星形连接，额定电流 $I_N=140$ A，启动电流与额定电流之比 $k_1=6.6$，启动转矩与额定转矩之比 $T_s/T_N=1.11$，但因供电变压器的限制，该电动机允许的最大启动电流为 490 A。若拖动负载转矩 $T_L=0.35T_N$，用串有 73%、64%、55% 抽头的自耦变压器启动，问用哪种抽头才能满足启动要求？

　　解　自耦变压器的变比为抽头百分比的倒数。

　　(1) 抽头为 73% 时，供电变压器流过的启动电流为

$$I_s'=\frac{1}{k_A^2}I_s=0.73^2\times6.6\times140\approx492.4 \text{ A}>490 \text{ A}$$

启动电流不满足要求，不能采用。

　　(2) 抽头为 64% 时，启动电流为

$$I_s'=\frac{1}{k_A^2}I_s=0.64^2\times6.6\times140\approx378.5 \text{ A}<490 \text{ A}$$

启动转矩为

$$T_s'=\frac{1}{k_A^2}T_s=0.64^2\times1.11T_N\approx0.45T_N>T_L=0.35T_N$$

满足要求,可以正常启动。

(3)抽头为 55% 时,启动电流为

$$I'_s=\frac{1}{k_A^2}I_s=0.55^2\times6.6\times140=279.51\ \text{A}<490\ \text{A}$$

启动转矩为

$$T'_s=\frac{1}{k_A^2}T_s=0.55^2\times1.11T_N\approx0.336T_N<T_L=0.35T_N$$

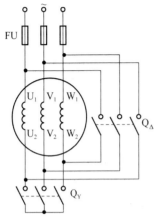

图 10.2.3　三相笼型异步电动机星形-三角形启动原理图

(2)启动电流和启动转矩

启动电流满足要求,但启动转矩不满足要求,故不能正常启动。

3)星形-三角形(Y-Δ)启动

(1)启动过程

正常运行时,定子绕组为三角形连接并有 6 个出线端子的笼型异步电动机;为了减小启动电流,启动时,定子绕组为星形连接,降低了定子电压,启动后再连接成三角形,这种启动方法称为星形-三角形启动。其原理图如图 10.2.3 所示。启动时,将换接开关 Q_Y 闭合,Q_Δ 断开,定子绕组连接成星形,每相电压为 $U_1=U_N/\sqrt{3}$,实现减压启动;待转速接近稳定值时,将换接开关 Q_Y 断开,换接开关 Q_Δ 闭合,使定子绕组连接成三角形进行全压运行,启动过程结束。

星形-三角形启动时的电压和电流,如图 10.2.4 所示。

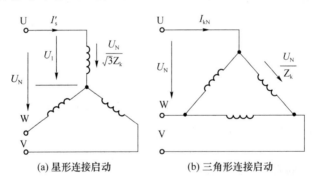

(a)星形连接启动　　　　(b)三角形连接启动

图 10.2.4　星型-三角形启动时的电压和电流

星形连接启动时,电网供给电动机的启动电流为 $I'_s=U_N/\sqrt{3}Z_k$;而三角形连接启动时,电网供给的线电流为 $I_{kN}=\sqrt{3}U_N/Z_k$。因此,有

$$I'_s=I_{kN}/3 \tag{10-23}$$

星形-三角形启动时,减压系数 $a=U_1/U_N=U_N/(\sqrt{3}U_N)=1\sqrt{3}$。由于电磁转矩 $T\propto a^2$,因此星形-三角形启动时,启动转矩

$$T'_s=T_ka^2=T_k/3 \tag{10-24}$$

式(10-23)和式(10-24)表明:星形-三角形启动时,启动电流和启动转矩都降为直接启

动时的 1/3。星形-三角形启动的优点是启动电流小、启动设备简单、价格便宜和操作方便；缺点是启动转矩小。它仅适用于 30 kW 以下的中、小功率电动机空载或轻载启动。

例 10-5　数据同例 10-4 中的电动机，问能否采用星形-三角形启动法来启动？

解　星形-三角形启动时的启动电流为

$$I_s' = \frac{1}{3}I_s = \frac{1}{3} \times 6.6 \times 140 = 308 \text{ A} < 490 \text{ A}$$

此时的启动转矩为

$$T_s' = \frac{1}{3}T_s = \frac{1}{3} \times 1.11 T_N = 0.37 T_N > T_L = 0.35 T_N$$

故能采用星形-三角形启动。

4）笼型异步电动机启动方法的比较

表 10.2.1 列出了笼型异步电动机几种常用启动方法的有关数据。

表 10.2.1　笼型异步电动机几种常用启动方法的比较

启动方法	启动电压比值	启动电流比值	启动转矩比值	启动设备	特点
直接启动	1	1	1	最简单	启动电流大，只适用于小容量轻载启动
定子电路串电阻或电抗器减压启动	a	a	a^2	一般	启动转矩小，适用于轻载启动
自耦变压器减压启动	$1/k_A$	$1/k_A^2$	$1/k_A^2$	较复杂	启动转矩较大，适用于大负载，不可频繁启动
星形-三角形启动	$1/\sqrt{3}$	$1/3$	$1/3$	简单	启动转矩小，适用于轻载启动，可频繁启动

例 10-6　一台三相笼型异步电动机，$P_N = 75$ kW，$n_N = 1\,470$ r/min，$U_N = 380$ V，定子绕组三角形连接，$I_N = 137.5$ A，$\eta_N = 92\%$，$\cos\varphi_2 = 0.9$，启动电流倍数 $k_1 = 6.5$，启动转矩倍数 $\lambda_s = 1$，拟带半载启动，电源容量为 1 000 kV·A。请选择适当的启动方法。

解　（1）直接启动：供电电网允许电动机直接启动的条件是

$$k_1' \leq \frac{1}{4}\left(3 + \frac{电源总容量}{电动机容量}\right) = \frac{1}{4}\left(3 + \frac{1\,000}{75}\right) \approx 4$$

因为 $k_1 > k_1'$，故该电动机不能采用直接启动方法。

（2）拟半载启动，即 $T_s = 0.5 T_N$，尚属轻载，故考虑减压启动。

① 定子电路串电抗器（电阻）启动

由（1）可知，电网允许该电动机的启动电流倍数 $k_1' = I_s'/I_N = 4$，而电动机直接启动的电流倍数 $k_1 = I_{kN}/I_N = 6.5$。当定子电路串电抗器（电阻）满足启动电流时，对应的减压系数为

$$a = I_s'/I_{kN} = k_1'/k_1 = 4/6.5 \approx 0.615$$

对应的启动转矩为

$$T_s' = a^2 T_k = a^2 \lambda_s T_N = 0.615^2 \times 1 \times T_N \approx 0.378 T_N$$

可见，取 $a = 0.615$ 时，满足电网对启动电流的要求，但因 $T_s' < T_s$，启动转矩不能满足要求，故不能采用定子电路串电抗器（电阻）启动方法。

② 星形-三角形启动

对应的启动电流为

$$I'_s = I_{kN}/3 = k_1 I_N/3 = 6.5 \times I_N/3 \approx 2.17 I_N < 4I_N$$

对应的启动转矩为

$$T'_s = T_k/3 = \lambda_s T_N/3 = 1 \times T_N/3 \approx 0.33 T_N < 0.5 T_N$$

同样,启动电流可以满足要求,而启动转矩不满足要求,故不能采用星形-三角形启动方法。

③ 自耦变压器减压启动

选用 QJ2 系列自耦变压器,其电压抽头为 55%、64%、73%。当选用 64% 挡的抽头时,减压系数 $a = 1/k_A = 0.64$。对应的启动电流为

$$I'_s = I_{kN}/k_A^2 = k_1 I_N/k_A^2 = 6.5 \times I_N \times 0.64^2 \approx 2.66 I_N < 4I_N$$

对应的启动转矩为

$$T'_s = T_k/k_A^2 = \lambda_s T_N/k_A^2 = 1 \times T_N \times 0.64^2 \approx 0.41 T_N < 0.5 T_N$$

启动转矩也不满足要求。当选用 73% 挡的抽头时,减压系数 $a = 1/k_A = 0.73$。对应的启动电流为

$$I'_s = I_{kN}/k_A^2 = k_1 I_N/k_A^2 = 6.5 \times I_N \times 0.73^2 \approx 3.46 I_N < 4I_N$$

对应的启动转矩为

$$T'_s = T_k/k_A^2 = \lambda_s T_N/k_A^2 = 1 \times T_N \times 0.73^2 \approx 0.53 T_N > 0.5 T_N$$

启动电流和启动转矩均满足要求。

根据计算结果,该三相笼型异步电动机应采用电压抽头为 73% 的自耦变压器减压启动。

3. 软启动

前面介绍的几种减压启动方法都属于有级启动,启动的平滑性不高。目前,应用电动机软启动器可以实现笼型异步电动机的无级平滑启动,这种启动方法称为软启动。软启动器是一种电子调压装置,其主回路采用晶闸管交流调压电路。使用时,将其串接于供电电网和电动机之间,通过控制晶闸管的导通角,按预先设定的模式调节输出电压,实现控制电动机启动的过程。当启动结束后,软启动器内部的旁路接触器吸合,短路掉所有的晶闸管,使电动机直接投入电网运行。目前,软启动一般有以下几种启动方式。

1)限流软启动

限流软启动,即在电动机启动过程中限制启动电流不超过某一设定值,主要用于轻载启动。其输出电压从 0 开始迅速增加,直到输出电流达到预先设定的电流限值 I_m,然后在保持输出电流 I 小于 I_m 的条件下,逐渐升高电压,直到额定电压,使电动机转速逐渐升高到额定转速。这种启动方式的优点是启动电流小,可按需要调整,对电网电压影响小。

2)电压斜坡启动

电压斜坡启动,即输出电压按预先设定的斜坡线性上升,主要用于重载启动。其特点是启动转矩小,转矩特性呈抛物线形上升,启动时间长,可采用双斜坡启动进行改进。双斜坡启动时,先使输出电压按较大斜率的设定让斜坡迅速上升,直至电动机启动所需最小转矩对应的电压值,然后按较小斜率的设定让斜坡逐渐升压,直至达到额定电压。这种启动方式的

特点是启动电流相对较大,启动时间相对较短。

3）转矩控制启动

转矩控制启动按电动机的启动转矩线性上升的规律控制输出电压,主要用于重载启动。它的优点是启动平滑,柔性好,同时能减少对电网的冲击;缺点是启动时间较长。

4）加突跳转矩控制启动

加突跳转矩控制启动与转矩控制启动一样,也适用于重载启动的场合。所不同的是,在启动瞬间加突跳转矩,用以克服拖动系统的静转矩,然后转矩平滑上升。这种启动可以缩短启动时间,但加突跳转矩会给电网带来冲力,干扰其他负载。

5）电压控制启动

电压控制启动用软启动器控制电压以保证电动机启动时产生较大的启动转矩,尽可能缩短启动时间,是较好的轻载软启动方法。

一些生产厂家(如 AB 公司、西门子公司)等已经生产出各种类型的软启动器,可供不同类型的用户选用。具体使用方法可查阅相关产品手册。

综上所述,笼型异步电动机的减压启动方法历经了传统的星形-三角形启动和自耦变压器减压启动等,发展到了目前先进的软启动。实际应用中,当笼型异步电动机不能用直接启动时,应该首先考虑选用软启动。软启动也为进一步的异步电动机智能控制打下了良好的基础。

10.2.3　特种笼型异步电动机的启动

由以上对普通笼型异步电动机启动方法的分析可见:直接启动时,启动电流太大;降压启动时,虽然减小了启动电流,但启动转矩也随之减小。根据绕线转子异步电动机转子串电阻的人为机械特性(如图 10.1.5 所示)可知,在一定范围内增大转子电阻,可以增大启动转矩,减小启动电流,因此较大的转子电阻可以改善电动机的启动性能。但是,电动机正常运行时,又希望转子电阻小一些,这样可以减小转子铜损耗,提高电动机的效率。怎样才能使笼型异步电动机在启动时具有较大的转子电阻,而在正常运行时转子电阻又自动减小呢?深槽笼型异步电动机和双笼型异步电动机可以实现这一目的。

1. 深槽笼型异步电动机

深槽笼型异步电动机的转子槽深而窄,通常槽深与槽宽之比达到 8～12。当转子导条中流过电流时,转子槽漏磁通的分布如图 10.2.5(a)所示,与导条底部相交链的漏磁通比与槽口部分相交链的漏磁通要多,这是由于槽上部分铁心截面小,又有槽口,磁阻大,而槽下部分铁心截面大,磁阻小。如果将转子导条看成由若干个沿槽高划分的许多导体单元并联组成〔如图 10.2.5(a)所示的阴影部分〕,则越靠近槽底的导体单元的漏电抗越大,而越接近槽口部分的导体单元的漏电抗越小。电动机启动时,转子电流的频率达到最高,$f_2 = f_1 = 50$ Hz,转子导条的漏电抗大于转子电阻,因此各导体单元中电流的分配将主要取决于漏电抗,漏电抗越大则电流越小。这样,在由气隙主磁通所感应的相同电动势的作用下,导条中靠近槽底处的电流密度将很小,而靠近槽口处的电流密度则较大,沿槽高的电流密度分布,如图 10.2.5(b)所示,这种现象称为电流的集肤效应,或挤流效应。集肤效应的效果相当于减小了导条的截面,如图 10.2.5(c)所示。因此,深槽笼型异步电动机启动时增大了转子电阻,使启动转矩增加,满足启动的要求。

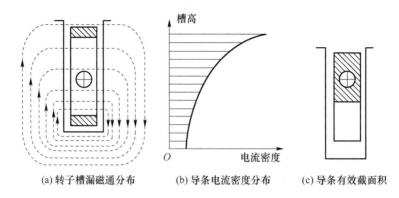

(a) 转子槽漏磁通分布   (b) 导条电流密度分布   (c) 导条有效截面积

图 10.2.5　深槽笼型异步电动机转子导条的集肤效应

随着电动机转速的升高,转子电流频率降低。当达到额定转速时,转子电流频率降低到 $1\sim3\ \mathrm{Hz}$,转子导条的漏电抗比电阻小得多,导体单元中电流的分配主要取决于电阻。由于各导体单元电阻相等,导条中的电流将均匀分布,集肤效应基本消失,转子阻抗自动减小到较小电阻值,从而满足了减小转子铜损耗,提高电动机效率的要求。

2. 双笼型异步电动机

双笼型异步电动机的转子上有两套导条,即上笼和下笼,如图 10.2.6(a)所示。两笼间由狭长的缝隙隔开,与上笼相比,下笼相交链的漏磁通多,即下笼的漏电抗比上笼的大,如图 10.2.6(b)所示。上笼截面积较小,用电阻系数较大的黄铜或铝青铜等材料制成,电阻较大;下笼截面积较大,用电阻系数较小的紫铜制成,电阻较小。

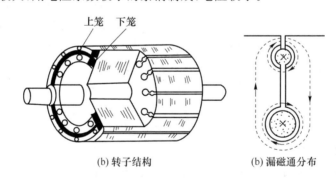

(b) 转子结构   (b) 漏磁通分布

图 10.2.6　双笼异步电动机的转子结构及漏磁通分布

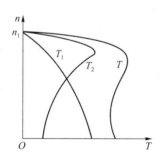

图 10.2.7　双笼型异步电动机的机械特性

启动时,转子电流频率较高,转子漏电抗大于电阻,上、下笼的电流分配主要取决于漏电抗。由于下笼的漏电抗比上笼的大得多,电流主要从上笼流过,因此启动时上笼起主要作用。由于上笼的电阻较大,可以产生较大的启动转矩,限制启动电流,所以常把上笼称为启动笼,其对应的机械特性如图 10.2.7 中的 T_1 曲线所示。正常运行时,转子电流频率很低,转子漏电抗远比电阻小,上、下笼的电流分配取决于电阻,于是电流大部分从电阻较小的下笼流过,产生正常运行时的电磁转矩,所以把下笼称为运行笼,其对应的机械特性如图 10.2.7 中的 T_2 曲线所示。双笼型异步电动机的机械特性可以看成 T_1 和 T_2 两条曲线的合成,如图 10.2.7 中的 T 曲线所示。改变上、下笼的参数就可以得到不同的机械特性曲线,以满足不同的负载要求,这是双笼型异步电动机的一个突出优点。

双笼型异步电动机的启动性能比深槽笼型异步电动机好,但深槽笼型异步电动机结构简单,制造成本较低。它们的共同缺点是转子漏电抗比普通笼型电动机大,因此功率因数和过载能力都比普通笼型异步电动机低,制造工艺复杂,价格较贵,一般用于要求启动转矩较大的生产机械。

10.2.4　三相绕线转子异步电动机的启动

三相笼型异步电动机直接启动时,启动电流大,启动转矩不大;减压启动时,虽然减小了启动电流,但启动转矩也按电压的平方关系减小,因此笼型异步电动机只能用于空载或轻载启动。绕线转子异步电动机启动时,转子电路串入适当的电阻,既能限制启动电流,又能增大启动转矩,同时克服了笼型异步电动机启动电流大、启动转矩不大的缺点,非常适用于中、大容量异步电动机的重载启动。绕线转子异步电动机的启动可分为转子串三相对称电阻分级启动和转子串频敏变阻器启动两种启动方法。

1. 转子串三相对称电阻分级启动

1) 启动过程

为了在整个启动过程中始终获得较大的加速转矩,并使启动过程比较平滑,应在转子回路串入多级对称电阻。启动时,随着转速的升高,逐段切除启动电阻,这与直流电动机电枢串电阻启动类似,称为电阻分级启动。图 10.2.8 展示了三相绕线转子异步电动机转子串三相对称电阻分级启动的原理图和对应三级启动时的机械特性。

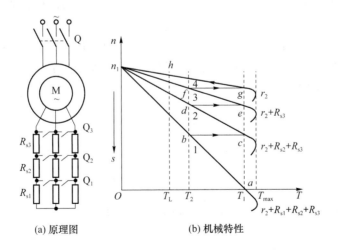

图 10.2.8　三相绕线转子异步电动机转子串三相对称电阻分级启动

如图 10.2.8(a)所示,启动开始时,开关 Q 闭合,开关 Q_1、Q_2、Q_3 断开,定子绕组接三相电源,转子绕组串入全部启动电阻 R_{s1}、R_{s2}、R_{s3},转子回路总电阻为 $R_1=r_2+R_{s1}+R_{s2}+R_{s3}$,对应的机械特性如图 10.2.8(b)中的曲线 1 所示。启动瞬间,转速 $n=0$,电磁转矩 $T=T_1$,T_1 为启动过程中的最大转矩,称为最大启动转矩。由于 $T_1>T_L$,电动机沿曲线 1 从点 a 开始加速,随着 n 上升,T 逐渐减小,到达点 b 时,T 减小到 T_2,这时 Q_1 闭合,切除 R_{s1}。切除电阻 R_{s1} 后的电磁转矩 T_2 称为切换转矩,此时,转子回路总电阻变为 $R_3 = r_2 + R_{s2} + R_{s3}$,对应的机械特性如图 10.2.8(b)中的曲线 2 所示。切换瞬间,由于 n 不能突变,电动机的工作点由点 b 跃变到点 c,T 由 T_2 跃升为 T_1。此后,n 和 T 从点 c 沿曲线 2 变化,到达点 d 时,T 又由 T_1 减小到 T_2,这时 Q_2 闭合,切除 R_{s2},转子回路总电阻变为 $R_3 = r_2 + R_{s3}$,对应的机械特性如图 10.2.8(b)中的曲线 3 所示,电动机工作点由点 d 跃变到点 e。n 和 T 从点 e 沿曲线 3 变化,到达点 f 时,Q_3 闭合,切除 R_{s3},转子绕组直接短接,电动机工作点由点 f 跃变到点 g 后,沿固有机械特性曲线 4 加速到负载转矩状态(h 点)稳定运行,启动过程结束。在启动过程中,一般取最大加速转矩 $T_1 = (0.8 \sim 0.9)T_{\max}$,切换转矩 $T_2 = (1.1 \sim 1.2)T_L$。

2)启动电阻的计算

计算启动电阻时,主要根据图 10.2.8(b)和式(10-14)。

若已知机械特性的临界转差率 s_m 和该机械特性上某点的转矩 T,则由式(10-14),可解出与 T 相应的转差率 $s(s < s_m)$。

$$s = s_m \left[\frac{\lambda_m T_N}{T} - \sqrt{\left(\frac{\lambda_m T_N}{T} \right)^2 - 1} \right] = s_m \delta \tag{10-25}$$

其中,$\delta = \frac{\lambda_m T_N}{T} - \sqrt{\left(\frac{\lambda_m T_N}{T} \right)^2 - 1}$,称为转矩函数。当电动机的过载倍数 λ_m 和额定转矩 T_N 已知时,δ 仅由 T 决定。与最大启动转矩 T_1 和切换转矩 T_2 相应的转矩函数分别为

$$\begin{cases} \delta_1 = \dfrac{\lambda_m T_N}{T_1} - \sqrt{\left(\dfrac{\lambda_m T_N}{T_1} \right)^2 - 1} \\[3mm] \delta_2 = \dfrac{\lambda_m T_N}{T_2} - \sqrt{\left(\dfrac{\lambda_m T_N}{T_2} \right)^2 - 1} \end{cases} \tag{10-26}$$

设图 10.2.8(b)中机械特性曲线 1 的临界转差率为 s_{m1},根据式(10-25),点 a 处的转差率 $s_a = s_{m1}\delta_1 = 1$;点 b 处的转差率 $s_b = s_{m1}\delta_2$,因此 $s_b = \delta_2/\delta_1$。对机械特性曲线 1 和 2,当 $T = T_L$ 时,按比例推移规律,可得 $R_1/R_2 = R_2/R_3 = R_3/r_2 = q$,考虑到 $s_b = s_c$,可得 $R_1/R_2 = \delta_1/\delta_2 = q$,$q$ 为启动转矩函数比。按同样的方法可导出 $R_1/R_2 = R_2/R_3 = R_3/r_2 = q$。可见,对图 10.2.8(b)所示的分级启动机械特性,转子回路总电阻之间存在等比级数关系,公比为 q。如果启动级数为 m,则各启动级转子回路总电阻为

$$\left. \begin{aligned} R_m &= qr_2 \\ R_{m-1} &= qR_m = q^2 r_2 \\ R_{m-2} &= qR_{m-1} = q^2 r_2 \\ &\vdots \\ R_1 &= qR_2 = q^m r_2 \end{aligned} \right\} \tag{10-27}$$

图 10.2.8(b)中的点 g 和点 a,按比例推移规律,可得

$$s_g = r_2 s_a / R_1 = r_2 / R_1 \tag{10-28}$$

在固有机械特性上 s_g 和 s_N 的关系为

$$s_g = \delta_1 s_N / \delta_N \tag{10-29}$$

其中 $\delta_N = \lambda_m - \sqrt{\lambda_m^2 - 1}$,是 $T = T_N$ 时的转矩函数。

由式(10-28)和式(10-29),可得

$$R_1 = \delta_N r_2 / \delta_1 s_N \tag{10-30}$$

把式(10-30)代入式(10-27)中的最后一项,得到

$$q=\sqrt[m]{\delta_N/\delta_1 s_N} \tag{10-31}$$

根据上述各式,分两种情况说明启动电阻的计算步骤。

(1) 已知启动级数

① 计算 s_N、δ_N 和 T_N;

② 根据式(10-26)确定 δ_1,通常取 $T_1=(0.8-0.9)T_{max}$;

③ 根据式(10-31)计算 q;

④ 由 q 及 δ_1 求得 $\delta_2=\delta_1/q$,再根据式(10-26)求出 $T_2=2\lambda_m\delta_2 T_N/(1+\delta_2^2)$,校验 T_2,应使 $T_2=(1.1\sim1.2)T_L$;

⑤ 根据式(10-27),计算各级总电阻 $R_1\sim R_m$,以及各段电阻 $R_{s1}\sim R_{sm}$。

(2) 未知启动级数

① 确定 T_1 和 T_2,并计算 δ_1、δ_2 和 q;

② 由式(10-31)计算 m,即 $m=\lg((\delta_N/\delta_1 s_N))/\lg q$,将求得的 m 凑成相近的整数 m';

③ 根据 m' 由式(10-31)计算 q,并校验 T_2;

④ 按校验通过的 q 计算各级启动电阻。

例 10-7　一台三相绕线转子异步电动机的技术数据为 $P_N=11\text{ kW}$,$n_N=720\text{ r/min}$,$E_{2N}=163\text{ V}$,$I_{2N}=47.2\text{ A}$,$\lambda_m=1.8$,$T_L=0.7T_N$。求:转子串电阻三级启动时每级的启动电阻。

解　(1) 计算 s_N、δ_N 和 T_N

$$s_N=(n_1-n_N)/n_1=(750-720)/750=0.04$$

$$\delta_N=\lambda_m-\sqrt{\lambda_m^2-1}=1.8-\sqrt{1.8^2-1}\approx0.3$$

$$T_N=9.55P_N/n_N=9.55\times1100/720\approx145.9\text{ N}\cdot\text{m}$$

(2) 确定 δ_1

$$T_1=0.85T\times0.85\lambda_m T_N=0.85\times1.8\times145.9\approx223.3\text{ N}\cdot\text{m}$$

$$\delta_1=\frac{\lambda_m T_N}{T_1}-\sqrt{\left(\frac{\lambda_m T_N}{T_1}\right)^2-1}=\frac{1.8\times145.9}{223.3}-\sqrt{\left(\frac{1.8\times145.9}{223.3}\right)^2-1}\approx0.557$$

(3) 计算 q

$$q=\sqrt[m]{\delta_N/\delta_1 s_N}=\sqrt[3]{0.3/(0.557\times0.04)}\approx2.38$$

(4) 校验 T_2

$$\delta_2=\delta_1/q=0.557/2.38\approx0.234$$

$$T_2=2\lambda_m\delta_2 T_N(1+\delta_2^2)=2\times1.8\times0.234\times145.9/(1+0.234^2)\approx116.5\text{ N}\cdot\text{m}$$

$$T_2/T_L=116.5/(0.7\times145.9)\approx1.14>1.1$$

选择的 T_2 满足要求。

(5) 计算各级总电阻 $R_1\sim R_2$,以及各段启动电阻 $R_{s1}\sim R_{s2}$

$$r_2=s_N E_{2N}/(\sqrt{3}I_{2N})=0.04\times163/(\sqrt{3}\times47.2)\approx0.0798\text{ Ω}$$

$$R_3=r_2 q=0.0798\times2.38\approx0.19\text{ Ω}$$

$$R_2=R_3 q=0.19\times2.38\approx0.452\text{ Ω}$$

$$R_1=R_2 q=0.452\times2.38\approx1.076\text{ Ω}$$

$$R_{s3}=R_3-r_2=0.19-0.0798\approx0.11\text{ Ω}$$

$$R_{s2}=R_2-R_3=0.452-0.19\approx0.262\text{ Ω}$$

$$R_{s1}=R_1-R_2=1.076-0.452\approx0.624\text{ Ω}$$

2. 转子串频敏变阻器启动

绕线转子异步电动机转子串电阻分级启动,虽然可以减小启动电流,增大启动转矩,但启动过程中需要逐级切除启动电阻。如果启动级数少,在切除启动电阻时就会产生较大的电流和转矩冲击,使启动不平稳。增加启动级数可以减小电流和转矩冲击,但必然导致启动设备复杂化。如果串入转子回路中的启动电阻在电动机启动过程中能自动随转速的升高而平滑地减小,就可以不用逐级切除电阻而实现无级启动。频敏变阻器就是具有这样特性的启动设备。

所谓频敏变阻器,实质上是一个铁损耗很大的三相电抗器,它的铁心由较厚的钢板叠成。3个绕组分别绕在3个铁心柱上,并作星形连接,然后接到转子滑环上,如图 10.2.9(a)所示。频敏变阻器的一相等效电路如图 10.2.9(b)所示,其中 r_1 为频敏变阻器绕组的电阻,r_m 为反应频敏变阻器铁损耗的等效电阻,X_m 为绕组的励磁电抗。

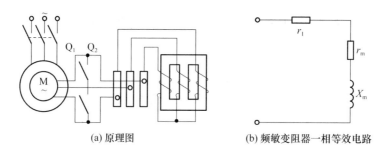

(a) 原理图 (b) 频敏变阻器一相等效电路

图 10.2.9　三相绕线转子异步电动机转子串频敏电阻器启动

用转子串频敏变阻器启动的过程如下:启动时,开关 Q_2 断开,转子串入频敏变阻器,当开关 Q_1 闭合时,电动机接通电源开始启动。启动瞬间,$n=0$,$s=1$,转子电流频率 $f_2=sf_1=f_1$,频敏变阻器的铁心中与频率平方成正比的涡流损耗最大,即铁损耗大,反映铁损耗大小的等效电阻 r_m 大,这相当于转子回路中串入一个较大的电阻,从而使启动电流减小,启动转矩增大。启动过程中,随着 n 上升,$f_2=sf_1$ 逐渐减小,频敏变阻器的铁损耗逐渐减小,r_m 也随之减小,这相当于在启动过程中逐渐减小转子回路中串入的电阻。启动结束后,Q_2 闭合,切除频敏变阻器,转子电路直接短路。因为频敏阻器的等效电阻 r_m 是随频率 f_2 的变化而自动变化的,因此称为频敏变阻器,它相当于一种无触点的变阻器。在启动过程中,它能自动、无级地减小电阻,如果参数选择恰当,可以在启动过程中保持转矩近似不变,使启动过程平稳、快速。这时电动机的机械特性如图 10.2.10 中的曲线 2 所示,而曲线 1 是电动机的固有机械特性。

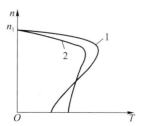

图 10.2.10　三相绕组异步电动机转子串频敏变阻器启动的机械特性和固有机械特性

综上所述,三相绕线转子异步电动机转子串三相对称电阻分级启动和转子串频敏变阻器启动,适用于大、中容量电动机的重载启动。转子串频敏变阻器具有启动结构简单、价格便宜、运动可靠、维护方便、能自动操作等优点,目前已得到了广泛的应用;而转子串三相对称电阻分级启动,用于大容量电动机时,要求级数较多,故设备投资较大,维护不太方便。

10.3　三相异步电动机的调速

异步电动机的调速控制始于 20 世纪 50 年代末。原本只用于恒速传动的交流电动机，实现了调速控制，以取代制造复杂、价格昂贵、维护麻烦的直流电动机。随着电力电子技术和计算机技术的发展，以及现代控制理论向电气传动领域的渗透，交流调速技术得到了迅速发展，其设备容量不断扩大，性能指标及可靠性不断提高。目前，在各个工业电气自动化领域中，高性能交流调速系统应用的比例逐年上升，交流调速系统正逐步取代直流调速系统，以达到节能、缩小体积和降低成本的目的。

三相异步电动机的转速公式为

$$n=60f_1(1-s)/p=n_1(1-s) \tag{10-32}$$

其中，f_1 为定子供电频率；p 为极对数；s 为转差率；n_1 为同步转速。异步电动机的调速方法可分为变极对数调速、变转差率调速和变定子供电频调速（简称变频调速）3 种。

10.3.1　三相异步电动机的变极对数调速

定子频率 f_1 一定时，改变定子的极对数 p 即可改变同步转速 n_1，从而达到调速的目的。要改变电动机的极对数，可以在定子铁心槽内嵌放两套不同极对数的三相绕组，但从制造的角度看，这种方法很不经济。通常，利用改变定子绕组接法来改变极对数，这种电机称为多速电机。根据电机学原理可知，只有定子和转子具有相同的极数时，电动机才具有恒定的电磁转矩，才能实现机电能量的转换。因此，在改变定子极对数的同时，必须改变转子的极对数。由于笼型异步电动机的转子极对数能自动地跟随定子极对数的变化而变化，所以变极调速只适用于笼型异步电动机。而绕线型异步电动机在定子极对数改变时，必须同时改变转子绕组接法以保持定子、转子极对数相等，显然相当麻烦，故不采用。

1. 变极对数调速原理

下面以四极变二极为例，说明变极对数调速原理。

图 10.3.1 示出了四极三相异步电动机 U（或 A）相定子绕组的接线及产生的磁动势。每相绕组由两个线圈构成，每个线圈称为半相绕组。两个半相绕组头尾相连，即为正向串联，如图 10.3.1(a)所示，根据线圈中电流的方向，可以看出定子绕组产生的脉振磁动势是四极的，即 $2p=4$，如图 10.3.1(b)所示。

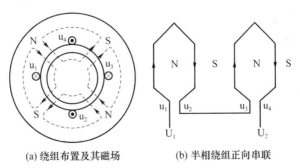

(a) 绕组布置及其磁场　　　(b) 半相绕组正向串联

图 10.3.1　四极三相异步电动机定子 U（或 A）相定子绕组

　　将两个半相绕组的连接方式改成如图 10.3.2(b)或图 10.3.2(c)的形式。改变半相绕组中的电流方向,根据电流方向,用右手定则确定出磁通方向,此时定子绕组产生的脉振磁动势是二极的,即 $2p＝2$。由此可见,改变半相绕组中的电流方向,就能使极对数减半,从而使同步转速增加 1 倍,对于拖动恒转矩负载,运行的转速也近似增加 1 倍。

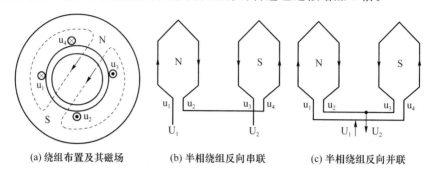

(a) 绕组布置及其磁场　　(b) 半相绕组反向串联　　(c) 半相绕组反向并联

图 10.3.2　二极三相异步电动机定子 U 相定子绕组

　　必须注意,绕组连接方式改变后,应将 V(或 B)、W(或 C)两相的出线交换,以保持高速与低速时电动机的转向相同。因为当极对数为 p 时,如果 U、V、W 三相的相位关系为 0、120°、240°,则在极对数为 $2p$ 时,三者的相位关系将变为 $2×0＝0$,$2×120°＝240°$,$2×240°＝480°$(相当于 120°)。显然,在极对数为 p 及 $2p$ 下的相序将相反,V、W 两端必须对调,以保持变速前后电动机的转向相同。

2. 两种典型的变极调速方法及其机械特性

1)由单星形连接改接成并联的双星形连接(星形-双星形,Y-YY)

　　Y-YY 连接方法及机械特性如图 10.3.3 所示。电动机定子绕组有 6 个出线端。单星形连接时,U_1、V_1、W_1 接电源,U_2、V_2、W_2 空着。此时,每相的两个半相绕组正向串联,电流方向一致,极对数为 p,同步转速为 n_1,如图 10.3.3(a)所示。双星形连接时,U_1、V_1、W_1 短接,U_2、V_2、W_2 接电源,成为反相序;此时,两个半相绕组变成反向并联,每相中都有一个半相绕组改变电流,因此极对数变为 $p/2$,同步转速变为 $2n_1$,如图 10.3.3(b)所示。

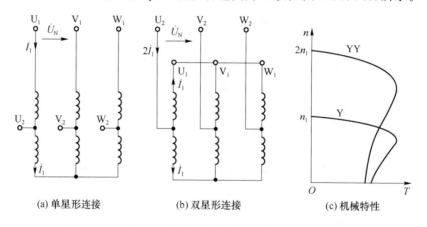

(a) 单星形连接　　(b) 双星形连接　　(c) 机械特性

图 10.3.3　Y-YY 变极电动机的绕组连接方法及机械特性

　　变极前,电动机为星形连接,电动机输出功率 P_{2Y} 和电磁转矩 T_Y 为

$$P_{2Y}＝\eta P_{1Y}＝\sqrt{3}\eta U_L I_1 \cos\varphi \tag{10-33}$$

$$T_Y = 9.55 P_{2Y}/n_{1Y} = T_Y \tag{10-34}$$

其中，P_{1Y} 为定子输入功率；η 为电动机效率；U_L 为定子线电压；I_L 为定子线电流；I_1 为定子相电流；$\cos\varphi$ 为定子输入功率；n_{1Y} 为星形连接时电动机同步转速。变极后，电动机为双星形连接，极对数减少 $1/2$，同步转速增大 1 倍，即 $n_{1YY} = 2n_{1Y}$。若保持绕组电流 I_1 不变，则变极后每相电流为 $2I_1$。假定变极后 η 和 $\cos\varphi$ 均保持不变，则变极后，电动机输出功率和电磁转矩为

$$P_{2YY} = \sqrt{3}\,\eta U_L(2I_1)\cos\varphi = 2P_{2Y} \tag{10-35}$$

$$T_{YY} = 9.55 P_{2YY}/n_{1YY} = 9.55 P_{2Y}/n_{1Y} = T_Y \tag{10-36}$$

由式(10-33)和式(10-36)可见：Y-YY 连接时，电动机转速提高了 1 倍，输出功率也增加 1 倍，输出转矩不变，所以 Y-YY 连接方法的变极调速属于恒转矩调速。其机械特性曲线如图 10.3.3(c)所示。

2) 由三角形连接改接成双星形连接(三角形-双星形，△-YY)

△-YY 连接方法及机械特性如图 10.3.4 所示。三角形连接时，U_1、V_1、W_1 接电源，U_2、V_2、W_2 空着，每相的两个半相绕组正向串联，电流方向一致，极对数为 p，同步转速为 n_1，如图 10.3.4(a)所示。双星形连接时，U_1、V_1、W_1 短接，U_2、V_2、W_2 接电源，半相绕组变成反相并联，其中一个半相绕组中电流反相，极对数变为 $p/2$，同步转速变为 $2n_1$，如图 10.3.4(b)所示。

变极前，电动机为三角形连接，电动机输出功率 $P_{2\triangle}$ 和电磁转矩 $T_\triangle$ 为

$$P_{2\triangle} = \sqrt{3}\,\eta U_L I_L \cos\varphi = \sqrt{3}\,\eta U_L(\sqrt{3}I_1)\cos\varphi \tag{10-37}$$

$$T_\triangle = 9.55 P_{2\triangle}/n_{1\triangle} \tag{10-38}$$

变极后，电动机为 YY 连接，极对数减少 $1/2$，同步转速增大 1 倍，即 $n_{1YY} = 2n_{1\triangle}$。若保持绕组电流 I_1 不变，则变极后每相电流为 $2I_1$。假定变极后 η 和 $\cos\varphi_1$ 均保持不变，则变极后，电动机输出功率和电磁转矩为

$$P_{2YY} = \sqrt{3}\,\eta U_L(2I_1)\cos\varphi = 2\sqrt{3}\,\eta U_L(\sqrt{3}I_1)\cos\varphi/\sqrt{3} = 2P_{2\triangle}/\sqrt{3} \tag{10-39}$$

$$T_{YY} = 9.55 P_{2YY}/n_{1YY} = 9.55 \times 2P_{2\triangle}/(\sqrt{3}\times 2n_{1\triangle}) T_\triangle/\sqrt{3} \tag{10-40}$$

由式(10-37)～式(10-40)可知：△-YY 连接时，电动机转速提高了 1 倍，允许输出功率近似不变(相差约 13.4%)，允许输出转矩变成 $T_{YY} = 0.577 T_\triangle$。所以，△-YY 连接方法的变极调速接近于恒功率调速。

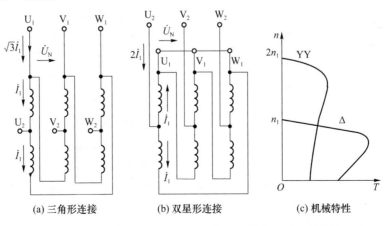

(a) 三角形连接　　　(b) 双星形连接　　　(c) 机械特性

图 10.3.4　△-YY 变极电动机的绕组连接方法及机械特性

3. 特点和适用场合

变极调速的优点是设备简单、运行可靠、机械特性硬、损耗小,采用不同的连接方式可获得恒转矩调速或接近恒功率调速特性,以满足不同生产机械的要求。缺点是只能分级调节转速,且只能有 2 个或 3 个转速。

变极调速广泛应用于机床电力拖动中。对于恒转矩调速方式的双速或三速电动机也可以用来拖动电梯、运输传送带或起重电葫芦等。

10.3.2 三相异步电动机的变转差率调速

根据电机学原理,异步电动机从定子传入转子的电磁功率 P_M 可以划分为两部分:一部分是拖动负载的有效机械功率 $P_m = (1-s)P_M$;另一部分是传输给转子电路的转差功率 $P_s = p_{Cu2} = sP_M$。变极对数调速和变频调速都是设法改变同步转速以实现调速的方法,无论转速高低,其转差功率仅仅由转子绕组铜损耗构成,基本上不变,故从能量转换角度看,此两类交流调速方法又称为转差功率不变型,其效率最高。而变转差率调速则不同,其转差功率与转差率成正比,根据转差功率是全部消耗掉还是能够回馈给电网的差别,又将变转差率调速分成转差功率消耗型和转差功率回馈型。转差功率消耗型调速的全部转差功率都转换为热能白白消耗掉,因此其效率最低。常见的实现方法有绕线转子串电阻调速、定子调压调速、电磁转差离合器调速和绕线转子串级调速等。而转差功率回馈型由于转差功率大部分能回馈到电网,其效率界于消耗型和不变型之间。常见的实现方法有绕线转子串级调速等。

1. 绕线转子串电阻调速

1)调速原理和机械特性

根据 10.1.2 节可知:绕线转子异步电动机转子回路串入电阻(简称绕线转子串电阻)时,同步转速 n_1 和最大电磁转矩 T_{max} 不变,而临界转差率 s_m 随外接电阻 R_s 的增大而增大,其机械特性如图 10.3.5 所示。对于恒转矩负载 T_L,转子回路串入的电阻 R_s($R_{s1}<R_{s2}<R_{s3}$)越大,临界转差率($s_m<s_{m1}<s_{m2}<s_{m3}$)越大,则转速越低($n_A>n_B>n_C>n_D$),从而实现转速的调节。与此同时,转子回路损耗掉的转差功率 P_s(转子铜损耗 p_{Cu2})越大,效率越低。

2)特点和适用场合

绕线转子串电阻调速的优点是方法简单、易于实现,缺点是低速运行时损耗大。这是因为电动机运行时转子铜损耗 $p_{Cu2} = sP_M$ 随 s 的增大而增加,所以运行效率低;同时在低速时,由于机械特性较软,当负载转矩波动时引起的转速波动比较大,即运行稳定性较差。绕线转子串电阻调速主要适用于对调速性能要求不高的生产机械,如桥式起重机、通风机、轧钢辅助机械等。

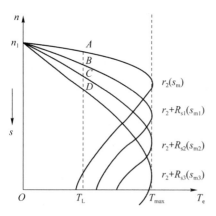

图 10.3.5 绕线转子串电阻调速时的机械特性

2. 定子调压调速

1）调速原理及机械特性

根据 10.1.2 节可知：当异步电动机定子与转子回路的参数恒定时，在一定转差率 s 下，电动机的电磁转矩 T 与加在定子绕组上的电压 U_1 的平方成正比，即 $T \propto U_1^2$，而临界转差率 s_m 和同步转速 n_1 与 U_1 无关而保持不变，其机械特性如图 10.3.6 所示。普通笼型电动机带恒转矩负载，由于稳定运行区转差率 s 在 $0 \sim s_m$ 范围内，可以调节的范围很小，因此图 10.3.6 中的点 A、点 B、点 C 往往不能满足生产机械对调速的要求。如果带风机类及泵类负载，那么稳定运行区可不受 s_m 的限制，相应的调速范围可以大一些，如图 10.3.6 中的点 A'、点 B'、点 C'。

为了扩大恒转矩负载时的调速范围，需要采用转子电阻较大的高转差率笼型异步电动机，该电动机在不同电压下的机械特性如图 10.3.7 所示。显然，带恒转矩负载时调速范围增大了，但机械特性变得很软，运行稳定性又不能满足生产工艺的要求。可见，单纯地改变定子电压进行调速很不理想，为了克服这一缺点，调压调速系统通常采用转速负反馈调压调速闭环控制系统。

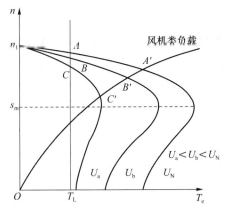

图 10.3.6　异步电动机在不同电压下的
机械特性

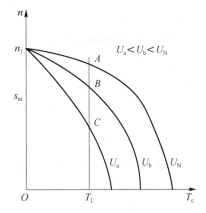

图 10.3.7　高转差率笼型异步电动机在不同
电压下的机械特性

2）转速负反馈调压调速闭环控制系统的原理及机械特性

图 10.3.8(a) 为转速负反馈调压调速闭环控制系统的原理图。电动机转速 n 由测速发电机 TG 检测后反馈一个正比于 n 的电压 U_n，与转速给定信号 U_n^* 进行比较，得到偏差 $\Delta U_n = U_n^* - U_n$，再经过转速调节器 ASR 产生控制电压 U_c 送至触发电路 GT，使其输出有一定相移的脉冲 a，从而改变晶闸管调压装置 TVC 的输出电压。

图 10.3.8(b) 为转速负反馈调压调速闭环控制系统的机械特性。当电动机运行于点 A 时，电动机定子电压为 U，对应的负载转矩为 T_L，系统处于平衡状态。由于某种原因，如负载增大到 T_{L2}，若无转速负反馈，则转速会下降。采用转速负反馈调压调速闭环控制系统后，系统会自动调高定子电压到 U_b，使电动机运行于点 A''；同理，若负载减小到 T_{L1}，系统则会自动降低定子电压到 U_a，使电动机运行于点 A'，将 3 个工作点 A'、A、A'' 连接起来，便构成了转速负反馈调压调速闭环控制系统的机械特性。

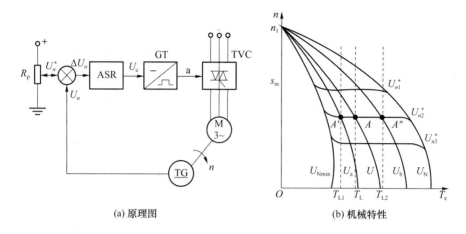

(a) 原理图　　　　　　　　　(b) 机械特性

图 10.3.8　转速负反馈调压调速闭环控制系统的原理图及机械特性

3）调压调速时电动机的允许输出

异步电动机定子调压调速是一种转差功率消耗型调速方法。因为电动机的气隙磁通近似地与定子电压成正比，当电动机的负载转矩恒定而定子电压低于额定值时，由于气隙磁通降低而在稳态下运行，$T = T_L$ 不变，因此转子电流必然增大，此时转差功率 $P_s = sP_M = sT_L\Omega_1 = 3I_2'^2r_2'$ 也随着转子电流增大。忽略空载电流 I_0 时，定子、转子电流 $I_1 = I_2' = \sqrt{sT_L\Omega_1/3r_2'}$，可见对于恒转矩负载，降压调速时转速越低，转差率越大，定子、转子电流越大，消耗的转差功率也越大。

定子调压调速时异步电动机的电磁转矩为

$$T = \frac{P_M}{\Omega_1} = \frac{3I_2'^2 r_2'/s}{\Omega_1} \tag{10-41}$$

当 $I_2' = I_{2N}'$ 时，$T \propto 1/s$。可见，定子调压调速既不属于恒转矩调速方式，也不属于恒功率调速方式。

4）特点和适用场合

定子调压调速的优点是调速装置简单、价格便宜，适用于高转差率笼型异步电动机和绕线转子异步电动机，最适合拖动风机类及泵类负载；缺点是低速运行时损耗大、效率低且转速稳定性差。

定子调压调速主要适用于对调速精度和调速范要求不高的生产机械，如低速电梯、简单的起重机械设备、风机类和泵类等生产机械。

例 10-8　一台三相绕线型异步电动机的额定数据为：$P_N = 60\text{ kW}$，$U_{N1} = 380\text{ V}$，$n_N = 800\text{ r/min}$，$\lambda_m = 2.4$，拖动 $T_L = 0.8T_N$ 的恒转矩负载，欲使电动机运行在 $n = 700\text{ r/min}$。试求采用减压调速时的电源电压。

解
$$s_N = \frac{n_1 - n_N}{n_1} = \frac{1\,000 - 800}{1\,000} = 0.02$$

$$s_m = s_N(\lambda_m + \sqrt{\lambda_m^2 - 1}) = 0.02 \times (2.4 + \sqrt{2.4^2 - 1}) \approx 0.092$$

$n = 700\text{ r/min}$ 时的转差率为

$$s = \frac{n_1 - n}{n_1} = \frac{1\,000 - 700}{1\,000} = 0.03$$

减压调速时由于临界转差率 s_m 不变,而最大转矩与电压的平方成正比,$s < s_m$ 时电动机运行于机械特性的线性段上,因此可以用线性表达式表示。

$$T_L = \frac{2T'_{max}}{s_m} s = 0.8 T_N = \frac{2T'_{max}}{s_m} \times 0.03$$

$$T_N = \frac{2T'_{max}}{s_m} s$$

$$\frac{T'_{max}}{T_{max}} = \frac{0.8}{s} s_N = \frac{0.8 \times 0.02}{0.03} \approx 0.533$$

$$U = U_N \sqrt{\frac{T'_{max}}{T_{max}}} = 380 \times \sqrt{0.533} \approx 277.5 \text{ V}$$

即减压调速时,电源电压降为 277.5 V。

3. 电磁转差离合器调速

1) 调速原理及机械特性

如图 10.3.9(a)所示,电磁转差离合器是一个将笼型异步电动机与负载互相连接的电器设备,主要由电枢和磁极两个旋转部分组成。电枢与电动机同轴相连,由电动机带动旋转,称为主动部分。通常,电枢用整块铸钢加工而成,形状像一个杯子。磁极与负载相连,称为从动部分。磁极由铁心和励磁绕组组成,其励磁绕组通过滑环、电刷与整流装置连接,由整流装置提供励磁电流。

当笼型异步电动机带动电磁转差离合器电枢部分旋转时,设转速为 n,转向为逆时针。若磁极的励磁绕组中励磁电流为 0,无电磁转矩产生,磁极及关联的负载不会转动,这时负载相当于"离开"电动机。若往磁极的励磁绕组通入励磁电流,则产生磁场,磁极与电枢之间有磁的联系。由于电枢与磁极之间有相对运动,电枢就会因切割磁力线而感应出涡流来,根据右手定则可判定涡流的方向,如图 10.3.9(b)所示。涡流受磁极磁场作用,产生作用于电枢上的电磁力 f 和电磁转矩 T',根据左手定则可以判定 T' 的方向与电枢旋转方向相反,为制动转矩,它与作用在电枢上的输入转矩 T 相平衡,而磁极则受到与 T' 大小相等、方向相反的电磁转矩 T'' 的作用。在 T'' 的作用下,与磁极相连的负载跟随电枢转动,转速为 n',此时负载相当于被"合上",而且负载转速 n' 始终小于电动机转速 n,即电枢与磁极之间有转差 $\Delta n = n - n'$。这种基于电磁感应原理,并必须有转差才能产生电磁转矩带动负载工作的设备,称为电磁转差离合器。

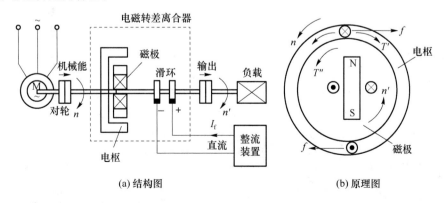

(a) 结构图　　　　　　(b) 原理图

图 10.3.9　电磁转差离合器的结构图和原理图

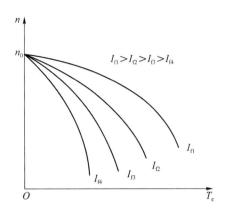

图 10.3.10 电磁转差离合器改变励磁
电流时的机械特性

电磁转差离合器调速时,由于笼型异步电动机的转速变化不大,所以其机械特性主要是电磁转差离合器本身的机械特性。在电磁转差离合器中磁极的转速 n' 取决于磁极绕组中励磁电流 I_f 的大小,只要改变 I_f,就可以改变磁极和负载转速 n',从而达到调速的目的。电磁转差离合器改变励磁电流时的机械特性,如图 10.3.10 所示。由图可见,励磁电流越小,机械特性越软,随着转矩的增大,转速下降较大,机械特性变软。工程上,为了提高机械特性的硬度,扩大调速范围,常采用转速负反馈电磁转差离合器调速闭环控制系统进行调速,其调速特性的分析类似于转速负反馈调压调速闭环控制系统,这里不再赘述。

2) 特点和适用场合

电磁转差离合器调速的优点是结构简单、运行可靠、价格便宜、维修方便以及可以实现无级调速。其缺点是低速运行时损耗大、效率低以及离合器发热严重。

电磁转差离合器调速主要适用于风机类、泵类的变速传动,也广泛应用于纺织、印染、造纸、船舶、冶金和电力等工业部门的许多生产机械中。电磁转差离合器与三相笼型异步电动机装成一体时,称为滑差电机或电磁调速异步电动机。

4. 绕线转子串级调速

1) 调速原理及机械特性

对于绕线转子异步电动机,其转子上不串入电阻,而是串入一个与转子电动势($E_{2s}=sE_2$)频率相同、相位相同或相反的交流附加电动势 E_{add},如图 10.3.11 所示,通过改变 E_{add} 的幅值和相位来实现调速。这样,即使电动机运行在低速,也只有少量的转差功率消耗在转子电阻上,而转差功率的大部分被 E_{add} 所吸收,再利用产生 E_{add} 的装置,设法把所吸收的这部分转差功率回馈电网(或再送回电动机轴上并输出),就能使电机在低转速时仍具有较高的效率。这种在绕线转子异步电动机转子回路中串入附加电动势的高效率调速方法,称为绕线转子串级调速。

在转子绕组回路中引入一个可控的交流附加电动势 E_{add} 后的等效电路如图 10.3.12 所示。此时,转子电流为

$$I_2 = \frac{sE_2 \pm E_{add}}{\sqrt{r_2^2 + (sX_2)^2}} \tag{10-42}$$

其中,正号表示 E_{2s} 与 E_{add} 同相,负号表示 E_{2s} 与 E_{add} 反相。

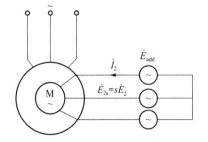

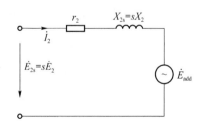

图 10.3.11　绕线转子异步电动机附加电动势的原理图　图 10.3.12　转子绕组回路附加电动势的等效电路

电机处于电动状态时，I_2 与负载大小有直接关系。当电动机的负载转矩 T_L 恒定时，可近似地认为 I_2 恒定。设在串入 E_{add} 前，电动机在转差率 s_1 下稳定运行，电磁转矩 $T=T_L$。引入同相的 E_{add} 后，电动机转子回路的合成电动势增大，I_2 和 T 也相应增大。由于 T_L 恒定，电动机必然加速，因而 s 降低，转子电动势 E_{2s} 随之减少，I_2 和 T 也逐渐减少，直至转差率降低到 s_2，I_2 恢复到原值，T 又等于 T_L 时，电动机进入新的、更高转速的稳定状态。同理，若减少 $+E_{add}$ 或串入反相的 $-E_{add}$，则可实现电动机的转速降低。

由式（10-42）可知：转子回路电流 I_2 由转子电动势 sE_2 产生的电流 $I_{2D}=sE_2/\sqrt{r_2^2+(sX_2^2)}$ 和附加电动势 E_{add} 产生的电流 $I_{2f}=\pm E_{add}/\sqrt{r_2^2+(sX_2^2)}$ 两部分组成。因此，电动机的电磁转矩为

$$T=C_T'\Phi_m I_2'\cos\varphi_2=C_T'\Phi_m I_2\cos\varphi_2/k_i=C_T'\Phi_m(I_{2D}\pm I_{2f})\cos\varphi_2/k_i=T_1\pm T_2 \quad (10\text{-}43)$$

其中，$k_i=I_2/I_2'$ 为异步电动机的转子电流比，$T_1=C_T'\Phi_m I_{2D}\cos\varphi_2/k_i$，$T_2=C_T'\Phi_m I_{2f}\cos\varphi_2/k_i$。

可见，串级调速中，绕线转子异步电动机的电磁转矩 T 由两部分组成：T_1 为旋转磁场 Φ_m 与 I_{2D} 作用产生的转矩分量，其机械特性与转子不串附加电动势 E_{add} 时的异步电动机的机械特性一样，如图 10.3.13（a）所示；T_2 为由旋转磁场 Φ_m 和 I_{2f} 作用产生的转矩分量，E_{add} 取正值时，T_2 为正值，E_{add} 取负值时，T_2 为负值，其机械特性如图 10.3.13（b）所示。绕线转子异步电动机转子串电动势的机械特性由 T_1 和 T_2 合成得到，如图 10.3.13（c）所示。当 $E_{add}=0$ 时，机械特性同异步电机的固有机械特性；当 E_{add} 取正值时，机械特性基本上是平行上移；E_{add} 取负值时，机械特性基本上是平行下移。机械特性的线性段较硬，但低速时，最大转矩和启动转矩减小，且过载能力降低。

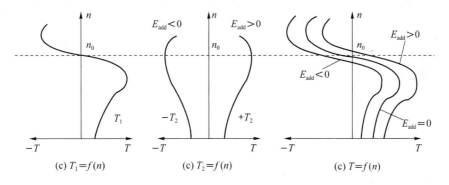

图 10.3.13　绕线转子异步电动机串级调速机械特性

2）特点和适用场合

绕线型异步电动机的绕线转子串级调速的优点是机械特性较硬、效率高以及可以实现无级调速等；缺点是调速范围窄、功率因数较低以及过载能力下降等。

绕线型异步电动机的绕线转子串级调速广泛应用于风机、泵、空气压缩机以及不可逆轧钢机等生产机械上。

10.3.3　三相异步电动机的变频调速

异步电动机的变压变频调速一般简称为变频调速，由于调速时转差功率不变，在各种异步电动机调速方法中效率最高，性能最好，是交流调速的主要研究和发展方向。

1. 变频调速的原理及机械特性

根据异步电动机转速公式 $n = 60f_1(1-s)/p = n_1(1-s)$，改变异步电动机定子供电电源的频率 f_1，可以改变同步转速 n_1，从而改变转速 n。如果 f_1 连续可调，则可平滑地调节转速，实现变频调速。

三相异步电动机运行时，若忽略定子阻抗压降，则定子每相电压为

$$U_1 \approx E_1 = 4.44f_1 N_1 k_{N1} \Phi_m \qquad (10\text{-}44)$$

其中，E_1 为气隙磁通在定子每相绕组中的感应电动势；N_1 为定子每相绕组串联匝数；k_{N1} 为定子基波绕组系数；Φ_m 为每极气隙磁通。

从式(10-44)可以看出：如果只减小频率 f_1，而定子电压 U_1 保持不变，则气隙每极磁通 Φ_m 将增大。这将会引起电动机铁心磁路饱和，从而导致过大的励磁电流，严重时会因绕组过热而损坏电机。因此，改变 f_1 时，必须同时改变 U_1，以达到控制 Φ_m 的目的。对此，需要考虑基频 f_N（额定频率）以下调速和基频以上调速两种情况。

1）基频 f_N 以下调速

为了防止磁路的饱和，当 f_1 从 f_N 向下调节时，为使 Φ_m 为常数，应保持 $U_1/f_1 =$ 常数，即恒压频比控制。这时，电动机的电磁转矩为

$$T = \frac{3p}{2\pi f_1} \cdot \frac{\dfrac{U_1^2 r_2'}{s}}{\left(r_1 + \dfrac{r_2'}{s}\right)^2 + (X_1 + X_2')^2} = \frac{3p}{2\pi} \cdot \left(\frac{U_1}{f_1}\right)^2 \cdot \frac{s f_1 r_2'}{(s r_1 + r_2')^2 + s^2 (X_1 + X_2')^2} \qquad (10\text{-}45)$$

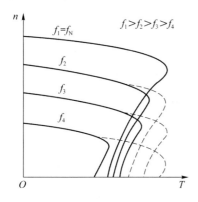

图 10.3.14 恒压频比控制时的机械特性

由式(10-45)可以画出在基频以下，恒压频比控制时的机械特性，如图 10.3.14 所示，它具有以下特点：

① 同步转速 n_1 随定子电压频率 f_1 正比变化；

② 不同频率下的机械特性为一组硬度相同的平行直线；

③ 最大转矩 T_{max} 随 f_1 降低而减小。

异步电动机带负载运行时的转速降为

$$\Delta n = s n_1 = 60 s f_1/p$$

在机械特性的直线段（s 很小）上，根据式(10-45)可以导出：

$$s f_1 \approx \frac{T r_2'}{\dfrac{3p}{2\pi}\left(\dfrac{U_1}{f_1}\right)^2} \qquad (10\text{-}46)$$

由式(10-46)可知：恒压频比 U_1/f_1 控制时，在同一转矩下，$s f_1$ 基本相同，即 $s_N f_N = s_1 f_1 = s_2 f_2 = \cdots$。因此，不同频率下的转速降 Δn 基本不变，机械特性表现为一组硬度相同的平行直线。

将式(10-45)对 s 求导，并令 $dT/ds = 0$，可求出 T_{max} 及其对应的 s_m。

$$s_m = \frac{r_2'}{\sqrt{r_1^2 + (X_1 + X_2')^2}} \qquad (10\text{-}47)$$

$$T_{max} = \frac{3p}{2\pi}\left(\frac{U_1}{f_1}\right)^2 \frac{r_2'}{r_1 + \sqrt{r_1^2 + (X_1 + X_2')^2}} \qquad (10\text{-}48)$$

由式(10-48)可知:恒压频比 U_1/f_1 控制时,最大转矩 T_{max} 随着 f_1 的降低而减小。因此,恒压频比控制只适合调速范围不大、最低转速不太低或负载转矩随转速降低而减小的负载,如负载转矩随转速平方变化的风机类、泵类负载。频率很低时,T_{max} 太小,将限制电动机的带载能力,可采用定子电压补偿,适当提高 U_1,增强电动机的带载能力。由于 $U_1/f_1=$ 常数,$\Phi_m \approx$ 常数,因此恒压频比控制调速属于近似的恒转矩调速。

2) 基频 f_N 以上的调速

在基频 f_N 以上调速时,鉴于电动机绕组是按额定电压等级设计的,超过额定电压,电动机运行将受到绕组绝缘强度的限制,因此定子电压 U_1 不能超过额定电压 U_N,最多只能达到 $U_1=U_N$。根据式(10-44),这将迫使磁通 Φ_m 与频率 f_1 成反比地降低,即恒压变频控制方式,类似于直流电动机弱磁升速的情况,当 $f_1>f_N$ 时,r_1 比 X_1+X_2' 及 r_2'/s 都小很多,忽略 r_1。这时,电动机的 T_{max}、s_m 为

$$s_m = \frac{r_2'}{\sqrt{r_1^2+(X_1+X_2')^2}} \approx \frac{r_2'}{2\pi f_1(L_1+L_2')} \propto \frac{1}{f_1} \qquad (10\text{-}49)$$

$$T_{max} = \frac{3p}{2\pi}\left(\frac{U_1}{f_1}\right)^2 \frac{f_1}{r_1+\sqrt{r_1^2+(X_1+X_2')^2}} \approx \frac{3pU_N^2}{4\pi f_1}\frac{1}{2\pi f_1(L_1+L_2')} \propto \frac{1}{f_1^2} \qquad (10\text{-}50)$$

其中,$X_1=2\pi f_1 L_1$,$X_2'=2\pi f L_2'$。最大转矩时的转速降为

$$\Delta n_m = s_m n_1 \approx \frac{r_2'}{2\pi f_1(L_1+L_2')} \cdot \frac{60f_1}{p} = 常数 \quad (10\text{-}51)$$

由式(10-49)~式(10-51)可知:当 $U_1=U_N$ 不变,$f_1>f_N$ 变频调速时,T_{max} 与 f_1^2 成反比,s_m 与 f_1 成反比,而 Δn_m 保持不变。即,不同频率各机械特性曲线的稳定运行区近似平行,其机械特性曲线如图 10.3.15 所示。

由于 f_1 升高后,Φ_m 将减小,因此若保持定子电流为额定值不变,电磁转矩将低于额定转矩。电动机的电磁功率为

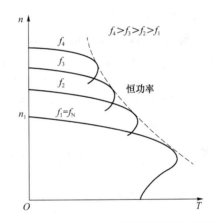

图 10.3.15　$U_1=U_N$ 时的升频调速机械特性

$$P_M = 3I_2'^2 \frac{r_2'}{s} = 3\left[\frac{U_N}{\sqrt{\left(r_1+\frac{r_2'}{s}\right)^2+(X_1+X_2')^2}}\right]^2 \cdot \frac{r_2'}{s} \qquad (10\text{-}52)$$

正常运行时,s 很小,r_2'/s 比 r_1 和 X_1+X_2' 大得多,忽略 r_1 和 X_1+X_2',$P_M \approx 3U_N^2 s/r_2'$。进一步,若 $U_1=U_N$ 不变,则在不同频率下 s 变化不大,$P_M \approx$ 常数。因此,在基频以上调速时,此时的调速方法可以近似认为属于恒功率调速。

例 10-9　一台三相四极笼型异步电动机的额定数据为:$U_N=380$ V,$I_N=28$ A,$n_N=1\,460$ r/min。采用变频调速带动 $T_L=0.85T_N$ 恒转矩负载,要求转速 $n=1\,300$ r/min,已知变频电源输出电压与频率关系为 $U_1/f_1=$ 常数。试求:此时变频电源输出线电压 U_1 和频率 f_1。

解　电动机运行在固有机械特性上时:

$$s_N = \frac{n_1-n_N}{n_N} = \frac{1\,500-1\,460}{1\,500} \approx 0.027$$

由公式 $T = \dfrac{2T_{\max}}{s_{\mathrm{m}}}$，得

$$s = \frac{T_{\mathrm{L}}}{T_{\mathrm{N}}} s_{\mathrm{N}} = 0.85 \times 0.027 = 0.022\ 95$$

$T_{\mathrm{L}} = 0.85 T_{\mathrm{N}}$ 时的转速降为

$$\Delta n = s n_1 = 0.022\ 95 \times 1\ 500 = 34.425\ \mathrm{r/min}$$

电动机变频调速时的人为机械特性斜率不变,即转速降不变,则变频以后的同步转速为

$$n_1' = n + \Delta n = 1\ 300 + 34.425 = 1\ 334.425\ \mathrm{r/min}$$

此时,变频电源输出频率 f_1 和线电压 U_1 分别为

$$f_1 = \frac{p n_1'}{60} = \frac{2 \times 1\ 334.425}{60} \approx 44.48\ \mathrm{Hz}$$

$$U_1 = \frac{U_{\mathrm{M}}}{f_{\mathrm{N}}} f_1 = \frac{380}{50} \times 44.48 \approx 338\ \mathrm{V}$$

2. 特点和适用场合

异步电动机变频调速的优点是调速范围宽、平滑性好、效率最高、具有优良的静态及动态特性,是应用最广泛的交流调速系统;缺点是变频调速设备成本较高(尽管价格还在降),变频调速原理较复杂等。

目前实用的异步电动机变频调速系统,主要有 4 种控制方法:恒压频比控制、转差频率控制、矢量控制及直接转矩控制。这些内容将会在后续的课程中详细讲解,本课程不再作过多介绍。现在,变频调速已广泛应用于冶金、采矿、化工及机械制造等领域。

以上介绍了三相异步电动机的各种调速方法,现将这些调速方法的调速性能进行比较,如表 10.3.1 所示。

表 10.3.1　三相异步电动机各种调速方法的调速性能比较

性能	变极对数调速	变转差率调速				变频调速
		绕线转子串电阻调速	定子调压调速	电磁转差离合器调速	绕线转子串级调速	
是否改变同步转速	变	不变	不变	不变	不变	变
静差率(转速相对稳定性)	小(好)	大(差)	开环时大闭环时小	开环时大闭环时小	小(好)	小(好)
调速范围(满足一般静差率要求)	较小($D=2\sim4$)	小($D=2$)	闭环时较大($D\leqslant10$)	闭环时较大($D\leqslant10$)	较小($D=2\sim4$)	较大($D\geqslant10$)
调速平滑性(有级/无级)	有级调速(差)	有级调速(差)	好无级调速	好无级调速	好无级调速	好无级调速
适应负载类型	恒功率恒转矩	恒转矩	通风机恒转矩	通风机恒转矩	恒转矩	恒功率恒转矩
设备投资	少	少	较少	较少	较多	多
电能损耗	小	大	大	大	较小	较小
使用电机类型	多速电动机(笼型)	绕线型	笼型绕线型	滑差电机	绕线型	笼型绕线型

10.4 三相异步电动机的制动

三相异步电动机的制动是三相异步电动机启动的逆过程。电动机的制动就是使电动机的转矩 T 与转速 n 反向,即 T 起反抗运动的作用。制动的目的是使电动机转速由某一稳定转速迅速降低;或者对于位能性负载,使电动机产生的转矩与负载转矩相平衡,从而使电动机的下降转速保持恒定。三相异步电动机的制动方法有 3 种:反接制动、能耗制动及回馈制动。

10.4.1 三相异步电动机的反接制动

当异步电动机转子的旋转方向与定子磁场的旋转方向相反时,电动机便处于反接制动状态。反接制动状态有两种情况:一是保持定子磁场的转向不变,而转子在位能性负载作用下进入倒拉反转,这种情况下的制动称为转子反转的反接制动;二是在电动状态下突然将电源两相反接,使定子旋转磁场的方向,由原来的顺转子转向改为逆转子转向,这种情况下的制动称为定子两相反接的反接制动。

1. 转子反转的反接制动

1)制动原理与机械特性

图 10.4.1 为三相异步电动机转子反转的反接制动原理图。若电动机拖动系统原来运行于固有机械特性曲线 1 上的点 A(在第 I 象限),并以转速 n_A 提升重物 G,如图 10.4.1 所示。若转子中串入制动电阻 R_{Br},这时拖动系统将过渡到具有较大电阻的机械特性曲线 2 上运行。在制动电阻 R_{Br} 接入转子电路的瞬间,转速不能突变,拖动系统将由点 A 过渡到点 B,再沿机械特性 2 下降到转矩为 0 的点 C。此时,若点 C 对应的电磁转矩仍然小于负载转矩,即 $T_C<T_L$,重物将迫使电动机的转子反向旋转,直到点 D,这时 $T_C=T_L$,拖动系统将以转速 n_D 稳定运行,重物 G 匀速下降。在这种情况下,电动机的电磁转矩方向与电动机的实际转向相反,负载转矩为拖动转矩,拉着电动机反转,而电磁转矩起制动作用,因此这种制动又称为倒拉反接制动。这时电磁转矩方向与电动状态时的一样,即转矩为正,而转速反了,为负值,机械特性曲线在第 IV 象限。

可见,要实现转子反转的反接制动,必须同时具备两个条件:绕线转子异步电动机转子电路串入足够大的电阻和电动机在位能性负载下反拖。采用转子反转的反接制动的目的是限制重物的下放速度。

2)能量关系

进行转子反转的反接制动时,转差率 $s=[n_1-(-n)]/n_1>1$,这时从轴上输出的机械功率 $P_m=3I_2'^2(r_2'+R_{Br}')(1-s)/s$,由于 $s>1$,显然 $P_m<0$,说明此时轴上输出的机械功率是负的,即输入机械功率。不难理解,这个功率是由位能性负载提供的。此时的电磁功率 $P_M=3I_2'^2(r_2'+R_{Br}')/s>0$,即电磁功率仍由定子侧经气隙传递到转子,这时的转子铜损耗为

$$R_{Cu2}=3I_2'^2(r_2'+R_{Br}')=\frac{3I_2'^2(r_2'+R_{Br}')}{s}-\frac{3I_2'^2(r_2'+R_{Br}')(1-s)}{s}=P_M+|P_m| \quad (10\text{-}53)$$

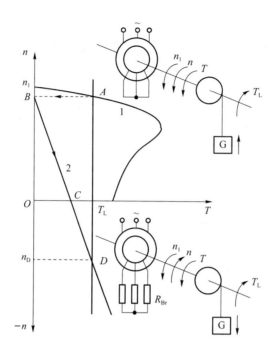

图 10.4.1　三相异步电动机转子反转的反接制动原理图

式(10-53)表明:转子反转的反接制动状态下,由位能性负载提供的机械功率 P_{m} 和由电源输入的电磁功率 P_{M} 全部消耗在电动机转子电路的电阻上。其中,一部分消耗在转子绕组本身的电阻 r_2' 上;另一部分则消耗于转子外接的制动电阻 R_{Br} 上。

例 10-10　一台三相绕线转子异步电动机的技术数据: $P_{\mathrm{N}}=5\ \mathrm{kW}$, $n_{\mathrm{N}}=960\ \mathrm{r/min}$, $E_{2\mathrm{N}}=164\ \mathrm{V}$, $I_{2\mathrm{N}}=20.6\ \mathrm{A}$, $\lambda_{\mathrm{m}}=2.3$,定子、转子均为星形连接。由该电动机拖动起重机的提升机构,下放重物时,电动机的负载转矩 $T_{\mathrm{L}}=0.75T_{\mathrm{N}}$,电动机的转速 $n=-300\ \mathrm{r/min}$,求转子每相应串入的电阻值。

解　根据题意可知,此处通过转子串电阻实现转子反转的反接制动,以 300 r/min 的匀速下放位能负载。

① 定转差率:
$$s_{\mathrm{N}}=(n_1-n_{\mathrm{N}})/n_1=(1\ 000-960)/1\ 000=0.04$$

② 固有机械特性的临界转差率:
$$s_{\mathrm{m}}=s_{\mathrm{N}}\left[\lambda_{\mathrm{m}}+\sqrt{\lambda_{\mathrm{m}}^2-1}\right]=0.04\times(2.3+\sqrt{2.3^2-1})\approx0.175$$

③ 转子绕组每相电阻:
$$r_2=s_{\mathrm{N}}E_{2\mathrm{N}}(\sqrt{3}I_{2\mathrm{N}})=0.04\times164/(\sqrt{3}\times20.6)\approx0.184\ \Omega$$

④ 参照图 10.4.1,在固有机械特性上 $T_{\mathrm{L}}=0.75T_{\mathrm{N}}$,即点 A 的转差率:
$$s_A=s_{\mathrm{m}}\left[\frac{\lambda_{\mathrm{m}}T_{\mathrm{N}}}{T_{\mathrm{L}}}-\sqrt{\left(\frac{\lambda_{\mathrm{m}}T_{\mathrm{N}}}{T_{\mathrm{L}}}\right)^2-1}\right]$$
$$=0.175\times\left[\frac{2.3T_{\mathrm{N}}}{0.75T_{\mathrm{N}}}-\sqrt{\left(\frac{2.3T_{\mathrm{N}}}{0.75T_{\mathrm{N}}}\right)^2-1}\right]\approx0.029$$

⑤ $n=-300\ \mathrm{r/min}$ 时的转差率:

$$s_D = (n_1 - n)/n_1 = (1\,000 + 300)/1\,000 = 1.3$$

⑥ 按比例推移规律,转子回路每相串入的制动电阻值:

$$R_{Br} = \left(\frac{s_D}{s_A} - 1\right) r_2 = \left(\frac{1.3}{0.029} - 1\right) \times 0.184 \approx 8.06 \ \Omega$$

2. 定子两相反接的反接制动

1) 制动原理与机械特性

设拖动系统原来运行于正向电动状态,如图 10.4.2 中固有机械特性曲线 1 的点 A,现在把定子两相绕组出线端对调,由于定子电压的相序反了,旋转磁场反向,其对应的同步转速为 $-n_1$,电磁转矩变为负值,起制动作用,其机械特性为图 10.4.2 中的曲线 2 所示。在改变定子电压相序的瞬间,工作点由点 A 过渡到点 B,这时系统在电磁转矩和负载转矩的共同作用下,迫使转子的转速迅速下降,直到点 C,转速为 0,制动结束。对于绕线转子异步电动机,为了限制两相反接瞬间的电流值和增大电磁制动转矩,通常在定子两相反接的同时,在转子中串入制动电阻 R_{Br},这时对应的机械特性如图 10.4.2 中的曲线 3 所示。同样,在电磁转矩和负载转矩的共同作用下,转速迅速下降到点 C',制动结束。定子两相反接的反接制动过程,就是指从反接开始至转速为 0 的这一过程,即图 10.4.2 中曲线 2 的 BC 段或曲线 3 的 $B'C'$ 段。

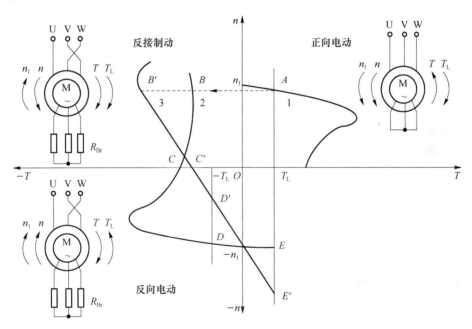

图 10.4.2 三相异步电动机定子两相反接的反接制动

如果制动的目的只是快速停车,则必须采取措施,在转速接近 0 时,立即切断电源,否则电动机拖动系统的机械特性曲线将进入第 Ⅲ 象限。如果电动机拖动的是反抗性负载,而且在点 $C(C')$ 的电磁转矩大于负载转矩,则电动机将反向启动到点 $D(D')$,稳定运行,这是反向电动状态。如果拖动的是位能性负载,则电动机在位能负载的拖动下,将一直反向加速到点 $E(E')$,直到电磁转矩等于负载转矩,系统才能稳定运行。这种情况下,电动机转速高于同步转速,电磁转矩与转向相反,进入回馈制动状态。

2）能量关系

定子两相反接的反接制动是一个位于第Ⅱ象限的过程。这时，转子的旋转方向与定子旋转磁场方向相反，即 n 与 n_1 反向，对应的转差率 $s=(-n_1-n)/(-n_1)$ 大于 1，因此能量关系和转子反转的反接制动时相同，拖动系统储存的动能被电动机吸收，变为轴上输入的机械功率，与由定子传递给转子的电磁功率一起，全部消耗在转子电路的电阻上。

例 10-11 绕线转子异步电动机的数据同例 10-10。原先在固有特性上拖动反抗性恒转矩负载运行，$T_L=0.75T_N$，为使电动机快速反转，现采用定子两相反接的反接制动。问：

（1）要求电动机的起始制动转矩 $T=1.8T_N$ 时，转子每相应串入的制动电阻值。

（2）电动机反转后的稳定速度是多少？

解 （1）制动电阻 R_{Br} 计算

① 由例 10-10 计算，已知 $s_N=0.04$，$s_m=0.175$，$r_2=0.184\ \Omega$，$s_A=0.029$。

② 参照图 10.4.2，在固有机械特性上 $T_L=0.75T_N$，即点 A 的转速为

$$n_A=(1-s_A)n_1=(1-0.029)\times1\ 000=971\ \text{r/min}$$

③ 反接制动起始点 B' 的转差率为

$$s_{B'}=(-n_1-n_{B'})/(-n_1)=(-1\ 000-971)/-1\ 000=1.971$$

④ 反接制动机械特性的临界转差率为

$$s_{m'}=s_{B'}\left[\frac{\lambda_m T_N}{T_{B'}}+\sqrt{\left(\frac{\lambda_m T_N}{T_B}\right)^2-1}\right]=1.971\times\left[\frac{2.3T_N}{1.8T_N}+\sqrt{\left(\frac{2.3T_N}{1.8T_N}\right)^2-1}\right]\approx4.09$$

⑤ 按比例推移规律，转子回路每相串入的制动电阻值为

$$R_{Br}=\left(\frac{s_{m'}}{s_m}\right)r_2=\left(\frac{4.09}{0.175}-1\right)\times0.184\approx4.12\ \Omega$$

（2）反转后稳定转速的计算

① 参照图 10.4.2，反转后稳定运行，即点 D' 对应的转差率为

$$s_D=s_{B'}\left[\frac{\lambda_m T_N}{T_L}-\sqrt{\left(\frac{\lambda_m T_N}{T_L}\right)^2-1}\right]=4.09\times\left[\frac{2.3T_N}{0.75T_N}-\sqrt{\left(\frac{2.3T_N}{0.75T_N}\right)^2-1}\right]\approx0.686$$

② 反转后稳定运行转速为

$$n_{D'}=(1-s_{D'})n_1=(1-0.683)\times(-1\ 000)=-317\ \text{r/min}$$

10.4.2　三相异步电动机的能耗制动

1. 制动原理

图 10.4.3(a) 为三相异步电动机能耗制动接线图。制动时，Q_1 断开，定子绕组脱离交流电网，同时 Q_2 闭合，定子绕组任意两相经限流电阻 R 接到直流电源，通入直流电流，于是在定子绕组中产生一个直流恒定磁场，而转子因惯性继续旋转，这种相对运动使转子导体中产生感应电动势和感应电流。根据左手定则，感应电动势和感应电流相互作用产生电磁转矩 T，其方向与转速 n 方向相反，为制动转矩，如图 10.4.3(b) 所示。当转速下降至 0 时，感应电动势、感应电流和电磁转矩均为 0，制动过程结束。由于制动过程中，转子的动能转变为电能消耗在转子回路的电阻上，所以称为能耗制动。

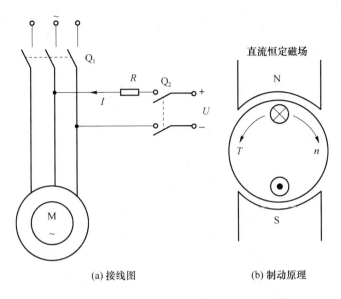

(a) 接线图　　　　　　　　(b) 制动原理

图 10.4.3　三相异步电动机能耗制动接线图和制动原理

2. 机械特性

异步电动机能耗制动机械特性表达式的推导比较复杂。然而，经理论推导可以证明，异步电动机能耗制动的机械特性方程式，与异步电动机接在三相交流电网上正常运行时的机械特性是相似的。机械特性曲线如图 10.4.4 所示。这里主要介绍它的特点：

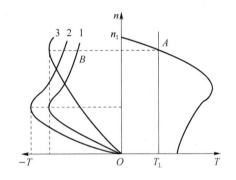

图 10.4.4　异步电动机能耗制动时的机械特性

① 直流励磁一定，随着转子电阻的增加，产生最大制动转矩时的转速增加，但产生的最大转矩值不变，如图 10.4.4 中的曲线 1 和曲线 3 所示；

② 转子电路电阻不变，随着直流励磁的增大，产生的最大制动转矩增大，但产生最大转矩时的转速不变，如图 10.4.4 中的曲线 1 和曲线 2 所示。

经理论推导可以证明：能耗制动时，最大转矩 T_{max} 与定子输入的直流电流 I 的平方成正比，这和异步电动机改变定子电压 U_1 的人为机械特性变化规律相同。这是因为改变了 U_1 就改变了电动机气隙磁通 Φ_m 的大小，而改变 I，也是改变制动时恒定磁场的数值，两者实质相同，所以特性曲线的变化规律也相同。

3. 制动过程

设电动机原来在电动状态下的点 A 处稳定运行，制动瞬间，由于存在机械惯性，电动机转速不能突变，工作点由点 A 过渡至曲线 1 上的点 B，对应的转矩为制动转矩，电动机沿曲线 1 减速，直到原点，$n=0，T=0$。如果是反抗性负载，则电动机将停转，实现快速制动；如果是位能性负载，则需要在制动到 $n=0$ 时切断电源，否则电动机将在位能性负载转矩的拖动下反转，特性曲线延伸到第 Ⅳ 象限，直到电磁转矩与负载转矩相平衡，重物才获得稳定的下放速度。

能耗制动是异步电动机常用的一种制动方法,它便于准确停车,制动较为平稳。与反接制动相比,能耗制动的能量损耗小,电流冲击也小,适用于经常启动、反转,并要求准确停车的生产机械,如轧钢车间升降台、矿井卷扬机等。

10.4.3 三相异步电动机的回馈制动

三相异步电动机的回馈制动有两种情况:一种出现在异步电动机拖动位能性负载下放重物的过程中,此时电动机处于反向回馈制动状态;另一种出现在异步电动机变极对数或变频调速的过程中,此时电动机处于正向回馈制动状态。

1. 反向回馈制动状态

当笼型异步电动机拖动位能性负载下放重物时,可将电动机定子绕组按反相序接入电网,如图 10.4.5 所示。这时,电动机在电磁转矩 T 及位能性负载转矩 T_L 的作用下,由点 A 反相启动,$n<0$,重物下放,电动机的工作点沿第Ⅲ象限机械特性曲线 1 反向加速,直到同步转速点 B,$n=-n_1$,$T=0$。但由于重物产生的位能性负载转矩 T_L 仍为拖动转矩,电动机转速继续升高,机械特性进入第Ⅳ象限,此时 $|n|>|n_1|$,T 改变方向成为制动转矩,因而限制了电动机转速的继续升高,直到点 C 处,$T=T_L$,电动机稳定运行。此时,$n<0$ 而 $T>0$,为制动状态。

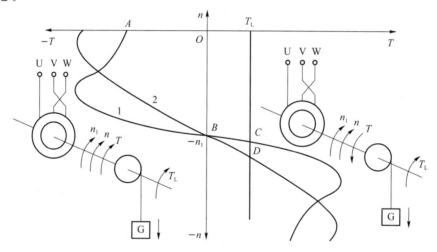

图 10.4.5 三相异步电动机反向回馈制动

电动机在点 C 处稳定运行时,$n_1<0$,$n<0$,且 $|n|>|n_1|$,因此 $s=(n_1-n)/n_1<0$,此时电动机的机械功率 $P_m=3I_2'^2r_2'(1-s)/s<0$,从定子传到转子的电磁功率 $P_M=3I_2'^2r_2'/s<0$。由 $P_m<0$ 及 $P_M<0$ 可知,在点 C 处稳定运行时实际的功率关系为:重物下放时减少了位能而向电动机输入机械功率,扣除机械损耗及转子铜损耗后变为电磁功率输送到定子,再扣除定子铜损耗和铁损耗后回馈给电网。$s<0$ 时,电动机能向电网回馈电功率,可以从定子输入功率 $P_1=3U_1I_1\cos\varphi_1$ 看出,如果 $\varphi_1>90°$,则 $P_1=3U_1I_1\cos\varphi_1<0$,即表示定子向电网回馈功率。

异步电动机的转子电流为

$$\dot{I}_2=\frac{s\dot{E}_2}{r_2'+jsX_2'}=\frac{sr_2'\dot{E}_2}{r_2'^2+s^2X_2'^2}-j\frac{s^2X_2'\dot{E}_2}{r_2'^2+s^2X_2'^2}=\dot{I}_{2a}-j\dot{I}_{2r} \tag{10-54}$$

其中，$\dot{I}'_{2a}$ 和 $\dot{I}'_{2r}$ 分别为转子电流的有功分量和无功分量，即

$$\dot{I}'_{2a}=\frac{sr'_2\dot{E}_2}{r'^2_2+s^2X'^2_2} \tag{10-55}$$

$$\dot{I}'_{2r}=\frac{s^2X'_2\dot{E}_2}{r'^2_2+s^2X'^2_2} \tag{10-56}$$

可见，当 $s<0$ 时，$\dot{I}'_{2a}$ 与 $\dot{E}'_2$ 反相位，而 $\dot{I}'_{2a}$ 则滞后于 $\dot{E}'_2 90°$。此外，当 $s<0$ 时，式(10-54)可写为

$$-\dot{E}_2=\frac{r'_2}{|s|}\dot{I}'_2-jX'_2\dot{I}'_2 \tag{10-57}$$

根据以上公式，可以画出 $s<0$ 时异步电动机的相量图，如图 10.4.6 所示，可得 $\varphi_1>90°$，所以 $P_1<0$，定子向电网回馈电功率。这时，异步电动机实际是一台与电网并联运行的交流发电机。同时，无论 φ_1 是否大于 $90°$，异步电动机的无功功率 $Q_1=3U_1I_1\sin\varphi_1$ 都大于 0。说明不管定子输入功率的传递方向如何，异步电动机用来建立旋转磁场的无功功率都必须由电网供给。总之，当 $s<0$ 时，异步电动机将进入制动状态，并向电网回馈电功率，因此称为回馈制动。当电动机拖动位能性负载下放重物时，由于 $n<0$，故该过程称为反向回馈制动。图 10.4.5 中的曲线 2 是绕线转子异步电动机转子回路串电阻时的反向回馈机械特性。可见，反向回馈制动时，对于同一位能负载转矩，转子回路电阻越大，稳定运行的速度就越高，如点 D。为了避免下放重物时出现危险的高速，一般不在转子回路中串入电阻。

2. 正向回馈制动状态

三相异步电动机的回馈制动除了第 Ⅳ 象限的反向回馈制动以外，还有第 Ⅱ 象限的正向回馈制动。例如，图 10.4.7 所示的笼型异步电动机变频调速时的机械特性。假设电动机原来在固有机械特性曲线 1 上的点 A 处稳定运行，当突然把定子频率降到 f_1 时，电动机的机械特性变为曲线 2。电动机的工作点将从 $A\rightarrow B\rightarrow C\rightarrow D$，最后稳定运行于点 D。在降速过程中，当电动机运行在 BC 段时，$n>0$，$T<0$，且 $n>n'_1$，因此 $s=(n'_1-n)n'_1<0$，电动机处于正向回馈制动状态。变极调速回馈制动原理与正向回馈制动原理相同。

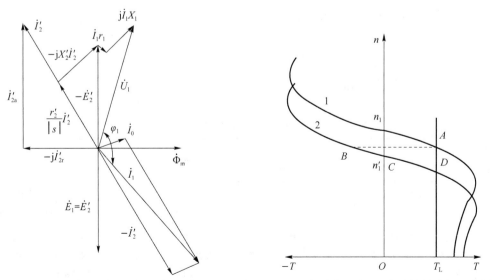

图 10.4.6　反向回馈制动时异步电动机的相量图　图 10.4.7　三相异步电动机正向回馈制动的机械特性

例 10-12 某三相绕线型异步电动机的定子、转子绕组都为星形连接,其额定数据为:$P_N = 44\ kW$,$U_N = 380\ V$,$I_{1N} = 120\ A$,$n_N = 58\ r/min$,$E_{2N} = 245\ V$,$I_{2N} = 150\ A$,$\lambda_m = 2.5$。现采用回馈制动,并在转子回路中串入 $R_{Br} = 0.04\ \Omega$ 的电阻,而使位能性负载在 $T_L = 0.088 T_N$ 的条件下稳速下放,试求下放转速。

解 电动机额定动行时,有

$$s_N = \frac{n_1 - n_N}{n_1} = \frac{600 - 580}{600} \approx 0.033\ 3$$

转子绕组每相电阻为

$$r_2 = \frac{s_N E_{2N}}{\sqrt{3} I_{2N}} = \frac{0.033\ 3 \times 245}{\sqrt{3} \times 150} \approx 0.031\ 4\ \Omega$$

$$s_m = s_N\left(\lambda_m + \sqrt{\lambda_m^2 - 1}\right) = 0.033\ 3 \times \left(2.5 + \sqrt{2.5^2 - 1}\right) \approx 0.159\ 5$$

回馈制动时下放重物采用转子回路串电阻,所以其人为机械特性为

$$T = \frac{2T_{max}}{\dfrac{s}{s_m} + \dfrac{s_m}{s}}$$

同转矩下比例推移:

$$\frac{r_2}{s_m} = \frac{r_2 + R_{Br}}{s_m'}$$

$$s_m' = \frac{r_2 + R_{Br}}{r_2} s_m = \frac{0.031\ 4 + 0.04}{0.031\ 4} \times 0.159\ 5 \approx 0.363$$

将 s_m' 和 $T_L = 0.088 T_N$ 代入上式,得人为机械特性:

$$0.88 T_N = \frac{-2 \times 2.5 T_N}{\dfrac{s}{0.363} + \dfrac{0.363}{s}}$$

运行于反向电动的回馈制动,故最大转矩为负值,解得 $s = -0.067$ 或 -1.93。

因为 $s = -1.93$ 时:

$$n = (1 - s)n_1 = (1 + 1.93) \times (-600) = 1\ 758\ r/min$$

转速太高,不可能,舍去。则下放转速为

$$n = (1 - s_1)n_1 = (1 + 0.067) \times (-600) = -640\ r/min$$

其中,负号表示转子反转下放重物。

以上介绍了三相异步电动机的 3 种制动方法。现将 3 种制动方法及其能量关系、优缺点以及应用场合比较列于表 10.4.1 中。

表 10.4.1　三相异步电动机各种制动方法的比较

比较内容	反接制动		能耗制动	回馈制动
	转子反转	定子两相反接		
制动方法	定子按提升方法接通电源,转子串入	突然改变定子电源的相序,使旋转磁场反向	断开交流电源的同时在定子两相中通入直流	在某一转矩作用下,使电动机转速超过同步转速
能量关系	吸收系统储存的机械能,并转换成电能,连同定子传递给转子的电磁功率一起,全部消耗在转子电路的电阻上		吸收系统储存的动能并转换成电能,消耗在转子电路的电阻上	轴上输入机械功率并转换成定子的电功率,由定子回馈给电网

比较内容	反接制动		能耗制动	回馈制动
	转子反转	定子两相反接		
优点	能使位能负载,以稳定转速下降	制动强烈,停车迅速	制动平稳,便于实现准确停车	能向电网回馈电能,比较经济
缺点	能量损耗大	能量损耗较大,控制较复杂,不易实现准确停车	制动较慢,需增设一套直流电源	在 $n < n_1$ 时,不能实现回馈制动
适用场合	限制位能性负载的下降速度,并在 $n < n_1$ 的情况下采用	要求迅速停车和要求反转的场合	① 要求平稳,准确停车的场合 ② 限制位能性负载的下降速度	限制位能性负载的下降速度,并在 $n > n_1$ 的情况下采用

10.4.4　三相异步电动机的各种运行状态分析

以上讨论了三相异步电动机的启动、调速和制动。和直流电动机一样,当电磁转矩 T 和转速 n 方向一致时,电动机处于电动状态,电动机从电网吸收电功率;当电磁转矩 T 和转速 n 方向相反时,电动机处于制动状态。电动机在电动和制动状态下的机械特性,分布在直角坐标系的 4 个象限中,如图 10.4.8 所示。

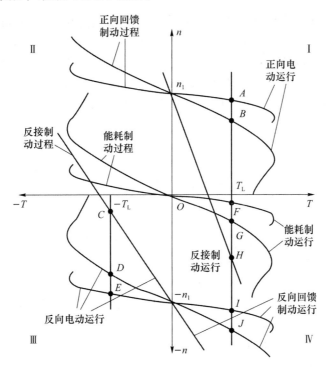

图 10.4.8　三相异步电动机的各种运行状态

在图 10.4.8 中,电动机拖动反抗性恒转矩负载时,第 Ⅰ、Ⅲ 象限为电动状态,其中第 Ⅰ 象限为正向电动状态,稳定工作点如点 A 和点 B;若改变电动机定子绕组的相序,则 n_1 和 T 均改变方向,电动机反转,机械特性位于第 Ⅲ 象限,电动机处于反向电动状态,稳定工作点如

点 C、点 D 和点 E。第 Ⅱ、Ⅳ 象限为制动状态,在第 Ⅱ 象限中除了像电机车下坡行驶时可以出现稳定工作点(回馈制动或能耗制动)外,其他都只是一种制动降速的过渡过程,不能稳定运行;在第 Ⅳ 象限中可以实现稳定运行的制动状态,如能耗制动运行(稳定工作点如点 F 和点 G)、转子反向的反接制动运行(稳定工作点如点 H)及反向回馈制动运行(稳定工作点如点 I 和点 J)等。

实际运行的三相异步电动机电力拖动系统,根据负载性质和生产工艺特点的不同,可以工作在不同的运行状态,以满足生产工艺的要求。

10.5 异步电动机拖动系统的机械过渡过程

研究电力拖动系统过渡过程的目的是,更好地掌握系统启动、调速、制动等过渡过程的规律,满足各种不同生产机械对拖动系统过渡过程的不同要求。合理地设计电力拖动系统及其控制线路,可缩短生产周期中的非生产时间、提高生产率、减少生产过程中的能量损耗以及提高系统的性能指标。三相异步电动机拖动系统的过渡过程和直流电动机拖动系统一样,也有电磁过渡过程和机械过渡过程。但是电磁过渡过程很快,对电动机的加速影响不大,所以这里只研究机械过渡过程。

10.5.1 异步电动机理想空载启动时间的计算

以最简单的异步电动机理想空载时的直接启动时间计算为例,用解析法来推导启动过渡过程时间的计算公式,并由此分析影响启动时间的因素和缩短启动时间的途径。

当负载转矩 $T_L = T_0 + T_2 = 0$ 时,异步电动机运行在理想空载状态,这时拖动系统的运动方程式变为

$$T = \frac{GD^2}{375} \cdot \frac{dn}{dt} \tag{10-58}$$

将式中的 T 用转矩的实用表达式代替,并考虑到 $n = n_1(1-s)$,$dn/dt = -n_1 ds/dt$,得出

$$dt = \frac{GD^2}{375} \cdot \frac{n_1}{T_{max}} \cdot \frac{1}{2}\left(\frac{s_m}{s} + \frac{s}{s_m}\right)ds = -T_M \cdot \frac{1}{2}\left(\frac{s_m}{s} + \frac{s}{s_m}\right)ds \tag{10-59}$$

其中,$T_M = GD^2 n_1/(375 T_{max})$,称为异步电动机拖动系统的机电时间常数。

对式(10-59)的等号两边同时进行积分,得出启动时间:

$$t_s = \int_{s_i}^{s_x} -\frac{1}{2}T_M\left(\frac{s_m}{s} + \frac{s}{s_m}\right)ds = \frac{T_M}{2}\left(\frac{s_i^2 - s_x^2}{2s_m}s_m \lg \frac{s_i}{s_x}\right) \tag{10-60}$$

其中,s_i 是启动时转差率的初始值;s_x 是启动时转差率的终了值。

理想空载启动时,一般认为 s 达到 $0.05 \sim 0.02$,启动过程就已结束。将 $s_i = 1$,$s_x = 0.05$ 代入式(10-60),可得

$$t_s \approx T_M\left(\frac{1}{4s_m} + 1.5s_m\right) \tag{10-61}$$

由式(10-60)和式(10-61)可知,当拖动系统的机电时间常数一定时,启动时间与 s_m 有关,并必然存在一个最佳临界转差率 s_m',它所对应的启动时间最短。令 $dt_s/ds_m = 0$,可得

$$s'_m = \sqrt{\frac{s_i^2 - s_x^2}{2\lg(s_i/s_x)}} \tag{10-62}$$

将 $s_i = 1$、$s_x = 0.05$ 代入式(10-62)，可以得到 $s'_m = 0.408$。也就是说，当 $s_m = 0.408$ 时，异步电动机理想空载启动时间最短。这时，可用图 10.5.1 中的机械特性曲线加以解释，当 $s_m = 0.408$ 时，机械特性所包围的面积最大(如图 10.5.1 中的阴影部分所示)，所以平均转矩最大，启动时间最短。

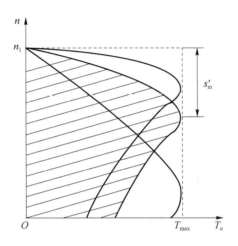

图 10.5.1　s'_m 为不同值时的机械特性

由于普通笼型转子异步电动机的 $s_m = 0.1 \sim 0.15$，与最佳值 0.408 相差较远，所以启动时间较长。因此，对于那些要经常启动、制动和做周期性运转的生产机械，为提高生产率，应采用转子电阻较高的高转差率异步电动机拖动，以缩短启动时间。若拖动电动机为绕线转子异步电动机，则可以采用在转子电路中串电阻的方法以提高 s_m 值从而缩短启动时间。

10.5.2　异步电动机过渡过程的能量损耗

异步电动机在启动、调速和制动等过渡过程中，电流比正常工作时大很多，如笼型异步电动机直接启动时的电流为额定电流的 $4 \sim 7$ 倍。因此，当异步电动机频繁启动、制动时，消耗的能量比正常工作时大得多，这将使电动机发热严重。为使电动机不致因过热而降低使用寿命或烧毁电动机，必须对异步电动机的启动次数进行限制。

研究异步电动机过渡过程中的能量损耗，主要目的在于掌握异步电动机过渡过程中的能量损耗规律，找出减少过渡过程中能量损耗的方法。由于电动机启动、调速和制动等过渡过程中的电流比正常工作时大很多，而铜损耗与电流的平方成正比，因此过渡过程中电机的铜损耗比铁损耗和机械损耗大很多。为简化问题，忽略过渡过程中的电动机的不变损耗(铁损耗和机械损耗)，并仅对异步电动机空载启动、能耗制动和反接制动 3 种情况进行分析。

1. 过渡过程能量损耗的通用表达式

略去电动机的不变损耗，只考虑铜损耗时，过渡过程电动机能量损耗的公式为

$$\Delta A = \int_0^t 3I_1^2 r_1 \, dt + \int_0^t 3I_2'^2 r_2' \, dt \tag{10-63}$$

如果略去空载电流 I_0，则有 $I_0 = I_2'$，式(10-63)可以写成

$$\Delta A = \int_0^t 3 I_2'^2 r_2' \left(1 + \frac{r_1}{r_2'}\right) dt \qquad (10\text{-}64)$$

由于转子铜损耗可以用电磁功率乘以转差率表示，即 $P_{Cu2} = 3 I_2'^2 r_2' = P_m s = T\Omega_1 s$，所以式(10-64)可以写成

$$\Delta A = \int_0^t T\Omega_1 \left(1 + \frac{r_1}{r_2'}\right) s\, dt \qquad (10\text{-}65)$$

空载运行时，$T_L = 0$，拖动系统的运动方程式可以写成

$$T = J \frac{d\Omega}{dt} = J \frac{d\Omega_1 (1-s)}{dt} = -J\Omega_1 \frac{ds}{dt} \qquad (10\text{-}66)$$

将式(10-66)代入式(10-65)，可得

$$\Delta A = \int_0^t -J\Omega_1^2 \left(1 + \frac{r_1}{r_2'}\right) s\, ds = \frac{1}{2} J\Omega_1^2 \left(1 + \frac{r_1}{r_2'}\right)(s_i^2 - s_x^2) \qquad (10\text{-}67)$$

式(10-67)就是异步电动机拖动系统过渡过程能量损耗的通用表达式。其中，s_i 是过渡过程的初始转差率，s_x 是过渡过程的终了转差率。

2. 空载启动过程的能量损耗

异步电动机空载启动时，转差率的初始值为 $s_i = 1$，如果忽略空载转矩，认为 $T_0 = 0$，则启动终了时的转差率 $s_x = 0$。将这两个数值代入式(10-67)，可得

$$\Delta A = \frac{1}{2} J\Omega_1^2 \left(1 + \frac{r_1}{r_2'}\right) \qquad (10\text{-}68)$$

可见，异步电动机空载启动过程中的能量损耗与系统储存的动能和定子、转子电阻有关。加大转子电阻可以减小启动过程中的能量损耗，这是因为加大转子电阻可以限制启动电流，增加启动转矩(但 r_2' 不能过大)，减小启动时间。因此，笼型转子采用高电阻率导条、绕线转子串电阻启动，都可以减少启动过程中的能量损耗。

3. 空载电源反接制动过程的能量损耗

如果异步电动机运行在理想状态，$n = n_1$，$s = 0$，这时电源突然反接，进行制动停车，由于电源反向，所以过渡过程的初始转差率变为 $s_i = 2$，停车时的终了转差率 $s_x = 1$。将这两值代入式(10-67)可得

$$\Delta A = \frac{1}{2} J\Omega_1^2 \left(1 + \frac{r_1}{r_2'}\right)(2^2 - 1^2) = \frac{3}{2} J\Omega_1^2 \left(1 + \frac{r_1}{r_2'}\right) \qquad (10\text{-}69)$$

如果反接后不单要求制动停车，还要求反向启动，则这一过程的 $s_i = 2$，$s_x = 0$。将这两值代入式(10-67)，可得

$$\Delta A = \frac{1}{2} J\Omega_1^2 \left(1 + \frac{r_1}{r_2'}\right)(2^2 - 0^2) = 2 J\Omega_1^2 \left(1 + \frac{r_1}{r_2'}\right) \qquad (10\text{-}70)$$

可见，电源反接制动(停车)过程的能量损耗为直接启动过程能量损耗的 3 倍，而电源反接制动并反向启动时的能量损耗是直接启动时的 4 倍。

4. 空载能耗制动过程的能量损耗

异步电动机能耗制动时，$T\Omega_1 = 3 I_2'^2 r_2' / \left(\frac{-n}{n_1}\right)$，$T\Omega = 3 I_2'^2 r_2'$，证明略。空载能耗制动过程的运动方程式为 $-T = J d\Omega/dt$，从而有

$$3 I_2'^2 r_2' = -J\Omega d\Omega/dt \qquad (10\text{-}71)$$

将式(10-71)代入式(10-64),可得

$$\Delta A = \int_{\Omega_1}^{0} -J\Omega\left(1+\frac{r_1}{r_2}\right)d\Omega = \frac{1}{2}J\Omega_1^2\left(1+\frac{r_1}{r_2}\right) \tag{10-72}$$

可见,空载能耗制动的能量损耗与空载启动过程的能量损耗相等。

5．减小异步电动机过渡过程能量损耗的方法

通过上面的分析,可以得出下面几种减小异步电动机过渡过程能量损耗的方法。

1) 减小拖动系统的转动惯量

在空载启动、能耗制动和反接制动过渡过程中,能量损耗都与拖动系统的转动惯量成正比。因此,减小系统的转动惯量,可以有效地减小异步电动机拖动系统过渡过程中的能量损耗。在频繁制动的拖动系统中,选择转子细长的电动机,或者采用两台一半容量的电动机组成双电动机拖动系统,都可以减少过渡过程中的能量损耗。

2) 合理选择电动机的启动、制动方法

从式(10-69)和式(10-72)中可以看出:反接制动过程的能量损耗是能耗制动过程能量损耗的 3 倍,对于不要求快速正、反转的设备,应尽量避免采用反接制动。同时,能量损耗与 Ω_1 的平方成正比,因此采用由低速到高速分级启动的方法,可以有效地降低启动过程中的能量损耗。在变频启动的异步电动机拖动系统中,启动时频率由低而高平滑变化,制动时频率由高而低平滑变化,都可以更有效地减少过渡过程中的能量损耗。

3) 合理选择电动机参数

增大异步电动机转子电阻可以减少过渡过程中的能量损耗。例如,绕线转子异步电动机采用转子串电阻的方法,笼型异步电动机选用电阻率高的转子导条,都可以减少过渡过程中的能量损耗。

例 10-13　一台双速异步电动机的两个同步转速分别是 3 000 r/min 和 1 500 r/min,拖动系统的转动惯量 $J=0.98\ \text{kg}\cdot\text{m}^2$,$r_1/r_2'=1.5$。试计算空载直接启动($n=0$ 到 $n=3\ 000\ \text{r/min}$)和分级启动($n=0$ 到 $n=1\ 500\ \text{r/min}$,再到 $n=3\ 000\ \text{r/min}$)时电动机的能量损耗。

解　(1)空载直接启动时电动机的能量损耗

$$\Delta A = \frac{1}{2}J\Omega_1^2\left(1+\frac{r_1}{r_2}\right)(s_i^2-s_x^2)$$
$$= \frac{1}{2}\times0.98\times\left(\frac{2\pi\times3\ 000}{60}\right)^2(1+1.5)(1^2-0^2)$$
$$\approx 120\ 903\ \text{J}$$

(2)空载分级启动时的能耗

$$\Delta A_1 = \frac{1}{2}\times0.98\times\left(\frac{2\pi\times1\ 500}{60}\right)^2(1+1.5)(1^2-0^2)\approx30\ 225\ \text{J}$$

$$\Delta A_2 = \frac{1}{2}\times0.98\times\left(\frac{2\pi\times3\ 000}{60}\right)^2(1+1.5)(0.5^2-0^2)\approx30\ 225\ \text{J}$$

所以,空载分两级启动时电动机的能量损耗为

$$\Delta A = \Delta A_1 + \Delta A_2 = 60\ 450\ \text{J}$$

可见,分两级启动时,电动机的能量损耗是直接启动时能量损耗的 1/2。

思考题与习题

10-1　三相异步电动机的定子电压、转子电阻及定子、转子漏电抗对最大转矩、临界转差率及启动转矩有何影响？

10-2　为什么通常认为三相异步电动机机械特性的直线段是稳定运行段,而机械特性的曲线段是不稳定运行段？曲线段上是否有稳定工作点？

10-3　三相异步电动机,当降低定子电压、转子回路串接对称电阻时的人为机械特性各有什么特点？

10-4　三相笼型异步电动机在什么条件不可以直接启动？不能直接启动时,应采用什么方法启动？

10-5　什么是异步电动机的星形-三角形启动？它与直接启动相比,启动电流和启动转矩有什么变化？

10-6　笼型异步电动机采用自耦变压器降压启动时,启动电流和启动转矩的大小与自耦变压器的 $k_A = N_1/N_2$ 是什么数量关系？

10-7　说明深槽式和双笼型异步电动机改善启动特性的原理,并比较其优、缺点。

10-8　三相绕线转子异步电动机转子回路串接适当的电阻时,为什么随着启动电流减小,启动转矩增大？如果串接电抗器,会有同样的结果吗？为什么？

10-9　为什么说绕线转子异步电动机转子回路串频敏变阻器启动比串电阻启动效果更好？

10-10　在基频以下变频调速时,为什么要保持 $U_1/f_1 =$ 常数,它属于什么调速方式？

10-11　在基频以上变频调速时,电动机的磁通如何变化？它属于什么调速方式？

10-12　笼型异步电动机如何实现变极对数调速？变极对数调速时为何要同时改变定子电源的相序？

10-13　定性画出星形-双星形变极调速的机械特性,并说明它属于何种调速方式？

10-14　三相异步电动机串级调速的基本原理是什么？

10-15　为使三相异步电动机快速停车,可采用哪几种制动方法？如何改变制动的强弱？试用机械特性说明其制动过程。

10-16　当三相异步电动机拖动位能性负载时,为了限制负载下降时的速度,可采用哪几种制动方法？如何改变制动运行时的速度？各制动运行时的能量关系如何？

10-17　异步电动机能耗制动的原理是什么？定子绕组为何要通入直流电流？定性画出其机械特性曲线。

10-18　简述减小异步电动机过渡过程能量损耗的方法。

10-19　一台三相异步电动机的数据：$P_N = 7.5$ kW, $n_N = 1\,442$ r/min, $f_N = 50$ Hz, $\lambda_m = 2.2$。

（1）求临界转差率 s_m；

（2）求机械特性实用表达式；

（3）求电磁转矩为多大时,电动机的转速为 $1\,300$ r/min；

（4）绘制出电动机的固有机械特性曲线。

10-20 某三相笼型异步电动机，$P_N=30$ kW，$n_N=380$ V，$I_N=59.3$ A，$n_N=952$ r/min，$\lambda_m=2.5$，$k_1=6.5$，供电电源容量 $S_N=850$ kV·A，试问该电动机能否带动额定负载直接启动？

10-21 有一台三相笼型异步电动机，其额定动率 $P_N=60$ kW，额定电压 $U_N=380$ V，定子绕组星形连接，额定电流 $I_N=136$ A，启动电流与额定电流之比 $k_1=6.5$，启动转矩与额定转矩之比 $T_s/T_N=1.1$，但因供电变压器的限制，允许该电动机的最大启动电流为 500 A。若拖动负载转矩 $T_L=0.3T_N$（要求 $T_L'=1.1T_L$）运行，用串有抽头为 80%、60%、40% 的自耦变压器启动，问用哪种抽头才能满足启动要求？

10-22 题 10-21 中的电动机能否采用星形-三角形启动法来启动？

10-23 某三相笼型异步电动机，$P_N=40$ kW，$U_N=380$ V，$I_N=59.3$ A，$n_N=1\,470$ r/min，$\eta_N=91\%$，$\cos\varphi_N=0.89$，定子绕组为三角形接法，启动电流与额定电流之比 $k_1=6.5$，启动转矩与额定转矩之比 $T_s/T_N=1.2$，过载能力 $\lambda_m=2.0$，电网配电变压器容量为 800 kV·A。试问当负载转矩 $T_L=0.95T_N$ 时，可采用什么方法启动？

10-24 一台三相绕线转子异步电动机的数据为：$P_N=37$ kW，$n_N=1\,441$ r/min，$E_{2N}=316$ V，$I_{2N}=74$ A，$\lambda_m=3.0$，$T_L=0.76T_N$，求三极启动时的每级启动电阻。

10-25 一台三相笼型异步电动机的数据为：$P_N=55$ kW，启动电流与额定电流之比 $k_1=7.2$，启动转矩与额定转矩之比 $\lambda_m=2$，定子绕组为三角形连接，电源容量为 1\,000 kV·A，若满载启动，试选择一种合适的启动方法，并通过计算加以说明。

10-26 一台三相绕线转子异步电动机的数据为：$P_N=75$ kW，$U_N=380$ V，$n_N=970$ r/min，$E_{2N}=238$ V，$I_{2N}=210$ A，$\lambda_m=2.05$，定子绕组、转子绕组均为星形连接。拖动位能性额定恒转矩负载运行时，若在转子回路中串接三相对称电阻 $R=0.8$ Ω，则电动机的稳定转速应为多少？运行于什么状态？

10-27 一台三相绕线转子异步电动机的数据为：$P_N=5$ kW，$U_N=380$ V，$n_N=960$ r/min，$E_{2N}=164$ V，$I_{2N}=20.6$ A，$\lambda_m=2.3$。拖动恒转矩负载 $T_L=0.75T_N$ 运行，现采用电源反接制动进行停车，要求最大制动转矩为 $1.8T_N$，求：转子每相应串接多大的制动电阻。

10-28 一台三相绕线型异步电动机的铭牌数据为：$P_N=22$ kW，$n_N=723$ r/min，$E_{2N}=197$ V，$I_{2N}=70.5$ A，$\lambda_m=3$。电动机运行在固有机械特性的额定工作点上，现采用电源反相序的反接制动，要求制动开始时的最大制动转矩为 $2T_N$。求制动时转子每相绕组串入的电阻值 R_{Br}。

10-29 如题 10-28 中的绕线型异步电动机，保持其各参数不变，使其拖动的负载为位能负载，则电动机在反相序反接制动后，将会稳定运行在什么状态下？并求其稳定转速。

10-30 一台三相绕线型异步电动机的额定数据为：$P_N=85$ kW，$U_{1N}=380$ V，$I_{1N}=148$ A，$n_N=720$ r/min，$E_{2N}=213$ V，$I_{2N}=220$ A，$\lambda_m=2.4$，拖动 $T_L=0.85T_N$ 的恒转矩负载，欲使电动机运行在转速 $n=660$ r/min 下。试求：

（1）采用转子回路串电阻调速时的每相电阻值；

（2）采用减压调速时的电源电压。

10-31 一台三相绕线转子异步电动机的数据为：$P_N=22$ kW，$n_N=1\,460$ r/min，$I_{1N}=43.9$ A，$E_{2N}=355$ V，$I_{2N}=40$ A，$\lambda_m=2$。要使电动机满载时的转速调到 1\,050 r/min，转子每

相应串接多大的电阻?

10-32　一台三相笼型异步电动机的数据为:$P_N = 11$ kW,$n_N = 1\,460$ r/min,$U_N = 380$ V,$f_N = 50$ Hz,$\lambda_m = 2$。如果采用变频调速,当负载转矩为 $0.8T_N$ 时,要使 $n = 1\,000$ r/min,则 f_1 和 U_1 应为多少?

10-33　一台三相四极笼型异步电动机的额定数据为:$U_N = 380$ V,$I_N = 30$ A,$n_N = 1\,455$ r/min。采用变频调速带动恒转矩负载 $T_L = 0.8T_N$,要求转速 $n = 1\,000$ r/min,已知变频电源输出电压与频率关系为 $U_1/f_1 = $ 常数。试求:此时变频电源输出线电压 U_1 和频率 f_1 各为多少?

10-34　一台三相绕线转子异步电动机的数据为:$P_N = 75$ kW,$U_N = 380$ V,$n_N = 720$ r/min,$E_{2N} = 213$ V,$I_{2N} = 220$ A,$\lambda_m = 2.4$,定子绕组、转子绕组均为星形连接。用它提升与下放重物 $T_L = 0.8T_N$,若采用转子串电阻调速。请计算:

(1) 转子不串电阻时的转速;

(2) 提升重物的转速为 450 r/min,转子每相应串入多大电阻;

(3) 下放重物的转速为 150 r/min,转子每相应串入多大电阻。

10-35　一台三相绕线转子异步电动机的数据为:$P_N = 75$ kW,$U_N = 380$ V,$n_N = 1\,460$ r/min,$E_{2N} = 399$ V,$I_{2N} = 116$ A,$\lambda_m = 2.8$,定子绕组星形连接。电动机拖动反抗性恒转矩负载 $T_L = 0.8T_N$,要求反接制动时 $T = 2T_N$,求:

(1) 转子每相应串入的电阻值;

(2) 电动机反转后的稳定转速。

10-36　某三相绕线型异步电动机的额定数据为:$P_N = 60$ kW,$U_N = 380$ V,$I_{1N} = 133$ A,$n_N = 577$ r/min,$E_{2N} = 253$ V,定子绕组、转子绕组都为星形连接,$\lambda_M = 2.5$,$I_{2N} = 160$ A。现采用回馈制动,并在转子回路中串入电阻 $R_{Br} = 0.5$ Ω,从而使位能性负载 $T_L = 0.8T_N$ 稳速下放,试求下放转速。

三相异步电动机的电力拖动.ppt

第11章 电力拖动系统中电动机的选择

电力拖动系统主要由电动机、传动机构、工作机构、控制设备、电源等组成。不同类型的工作机械对电动机提出的要求不同,因此存在选择电动机的问题。电力拖动系统中电动机的选择,首先是对各种工作制下电动机功率的选择,其次要确定电动机的电流种类、形式、额定电压与额定转速等。

正确选择电动机功率的原则是:在电动机能够胜任生产机械负载要求的前提下,最经济、最合理地决定电动机的功率。正确选择电动机的功率有很重要的意义。如果电动机功率选择大了,好比大马拉小车,设备投资增加,电动机经常欠载运行,效率和功率因素较低,运行费用较高,极不经济;反之,如果电动机功率选择小了,电动机过载运行,则会影响电动机寿命,使电动机过早地损坏。或者在保持电动机不过热的情况下,只能降低负载使用。电动机选择不当,将对经济造成损失。

11.1 电动机容量选择概述

决定电动机额定功率时,要考虑电动机的发热、允许过载能力与启动能力等 3 方面的因素,一般情况下,发热问题最为重要。

11.1.1 电动机的绝缘材料

发热是由于电动机在进行机电能量转换的过程中,存在电动机内部损耗,包括铜损耗、铁损耗及机械损耗等。其中,铜损耗随负载的变化而变化,称为可变损耗;其他损耗与负载无关,称为恒定损耗。这些损耗最终产生大量热量使电动机的温度升高。在旋转电动机中,绕组和铁心是产生损耗和放出热量的主要部件,而耐热性能最差的是与这些部件相接触的绝缘材料。温升越高,则电动机本身的温度越高,从而加速了电动机绝缘材料的老化,降低了电动机的使用寿命。电动机周围的环境温度是随季节和使用地点而变化的,为了统一,国家标准规定:将 40 ℃ 作为周围环境温度的参考值,温升就是相对 40 ℃ 的温度升高值。例如,当电动机本身的温度为 105 ℃ 时,其温升为 65 ℃。电动机的使用寿命 t 与电动机本身温度 θ 之间的关系是

$$t = Ae^{-a\theta} \tag{11-1}$$

其中,t 是电动机的使用寿命,即电动机的绝缘材料的使用寿命;A 与 a 均是绝缘材料系数。

可以看出,电动机的寿命不仅与本身的温度高低有关,还与绝缘材料的耐热性能等级有

关。例如,对 A 级绝缘的电动机,当温度 $\theta=95\ ℃$ 时,能可靠地工作 16～17 年,以后每增加 8 ℃,其寿命约缩短一半,即在 $\theta=103\ ℃$ 时,能可靠地工作约 8 年。可见,电动机的发热问题不仅直接关系到电动机的使用寿命,也关系到电动机运行的可靠性。为此,对电动机所用的各种绝缘材料,都需要规定最高允许工作温度。对于已制成的电动机,这一温度间接地确定了电动机的额定功率。电动机常用的各种绝缘材料的最高允许工作温度及最高允许温升,如表 11.1.1 所示。

表 11.1.1　各种绝缘材料的最高允许工作温度及最高允许温升

绝缘材料耐热等级	A	E	B	F	H
最高允许工作温度/ ℃	105	120	130	155	180
最高允许温升	65	75	90	115	125

A 级绝缘材料:包括经过绝缘浸渍处理的棉纱、丝和纸以及普通漆包线上的绝缘漆等。

E 级绝缘材料:包括有机合成材料所组成的绝缘制品,如环氧树脂、聚乙烯醇缩醛和三醋酸纤维薄膜以及高强度漆包线上的绝缘漆等。

B 级绝缘材料:以有机胶作为黏合剂的云母、石棉和玻璃丝制品,如云母纸和石棉板等矿物填料塑料。

F 级绝缘材料:以合成胶作为黏合剂的云母、玻璃丝以及石棉制品。

H 级绝缘材料:以硅有机漆作为黏合剂的云母、玻璃丝、石棉制品及硅弹性体等材料,如无机填料塑料。

11.1.2　电动机的过载能力

电动机运行时的温升随负载的变化而变化。由于热惯性,温升的变化总是滞后于负载的变化,当负载出现较大的冲击时,电动机的瞬时温升变化并不大,但电动机过载能力是有限的,因此在确定电动机的额定功率时,除应使其不超过允许温升及温度以外,还应考虑其短时过载能力。特别是在电动机运行时间短而温升不高的情况下,过载能力就成为决定电动机额定功率的主要因素。

异步电动机短时过载能力受到最大转矩 T_{max} 的限制,通常用最大转矩倍数 $\lambda_m=T_{max}/T_N$ 表示。一般,异步电动机的 $\lambda_m=2～2.2$。直流电动机短时过载倍数受换向条件的限制,可以用电流过载系数 $\lambda_1=I_{max}/I_N$ 表示,也可以用转矩过载系数 $\lambda_m=T_{max}/T_N$ 表示。一般,直流电动机在额定磁通下的 $\lambda_m=1.5～2$。

校验电动机的短时过载能力时,应使电动机承受的短时最大负载转矩 T_{Lmax} 满足

$$T_{Lmax}\leqslant\lambda_m T_N \tag{11-2}$$

而校验异步电动机短时过载能力时,考虑到电网电压波动的影响,应留有一定的余量。校验条件如下:

$$T_{Lmax}\leqslant 0.9K_V^2\lambda_m T_N \tag{11-3}$$

其中,K_V 为电压波动系数,一般取 $K_V^2=0.85～0.9$,或根据实际情况确定;0.9 为余量系数。

对于笼型异步电动机,有时还要进行启动能力的校验。如果该电动机的启动转矩较小,启动时低于负载转矩,可能使电动机严重发热,甚至被烧坏,则不能满足生产机械的要求,因此必须改选启动转矩较大的异步电动机或功率较大的电动机。对于直流电动机与绕线转子异步电动机,因为启动转矩的数值可调,所以不必校验启动能力。

11.1.3　确定电动机额定功率的方法

确定电动机额定功率,一般是这样进行的。首先,要知道生产机械的工作情况,也就是负载图。生产机械在生产过程中的功率或(静阻)转矩与时间的变化关系图称为生产机械的负载图。然后,根据生产机械的负载图或者经验数据,预选一台容量适当的电动机,再用该电动机的数据和生产机械的负载图,求出电动机的负载图(电动机在生产过程中的功率、转矩或电流与时间的变化关系图,称为电动机的负载图)。最后,按电动机的负载图从发热、过载能力和启动能力进行校验,如果这台电动机不合适(电动机的功率过大或过小)就要再选一台电动机,重新进行计算,直到合适为止。根据负载图计算电动机额定功率的方法比较精确。还有一些方法,如统计法、类比法和能量消耗指标法等。本章仅介绍利用负载图计算电动机额定功率的方法。

11.2　电动机的发热和冷却规律

电动机在运行中,会有一定的能量损失,这些损失的能量转变为热能使电动机温度上升。只要电动机的温度高于周围介质的温度,就有热量散发到周围介质中去。电动机的温升越高,散发到周围介质中的热量也就越多;散热条件越好,散发的热量越多,电动机的温升就越低。也就是说,电动机的温升不仅与发热有关,而且与电动机的散热也有关。因此在电动机工作时,改善电动机的散热条件,特别是通风冷却条件,可以降低电动机的温升。假如允许温升不变,改善电动机的散热条件可以提高电动机的容量。可见,电动机的发热和冷却是电动机在运行中的重要问题。

11.2.1　电动机的发热过程

电动机温度升高的过程是一个相当复杂的过程。把多种因素都考虑进去,研究这一过程是非常困难的。所以在研究电动机的发热和冷却时,既要抓主要矛盾,又要保证所得到的结论基本符合工程实际。特作如下假定:

① 电动机各部分温度均匀,各部分环境温度相同,而且比热容和散热系数均为常数;

② 散发到周围介质中的热量,与电动机和周围介质的温差成正比。

根据能量守恒定律,在任何时间内,电动机产生的热量应等于使电动机本身温度升高的热量与散发到周围环境中的热量之和。设电动机单位时间(s)内产生的热量为 $Q(J)$;C 为电动机的热容,即使电动机温度升高 $1\ ℃$ 所需吸收的热量,单位为 J/K;A 为电动机的散热系数,即电动机与周围介质温度相差 $1\ ℃$ 时,单位时间内电动机向周围介质散发的热量,单位为 J/(K·s);τ 为电动机的温升,dτ 为在 dt 时间内温升的增量。设在 dt 时间内电动机产生的热量为 Qdt,使电动机温度升高的热量为 Cdτ,散出的热量为 $A\tau$dt,由此可以写出热平衡方程式:

$$Q\mathrm{d}t = C\mathrm{d}\tau + A\tau\mathrm{d}t \tag{11-4}$$

用 Adt 除式(11-4),整理后得到

$$\frac{C\mathrm{d}\tau}{A\mathrm{d}t} + \tau = \frac{Q}{A} \tag{11-5}$$

设 $T_H = C/A$ 是电动机的发热时间常数(s);$\tau_s = Q/A$,是电动机的稳定温升(℃或 K)。式(11-5)可以写成

$$T_H \frac{\mathrm{d}\tau}{\mathrm{d}t} + \tau = \tau_s \tag{11-6}$$

这是一个非奇次常系数一阶微分方程式,设初始条件为 $t=0$ 时,$\tau=\tau_i$,则式(11-6)的解为

$$\tau = \tau_s + (\tau_i - \tau_s)\mathrm{e}^{-\frac{t}{T_H}} \tag{11-7}$$

当 $\tau_i=0$ 时,即发热过程由周围介质温度升高开始,则式(11-7)变为

$$\tau = \tau_s(1 - \mathrm{e}^{-\frac{t}{T_H}}) \tag{11-8}$$

分析式(11-7)和式(11-8)可知:当电动机的发热条件不变时,电动机的温升是按指数规律变化的。由式(11-7)和式(11-8)画出曲线,如图 11.2.1 所示。其中,曲线 2 对应于 $\tau_i=0$ 的情况。由图 11.2.1 可知:两种情况最后的温升都一样,且趋于电动机的稳定温升,从其物理意义上讲,电动机在开始工作时,由于 τ 较低,电动机散热少,大部分热量被电动机吸收,所以温升上升得较快。随着温升的上升,散发的热量逐渐增加,电动机吸收的热量逐渐减少,温升的变化缓慢了。当电动机在单位时间内产生的热量与散发的热量相等时,电动机的温升就不再变化,达到了稳定温升 τ_s。实际上,当 $t=4T_H$,$\tau=0.982\tau_s$ 时,τ 与 τ_s 之差不到 2%,可以认为电动机已经达到稳定温升。发热时间常数 T_H 是一个重要参数。普通小容量封闭式电动机的发热时间常数 T_H 约 10~20 min;而大容量电动机的发热时间常数 T_H 可达数小时。由此可见,电动机的热惯性是比较大的。当电动机偶尔出现短时间过电流时,电动机不会立即损坏。

电动机的允许最高稳定温升与损耗功率成正比,也与额定功率成正比。要提高额定功率,应该提高额定效率,降低损耗,提高散热系数,提高绝缘材料的允许温度。

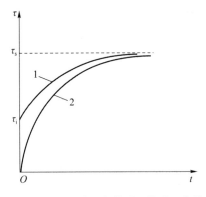

图 11.2.1 电动机发热过程的升温曲线

11.2.2 电动机的冷却过程

电动机的冷却过程包括以下两种情况。

(1) 电动机负载减小时的冷却情况

电动机负载减小时,电动机内部损耗减少,散热量大于发热量,电动机温升下降。相应的温升由原来的稳定温升降低到新的稳定温升,当电动机在单位时间内产生的热量与散发的热

量相等时,电动机的温升不再变化,达到了稳定温升 τ_s。这个温升下降的过程称为电动机的冷却过程。冷却曲线如图 11.2.2 中的曲线 1 所示。

（2）电动机脱离电源时的冷却情况

电动机脱离电源不工作时,电动机的损耗为 0,电动机所产生的热量也为 0,电动机的温升逐渐下降,直到与周围介质的温度相同。冷却曲线如图 11.2.2 中的曲线 2 所示。电动机在这种情况下冷却时,表示其温升变化规律的方程式与式(11-7)相同,只是初始温升和稳定温升要由冷

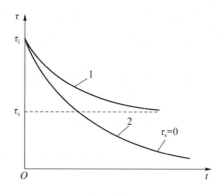

图 11.2.2　电动机冷却过程的温升曲线

却过程的具体条件来确定。必须注意,对于自扇冷式电动机,电动机脱离电网时的冷却时间常数与电动机通电时的时间常数不同。这是因为,在电动机从电网断开后,电动机停转,风扇不转,散热系数减小,使时间常数增大。一般,同一电动机脱离电网时的冷却时间常数可达通电时的时间常数 2～3 倍。对于他扇冷却电动机,时间常数相等。

11.3　按发热观点规定的电动机工作制

电动机的温升不仅取决于发热和冷却情况,而且与其工作制有很大关系。例如,当电动机的发热和冷却情况相同时,对于 24 h 连续工作的电动机,其温升比该电动机仅工作 10 min 时高。这是因为短时运行时,电动机在温度达到稳定值之前就停止了。电动机的工作制就是对电动机承受情况的说明,包括对启动、电制动、空载、断电停转以及这些阶段的持续时间和先后顺序等情况的描述。GB755—87《旋转电动机基本技术要求》把电动机的工作制分为($S_1 \sim S_9$)9 类。本节仅介绍常用的 3 类。

11.3.1　连续工作制

连续工作制是指电动机在恒定负载下持续运行,其工作时间足以使电动机的温度达到稳定温升而不超过允许值。一般来讲,这种工作状态下的负载是恒定的,但也许负载有些不

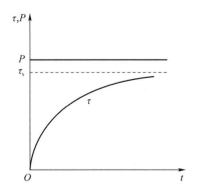

图 11.3.1　连续工作制电动机的典型负载图和温升曲线

大的变化,只是它的工作时间一般较长,可能是几个小时、几天或几个月等,如矿山的鼓风机、水泵、造纸机交流机组的拖动电动机等。连续工作制电动机的典型负载图和温升曲线如图 11.3.1 所示。

对于连续工作制的电动机,取使其温升恰好等于允许最高温升 τ_{max} 时的输出功率作为额定功率。

例如,JR114-4 绕线型三相异步电动机的铭牌标明:额定功率 115 kW,额定转速 1 465 r/min,额定工作方式连续。这说明,该电动机在标准环境温度下允许长时间连续输出的最大功率是 115 kW,此时转速应当是 1 465 r/min,电动机在这样的额定条件下运行时,稳

定温升等于绝缘材料允许的最高温升,即额定温升。从产品样本中查得电动机采用 B 级绝缘材料,所以额定温升为 130-40=90 ℃。

11.3.2 短时工作制

短时工作制是指电动机只能在规定的时间内运行,由冷却状态开始进行短时运行,温升还没有达到稳定值,电动机就断电停转了,在停止后温升降低到周围介质温度。短时工作制电动机的典型负载图和温升曲线如图 11.3.2 所示。我国规定的标准短时运行时间是

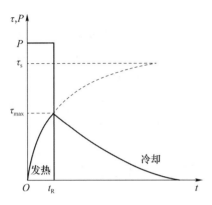

图 11.3.2 短时工作制电动机的典型负载图和温升曲线

10 min、30 min、60 min、90 min 这 4 种,如图 11.3.2 所示短时工作制电动机的温升 τ_{max}。(额定温升),远远小于稳定温升 τ_s。若让短时工作制电动机超过它的规定时间运行,温升将按图 11.3.2 中的虚线上升,超过额定温升 τ_{max} 时,电动机会过热,降低使用寿命,甚至被烧坏。

为了充分利用电动机,用于短时工作制电动机,在规定时间内应达到允许温升,并按照这个原则规定电动机的额定功率,即按照电动机拖动恒定负载运行,取在规定的运行时间内实际达到的最高温升恰好等于允许最高温升 τ_{max} 时的输出功率,作为电动机的额定功率。

11.3.3 断续周期工作制

断续周期工作制是指电动机在恒定负载下短时间工作和短时间停止相交替,呈周期性变化,且在工作时间内温升达不到稳态值,在停止时间内温升降不到周围介质温度。在恒定负载下,短时间工作时间 t_R 和短时间停止时间 t_s 之和小于 10 min。按这类工作制进行工作的电动机有电梯、起重机、轧钢机辅助机械电动机等。

断续周期工作制电动机的典型负载图和温升曲线如图 11.3.3 所示。负载工作时间 t_R 与工作周期 t_R+t_s 之比定义为负载持续率(暂载率):

$$\text{FS}=\left(\frac{t_R}{t_R+t_s}\right)\times100\% \tag{11-9}$$

我国规定标准负载持续率为 15%、25 %、40%、60%,共 4 种。

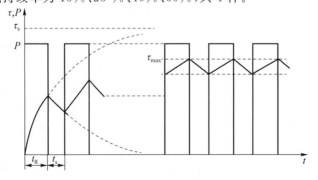

图 11.3.3 断续周期工作制电动机的典型负载图及温升曲线

对于指定的断续周期工作制电动机,把在规定的负载持续率下运行的实际最高温升 τ_{max} 恰好等于允许温升时的输出功率,定义为电动机的额定功率。

实际上,生产机械所用电动机的负载图是各式各样的,但是从发热的角度来考虑,总可以把它们折算到以上 3 种基本类型上去。选择电动机额定功率时,应根据电动机的工作制,采用不同的方法。对于特殊要求的生产机械,应选用专用的电动机。

11.4　连续工作制电动机额定功率的选择

生产部门有各种各样的长期运转的生产机械,它们的负载性质各不相同,但综合起来可分为两种类型:负载恒定或基本恒定;负载变动很大且具有统计周期性。因此,连续工作制电动机也相应地分为两类。

① 恒定负载:负载长时间不变或变化不大,如压缩机、风机和泵。

② 变化负载:负载长期施加,但大小是变化的,并且变化有周期性,或在统计规律下的周期性,如恒速轧钢机和运输机械等。

11.4.1　恒定负载时长期工作制电动机的额定功率选择

当环境温度为 40 ℃时,这类生产机械的电动机额定功率选择不需要按发热条件来校验电动机,只要在产品目录中,选择一台额定功率 P_N 等于或大于生产机械需要的容量 P_L、转速又适合的电动机就可以了,即

$$P_N \geqslant P_L \tag{11-10}$$

但对于有冲击性负载的生产机械,如球磨机等,要在产品目录中选择过载能力较大的电动机,并进行电动机过载能力的校验。当选用异步电动机时,需要生产机械可能出现的最大转矩小于或等于电动机临界转矩的 $80\% \sim 90\%$。若选用的是直流电动机,只要生产机械的最大转矩不超过电动机的最大允许临界转矩就行。另外,当选择笼型电动机时,还应考虑启动问题,如启动电流对电网的影响、启动转矩是否合适等。

电动机工作时的环境温度直接影响电动机的实际输出功率。电动机的额定功率是指在规定的标准环境温度(40 ℃)下,负担额定负载时输出的功率。当电动机工作环境温度不为 40 ℃时,电动机的实际输出功率与电动机铭牌上的功率有差别,这个差别的大小与实际环境温度有关。修正电动机的额定功率所用公式的推导过程如下。

为了充分利用电动机,电动机在不同环境温度下连续运行到稳定温升时,其温度都应等于绝缘材料允许的最高温度。

环境温度为 40 ℃时,电动机输出额定功率 P_N,其稳定温升为

$$\tau_{sN} = \theta_{max} - 40\ ℃ = \frac{\Delta P_N}{A} \tag{11-11}$$

环境温度为 θ_0 时,电动机输出功率 P,其稳定温升为

$$\tau_s = \theta_{max} - \tau_{sN} - \Delta\tau = \frac{\Delta P}{A} \tag{11-12}$$

其中，ΔP_N 为电动机输出额定功率 P_N 时的损耗；$\Delta \tau$ 为运行地点的环境温度与 40 ℃之差。以上两式相除，得出

$$\frac{\tau_{sN}}{\tau_{sN}-\Delta \tau}=\frac{\Delta P_N}{\Delta P} \tag{11-13}$$

其中，ΔP_N 可表示为

$$\Delta P_N = p_{CuN}+p_{01}=p_{CuN}(1+a) \tag{11-14}$$

其中，p_{CuN} 是电动机输出额定功率时的可变损耗（铜损耗），p_{01} 是电动机的不变损耗（铁损耗），$a=p_{01}/p_{CuN}$ 为电动机额定运行时的损耗比。因为铜损耗与电流的二次方成正比，当电动机输出功率为 P、相应电流为 I 时，其损耗为

$$\Delta P = p_{Cu}+p_{01}=p_{CuN}\left[\left(\frac{I}{I_N}\right)^2+a\right] \tag{11-15}$$

将式(11-14)式(11-15)代入式(11-13)，整理后得出

$$I=I_N\sqrt{1-\frac{\Delta \tau(1+a)}{\tau_{sN}}} \tag{11-16}$$

实际运算时，可以认为 $\dfrac{I}{I_N}=\dfrac{P}{P_N}$。因此，当环境温度与 40 ℃相差 $\Delta \tau$ 时，电动机输出额定功率的修正为

$$P=P_N\sqrt{1-\frac{\Delta \tau}{\tau_{sN}}(1+a)} \tag{11-17}$$

由式(11-17)可以看出，当环境温度高于 40 ℃时，$\Delta \tau > 0$，$P < P_N$，电动机的额定功率低；而当环境温度低于 40 ℃时，$\Delta \tau < 0$，$P < P_N$，电动机的额定功率可以提高。但按国家标准规定，当环境温度为 0~40 ℃时，电动机的额定功率一般不予修正。电动机工作地点的海拔高度对其温升也有影响，原因是海拔高的地区由于空气稀薄，散热条件恶化，致使同样负载下电动机的温升要比平原地区的高。

例 11-1 某台电动机的额定功率为 P_N，额定电压为 U_N，额定电流为 I_N，额定转速为 n_N，其绝缘材料的稳定温升 $\tau_s = 75$ ℃，损耗比 $a = 45/55$，在(1)环境温度为 20 ℃；(2)环境温度为 50 ℃的情况下，电动机铭牌数据分别应怎样修正？

解 可变损耗与不变损耗比为

$$a=p_{01}/p_{CuN}=45/55=0.8$$

绝缘材料（电动机）的最高允许温度为

$$\theta_{max}=\tau_s+40-75+40=115 \text{ ℃}$$

(1)环境温度为 20 ℃时，电动机铭牌数据修正如下：

$$P=P_N\sqrt{1-\frac{\Delta \tau}{\tau_{sN}}(1+a)}=P_N\sqrt{1-\frac{20-40}{115-40}(1+0.8)}\approx 1.217P_N$$

由于额定电压不变，所以电流 $I = 1.217I_N$。

(2)环境温度为 50 ℃时，电动机铭牌数据修正如下：

$$P=P_N\sqrt{1-\frac{\Delta \tau}{\tau_{sN}}(1+a)}=P_N\sqrt{1-\frac{50-40}{115-40}(1+0.8)}\approx 0.87P_N$$

由于额定电压不变，所以电流 $I = 0.87I_N$。

11.4.2　变化负载下长期工作制电动机的额定功率选择

电动机在变动负载下运行时,它的输出功率在不断变化,有时大,有时小,因此电动机内部的损耗也在变动,发热和温升也都在变动。由此可知,电动机的温升变化取决于电动机的负载图。在变动负载下,由于电动机轴上存在 GD^2,所以电动机的负载图与生产机械的负载图不一样,在这种情况下,电动机的额定功率选择就比较麻烦。

变动负载下电动机额定功率选择步骤:首先计算出生产机械的负载功率,绘制出表明负载大小与工作时间长短的生产机械负载图;然后在此基础上预选电动机并作出电动机的负载图以确定电动机的发热情况;最后进行发热、过载及启动校验,校验通过,则说明预选电动机合适,否则应重新选电动机。如此反复进行,直到选好为止。

校验电动机发热的依据是,电动机的温升不超过绝缘材料允许的最高温升。进行发热校验时,绘制电动机的发热曲线是比较困难的,一般用下述几种方法。

1. 平均损耗法

预选好电动机后,电动机拖动周期性变化负载,连续运行,按生产机械负载图,根据相关方法绘制出电动机的负载图。如图 11.4.1 所示,经过一段较长的时间,电动机达到稳定状态,这时每个周期温升的变化规律都相同,如变化周期 $t_c < 10$ min,变化周期 t_c 远远小于发热时间常数 T_H 等。在一个周期内,温升变化不大,可以认为一个周期内的平均温升 τ_{av} 与最高温升 τ_{max} 相等。

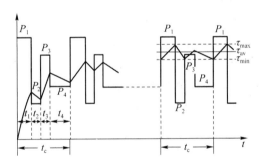

图 11.4.1　周期变化负载下连续工作制电动机发热过程的曲线及负载图

用一个周期内的平均损耗 Δp_{av},来间接地反映平均温升。只要 Δp_{av} 不超过预选电动机的额定损耗 Δp_N,就能保证电动机的平均温升不超过绝缘材料允许的最大温升 τ_{max}。这种检验电动机发热的方法,称为平均损耗法。用平均损耗法校验电动机发热时,根据电动机的负载图,利用预选电动机的效率曲线 $\eta = f(p)$,求出负载图中各段相应的损耗,其一个周期内的平均损耗为

$$\Delta p_{av} = \frac{\Delta p_1 t_1 + \Delta p_2 t_2 + \Delta p_3 t_3 + \cdots}{t_1 + t_2 + t_3 \cdots} = \frac{\sum_{k_1}^{n} \Delta p_k t_k}{t_c} \tag{11-18}$$

其中,Δp_k 是 t_k 时间内输出功率为 P_k 时的损耗。

发热校验条件是 $\Delta p_{av} \leqslant \Delta p_N$。当周期时间 $t_c < 10$ min、散热能力不变(A 是常数)时,用平均损耗法校验电动机发热是足够准确的。

2. 等值电流法

平均损耗法对各种电动机基本适用，t_k 越短，t_c 越长，平均损耗越接近电动机的实际损耗，精确度越高，但计算相当复杂。因此，采用等值电流法比较方便。

电动机的损耗 Δp 中包括不变损耗 p_{01} 和可变损耗 p_{Cu}，其中可变损耗与电流的二次方成正比。因此，在负载图中，t_k 段电动机的损耗为

$$\Delta p_k = p_{01} + p_{Cu} = p_{01} + cI_k^2 \tag{11-19}$$

其中，c 是与绕组电阻有关的常数。

把式(11-19)代入式(11-18)中，得出

$$\Delta p_{av} = \frac{1}{t_c}\sum_{k=1}^{n}(p_{01} + cI_k^2)t_k = p_{01} + \sum_{k=1}^{n}cI_k^2 t_k \tag{11-20}$$

在平均损耗相同的条件下，可用不变的等效电流 I_{eq} 来代替变化的电流 I_k，于是可得

$$\Delta p_{av} = p_{01} + cI_k^2 = p_{01} + \frac{c}{t_c}\sum_{k=1}^{n}I_k^2 t_k \tag{11-21}$$

所求的等效电流为

$$I_{eq} = \sqrt{\frac{1}{t_c}\sum_{k=1}^{n}I_k^2 t_k} \tag{11-22}$$

等效电流法，就是按照损耗相等的原则，求出一个等效的、不变的电流 I_{eq}，来代替变化的负载电流 $I = f(t)$（对于交流异步电动机，I 是定子电流）。如果预选电动机的额定电流是 I_N，检验电动机发热的条件是

$$I_N \geqslant I_{eq} \tag{11-23}$$

等效电流是在平均损耗法的基础上导出的，因此要求周期时间 $t_c \leqslant 10$ min、散热系数 A 为常数。另外，在推导过程中，还假定不变损耗 p_{01} 和与绕组电阻的有关系数 c 为常数。由于深槽及双笼型异步电动机在启动、制动和反转过程中，绕组电阻及铁损耗都有较大变化，因此不能用等效电流法校验电动机发热。

3. 等效转矩法

通常，电动机的负载图是由转矩图 $T = f(t)$ 给出的。如果电动机的转矩与电流成正比（当直流电动机励磁不变，异步电动机磁通 Φ 与 $\cos\varphi_2$ 不变时），则可用等效转矩 T_{eq} 代替等效电流 I_{eq}，可将式(11-22)变为等效转矩的公式

$$T_{eq} = \sqrt{\frac{1}{t_c}\sum_{k=1}^{n}T_k^2 t_k} \tag{11-24}$$

校验电动机发热的条件是

$$T_N \geqslant T_{eq} \tag{11-25}$$

串励直流电动机等磁通变化的电动机都不能使用等效转矩法。对于交流异步电动机，特别是那些空载电流较大的电动机，当负载极小，转矩 T 与转子电流的折算值成比例，但是与定子电流不成比例时，必须对 T 进行修正。应用等效转矩法时，必须校验电动机的转矩过载能力。

4. 等效功率法

如果拖动系统的转速基本不变，就可以由等效转矩法导出等效功率法。根据 $P = T\Omega$

与转矩成正比，可以将等效转矩公式变成等效功率的公式，即

$$P_{eq} = \sqrt{\frac{1}{t_c} \sum_{k=1}^{n} T_k^2 t_k} \tag{11-26}$$

如果已知功率负载图 $P = f(t)$，可以用式（11-26）算出等效功率 P_{eq}，把它与预选电动机的 P_N 比较，如 $P_N \geqslant P_{eq}$，则电动机通过发热校验。等效功率法的应用范围很窄，凡是不能用等效转矩法的情况都不能用等效功率法。

请注意：采用等效法时，几种特殊情况需要进行修正处理，当有启动、制动及停机过程时，等效法公式需要修正；当负载图中某段负载不为常数时，等效值需要修正；当磁通变化时，等效转矩法需要修正；当转速变化时，等效功率法需要修正；等等。详细内容请参考有关资料。

11.5　短时工作制电动机额定功率的选择

短时工作制的负载，应选用专用的短时工作制电动机。在没有专用电动机的情况下可以选用连续工作制电动机或断续周期工作制电动机。

11.5.1　直接选用短时工作制电动机

短时工作制电动机的额定功率是与铭牌上给出的标准工作时间（10 min、30 min、60 min、90 min）相对应的，如果短时工作制的负载功率 P_L 恒定，并且工作时间与标准工作时间一致，这时只需选择具有相同标准工作时间的短时工作制电动机，并使电动机的额定功率 P_N 稍大于 P_L 即可。对于某一电动机，在不同的工作时间下，其功率有 $P_{10} > P_{30} > P_{60} > P_{90}$。在变化的负载下，可用等效法算出工作时间内的等效功率来选择电动机，同时还应进行过载能力与启动能力（对笼型异步电动机）的校验。专为短时工作制负载设计的电动机，一般有较大的过载倍数和启动转矩。

当电动机实际工作时间 t_R 与标准工作时间 t_{RN} 不同时，应把 t_R 下的功率 P_R 换算到 t_{RN} 下的功率 P_{RN}，再按 P_{RN} 选择电动机的额定功率或校验发热。换算的原则是 t_R 与 t_{RN} 下的能量损耗相等，即发热情况相同。设在 t_R 及 t_{RN} 下的能量损耗分别为 Δp_R 及 Δp_{RN}，则有

$$\Delta p_R t_R = \Delta p_{RN} t_{RN} \tag{11-27}$$

因为

$$\Delta p_{RN} = p_{01} + p_{CuN} = \left(1 + \frac{p_{01}}{p_{CuN}}\right) p_{CuN} \tag{11-28}$$

由式（11-27）和式（11-28）解出

$$P_{RN} = \frac{P_R}{\sqrt{\dfrac{t_{RN}}{t_R} + \dfrac{P_R}{P_{CuN}}\left(\dfrac{t_{RN}}{t_R} - 1\right)}} \tag{11-29}$$

其中，$p_{01} / p_{CuN} = a$，为电动机额定运行时的损耗比，其值与电动机的类型有关。

11.5.2 选用连续工作制电动机

短时工作制的生产机械，可以选用短时工作制的电动机，也可以选用连续工作制的电动机。选用连续工作制的电动机时，从发热的观点上看，电动机的输出功率可以提高。为充分利用电动机，选择电动机额定功率的原则应是，在短时工作时间 t_R 内达到的温升 τ_R 恰好等于电动机连续运行并输出额定功率时的稳定温升 τ_s，即电动机绝缘材料允许的最高温升 τ_{max}。由此可得

$$\tau_R = \frac{\Delta P_L}{A}(1 - e^{-\frac{t_R}{T_H}}) = \tau_s = \frac{\Delta P_N}{A} \tag{11-30}$$

其中，Δp_L 和 Δp_N 分别为电动机短时工作输出功率为 P_L 时的损耗和额定损耗。与式(11-28)和式(11-29)相似。Δp_L 和 Δp_N 分别为

$$\begin{cases} \Delta p_L = \left[\frac{p_{01}}{p_{CuN}} + \left(\frac{P_L}{P_N}\right)^2\right] p_{CuN} \\ \Delta p_N = \left(1 + \frac{p_{01}}{p_{CuN}}\right) p_{CuN} \end{cases} \tag{11-31}$$

解出 P_L 和 P_N 的关系，得出

$$P_N = P_L \sqrt{\frac{1 - e^{-\frac{t_R}{T_H}}}{1 + \frac{p_{01}}{p_{CuN}} e^{-\frac{t_R}{T_H}}}} \tag{11-32}$$

式(11-32)为短时工作负载选择连续工作制电动机时额定功率的计算式。

当工作时间 $t_R < (0.3 \sim 0.4) T_H$ 时，按式(11-32)计算的 P_N 将比 P_L 小很多，因此发热问题不大。这时，决定电动机额定功率的主要因素是电动机的过载能力和启动能力（对笼型异步电动机），往往只要过载能力和启动能力足够大，就不必考虑发热问题。在这种情况下，连续工作制电动机额定功率可按下式确定，即

$$P_N \geqslant \frac{P_L}{\lambda_m} \tag{11-33}$$

最后校验电动机的启动能力。

例 11-2 一台直流电动机，额定功率为 $P_N = 20\,kW$，过载倍数（能力）$\lambda_M = 2$，发热时间常数 $T_H = 30\,min$，额定负载时不变损耗与可变损耗之比 $a = 1$。请校验下列两种情况下是否能用此台电动机：

(1) 短期负载，$P_L = 40\,kW$，$t_R = 20\,min$；

(2) 短期负载，$P_L = 44\,kW$，$t_R = 10\,min$。

解 (1) $P_L = 40\,kW$，$t_R = 20\,min$ 时

折算成连续工作方式下的负载功率：

$$P_N = P_L \sqrt{\frac{1 - e^{-\frac{t_R}{T_H}}}{1 + a e^{-\frac{t_R}{T_H}}}} = 40 \times \sqrt{\frac{1 - e^{-20/30}}{1 + e^{-20/30}}} = 40 \times \sqrt{\frac{1 - 0.513\,4}{1 + 0.513\,4}} \approx 22.68\,kW$$

$$P_N = 20\,kW < P_N'$$

发热校验通不过,不能运行。

（2）$P_L = 44\ \text{kW}, t_R = 10\ \text{min}$ 时

折算成连续工作方式下的负载功率:

$$P_N' = P_L \sqrt{\frac{1-\mathrm{e}^{-t_R/T_H}}{1+a\mathrm{e}^{-t_R/T_H}}} = 44 \times \sqrt{\frac{1-\mathrm{e}^{-10/30}}{1+\mathrm{e}^{-10/30}}} = 40 \times \sqrt{\frac{1-0.716\,5}{1+0.716\,5}} \approx 16.26\ \text{kW}$$

$$P_L = 20\ \text{kW} > 16.26\ \text{kW}$$

发热校验通过。实际功率过载倍数为

$$\lambda' = \frac{P_L}{P_N} = \frac{44}{20} = 2.2, \quad \lambda' > \lambda_m = 2 \left(根据\ P_N \geqslant \frac{P_L}{\lambda_m}\right)$$

过载能力不够,不能应用。

11.5.3　选用断续周期工作制电动机

专用的断续周期工作制电动机具有较大的过载能力,可以用来拖动短时工作制负载。负载持续率 FS 与短时负载工作时间 t_R 之间的对应关系: $t_R = 30\ \text{min}$ 相当于 $\text{FS} = 15\%$; $t_R = 60\ \text{min}$ 相当于 $\text{FS} = 25\%$; $t_R = 90\ \text{min}$ 相当于 $\text{FS} = 40\%$。

11.6　断续周期工作制电动机额定功率的选择

专用的断续周期工作制电动机具有启动和过载能力强、机械强度高、飞轮矩小、机械强度大、绝缘材料等级高的特点,并能在金属粉尘、潮湿及高温环境下工作,是专为频繁启动、制动、过载和反转等工作环境恶劣的生产机械设计制造的,如起重机、冶金机械等,这些生产机械一般不采用其他工作制的电动机。

与短时工作制电动机相似,断续周期工作制的电动机,其额定功率是与铭牌上标出的负载持续率相对应的。如果负载图中的实际负载持续率 FS_R 与标准负载持续率 FS_N（15%、25%、40%、60%）相同,且负载恒定,则可直接按产品样本选择合适的电动机。当 FS_R 与 FS_N 不同时,就需要把 FS_R 下的实际功率 P_R 换算成 FS_N 下邻近的功率 P,再按换算后的功率 P 及 FS_N 选择电动机的额定功率。换算的依据是不同负载持续率下的平均温升不变。利用平均损耗法并忽略断电停机时的散热条件变化,则可得到如下的关系:

$$\Delta p_R \text{FS}_R = \Delta p_N \text{FS}_N$$

可以得出

$$\Delta p_N = \Delta p_R \frac{\text{FS}_R}{\text{FS}_N}$$

$$1 + \frac{p_{01}}{p_{CuN}} = \left[\frac{p_{01}}{p_{CuN}} + \left(\frac{P_R}{P}\right)^2\right]\frac{\text{FS}_R}{\text{FS}_N}$$

可以得到

$$P = \frac{P_R}{\sqrt{\dfrac{\text{FS}_N}{\text{FS}_R} + \dfrac{p_{01}}{p_{CuN}}\left(\dfrac{\text{FS}_N}{\text{FS}_R}-1\right)}} \tag{11-34}$$

如果负载持续率小于 10%,则可按短时工作制选择电动机;如果负载持续率大于 70%,则可按连续工作制处理。

11.7　电动机电流种类、结构形式、额定电压与额定转速的选择

选择电动机时需要考虑的方面,除了前面介绍的电动机的额定功率外,还需要考虑以下几个方面:

(1) 根据生产机械在技术与经济等方面的要求,选择电动机的电流种类,即选用交流电动机或直流电动机;

(2) 根据生产机械对电动机安装位置的要求和周围环境的情况,选择电动机的结构形式和防护形式;

(3) 根据电源的情况及控制装置的要求,选择电动机的额定电压;

(4) 根据电动机与机械配合的技术经济情况,选择电动机的额定转速。

下面介绍具体的选择原则。

11.7.1　电动机电流种类的选择

电动机电流种类的选择原则大体如下。

① 优先选用价格便宜、结构简单、维护方便的交流笼型异步电动机。交流笼型异步电动机在水泵、通风机等生产机械上得到了广泛应用。高启动转矩的笼型电动机适用于某些要求启动转矩较大的生产机械,如某些纺织机械、压缩机及皮带运输机等。笼型多速异步电动机可用于要求有级调速的生产机械,如电梯及某些机床等。随着变频调速的不断发展,笼型异步电动机将大量应用在无级调速的生产机械上,它们的应用范围还将大大地扩大。

② 滑差电动机和交流换向器电动机,目前一般应用在要求平滑调速并且调速范围不大($D<10$)的生产机械上,虽然交流换向器电动机价高且维护复杂,但目前仍在纺织、造纸等工业中应用。随着交流调速系统的不断改进,滑差电动机及交流换向器电动机将逐步被其他产品取代。

③ 绕线转子异步电动机能限制启动电流和提高启动转矩(与笼型异步电动机相比),目前多用于起重机及矿井提升机等生产机械,用转子电路串联电阻启动与调速,调速范围很有限($D=1.5$ 左右)。晶闸管串级调速的发展,大大地扩大了绕线转子异步电动机的应用范围。

④ 当电动机功率较大又无调速要求时,一般采用交流同步电动机以提高工厂企业的功率因数。交流无换向器电动机的发展,扩大了交流同步电动机的应用范围。

⑤ 对于要求调速范围宽、调速平滑且对拖动系统过渡过程有特殊要求的生产机械,如可逆轧钢机、高精度数控机车等可用直流电动机,因为直流电动机调速性能优良,目前大量应用在功率较大、调速范围很大的生产机械上。

随着交流调速系统的不断发展,目前交流电动机在调速性能方面,已可与直流电动机相媲美,并有取代后者之势。

11.7.2　电动机结构形式的选择

在工作方式上,可以按不同工作制相应选择连续、短时、断续周期工作制的电动机。

电动机的结构形式按其安装位置的不同可分为卧式与立式两种。卧式电动机的转轴是水平安放的,立式电动机的转轴则与地面垂直,两者的轴承不同,因此不能随便混用。在一般情况下应选用卧式电动机,因为立式电动机的价格较高,只有在简化传动装置且垂直运转时才被采用(如立式深井水泵及钻床等)。按轴伸个数的不同,分单轴伸和双轴伸两种。

为了防止电动机被周围的媒介质损坏,或因电动机本身的故障而引起灾害,应根据不同的环境选择适当的防护形式。电动机的外壳防护形式分为如下几种。

(1) 开启式

这种电动机价格便宜,散热条件好,但容易侵入水汽、铁屑、灰尘、油垢等,使其寿命及正常运行受影响,因此只能用于干燥及清洁的环境中。

(2) 防护式

这种电动机一般可防滴、防雨、防溅及防止外界物体落入内部,但不能防止潮气及灰尘的侵入,因此适用于干燥和灰尘不多、没有腐蚀性和爆炸性气体的环境。此外,它们的通风冷却条件较好,因为机座下面有通风口。

(3) 封闭式

这类电动机又可分为自扇冷式、他扇冷式及密封式 3 类。第一类和第二类可用在潮湿、多腐蚀性灰尘、易受风雨侵蚀等的环境中,第三类一般用于浸入水中的机械(如潜水泵电动机),因为密封,所以水和潮气均不能侵入。这种电动机的价格较高。

(4) 防爆式

这类电动机应用在有爆炸危险的环境中,如在燃气矿的井下或油池附近等。

对于在湿热地带使用的电动机或船用电动机,还有特殊的防护要求。

11.7.3　电动机额定电压的选择

电动机的额定电压的选择应根据额定功率和所在系统的配电电压及配电方式综合考虑。对于交流电动机,其额定电压应选得与供电电网的电压相一致。一般,车间的低压电网为380 V,因此中、小型异步电动机都是低压的,额定电压为 220 V/380 V(D/Y 连接)及 380 V/660 V(D/Y 连接)两种,后者可用 Y/D 连接法启动。当电动机功率较大、供电电压为 6 000 V 及 10 000 V 时,可选用 3 000 V、6 000 V 甚至 10 000 V 的高压电动机,此时可以省铜并减小电动机的体积(当选用 3 000 V 高压电动机时,必须另设变压器)。

直流电动机的额定电压也要与电源电压互相配合。当直流电动机由单独的直流发电动机供电时,电动机额定电压常用 220 V 或 110 V,大功率电动机可提高到 600~800 V,甚至达到 1 000 V。当直流电动机由晶闸管整流装置直接供电时,由新改型的直流配合不同的整流电路去工作。

11.7.4 电动机额定转速的选择

额定功率相同的电动机,额定转速越高,则电动机的尺寸、重量和成本越小,效率也高,因此选用高速电动机较为经济。但由于生产机械速度一定,电动机转速增大,势必增大传动机构的传速比,使传动机构复杂起来,因此必须综合考虑电动机与生产机械两方面的各种因素。选择电动机的额定转速时,一般有下列几种情况。

对于电动机连续工作的生产机械,很少进行启动、制动或反转,此时可从设备的初期投资、占地面积和维护费用等方面,就几个不同的额定转速(不同的传速比)进行全面比较,最后确定合适的传递比和额定转速。

对于经常启动、制动及反转,但过渡过程的持续时间对生产率影响不大的电动机,如高炉的装料机械,此时除考虑初期投资外,主要根据过渡过程能量损耗最小的条件来选择传速比及电动机的额定转速。

对于经常启动、制动及反转,过渡过程的持续时间对生产率影响较大的电动机,如龙门刨床工作台的主拖动,此时主要根据过渡过程持续时间最短的条件来选择电动机的额定转速,即可按与系统动能储存量成正比的 $GD^2 n_N^2$ 值最小(当电动机转子或电枢的 GD^2 占系统 GD^2 的比例较大时,可粗略地认为 $GD^2 n_N^2$ 值最小)的条件来选择电动机的额定转速及传速比,因为过渡过程的能量损耗及持续时间都和 $GD^2 n_N^2$ 值成正比。

思考题与习题

11-1 电力拖动系统中,电动机的选择主要包括哪些内容?

11-2 选择电动机额定功率时,应该考虑哪些因素?

11-3 电动机的额定功率选得过大和不足时,分别会引起什么后果?

11-4 电动机的温升与哪些因素有关?电动机的温度、温升及环境温度三者之间有什么关系?

11-5 电动机的损耗有哪些?何谓定损耗与变损耗?何谓铁损耗与铜损耗?一般来讲,机械损耗是属于定损耗还是属于变损耗?

11-6 一台电动机的原绝缘材料等级为 B 级,额定功率为 P_N,若把绝缘材料改成为 E 级,其额定功率应该怎样变化?

11-7 电动机的额定容量是指输入电动机的容量,还是指电动机的输出容量?写出电动机输出功率与电流的关系式,看看电流与功率之间有没有正比例的关系。

11-8 电动机的发热时间常数 T_H 的物理意义是什么?它的大小与哪些因素有关?两台电动机除通风冷却条件有好有坏之分外,其他条件完全相同,它们的发热时间常数会不会一样?

11-9 一台电动机周期性的工作 15 min,停机 85 min,它的负载持续率 FS=15%,这种说法对吗?它属于哪一种工作方式?

11-10 校验电动机发热的等效电流法、等效转矩法和等效功率法各适用于何种情况?

11-11　规定为断续周期工作制的三相异步电动机,在不同 FS 下,实际过载倍数是否为常数? 为什么?

11-12　一台 35 kW、工作时限为 30 min 的短时工作制电动机,突然发生故障。现有一台 20 kW 连续工作制电动机,发热时间常数 $T_H = 90$ min,损耗系数 $a = 0.7$,短时过载能力 $\lambda_m = 2$。试问这台电动机能否临时替代故障电动机?

11-13　某台电动机的额定功率为 P_N,额定电压为 U_N,额定电流为 I_N,额定转速 n_N,其绝缘材料的稳定温升 $\tau_s = 70$ ℃,可变损耗与不变损耗比 $a = 40/60$,在环境温度分别为 25 ℃和 45 ℃ 的情况下,电动机铭牌数据应怎样修正?

11-14　一台直流电动机,额定功率为 $P_N = 30$ kW,过载能力 $\lambda_m = 2.2$,发热时间常数 $T_H = 25$ min,额定负载时铁损耗与铜损耗之比 $a = 0.95$。请问下列两种情况下是否能用此台电动机:

(1) 短期负载,$P_L = 35$ kW,$t_R = 20$ min;

(2) 短期负载,$P_L = 60$ kW,$t_R = 10$ min。

电力拖动系统中电动机的选择.ppt

参 考 文 献

[1] 彭鸿才.电机原理及拖动[M].北京:机械工业出版社,1994.

[2] 李发海,王岩.电机与拖动基础[M].北京:清华大学出版社,2005.

[3] 刘宗富.电机学[M].北京:冶金工业出版社,1980.

[4] 任兴权.电力拖动基础[M].北京:冶金工业出版社,1980.

[5] 顾绳谷.电机及拖动基础[M].北京:机械工业出版社,1998.

[6] 杨渝钦.控制电机[M].北京:机械工业出版社,1981.

[7] 任礼维,林瑞光.电机与拖动基础[M].杭州:浙江大学出版社,1994.

[8] 刘启新.电机与拖动基础[M].北京:中国电力出版社,2005.

[9] 康晓明.电机与拖动[M].北京:国防工业出版社,2005.

[10] 陈隆昌,阎治安,刘新正.控制电机[M].西安:西安电子科技大学出版社,2000.

[11] 朱耀忠.电机与电力拖动[M].北京:北京航空航天大学出版社,2005.

[12] 任彦硕,赵一丁,张家生.自动控制系统[M].北京:北京邮电大学出版社,2006.

[13] A. E. Fitzgerald 等.电机学[M].6 版.刘新正,译.北京:电子工业出版社,2004.

[14] 唐海源,张晓江.电机及拖动基础习题解答与学习指导[M].北京:机械工业出版
     社,2004.